机械 CAD 软件及应用

主　编　石彩华　王洪磊　苗现华

副主编　许红伍　白慧星　徐　徐

主　审　韩树明

北京理工大学出版社

BEIJING INSTITUTE OF TECHNOLOGY PRESS

内容简介

本书通过分析调研企业工程师使用AutoCAD软件绘图的方式和方法，基于企业工程师绘图工作的流程和内容构建教学体系，共包括6个工作任务，含有25个典型子任务，从制作机械A4绘图模板、绘制典型机械平面图形、零件图尺寸标注、绘制机械零件图、绘制机械装配图到三维转二维图纸标准化等，涵盖了企业工程师使用AutoCAD软件需要完成的工作任务。

本书不仅可以作为高等院校和高职院校专业教材，还可以作为各类AutoCAD培训班的教材，同时也可作为从事CAD工作技术人员的学习参考书。

图书在版编目(CIP)数据

机械CAD软件及应用 / 石彩华，王洪磊，苗现华主编. -- 北京 : 北京理工大学出版社，2024.1
ISBN 978-7-5763-3724-2

Ⅰ.①机…　Ⅱ.①石…②王…③苗…　Ⅲ.①机械设计-计算机辅助设计-AutoCAD软件-高等学校-教材
Ⅳ.①TH122

中国国家版本馆CIP数据核字(2024)第059212号

责任编辑：高雪梅　　**文案编辑**：高雪梅
责任校对：周瑞红　　**责任印制**：李志强

出版发行 / 北京理工大学出版社有限责任公司
社　　址 / 北京市丰台区四合庄路6号
邮　　编 / 100070
电　　话 / (010) 68914026（教材售后服务热线）
(010) 63726648（课件资源服务热线）
网　　址 / http://www.bitpress.com.cn

版 印 次 / 2024年1月第1版第1次印刷
印　　刷 / 河北盛世彩捷印刷有限公司
开　　本 / 787 mm×1092 mm　1/16
印　　张 / 18
字　　数 / 375千字
定　　价 / 86.00元

前　言

AutoCAD 是一款功能强大、应用广泛的计算机辅助设计软件。本书围绕 AutoCAD 2024 软件在机械行业中的应用，以规范、精准的软件绘图教育和精益求精的工匠精神培育为主线，以典型机械图样绘制为载体，基于企业工程师绘图流程与机械制图国标要求，将 AutoCAD 命令的讲解融于绘图过程中，设计最简洁的命令组合实现快速、精确的绘图，借助信息化手段配备绘图任务和典型命令的视频讲解，引导读者形成“绘中学、学中思、思中悟”的学习模式，学思践悟，以知促行，养成终身学习的习惯。

通过分析调研企业工程师使用 AutoCAD 软件绘图的方式和方法，以及绘图工作的流程和内容，本书工作任务体系如图 1 所示，内容包括应用 AutoCAD 2024 软件完成的 6 个典型工作任务，并设 25 个子任务。其中工作任务包括制作机械 A4 绘图模板、绘制典型机械平面图形、零件图尺寸标注、绘制机械零件图、绘制机械装配图、三维转二维图纸标准化，涵盖了企业工程师使用 AutoCAD 软件需要完成的工作任务。

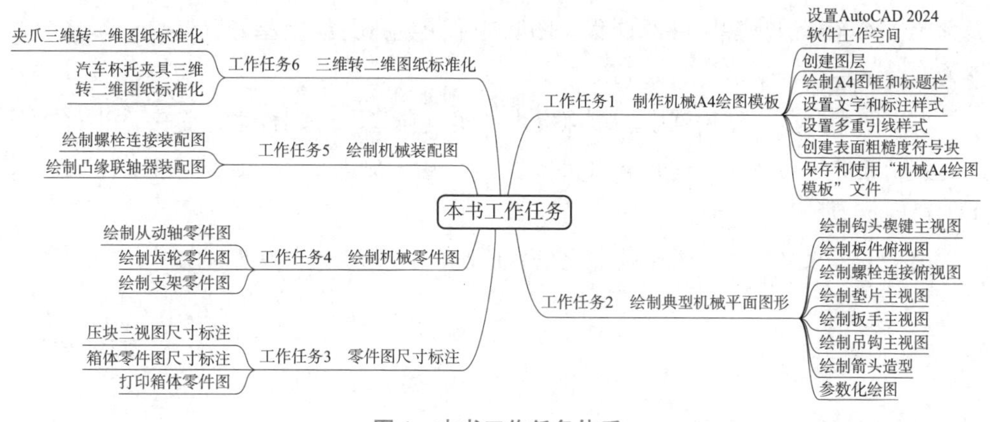

图 1　本书工作任务体系

本书借助现代信息技术，配套在线精品课程网站，以及超星手机移动学习平台，同时在书中关键命令、技能点及图纸绘制演示中插入二维码资源标志，既能帮助读者更好地理解和掌握知识及提升技能，又能激发学习 AutoCAD 软件的兴趣。

本书由江苏省“十四五”在线精品课程和江苏省职业教育课程思政示范课程“机械 CAD 软件及应用”课程团队负责编写。其中工作任务 1　制作机械 A4 绘图模板由石彩华编写；工作任务 2　绘制典型机械平面图形由苗现华、徐徐编写；工作任务 3　零件图尺寸标注由石彩华、白慧星、许红伍编写；工作任务 4　绘制机械零件图由石彩华、王洪磊编写；工作任务 5　绘制机械装配图由苗现华编写；工作任务 6　三维转二维图纸标准化由王洪磊、徐徐编写。本书由苏州健雄职业技术学院教授、研究员级高级工程师韩树明担任主审。

本书编写理念和特色具体体现在以下四个方面。

1. 以职业素养为抓手，落实立德树人根本任务

本书贯彻落实党的二十大精神，注重素质培养，有机融入精益求精的工匠精神，以及装备制造产业的职业标准与规范，以规范化演示和契合点提示为手段，引导读者注重绘图质量、遵守职业规范、善用科学方法和建立文化自信。本书对应课程“机械 CAD 软件及应用”是江苏省职业教育课程思政示范课程。

2. 以学生为中心，突显成果导向

本书以成果导向为主线，使读者直观地明确工作任务，每个工作任务的编写都以图纸任务呈现为开始，先分析并演示图纸绘制过程，然后再详细讲解用到的命令。

3. 以工作任务为主线，强化职业技能培养

本书以企业绘图岗位技能需求为目标，让读者体验企业工程师绘图的工作流程。采用企业绘图模板、流程和方法，以企业生产一线图纸为载体，使读者熟悉企业生产图纸，达到与企业岗位所需技能的无缝对接。

4. 以视频资源为依托，增强学习便利性

本书配套二维码视频学习资源，可以实现读者的移动学习和线上学习；本书对应课程“机械 CAD 软件及应用”是江苏省“十四五”在线精品课程，并已在中国大学 MOOC（慕课）建立在线课程，团队老师定期进行线上指导和答疑，读者可以进入在线课程进行学习。

本书图文并茂、结构清晰、重点突出、实例典型、应用性强，是一本很好的从入门到精通的学习教程，适合从事机械设计、电气设计、广告制作等工作的专业技术人员阅读。

由于编者水平有限，书中疏漏之处在所难免，望广大读者批评指正。

编　者

本工作手册式教材配套数字资源明细

资源名称	扫描页码	资源名称	扫描页码
设置 AutoCAD 2024 软件工作空间	4	修剪命令讲解、演示	112
创建图层	21	绘制垫片图形	115
绘制 A4 图框和标题栏	31	扳手主视图绘制过程演示	116
文字和标注样式设置	38	圆弧命令讲解、演示	118
支架零件图绘制	51	吊钩主视图绘制过程演示	121
板件尺寸标注	55	椭圆命令讲解、演示	123
设置多重引线样式	58	图案填充命令讲解、演示	124
创建表面粗糙度符号块	66	移动命令讲解、演示	124
外部块	74	缩放命令讲解、演示	124
绘图模板创建和使用	79	绘制卧钩平面图形	128
钩头楔键主视图绘制过程演示	85	箭头造型绘制过程演示	130
直线命令讲解、演示	87	多段线命令讲解、演示	131
倒角命令讲解、演示	87	PEDIT 命令讲解、演示	132
板件俯视图绘制过程演示	92	参数化绘图实例演示	136
矩形命令讲解、演示	92	压块三视图绘制过程演示	146
圆命令讲解、演示	92	压块加工过程动画演示	147
分解命令讲解、演示	93	压块尺寸标注	147
偏移命令讲解、演示	94	连杆三视图绘制及尺寸标注	149
特性匹配命令讲解、演示	94	箱体零件图基本尺寸标注	152
拉长命令讲解、演示	94	箱体零件图几何公差标注	157
阵列命令讲解、演示	95	箱体零件图表面粗糙度标注	159
镜像命令讲解、演示	96	打印箱体零件图过程演示	165
删除命令讲解、演示	96	页面设置打印文件	173
圆角命令讲解、演示	96	从动轴零件图的视图分析与绘制	176
绘制把手图形	101	从动轴零件图的尺寸标注	185
绘制短轴图形	101	齿轮零件图的视图分析与绘制	201
螺栓连接俯视图绘制过程演示	103	支架零件图绘制过程演示	208
多边形命令讲解、演示	104	绘制轴承座零件图视图	218
样条曲线命令讲解、演示	104	轴承座零件图的尺寸标注	218
打断命令讲解、演示	105	螺栓连接装配图直接绘制过程演示	221
绘制正五角星和螺栓左视图	109	凸缘联轴器装配图绘制过程演示	238
垫片主视图绘制过程演示	109	绘制顶尖装配图	248
旋转命令讲解、演示	111	夹爪三维转二维图纸标准化	251
复制命令讲解、演示	111	汽车杯托夹具三维转二维图纸标准化	260

本工作手册式教材首次出现的 AutoCAD 功能设置/命令索引

续表

序号	功能/命令	命令的快捷键	所在页码
25	利用夹点拉长线段		35
26	尺寸标注命令	线性：DLI 对齐：DAL 角度：DAN	41
27	尺寸编辑方法	DED	42
28	设置文字样式	ST	43
29	多行文字命令	MT	45
30	设置标注样式	D	46
31	设置角度标注样式		50
32	连续标注命令	DCO	52
33	多重引线样式管理器	MLS	57
34	设置表面粗糙度引线样式		58
35	设置几何公差引线样式		59
36	设置零件序号线引线样式		61
37	多重引线命令	MLEADER	61
38	快速引线命令	LE	62
39	创建块命令	B	68
40	定义块属性	ATT	69
41	插入块命令	I	69
42	写块命令	W	75
43	文件另存为命令	Ctrl+Shift+S	80
44	调用模板方法		81
45	直线命令	L	87
46	倒角命令	CHA	87
47	圆命令	C	92
48	特性匹配命令	MA	94
49	拉长命令	LEN	94
50	阵列命令	AR	95
51	镜像命令	MI	96
52	删除命令	E	96
53	圆角命令	F	96
54	多边形命令	POL	104
55	样条曲线命令	SPL	105

续表

序号	功能/命令	命令的快捷键	所在页码
56	打断命令	BR	105
57	旋转命令	RO	111
58	复制命令	CO	112
59	圆弧命令	A	118
60	椭圆命令	EL	123
61	图案填充命令	H	124
62	移动命令	M	124
63	缩放命令	SC	124
64	多段线命令	PL	131
65	编辑多段线命令	PE	132
66	几何约束功能		137
67	编辑几何约束		138
68	尺寸约束		138
69	编辑尺寸约束		139
70	标注极限偏差		156
71	标注几何（形位）公差	TOL	157
72	标注表面粗糙度		160
73	“打印-模型”对话框设置	Ctrl+P	166
74	对齐命令	AL	210
75	切点捕捉	TAN	210
76	垂足捕捉	PER	210
77	标注零件序号		228
78	创建表格样式命令	TS	231
79	设计中心命令	Ctrl+2	242
80	坐标标注命令	DOR	256
81	特性命令	MO/Ctrl+1/CH	258
82	块属性编辑	ATE	267

AutoCAD 常用功能键和快捷键

常用功能键		常用快捷键	
功能键	功能	快捷键	功能
F1	帮助	Ctrl+A	全部选择
F2	文本窗口	Ctrl+C	复制到剪切板
F3	对象捕捉开关	Ctrl+V	粘贴
F5	等轴测平面切换	Ctrl+X	剪切
F6	动态坐标开关	Ctrl+S	保存
F7	栅格开关	Ctrl+Y	重做
F8	正交模式开关	Ctrl+Z	放弃、取消前一步的操作
F9	捕捉模式开关	Ctrl+空格键	中文和英文输入切换
F10	极轴追踪开关	Ctrl+shift	循环切换各种输入方法
F11	对象追踪开关	shift+空格键	切换全角和半角的字体

目　录

工作笔记

工作任务 1　制作机械 A4 绘图模板

工程师在运用 AutoCAD 软件绘制机械图样时，会先制作含有标准图框和标题栏的绘图模板。该模板在后续使用时可直接调用，减少重复性劳动，提高绘图效率。本工作任务为制作机械 A4 绘图模板，以图 1-1 所示轴承盖零件图的图框和标题栏为例，内容包括设置 AutoCAD 2024 软件工作空间、创建图层、绘制 A4 图框和标题栏、设置文字和标注样式、设置多重引线样式、创建表面粗糙度符号块、保存和使用“机械 A4 绘图模板”文件等。

工作目标

知识目标	能力目标	素质目标
熟悉 AutoCAD 2024 软件工作空间组成	能设置 AutoCAD 2024 软件工作空间背景及相关参数	能通过对比、联系使用过的软件，认识 AutoCAD 2024 软件
熟悉图层的新建、修改及使用方法	能熟悉并遵守图线、图幅、尺寸标注等机械制图国标	逐渐养成规范的绘图意识
掌握矩形、分解、修剪、偏移命令的操作方法	能绘制 A4 图框和标题栏	能初步总结软件命令操作规律
掌握文字、标注及多重引线样式的设置；掌握表面粗糙度符号块的创建步骤	能设置符合机械制图国标要求的文字、标注及多重引线样式；能创建符合机械制图国标要求的典型图形块	领会“工欲善其事，必先利其器”等优秀中华文化魅力
掌握保存和使用模板文件的方法	能保存和调用模板文件	初步养成规范保存 AutoCAD 文件的习惯

工作笔记

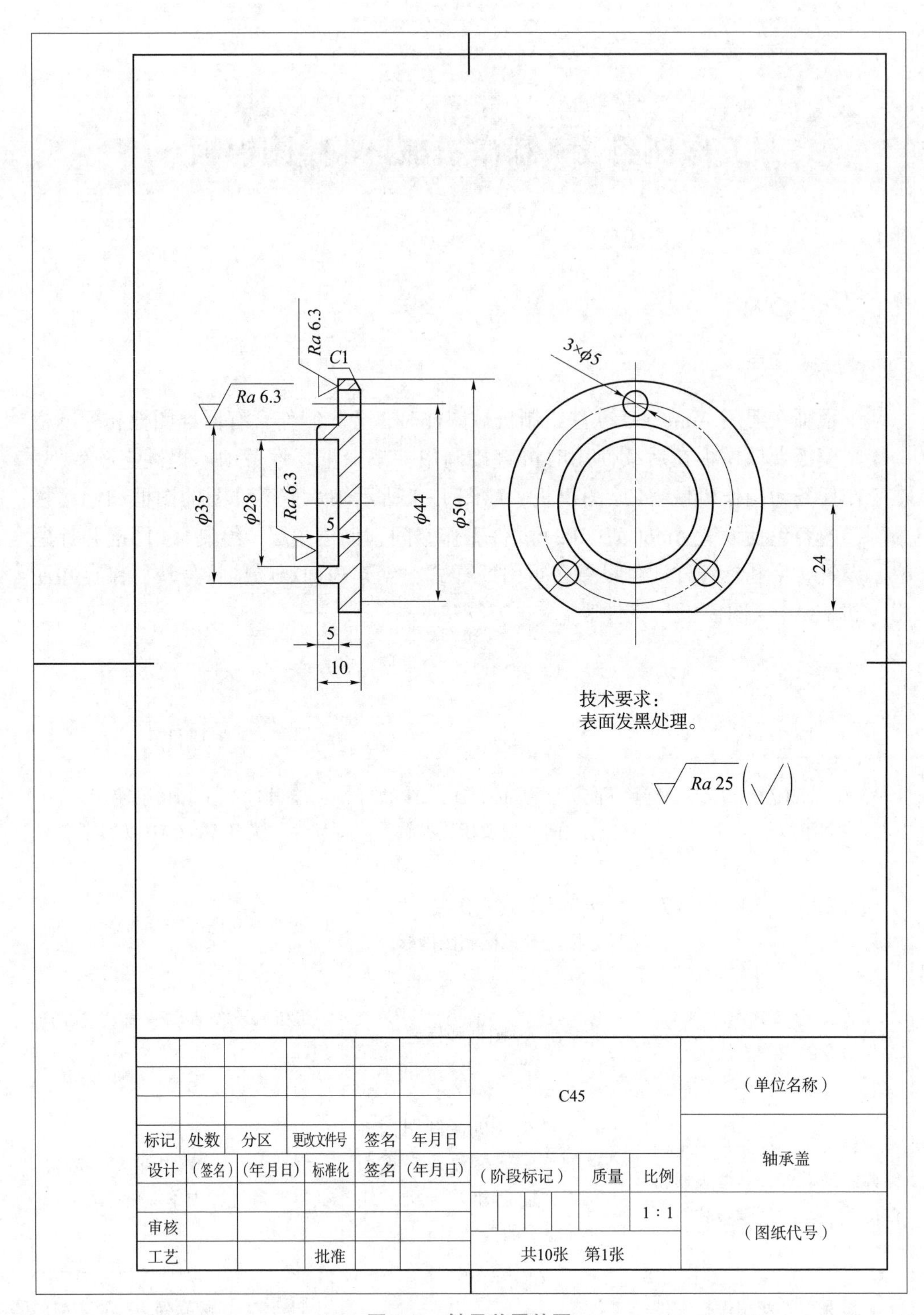
Ra 6.3
C1
Ra 6.3
φ35
φ28
Ra 6.3
5
φ44
φ50
5
10
3×φ5
24
技术要求：
表面发黑处理。
Ra 25 (√)
C45
(单位名称)
标记 处数 分区 更改文件号 签名 年月日
设计 (签名) (年月日) 标准化 签名 (年月日)
(阶段标记) 质量 比例
轴承盖
1 : 1
审核
工艺 批准
共10张 第1张
(图纸代号)

图 1-1 轴承盖零件图

工作笔记

工作任务 1 工作流程图如图 1-2 所示。

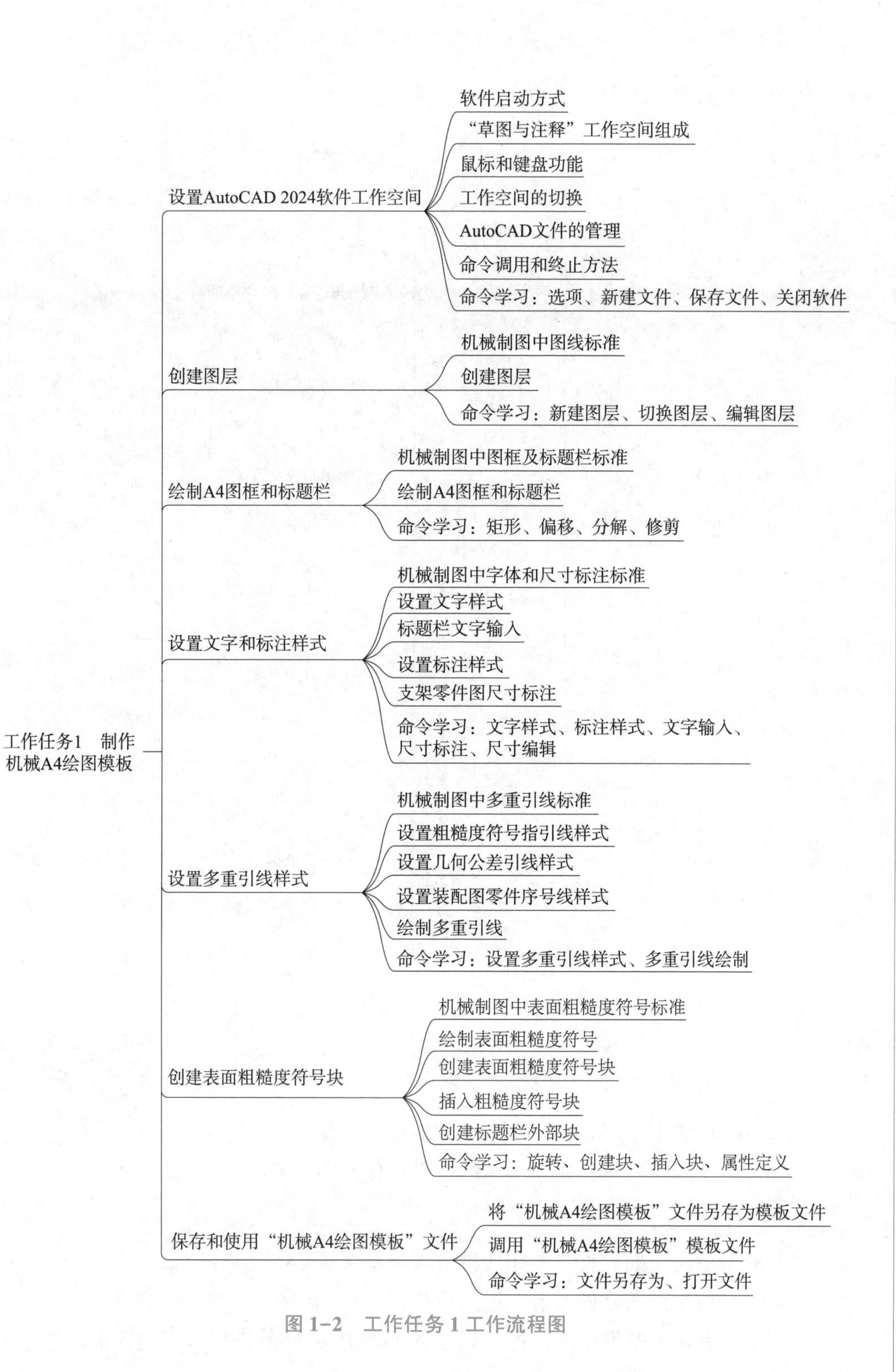

图 1-2　工作任务 1 工作流程图

子任务 1.1 设置 AutoCAD 2024 软件工作空间

任务实施流程如图 1-3 所示。

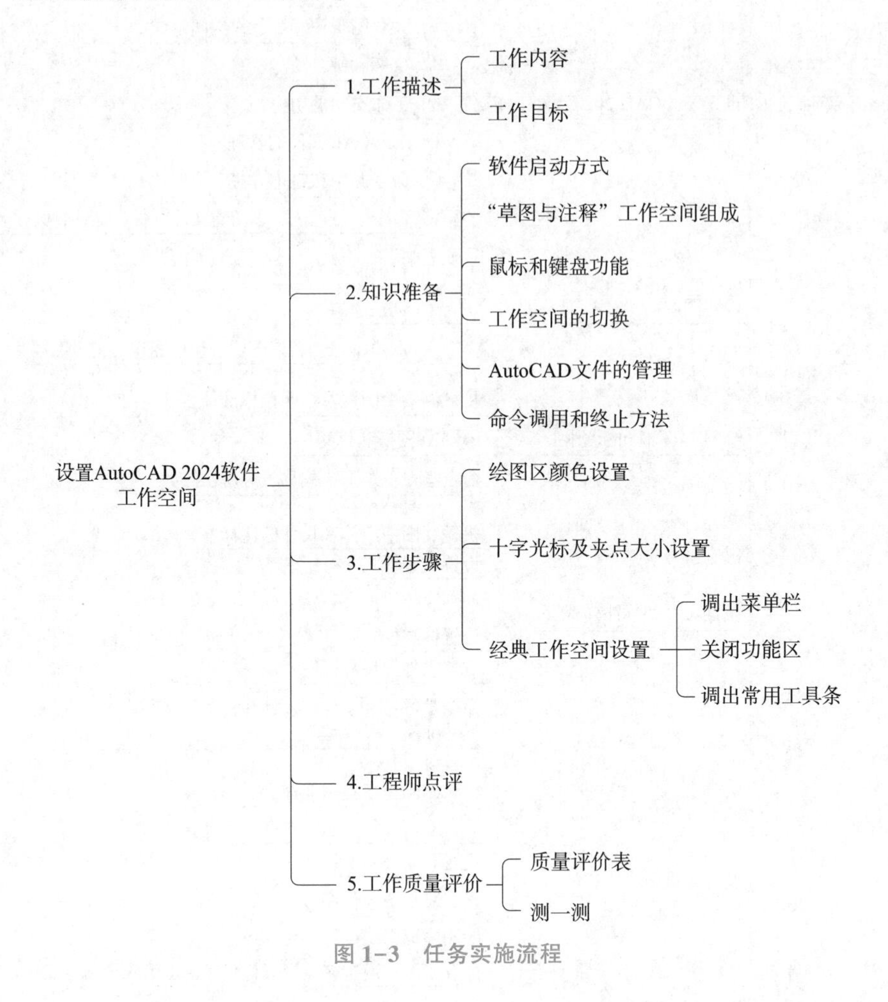

图 1-3 任务实施流程

1.1.1 工作描述

1. 工作内容

设置 AutoCAD 2024 软件工作空间

熟悉 AutoCAD 2024 软件工作空间、鼠标交互方式、文件管理等，完成益于身体健康和便于操作的软件工作空间设置。

2. 工作目标

（1）联系使用过的软件，能用两种方式启动 AutoCAD 2024 软件。

（2）联系使用过的软件，能介绍 AutoCAD 2024 软件工作空间组成。

（3）能从有益眼睛健康的角度，设置 AutoCAD 2024 软件工作空间背景颜色、十字光标大小、窗口元素的明暗等。

工作笔记

(4) 能打开或关闭命令行窗口和状态栏按钮，并了解命令行窗口和状态栏各按钮的作用。

(5) 会设置 AutoCAD 2024 软件的经典工作空间。

(6) 了解鼠标各键在 AutoCAD 2024 软件中的作用。

(7) 逐步养成管理 AutoCAD 2024 软件的良好习惯。

1.1.2 知识准备

1. 软件启动方式

常用的 AutoCAD 2024 软件启动方式有以下两种。

(1) 双击桌面上 AutoCAD 2024 软件的快捷方式图标，启动 AutoCAD 2024 软件，进入“开始”工作界面，默认颜色为暗色。

提示

计算机性能不一样，启动需要时间，耐心等待，不要反复双击，欲速则不达!

(2) 选择 Windows 任务栏中的“开始”→文件夹“AutoCAD 2024—简体中文(Simplified Chinese)”→“AutoCAD 2024—简体中文 (Simplified Chinese)”命令。

软件启动后进入图 1-4 所示工作空间，其中“打开”“新建”“最近使用的项目”“搜索”命令的功能如下。

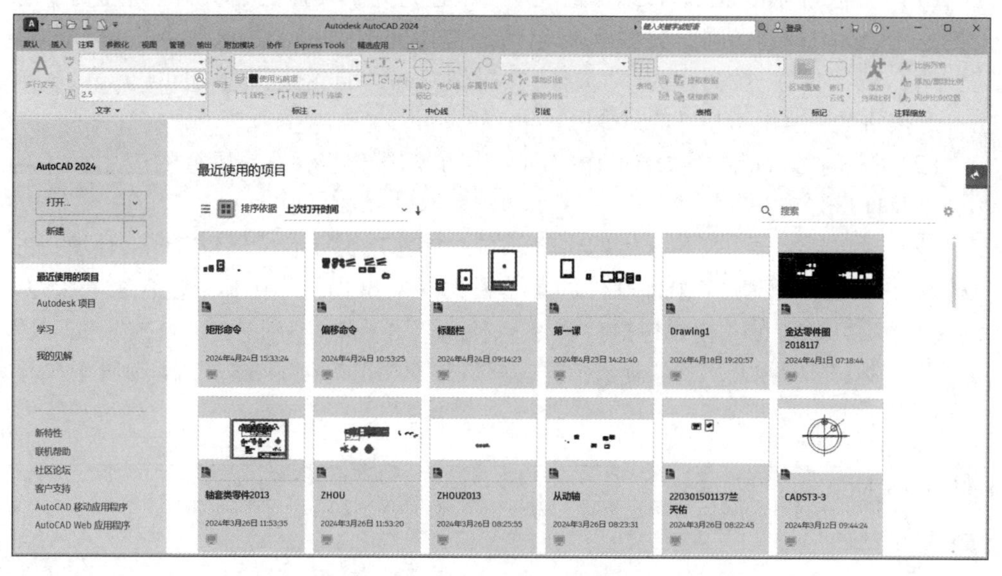

图 1-4　AutoCAD 2024 软件“开始”工作空间

(1) 展开“打开”列表框，可打开计算机中已保存的 AutoCAD 文件。

(2) 展开“新建”列表框，选择 acadiso. dwt 模板，进入“草图与注释”工作空间。第一次新建文件默认名称为 Drawing1。

(3) 单击“最近使用的项目”标签，可呈现最近使用的 AutoCAD 文件，并可直接单击打开。

(4) 在“搜索”文本框中，可输入关键字，搜索相关 AutoCAD 文件。

2. “草图与注释”工作空间组成

“草图与注释”工作空间包括快速访问工具栏、标题栏、菜单栏、功能区、绘图区、坐标系、十字光标、命令行窗口和状态栏等，如图 1-5 所示。

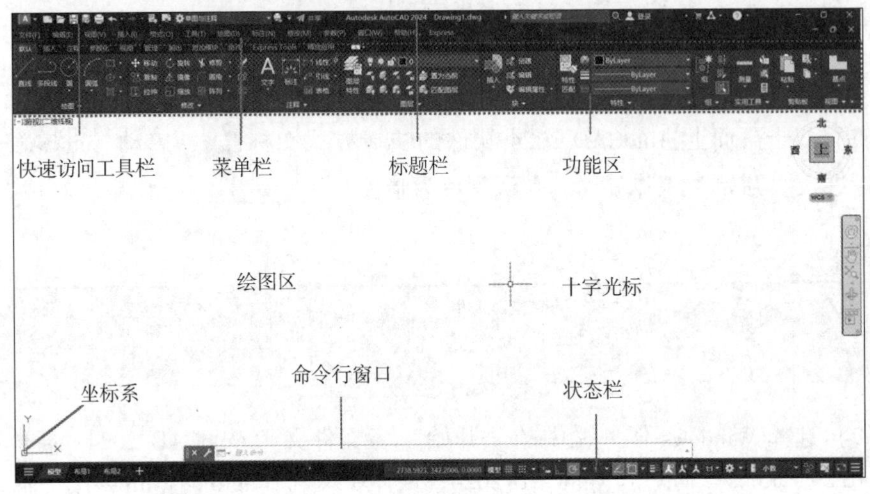

图 1-5 AutoCAD 2024 软件“草图与注释”工作空间

(1) 快速访问工具栏。在默认情况下，快速访问工具栏位于功能区左上方，标题栏左侧位置。快速访问工具栏主要包括经常访问的命令，默认命令按钮有“新建”“打开”“保存”“另存为”“放弃”“重做”和“自定义快速访问工具栏”，单击各个按钮可快速调用相应的命令。

(2) 标题栏。标题栏位于工作空间最上方，用于显示当前运行的应用程序名称，以及打开的文件名信息。

(3) 菜单栏。菜单栏位于标题栏的下方，如图 1-6 所示。与 Windows 环境下的其他软件一样，AutoCAD 2024 软件的菜单栏也是下拉式，并在其中包含级联菜单。AutoCAD 2024 软件的菜单栏包括“文件”“编辑”“视图”“插入”“格式”“工具”“绘图”“标注”等 13 个菜单命令，这些菜单命令几乎包含了 AutoCAD 2024 软件中的所有命令。

图 1-6 菜单栏

一般情况下，打开“草图与注释”工作空间默认不显示菜单栏。单击快速访问工具栏右侧的 按钮，在展开的下拉菜单中选择“显示菜单栏”命令，菜单栏便可显示在标题栏下方。

（4）功能区。AutoCAD 2024 软件在新建和打开文件后默认显示功能区，如图 1-7 所示。功能区位于绘图区上方，主要由选项卡和选项组组成，不同工作空间所对应的功能区内的选项卡和选项组不同。

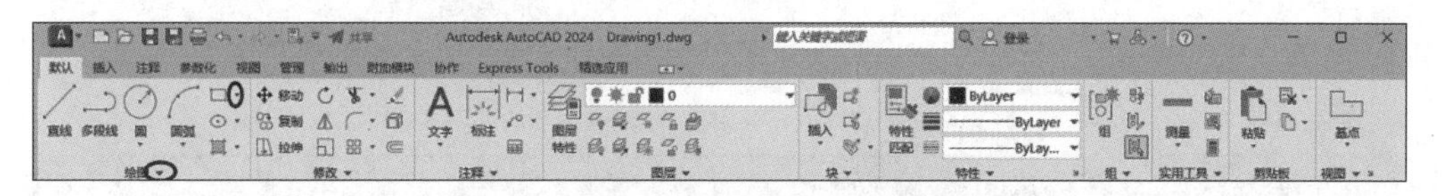

图 1-7 “草图与注释”工作空间的功能区

提示

若功能区未显示，则可以在命令行输入 RIBBON，再按 Enter 键，即可解决。

在功能区选项组名称的右侧有个下三角形按钮▾，单击将其展开，可以显示同类的命令按钮。如果选项组中某个按钮的下方或右侧有▾按钮，则表示该按钮下面还有其他的命令按钮，可单击展开下拉列表，显示其他命令按钮。功能区可以打开或关闭，打开功能区有两种方法，第一种是在命令行输入 RIBBON 再按 Enter 键；第二种是在菜单栏选择“工具”→“选项板”→“功能区”命令。

（5）绘图区。绘图区是用户使用 AutoCAD 2024 软件进行绘图，并显示所绘制图形的区域，类似于手工绘图的图纸。绘图区大小可变，用户可以通过缩放、平移等命令来观察绘图区已绘制的图形。

绘图区主要包括十字光标、坐标系、导航栏和命令行窗口等，如图 1-8 所示。十字光标的交点为当前光标位置；左下角的坐标系默认为世界坐标系（WCS）；单击导航栏按钮，用户可以缩放、平移或动态观察所绘图形；通过视图导航器，用户还可以在标准视图和等轴测视图之间切换，但是注意在二维绘图时，此项功能作用不大。

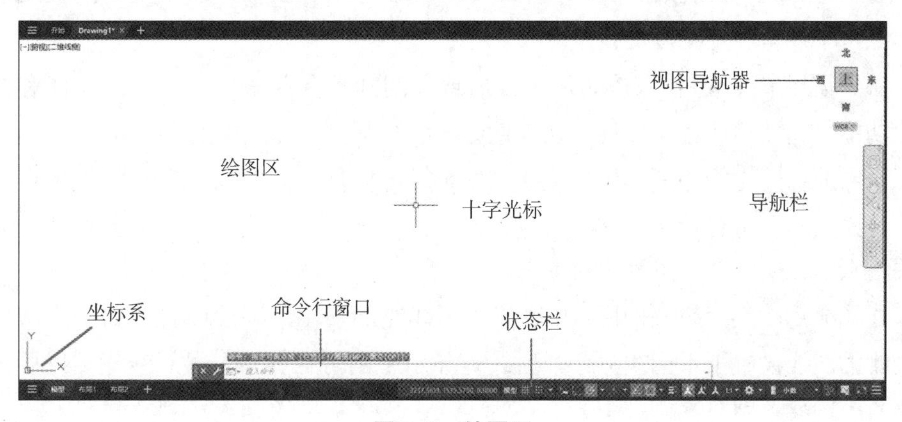

图 1-8 绘图区

绘图区中十字光标的大小、绘图背景颜色都是可以改变的，这部分内容将在 1.1.3 节进行讲解。

工作笔记

(6) 命令行窗口。命令行窗口位于绘图区的下方，是 AutoCAD 2024 软件进行人机交互、输入命令、显示相关信息和提示的区域，用户可以根据自己的喜好拖动或改变命令行窗口的位置和大小。按 Ctrl+9 快捷键可打开或关闭命令行窗口。

提示

命令行窗口就像辅助绘图小助手，记忆操作记录，可提示下一个步骤。熟练运用命令行窗口，可以提高绘图效率及自学能力。

(7) 状态栏。状态栏位于工作空间最底端，用于显示或设置当前的绘图状态。用户可根据需要单击对应按钮对其进行打开（呈现蓝色）或关闭（呈现灰白色）。状态栏常见按钮如图 1-9 所示。

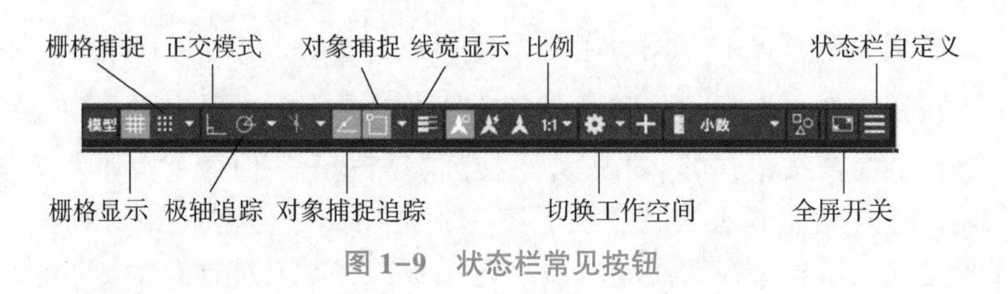

图 1-9 状态栏常见按钮

栅格显示：该按钮用于开启或关闭栅格的显示。若开启，则屏幕上将布满小点。

栅格捕捉：该按钮用于开启或关闭栅格捕捉模式。捕捉模式可以使十字光标轻易地捕捉到每个栅格上的点。在绘图时，建议关闭该模式，否则会影响点的捕捉，并使十字光标有跳跃感。

正交模式：该按钮用于开启或关闭正交模式。正交模式即十字光标只走 X 轴或者 Y 轴方向，不能直接画斜线。

极轴追踪：该按钮用于开启或关闭极轴追踪。极轴追踪可用于捕捉或绘制与起点水平线呈一定角度的线段。

对象捕捉追踪：该按钮用于开启或关闭捕捉参照线的显示。该功能和对象捕捉功能一起使用，用于捕捉点在线性方向上与其他特殊对象点的交点。

对象捕捉：该按钮用于开启或关闭对象捕捉。对象捕捉即十字光标在接近某些特殊点时，可自动引到该特殊点。所有的几何对象都有一些决定其形状和方位的关键点，在绘图时，可利用对象捕捉功能自动捕捉这些关键点。

线宽显示：该按钮用于开启或关闭线宽的显示。在绘图时，如果为图层和所绘制的图线设置了不同线宽，开启线宽显示，则可在屏幕上显示线宽，以标识各种具有不同线宽的对象。

切换工作空间：该按钮用于工作空间的切换，可切换为“草图与注释”“三维基础”“三维建模”三个工作空间，并可将当前工作空间另存为某个空间。

状态栏自定义：该按钮用于显示或者隐藏状态栏中的某个按钮。

提示

在状态栏中，常用的按钮包括栅格显示、正交模式、极轴追踪、对象捕捉、线宽显示等，用好状态栏可以提高绘图效率。在绘图过程中，状态栏不是一成不变的，要具体问题具体分析，灵活应用。

3. 鼠标和键盘功能

（1）鼠标一般有左键、中键（滚轮）和右键三个按键。在 AutoCAD 2024 软件中，鼠标的每个按键均有其独特的功能，如表 1-1 所示。

表 1-1 鼠标按键功能

鼠标按键	左键	中键（滚轮）	右键
功能	①拾取（选择）对象：光标移动到命令按钮并单击，即可调用该命令，也可拾取绘图区的图形对象。 ②绘图区输入点：在绘图时，可在绘图区直接单击一个点，或捕捉已有图形对象中的一个特征点	①转动滚轮，可以实现缩放绘图区中的图形，一般往前滚动放大图形，往后滚动缩小图形。 ②按住滚轮并拖动鼠标，可以实现图形平移。 ③双击滚轮，可以显示绘图区全部图形	①确认键，相当于 Enter 键或空格键。 ②弹出快捷菜单：可以确认或取消当前命令，可以平移、缩放图形等

（2）键盘除了用来输入文字和数据外，还常用到空格键、Enter 键、Esc 键、Delete 键。键盘常用按键功能如表 1-2 所示。

表 1-2 键盘常用按键功能

键盘按键	空格键	Enter 键	Esc 键	Delete 键
功能	①结束数据的输入或确认默认值。 ②结束命令。 ③重复上条命令	①结束数据的输入或确认默认值。 ②结束命令。 ③重复上条命令	取消当前操作（命令、选择对象等）	选择对象后，按下该键将删除被选择的对象

提示

在命令行中输入数据或命令后，必须按一下空格键或 Enter 键表示输入结束。由于空格键在键盘的位置比较好操作，所以当结束数据输入或确认默认值时，建议多用空格键，以提高绘图效率。

4. 工作空间的切换

工作空间是经过分组和组织的菜单栏、工具栏、选项卡和选项组的集合，常用于各种任务的绘图环境。AutoCAD 2024 软件提供了“草图与注释”“三维基础”和“三维建模”三个工作空间，在启动软件后默认进入“草图与注释”工作空间。切换工作空间的常用方法有以下两种。

工作笔记

(1) 在快速访问工具栏上单击“切换工作空间”按钮，然后在下拉菜单中选择一个工作空间，如图 1-10 所示 1 的位置。

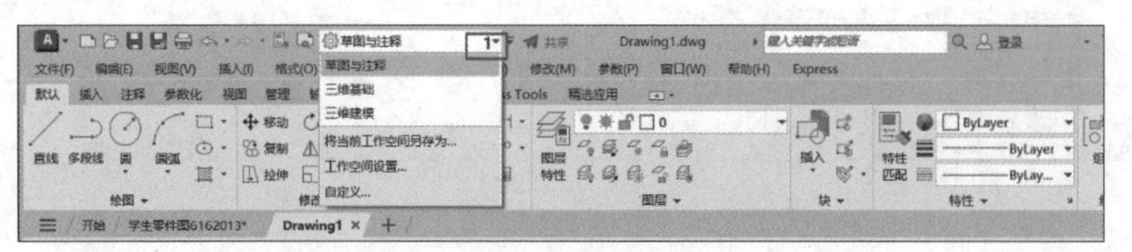

图 1-10　利用快速访问工具栏切换工作空间

(2) 单击状态栏中的“切换工作空间”按钮，然后选择一个工作空间，如图 1-11 所示 2 的位置。

图 1-11　利用“切换工作空间”按钮切换工作空间

“草图与注释”工作空间主要用于绘制二维图样；“三维基础”工作空间利用典型的三维建模命令绘制简单的三维模型；“三维建模”工作空间拥有更全面和高级的三维建模命令，可绘制比较复杂的三维模型。“草图与注释”“三维基础”和“三维建模”三个工作空间的功能和操作有所区别。

(1)“三维基础”工作空间。在图 1-10 或图 1-11 所示的工作空间选项中选择“三维基础”命令，即可切换到“三维基础”工作空间，如图 1-12 所示。在该工作空间用户可以使用“创建”“编辑”和“修改”等选项组创建三维实体或三维网格。

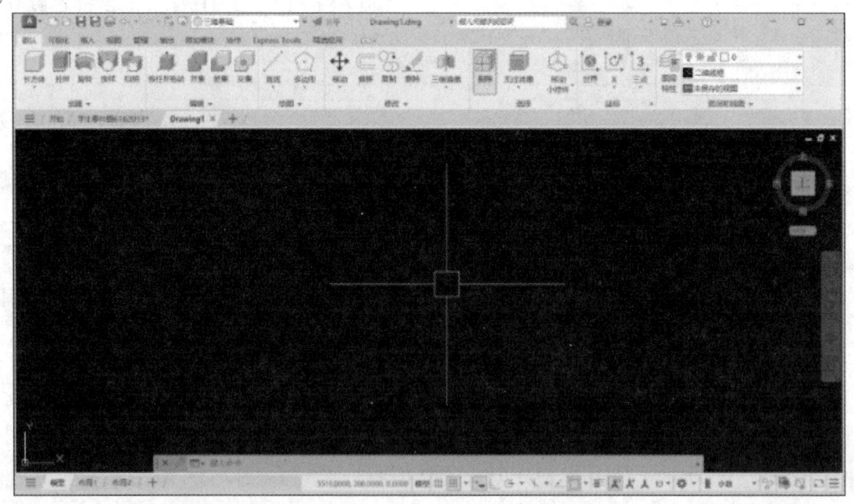

图 1-12　“三维基础”工作空间

工作笔记

（2）“三维建模”工作空间。在图 1-10 或图 1-11 所示的工作空间选项中选择“三维建模”命令，即可切换到“三维建模”工作空间，如图 1-13 所示。在“三维建模”工作空间，用户可以更加方便地进行三维建模和渲染。

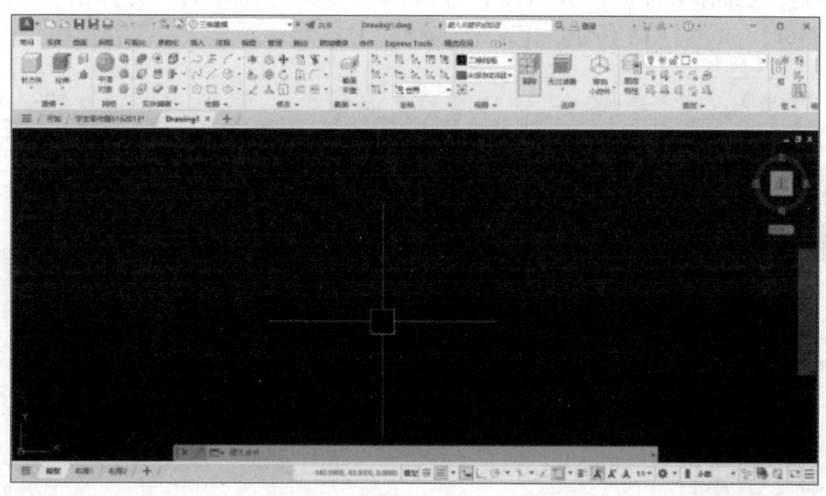

图 1-13　“三维建模”工作空间

5. AutoCAD 文件的管理

同其他办公软件一样，AutoCAD 文件的管理一般包括新建、打开、保存、另存为、关闭文件，退出软件等。

（1）新建文件。在快速访问工具栏中单击“新建”按钮，或按 Ctrl+N 快捷键，或在菜单栏中选择“文件”→“新建”命令，均可实现新建文件。执行新建文件命令后，将弹出“选择样板”对话框，如图 1-14 所示，选择 acadiso 文件，单击“打开”按钮右侧的下拉按钮，单击“无样板打开-公制”按钮，即可建立一个公制的横放 A3 图幅文件。

图 1-14　“选择样板”对话框

工作笔记

（2）保存文件。在快速访问工具栏中单击“保存”按钮或“另存为”按钮，或按 Ctrl+S 快捷键，或在菜单栏中选择“文件”→“保存”或“另存为”命令，均可实现保存文件。首次执行保存或另存为文件命令后，将弹出“图形另存为”对话框，如图 1-15 所示，其操作步骤如下。

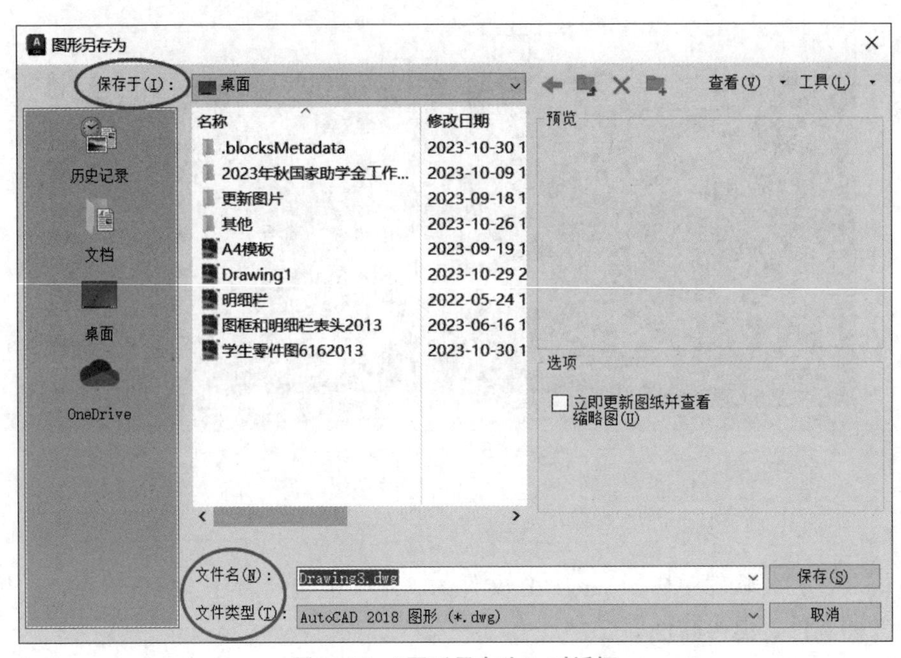

图 1-15 “图形另存为”对话框

① 在底部“文件类型”下拉列表框中选择所需要的文件类型，如 AutoCAD 2018 图形（*.dwg）、AutoCAD 图形样板（*.dwt）、AutoCAD 图形标准（*.dws）等。在保存一般图形文件时应采用默认类型，即 AutoCAD 2018 图形（*.dwg）；在保存模板文件时应采用 AutoCAD 图形样板（*.dwt）。

② 在“保存于”下拉列表框中选择文件存放的磁盘目录，也可单击“新建文件夹”按钮，创建用于保存 AutoCAD 文件的文件夹，创建后双击该文件夹使其显示在“保存于”下拉列表框中。

③ 在“文件名”文本框中输入图形文件名称。

④ 单击“保存”按钮即可保存当前图形。

提示

建议创建一个专用文件夹，用于保存 AutoCAD 文件，这样既能提高文件保存和查找效率，又能养成良好的工作文件保存和管理习惯。

（3）打开文件。在快速访问工具栏中单击“打开”按钮，或按 Ctrl+O 快捷键，或在菜单栏中选择“文件”→“打开”命令，均可实现打开文件。执行打开文件命令后，将弹出“选择文件”对话框，如图 1-16 所示。在“查找范围”下拉列表框中找到存放文件的文件夹，双击要打开的文件即可。

工作笔记

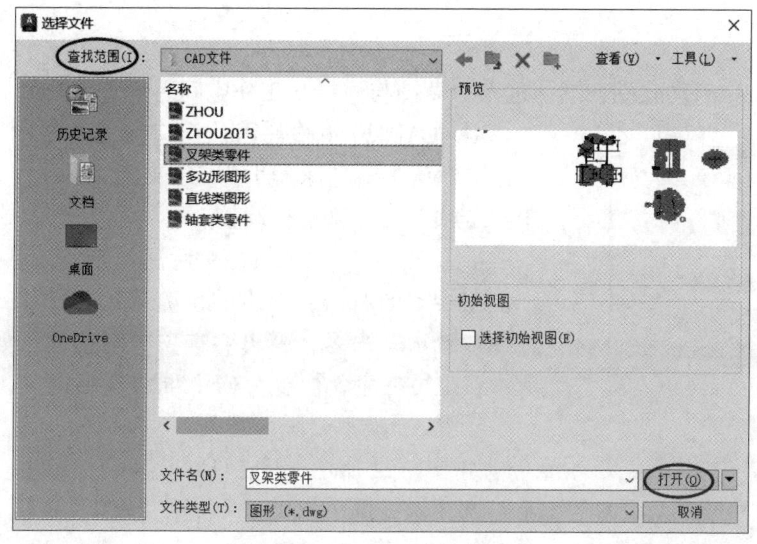

图 1-16 “选择文件”对话框

（4）关闭文件或退出 AutoCAD 2024 软件。关闭 AutoCAD 2024 软件可以直接关闭当前文件，或通过退出 AutoCAD 2024 软件实现，切不可直接关机（会丢失文件）。如图 1-17 所示，可以单击①功能区下方文件名右侧的 × 按钮或单击②菜单栏右侧的 × 按钮关闭当前文件，也可以单击③标题栏右侧的 × 按钮直接退出 AutoCAD 2024 软件。

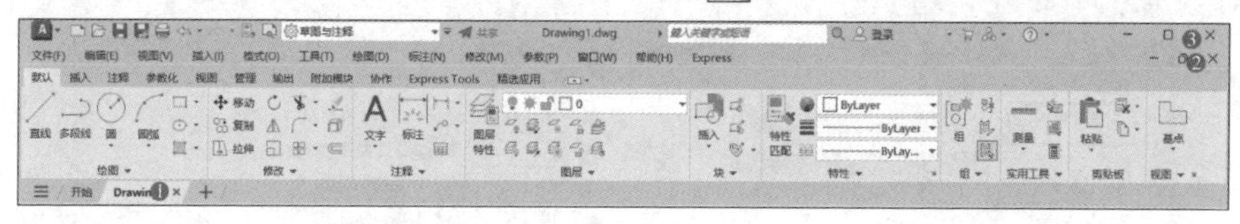

图 1-17 关闭文件或退出 Auto 2024 软件

单击③标题栏右侧的 × 按钮，将弹出退出警告对话框，如图 1-18 所示，单击“是”按钮保存修改，并在指定位置保存好文件退出 AutoCAD 2024 软件。

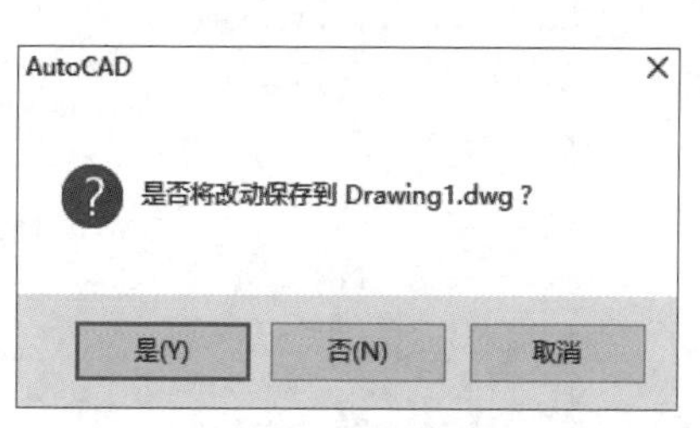

图 1-18 退出警告对话框

6. 命令调用和终止方法

（1）命令调用方法如下。

① 单击功能区命令按钮。

② 输入命令快捷键，按空格键确认。常用的命令快捷键见附录 C。

③ 从菜单栏中选择命令。

（2）命令终止方法如下。

① 当一条命令正常完成后将自动终止。

② 在命令执行过程中按 Esc 键可终止当前命令。

③ 按空格键、Enter 键或单击“取消”按钮结束命令。

④ 从菜单栏或功能区调用另一命令时，将自动终止当前正在执行的命令。

工作笔记

1.1.3 工作步骤

步骤 1：启动软件，默认进入“草图与注释”工作空间。

图 1-19 右击弹出的快捷菜单

AutoCAD 2024 软件默认窗口元素和绘图区颜色为暗色，默认十字光标大小为 5、夹点大小为 5。可以利用“选项”命令来进行调整。

步骤 2：调出“选项”对话框。

在绘图区右击，弹出的快捷菜单如图 1-19 所示，选择“选项”命令，弹出“选项”对话框，如图 1-20 所示；也可在命令行输入 OP，再按空格键。

步骤 3：调整绘图区颜色。

如图 1-21 所示，单击①“显示”标签，进入“显示”选项卡，再单击②“颜色”按钮，弹出“图形窗口颜色”对话框，如图 1-22 所示。在“上下文”列表框中选择“二维模型空间”命令，在“界面元素”列表框中选择“统一背景”命令，在“颜色”列表框中选择“黑”命令，单击“应用并关闭”按钮，返回图 1-20 所示“选项”对话框，单击“应用”按钮。完成以上操作后，绘图区即更改为黑色，效果如图 1-23 所示。

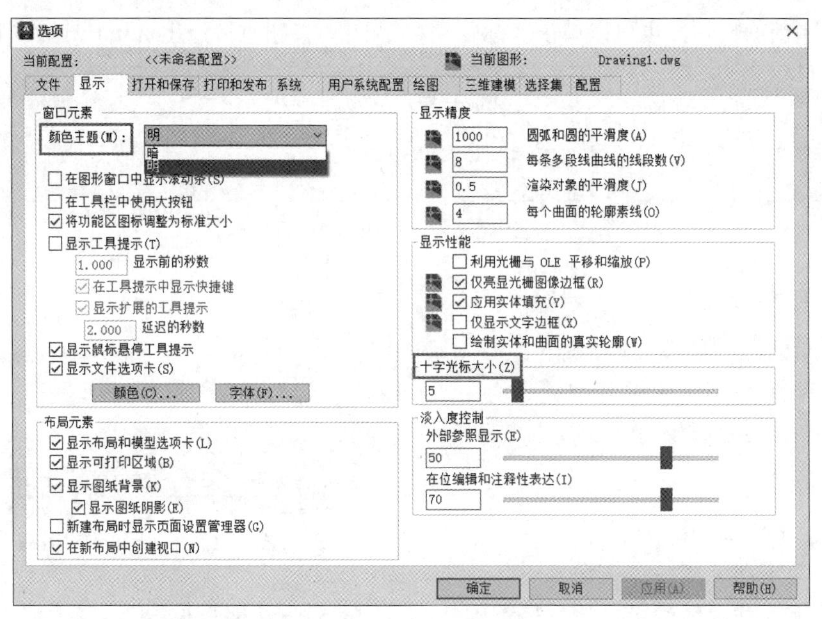

图 1-20 “选项”对话框

提示

绘图区颜色建议选择黑色，可以减少眼睛的疲劳感，有益眼睛健康。将十字光标和靶框调大，对于提高绘图效率和保护眼睛健康都有一定的意义。应养成健康良好的绘图习惯。

工作笔记

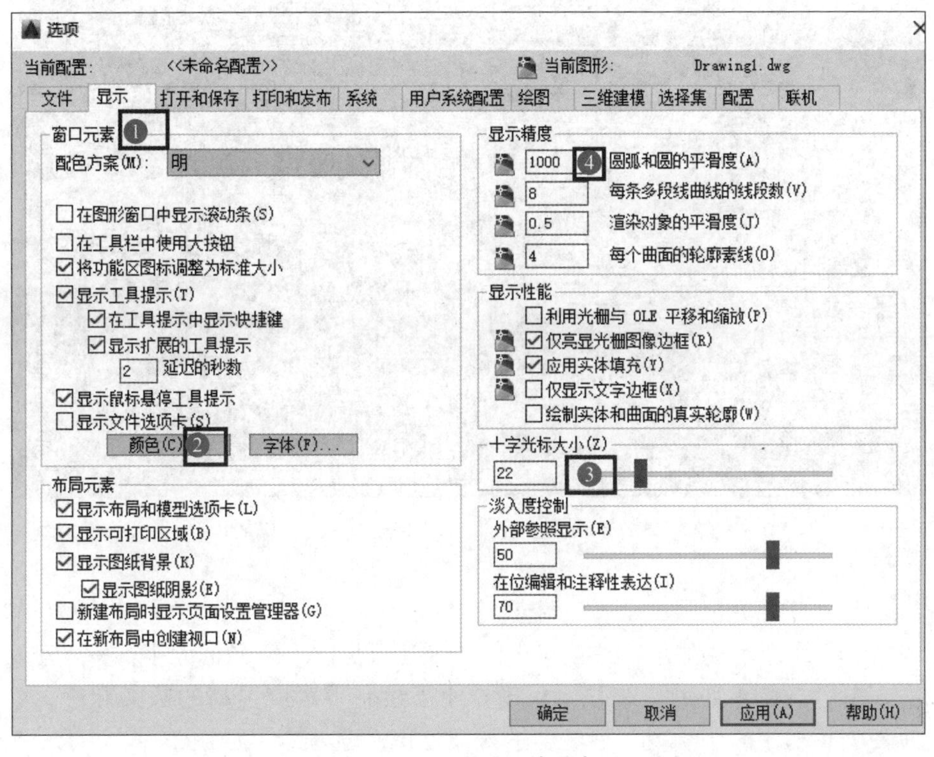

图 1-21 “显示”选项卡

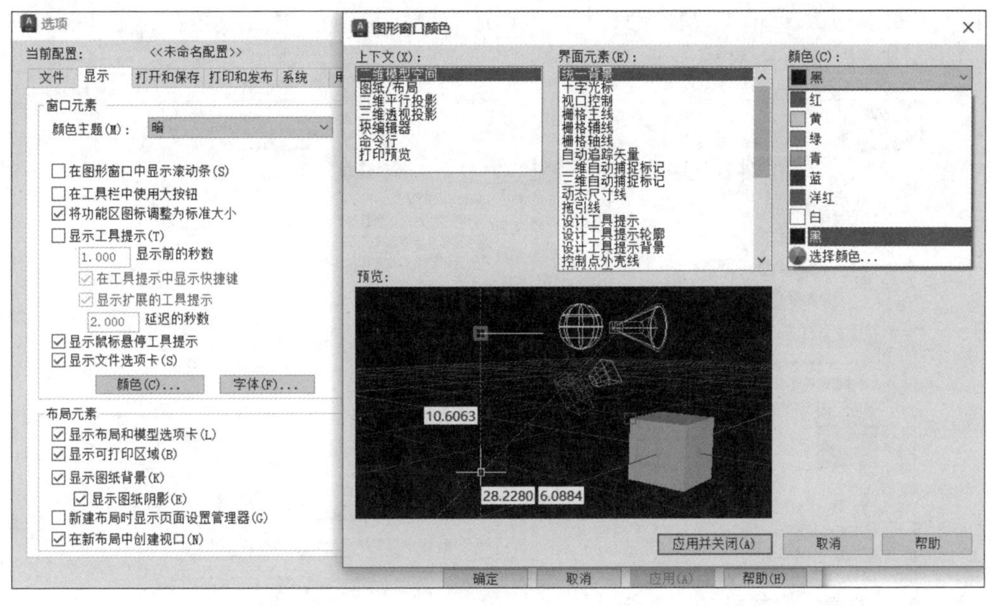

图 1-22 “图形窗口颜色”对话框

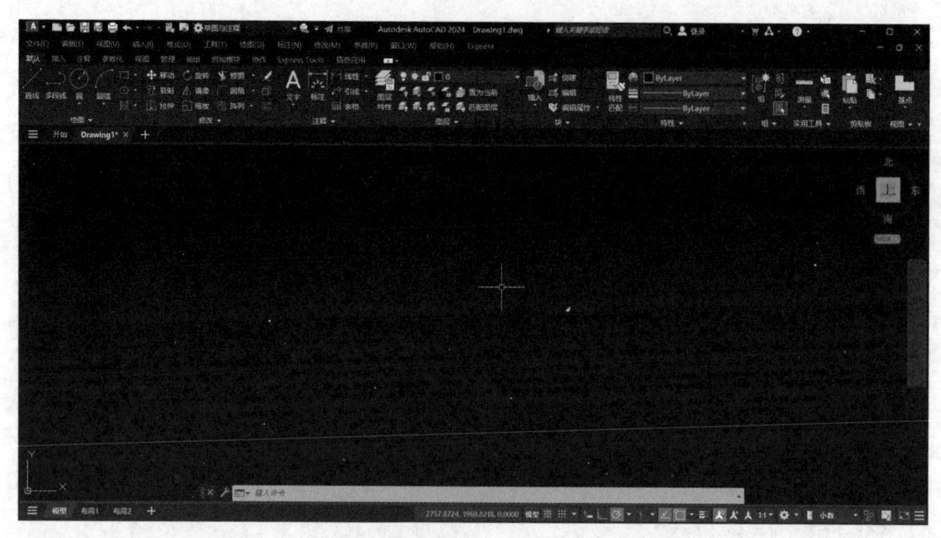

图 1-23　修改颜色后的“草图与注释”工作空间

步骤 4：十字光标及夹点大小调整。

在图 1-21 所示“显示”选项卡中的③处还可更改十字光标大小，一般建议设置为 25 左右；在④处可更改显示精度，便于绘制平滑度更高的圆弧和圆。单击“选项”对话框中的“绘图”标签，进入“绘图”选项卡，如图 1-24 所示，在该选项卡中将“靶框大小”和“自动捕捉标记大小”调到最右侧。单击“选项”对话框中的“选择集”标签，进入“选择集”选项卡，如图 1-25 所示，在该选项卡中将“拾取框大小”和“夹点尺寸”调到最右侧，单击“确定”按钮，图 1-26 所示即为调整后的十字光标。

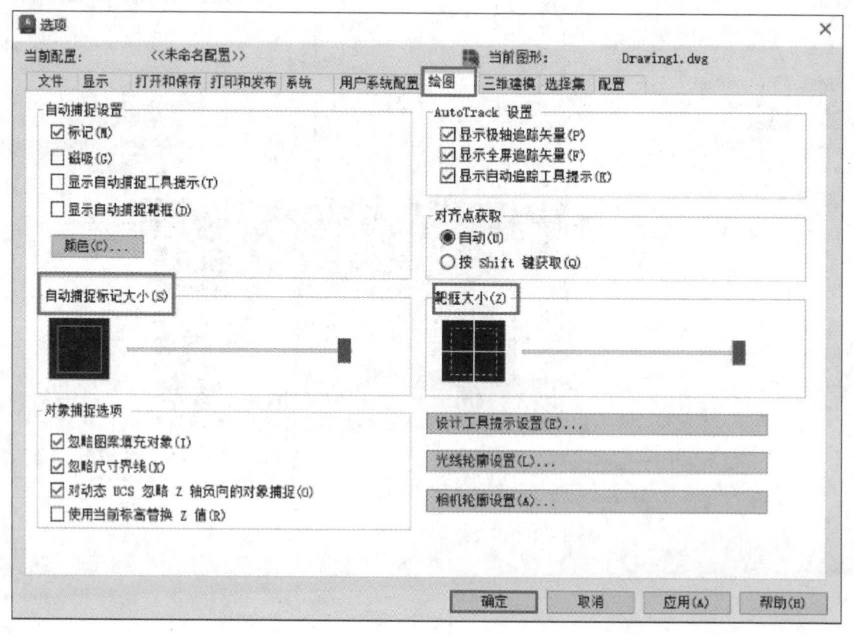

图 1-24　“绘图”选项卡

工作笔记

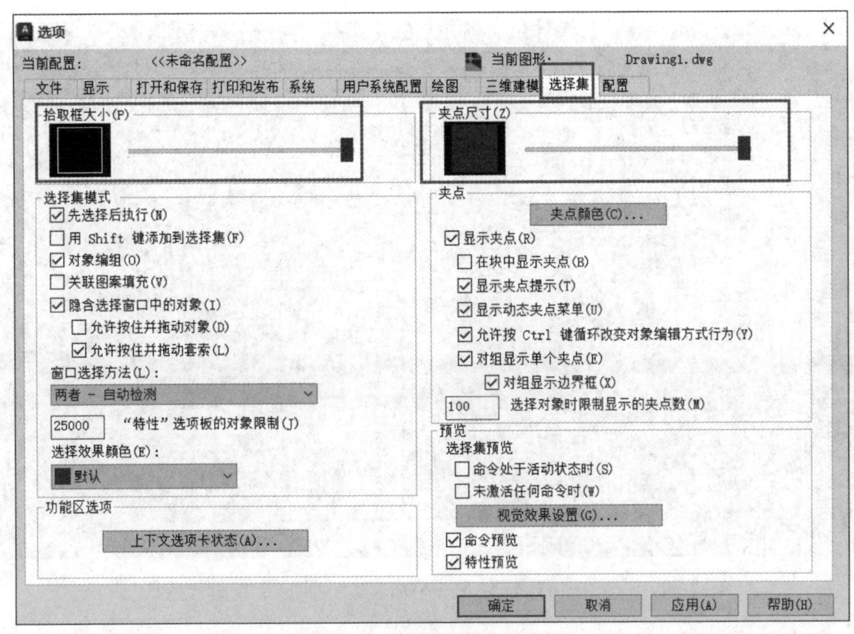

图 1-25　“选择集”选项卡

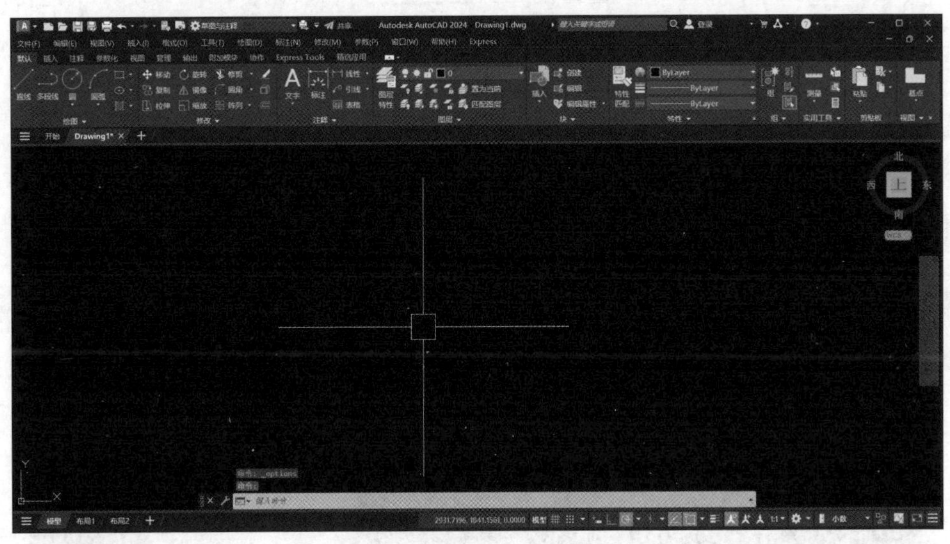

图 1-26　调整后的十字光标

步骤 5：保存文件。

新建一个用于保存 AutoCAD 文件的文件夹，将设置好背景、十字光标大小的 Drawing1 文件保存为名为“机械 A4 绘图模板”的文件。

工作任务 1 中的机械 A4 绘图模板工作空间设置完成。工欲善其事，必先利其器！

步骤 6：AutoCAD 经典工作空间设置。

图 1-27 所示为 AutoCAD 软件 2010 版本前所用的经典工作空间，它由若干工具条组成，工具条可以根据需要调出和关闭。下面分三步来讲解 AutoCAD 2024 软件经典工作空间的设置。

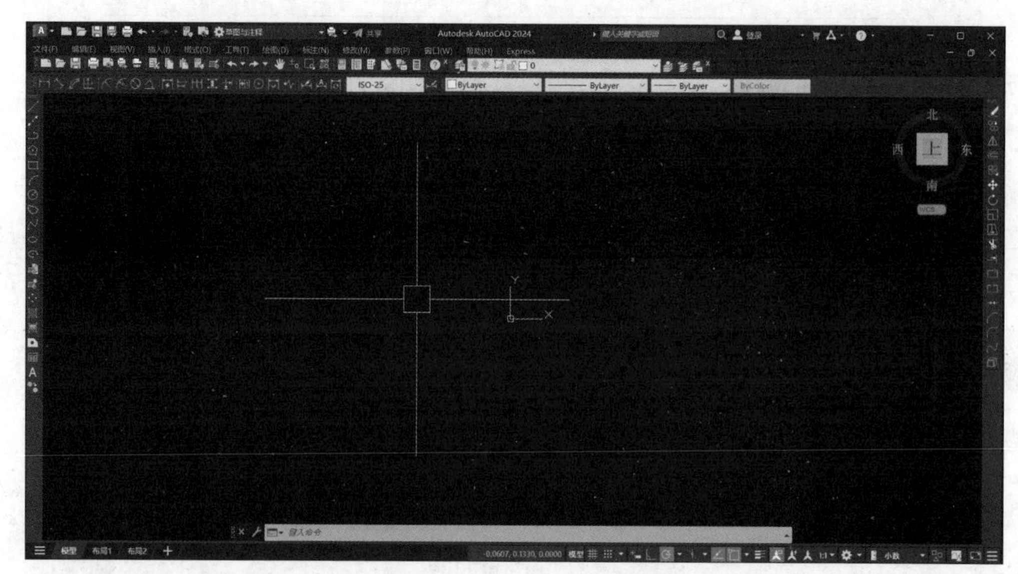

图 1-27　AutoCAD 软件 2010 版本前所用的经典工作空间

（1）调出菜单栏。单击快速访问工具栏右侧的 按钮，在“自定义快速访问工具栏”下拉菜单中，选择“显示菜单栏”命令，菜单栏即出现在快速访问工具栏下方，如图 1-28 所示。

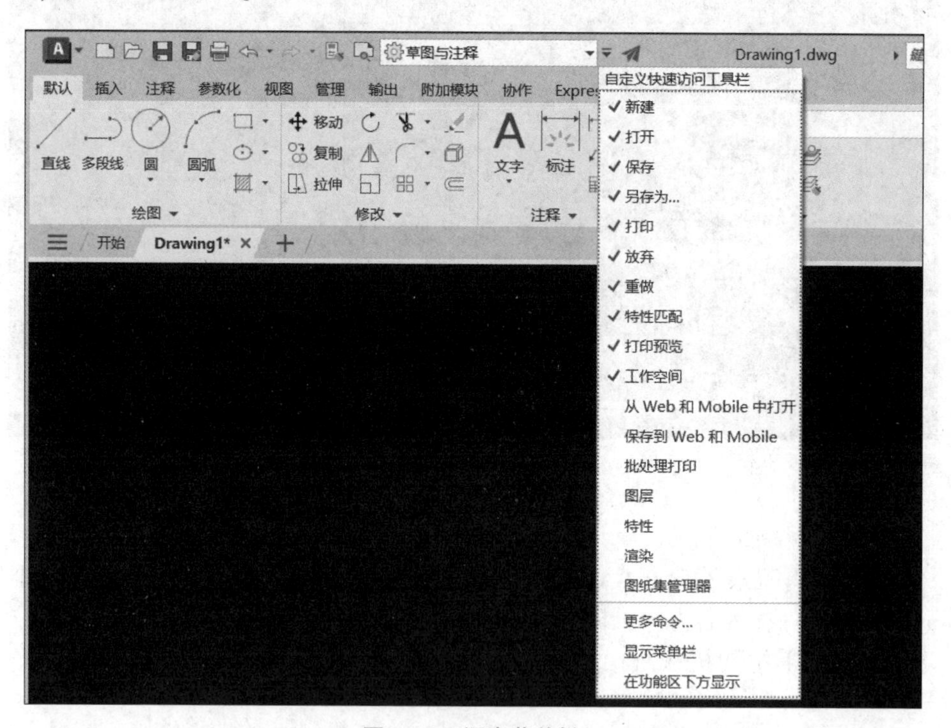

图 1-28　调出菜单栏

（2）关闭功能区。在菜单栏中选择①“工具”→②“选项板”→③“功能区”命令，即可关闭功能区，如图 1-29 所示；也可以在命令行输入 RIBBONCLOSE 再按

Enter 键关闭功能区。

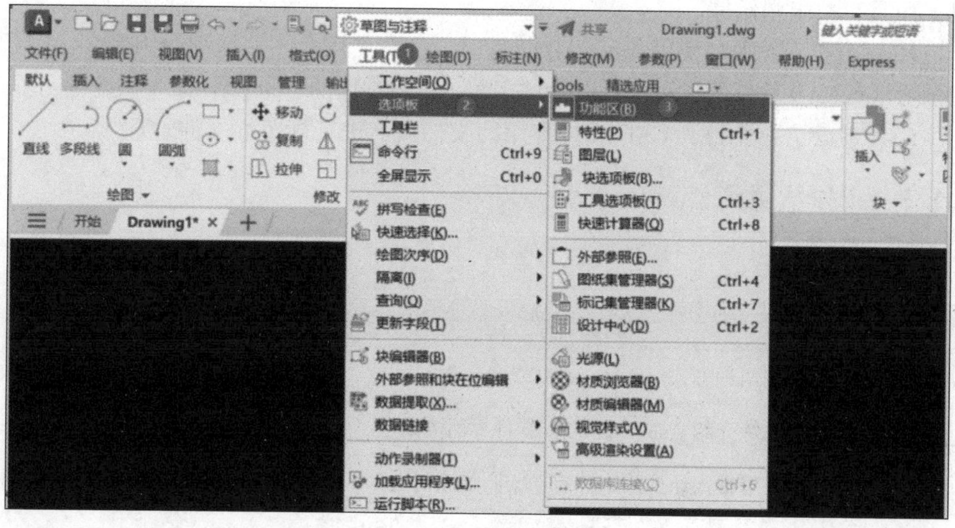

图 1-29　关闭功能区

（3）调出常用工具条。在菜单栏中选择①“工具”→②“工具栏”→③“AutoCAD”命令，在级联菜单中找到“修改”“图层”“标准”“标注”等常用的命令工具条，如图 1-30 所示，单击相应的工具条即可布置成 AutoCAD 经典工作空间。

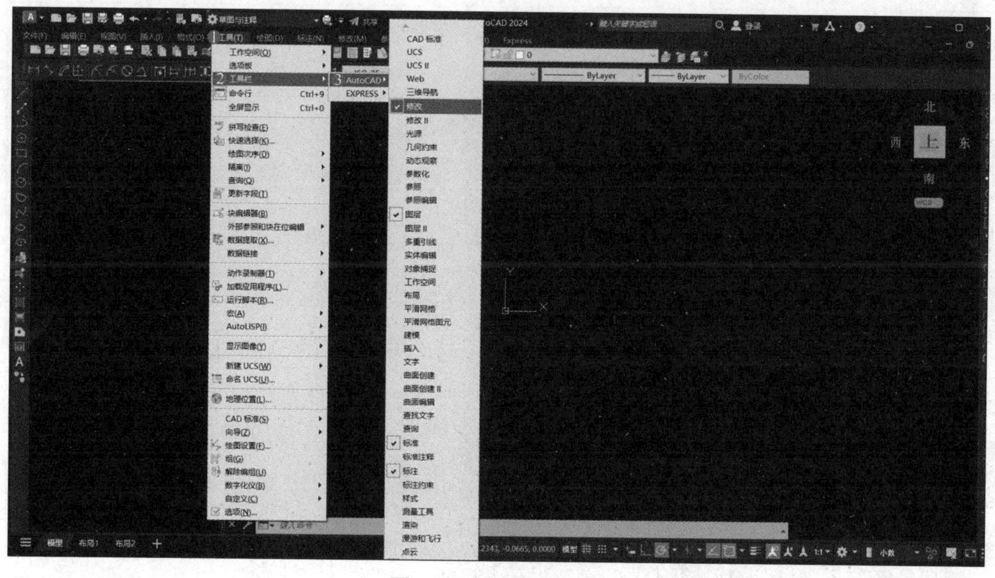

图 1-30　调出工具条

1.1.4　工程师点评

AutoCAD 2024 软件中文版具有良好的用户操作窗口，易于掌握、操作方便，其最大的优势是不仅可以绘制二维图样，同时也可以实现三维建模、图形渲染和打印输出等功能。熟练运用 AutoCAD 软件是机械工程技术人员必须掌握的技能，在刚开始学习时需要有意识地培养高效率、便捷和健康操作等习惯，主要包括以下几点。

（1）绘图区最好设置为黑色，十字光标和夹点应调大，这样不但能提高绘图效率，而且有益眼睛健康。

（2）企业工程师在使用 AutoCAD 软件时，一般使用命令快捷键调用命令，因此，在学习 AutoCAD 软件的过程中，应尝试多记、多用常用的 AutoCAD 命令快捷键。

（3）应建立一个 AutoCAD 文件专用的文件夹，进行规范性文件管理。

1.1.5 工作质量评价

1. 质量评价表

序号	自评内容	分数配置	自评得分
1	会用两种方式启动 AutoCAD 2024 软件	5 分	
2	能熟练介绍 AutoCAD 2024 软件界面的组成	10 分	
3	会设置提高绘图效率和有益眼睛健康的选项	10 分	
4	了解常用的状态栏绘图辅助工具	10 分	
5	熟悉鼠标各按键的功能	10 分	
6	已经建好用来保存 AutoCAD 文件的文件夹	10 分	
7	提醒自己要养成保存文件的习惯	5 分	
8	创建保存“机械 A4 绘图模板”文件，该文件已经设置好十字光标大小、夹点大小	20 分	
9	逐步能用联系方法掌握 AutoCAD 2024 软件启动和常用设置	10 分	
10	注重软件使用过程中的用眼健康	10 分	

2. 测一测（选择题）

参考答案

（1）在 AutoCAD 2024 软件运行过程中，按住鼠标中键的同时移动鼠标，将实现图形的（　　）。

A. 放大　　B. 平移　　C. 缩小　　D. 没有操作

（2）在 AutoCAD 2024 软件运行过程中，按住鼠标中键并向前滚动，将实现图形的（　　）。

A. 没有变化　　B. 缩小　　C. 放大　　D. 平移

（3）在 AutoCAD 2024 软件运行过程中，命令行窗口开关的命令快捷键是（　　）。

A. Ctrl+3　　B. Tab　　C. Ctrl+6　　D. Ctrl+9

（4）机械制图国标中 A4 图幅的大小是（　　）。

A. 210 mm×297 mm　　B. 420 mm×297 mm

C. 180 mm×210 mm　　D. 180 mm×297 mm

（5）在 AutoCAD 2024 软件运行过程中，全屏显示的命令快捷键是（　　）。

A. Ctrl+3　　B. Tab　　C. Ctrl+0　　D. Ctrl+1

工作笔记

子任务 1.2 创建图层

任务实施流程如图 1-31 所示。

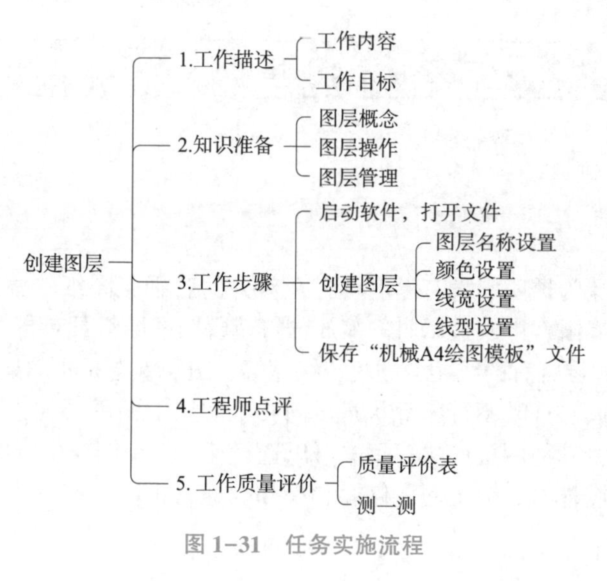

图 1-31 任务实施流程

1.2.1 工作描述

1. 工作内容

打开子任务 1.1 中的“机械 A4 绘图模板”文件，按照表 1-3 中的图层信息创建 7 个图层，将轮廓线图层设置为当前图层，并保存文件。

创建图层

表 1-3 图层信息

图层名称	线型名称	线条样式	颜色	线宽	用途
轮廓线	Continuous	粗实线	红色	0. 50 mm	可见轮廓线、可见过渡线
中心线	CENTER2	点画线	红色	0. 25 mm	对称中心线、轴线
细实线	Continuous	细实线	黄色	0. 25 mm	波浪线
剖面线	Continuous	细实线	绿色	0. 25 mm	剖面线
尺寸线	Continuous	细实线	洋红	0. 25 mm	尺寸线和尺寸界限
虚线	DASHED	虚线	蓝色	默认	不可见轮廓线、不可见过渡线
双点画线	PHANTOM	双点画线	蓝色	默认	假想线

2. 工作目标

（1）温习机械制图国标中关于图线的要求，遵守职业规范，联系徒手绘图中使用的铅笔来理解图层。

（2）会调出“图层特性管理器”对话框。

（3）会创建符合机械制图国标要求的图层。

（4）会为图线切换图层。

（5）能根据工作需要，对图层进行锁定、开/关及冻结等操作。

提示

在创建图层之前，一定要熟悉机械制图国标中关于图线的要求，规范记心中。

1.2.2 知识准备

1. 图层概念

图层可以想象为透明、没有厚度且完全对齐的若干张图纸的叠加，它们具有相同的坐标、图形界限，以及显示时的缩放倍数。每个图层都具有自身的属性和状态。图层属性是指该图层特有的线型、颜色、线宽等；图层状态是指图层的开/关、冻结/解冻、锁定/解锁、打印/不打印等状态。同一个图层上的图形元素具有相同的图层属性和状态，不受其他图层影响。用户可以选择任意一个图层进行图形绘制。

在绘制工程图样时，为了便于修改和操作，通常把同一张图中相同属性的内容放在同一图层上。

提示

联系徒手绘图，图层就像徒手绘图中用到的铅笔，绘制不同的图线，匹配对应图层，这样便于图线的分类和图层的操作，提高编辑图形的效率，便于读图。

2. 图层操作

图层操作是指用户利用“图层特性管理器”对话框进行创建新图层、设置当前图层、删除或重命名选定图层、设置或更改选定图层特性（颜色、线型、线宽等）及图层状态（开/关、冻结/解冻、锁定/解锁、打印/不打印）等操作。

（1）调出“图层特性管理器”对话框。调出“图层特性管理器”对话框的方式有以下三种。

① 在功能区选择“默认”→“图层”→“图层特性”命令。

② 在命令行输入 LA，按空格键。

③ 在菜单栏中选择“格式”→“图层”命令。

执行上述操作后，系统将弹出“图层特性管理器”对话框，如图 1-32 所示，此时系统默认创建 0 层。

（2）创建新图层、重命名图层、设置当前图层、删除图层。在“图层特性管理器”对话框中，单击“新建图层”按钮，图层列表中将显示“图层 1”的新图层，并且是被选中状态，此时已经创建一个新的图层；在“名称”文本框中输入图层名称，可以为新建图层重命名；选中一个图层后，单击“置为当前图层”按钮，即可将选定图层设置为当前图层；选中一个图层后，单击“删除图层”按钮

，即可将选定图层删除。

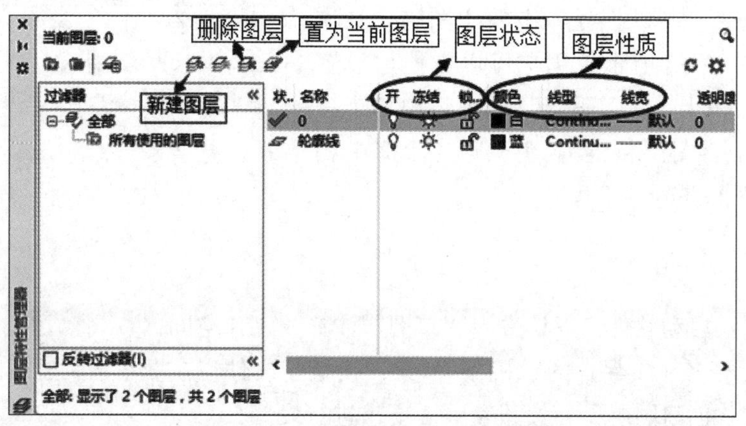

图 1-32 “图层特性管理器”对话框

注意：系统默认创建的 0 层、包含对象的图层及当前图层均是不能删除的。

（3）图层特性设置。图层特性包括图线的颜色、线型和线宽等。AutoCAD 2024 软件提供了丰富多样的图线颜色、线型和线宽，用户可以在“图层特性管理器”对话框中单击相应图标进行设置。具体操作方法参见 1. 2. 3 节。

（4）图层状态设置。每个图层都有开/关、冻结/解冻、锁定/解锁、打印/不打印等状态，用户可以根据自己的需要进行设置。

① 开/关状态：单击“开”列对应的小灯泡图标，可以打开或关闭图层，用来控制图层上对象的可见性。打开状态小灯泡图标为黄色，此时该图层上的对象可以显示，也可以输出打印；关闭状态小灯泡图标为蓝色，此时该图层上的对象不能显示，也不能输出打印。重新生成图形时，关闭状态图层上的对象仍可参与计算。当关闭当前图层时，系统会自动弹出对话框，警告正在关闭当前图层。

② 冻结/解冻状态：单击“冻结”列对应的图标，可以冻结或解冻图层。图层解冻状态显示太阳图标，此时图层上的对象能够被显示、打印和编辑修改；图层冻结状态显示雪花图标，此时图层上的对象不能被显示、打印和编辑修改。

③ 锁定/解锁状态：单击“锁定”列对应的图标，可以锁定或解锁图层，用来控制图层上的对象能否被编辑修改。图层被锁定时显示的图标为，此时图层上的对象仍然能够显示，但是不能被编辑修改；图层解锁时显示的图标为，此时图层上的对象能够被编辑修改。

④ 打印/不打印状态：单击“打印”列对应的打印机图标，可以设置图层能否被打印，用来在保持图形可见性不变的前提下控制图形的打印特性。打印设置只对打开和解冻的可见图层有效。当该图层不希望被打印时，可以单击该图层对应打印机图标，此时该图标变成，即该图层将不能被打印出来，但在图形文件里仍然存在。

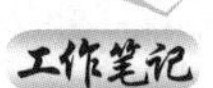

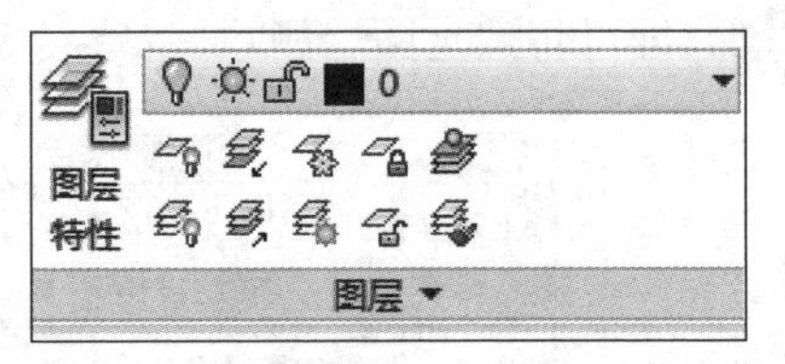

图 1-33 “图层”选项组

3. 图层管理

在功能区“默认”选项卡的“图层”选项组中，如图 1-33 所示，用户可以方便地设置图层的特性和状态。“图层”选项组中各个按钮的功能和“图层特性管理器”对话框中相同，此处不再赘述。

1.2.3 工作步骤

步骤 1：启动软件，默认进入“草图与注释”工作空间。

打开子任务 1.1 保存的“机械 A4 绘图模板”文件，在操作结束后须保存文件。

步骤 2：创建图层，并按照表 1-3 要求进行设置。

(1) 创建“轮廓线”图层，并完成相应设置。在功能区选择“默认”→“图层”→“图层特性”命令，或在命令行输入 LA 再按空格键，弹出“图层特性管理器”对话框，如图 1-34 所示。首先，单击①“新建图层”按钮，在图层列表中②处会增加一个名为“图层 1”的新图层，在名称文本框中输入“轮廓线”，按 Enter 键确认，“轮廓线”图层创建完成。然后，单击③“颜色”列的色块图标，弹出“选择颜色”对话框，在标准色区中单击④红色色块，最后单击⑤“确定”按钮，完成颜色设置。

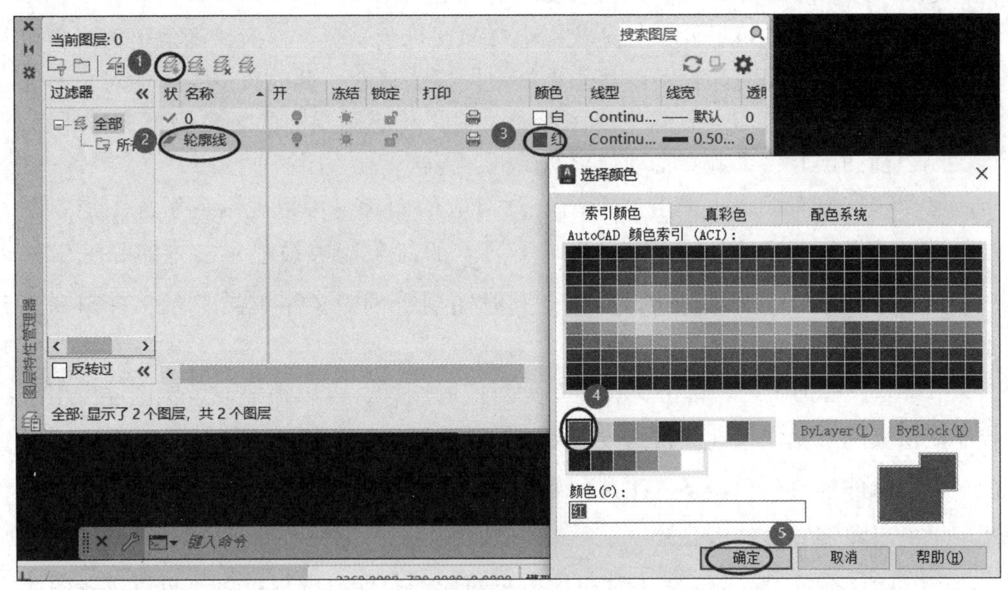

图 1-34 “图层特性管理器”对话框——颜色设置

单击“图层特性管理器”对话框的“线宽”下方①“默认”图标，弹出“线宽”对话框，如图 1-35 所示，在线宽列表框中选择②0.50 mm 命令，单击③“确定”按钮，完成线宽设置。这样“轮廓线”图层就设置完成了。

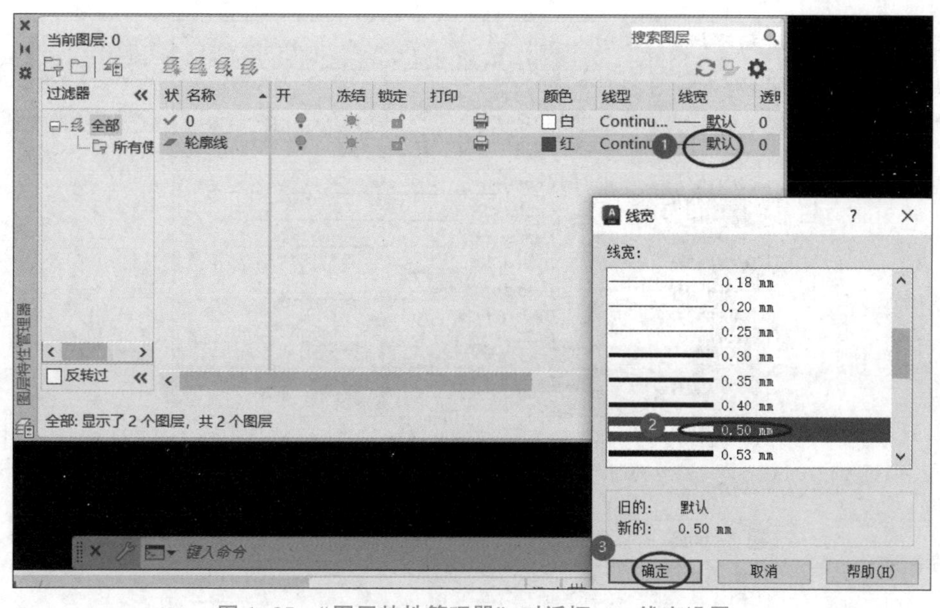

图 1-35 “图层特性管理器”对话框——线宽设置

（2）创建“中心线”图层，并完成相应设置。单击“新建图层”按钮，在图层列表中会增加一个名为“图层 1”的新图层，在名称文本框中输入“中心线”，按Enter 键确认，“中心线”图层创建完成。采用与设置“轮廓线”图层同样的方法，设置“中心线”图层的颜色和线宽。

接下来设置线型 CENTER2。如图 1-36 所示，单击①“线型”列线型名称，弹出“选择线型”对话框，单击② 加载(L)... 按钮，弹出“加载或重载线型”对话框，如图 1-37 所示，在“可用线型”列表框中选择③CENTER2 命令，再单击④“确定”按钮，返回“选择线型”对话框，如图 1-38 所示，在“已加载的线型”列表框中，选择⑤CENTER2 命令，单击⑥“确定”按钮，完成线型设置。

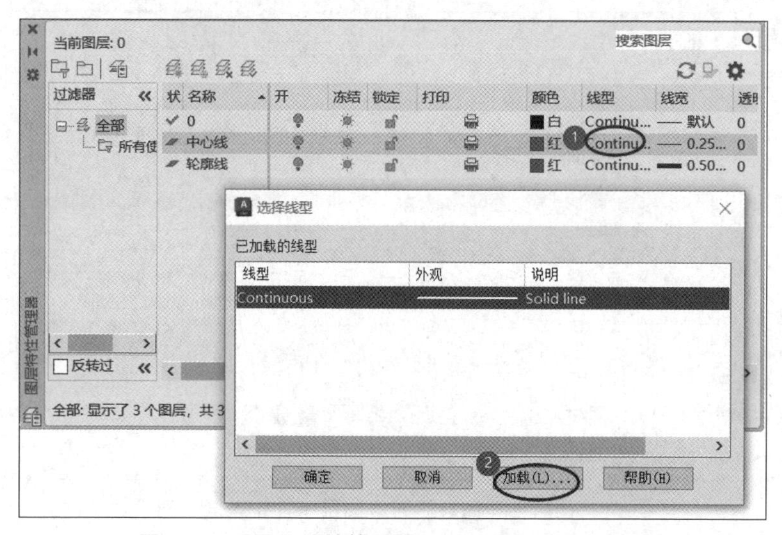

图 1-36 “图层特性管理器”对话框——线型设置

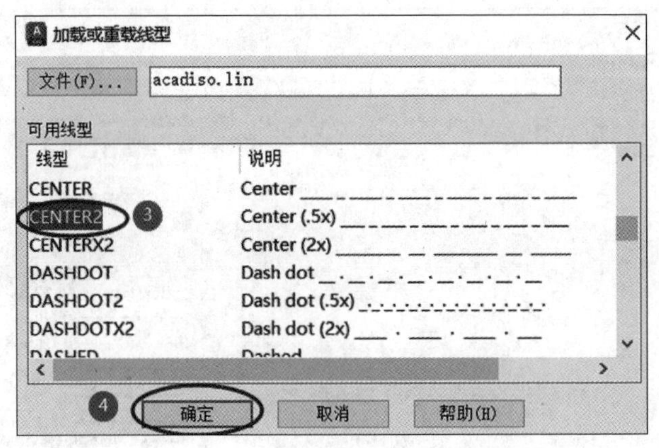

图 1-37 “加载或重载线型”对话框

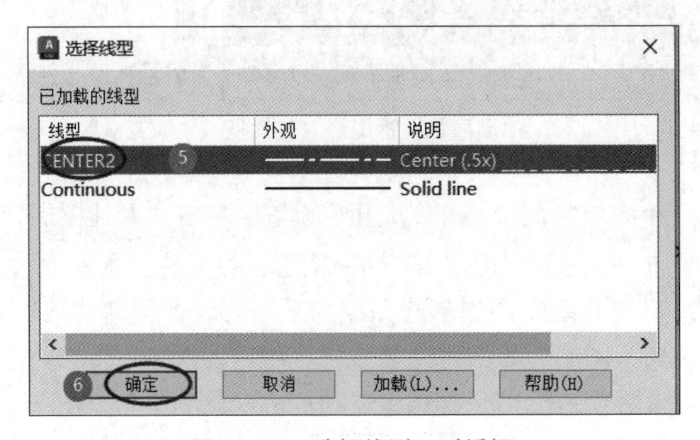

图 1-38 “选择线型”对话框

(3) 创建表 1-3 中另外 5 个图层。采用上述同样的方法，并按照要求进行设置，完成后如图 1-39 所示。

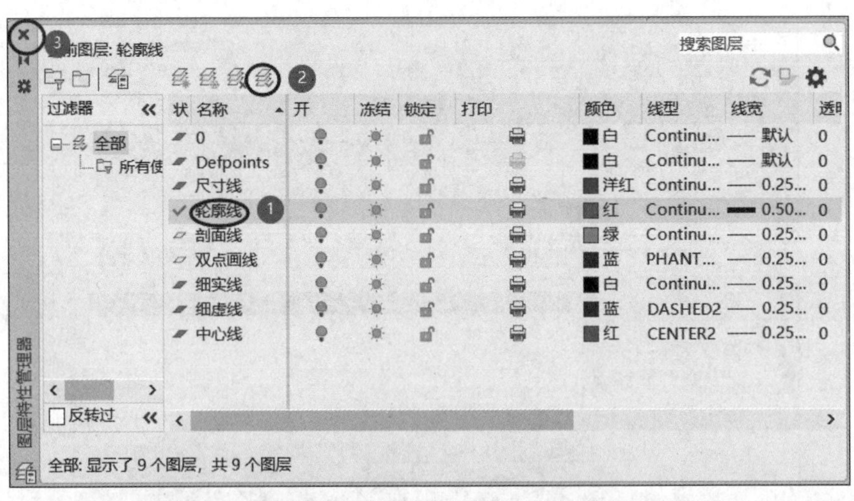

图 1-39 图层创建完成后的“图层特性管理器”对话框

工作笔记

(4) 设置“轮廓线”图层为当前图层。在图1-39中选中①“轮廓线”图层，使其发亮，单击②“置为前图层”按钮，使“轮廓线”图层前出现图标，表明该图层设置为当前图层。单击左上角③按钮，退出“图层特性管理器”对话框。

步骤3：保存“机械A4绘图模板”文件。

单击快速访问工具栏中的“保存”按钮，保存“机械A4绘图模板”文件。

工作任务1中的机械A4绘图模板图层创建完成。磨刀不误砍柴工！

1.2.4 工程师点评

用户在操作过程中应注意以下几点。

(1) 在图层设置完成后，可以在各个图层任意绘制几条线段，打开状态栏中的“线宽显示”按钮，观察不同线宽的效果。

(2) 本子任务按照操作流程，只在最后步骤进行保存文件的操作。在实际操作过程中用户应养成随时保存文件的习惯，特别是在绘制一些比较大的图形时，应及时保存数据，避免因意外而造成不必要的损失，或重复性劳动。

1.2.5 工作质量评价

1. 质量评价表

序号	自评内容	分数配置	自评得分
1	温习机械制图国标中的图线标准，熟悉常用图线的规范	10分	
2	能有两种方式调出“图层特性管理器”对话框	5分	
3	成功创建常用的几种图层，且图线符合机械制图国标要求	10分	
4	了解图层开关、锁定、冻结等功能	10分	
5	能为图线切换图层	5分	
6	保存“机械A4绘图模板”文件，该文件应已创建好7个图层	10分	
7	经过反复练习，创建7个图层所需时间应为3~5 min	40分	
8	能通过联系徒手绘图的铅笔，来理解图层的意义	5分	
9	能遵守机械制图国标中的图线规范	5分	

2. 测一测（判断题）

参考答案

（1）可通过在命令行输入 LA 再按空格键调出“图层特性管理器”对话框。（　　）

（2）在 AutoCAD 软件中，图层的作用就像徒手绘图的铅笔，可以实现绘制不同线宽、线型的图线。（　　）

（3）0 图层是 AutoCAD 软件系统自带的图层，不能删除。（　　）

（4）在机械制图国标中，可见轮廓线用粗实线绘制。（　　）

（5）如果将某图层锁定，则该图层上的对象，将呈现在绘图区。（　　）

子任务 1.3 绘制 A4 图框和标题栏

任务实施流程如图 1-40 所示。

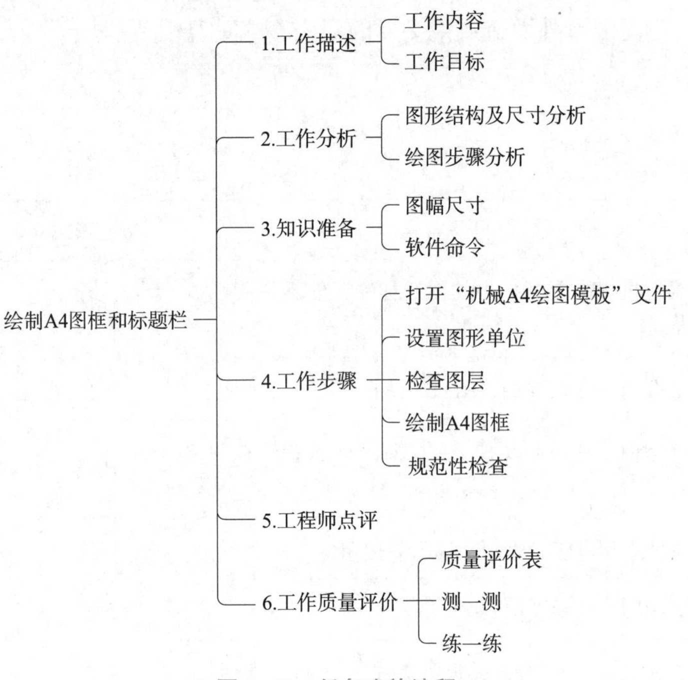

图 1-40　任务实施流程

1.3.1　工作描述

1. 工作内容

用 1 : 1 比例绘制 A4 竖放留装订边的图幅及标题栏，如图 1-41 所示。

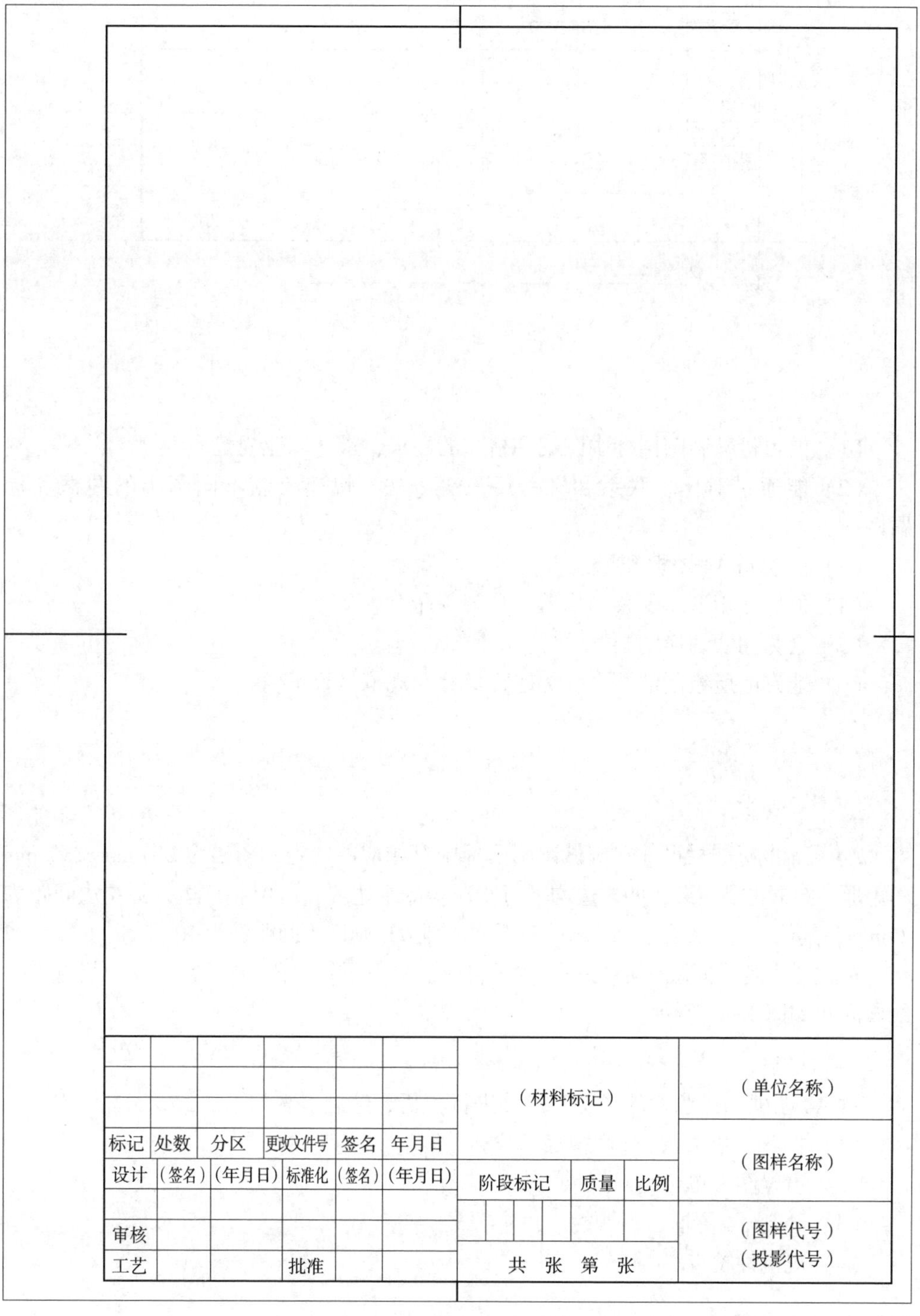

工作笔记

标记	处数	分区	更改文件号	签名	年月日	（材料标记）			（单位名称）
设计	（签名）	（年月日）	标准化	（签名）	（年月日）	阶段标记	质量	比例	（图样名称）
审核									（图样代号）
工艺			批准			共　张　第　张			（投影代号）

图 1-41　A4 竖放留装订边的图幅及标题栏

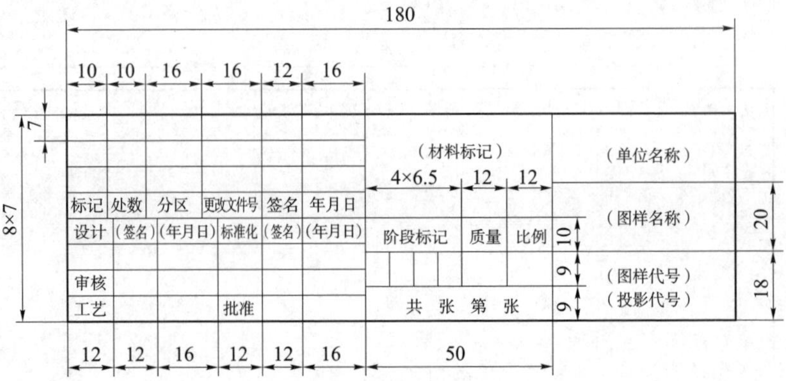

图 1-41　A4 竖放留装订边的图幅及标题栏（续）

2. 工作目标

（1）温习机械制图国标中图幅和格式的要求，遵守职业规范。

（2）能通过对比、联系和举一反三等方法，快速绘制不同图幅的图框和标题栏。

（3）能绘制 A4 图框和标题栏。

（4）能操作矩形、偏移、修剪、分解等命令。

（5）会为图线切换图层。

（6）能判断所绘制的图框、标题栏尺寸和规范是否正确。

1.3.2　工作分析

1. 图形结构及尺寸分析

A4 图幅及标题栏尺寸在机械制图国标中有相应的规定，图幅为 210 mm×297 mm 的矩形，图框也是矩形，四条边均平行于对应的纸边界，若留装订边，则左边间距为 25 mm，其他三边间距都为 5 mm；若不留装订边，则四边间距都为 10 mm。

标题栏由若干间距一定的平行线段组成，水平平行线段间距为 7 mm，竖直平行线段间距如图 1-41 所示。

2. 绘图步骤分析

对 A4 图框和标题栏的形状和尺寸进行分析，绘制步骤如下。

（1）打开“机械 A4 绘图模板”文件。

（2）设置图形单位。

（3）绘制 A4 图框、标题栏、对中符号。

（4）规范性检查。

1.3.3　知识准备

1. 图幅尺寸

图幅代号由 A 和相应的幅面号组成，即 A0～A4，在绘制机械图样时，应优先采用《技术制图图纸幅面和格式》（GB/T 14689—2008）中规定的基本图幅（见表 1-4）。图框一般优先采用不留装订边的形式，A4 图幅一般多采用竖放。

表 1-4　基本图幅　　　　单位：mm

图幅代号	A0	A1	A2	A3	A4
短边×长边 *B*×*L*/（mm×mm）	841×1189	594×841	420×594	297×420	210×297
无装订边的留边宽度 *e*	20		10		
有装订边的留边宽度 *c*	10			5	
装订边的宽度 *a*	25				

2. 软件命令

本子任务中要用到矩形、直线、分解、偏移、修剪等命令，结合命令行窗口，对照表 1-5 中的矩形命令案例，在表 1-5 中将其余命令信息补充完整。

表 1-5　命令信息表

命令名称	命令按钮	命令快捷键	叙述命令执行过程	应用场景
矩形		REC	调出矩形命令，先指定第一个对角点坐标（可直接在命令行输入坐标值，也可单击拾取具体点）再指定第二个对角点坐标（可以直接在命令行输入@*x*，*y*）	图形中有矩形结构
直线				
分解				
修剪				
偏移				

1.3.4　工作步骤

绘制 A4 图框和标题栏

步骤 1：打开“机械 A4 绘图模板”文件。

打开子任务 1.2 保存的“机械 A4 绘图模板”文件，本子任务将增加 A4 图框和标题栏内容。

步骤 2：设置图形单位。

在菜单栏中选择“格式”→“单位”命令，或在命令行输入 UN 再按空格键，系统弹出“图形单位”对话框，如图 1-42 所示。在该对话框中可根据绘图需要设置图形长度和角度的精度，如 0.00（见图 1-42），再单击“确定”按钮，设置即生效。此时可以观察十字光标定位点坐标的小数位由默认显示的 4 位有效数字变为设置的 2 位有效数字。

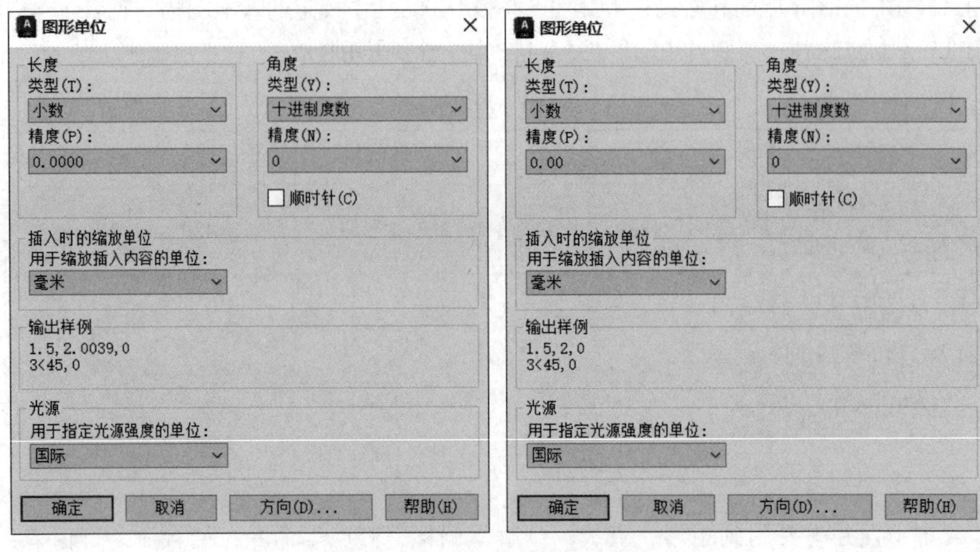

图 1-42 “图形单位”对话框

步骤 3：检查图层。

检查“机械 A4 绘图模板”文件中是否已创建好图层，根据图框及标题栏的图线特征，需要用到轮廓线和细实线两个图层。如果没有创建好图层，则参考子任务 1.2 先完成图层的创建任务。

步骤 4：绘制 A4 图框。

(1) 绘制 A4 图幅边界。在“细实线”图层上调用“矩形”命令绘制 A4 图幅边界（或直接调用“直线”命令绘制）。首先单击功能区“绘图”选项组中的“矩形”按钮，或在命令行输入 REC 再按空格键，根据命令行窗口的提示输入矩形左下角点的坐标（0，0）后，按 Enter 键确认；然后根据提示输入右上角点的坐标（210，297），按 Enter 键确认。绘制的图形如图 1-43 所示。

(210，297)
或(@210，297)

(0，0)

图 1-43 绘制的 A4 图幅边界

执行上述操作后命令行窗口会出现以下提示信息。

```
命令:_rectang
指定第一个角点或[倒角(C)/标高(E)/圆角(F)/厚度(T)/宽度(W)]:0,0(按 Enter 键)
指定另一个角点或[面积(A)/尺寸(D)/旋转(R)]:210,297(按 Enter 键)
```

该 A4 图幅边界由绝对坐标所绘制，其中左下角点是坐标原点。若不想从坐标原点开始绘制 A4 图幅边界（见图 1-43），则命令行窗口出现以下提示信息。

```
命令:_rectang
指定第一个角点或[倒角(C)/标高(E)/圆角(F)/厚度(T)/宽度(W)]:(单击)
指定另一个角点或[面积(A)/尺寸(D)/旋转(R)]:@ 210,297(按 Enter 键)
```

(2) 绘制 A4 图框（留装订边）。

① 分解矩形：单击功能区“修改”选项组中的“分解”按钮，单击选择矩

形后按空格键，矩形即分解成独立的线段，如图 1-44 所示。

② 偏移出图框。单击功能区“修改”选项组中的“偏移”按钮 ，在弹出的文本框中输入 25，再按空格键，单击矩形左边界，再单击矩形内部，最后按空格键结束这次偏移命令的操作。再按一下空格键，观察命令行窗口，重新调出“偏移”命令，在弹出的文本框中输入 5，再按空格键，然后依次单击矩形上、下、右边界及矩形内部，这样图框所在的线就完成了偏移操作，如图 1-45 所示。

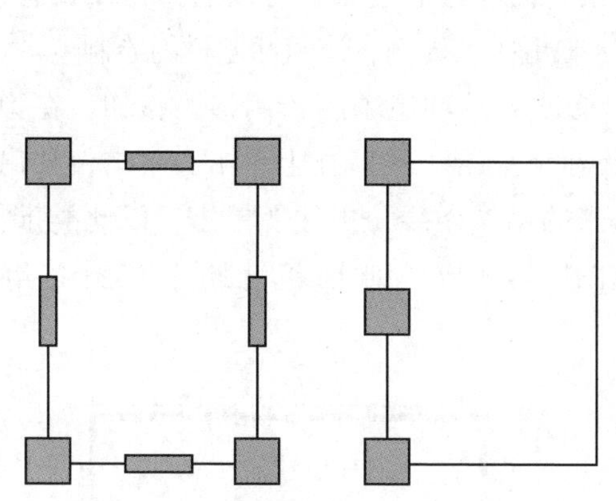

图 1-44　分解操作前后的矩形状态

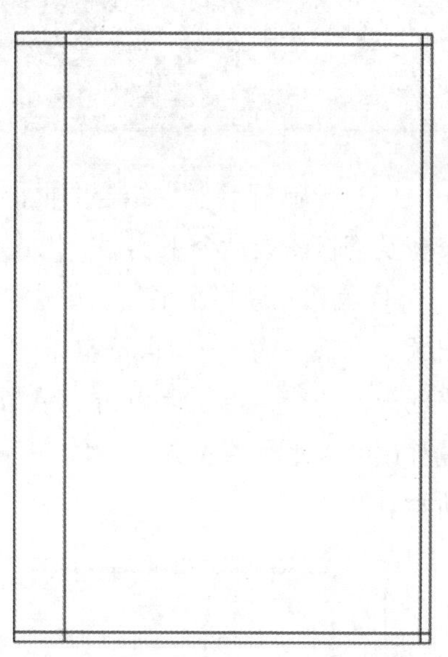

图 1-45　图框所在线完成偏移操作

③ 切换图框图层为“轮廓线”（粗实线）。选中上一步中完成偏移操作的 4 条图框线，即图 1-46 中的①，②，③，④处，再单击⑤处，在下拉列表框中选择⑥“轮廓线”命令，就可以实现图框线由“细实线”切换为“轮廓线”的操作。

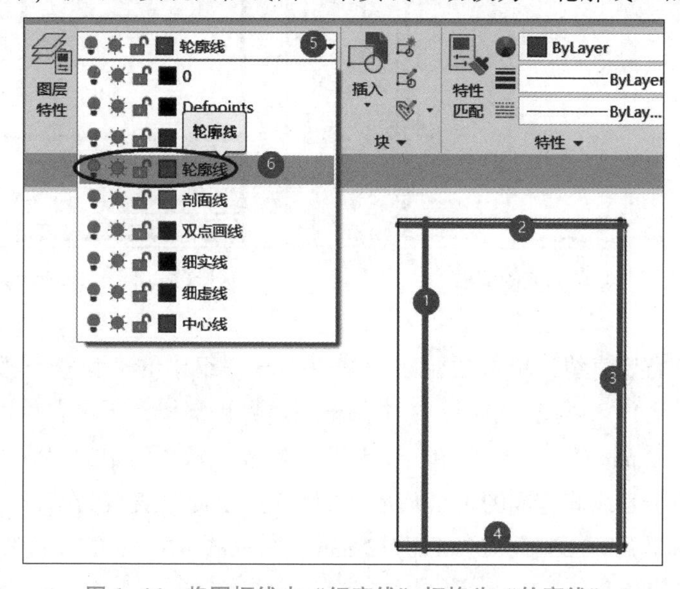

图 1-46　将图框线由“细实线”切换为“轮廓线”

④ 修剪图框超出的部分。单击功能区“修改”选项组中的“修剪”按钮 ，直接单击不要的线段，即可修剪完成图框，如图 1-47 所示。

提示

总结 AutoCAD 2024 软件修剪命令的操作步骤，即为单击“修剪”按钮，“哪里不要点哪里”。对于低版本的 AutoCAD 软件，在单击“修剪”按钮后，还需要按一下空格键，再“哪里不要点哪里”。为了提高效率，应灵活运用鼠标滚轮实现放大、缩小和平移图形。

（3）绘制标题栏。结合图框的绘制方法，标题栏的绘制也可以通过使用偏移、修剪及切换图层命令来实现。以左侧签字区和更改区为例，演示标题栏的绘制。

① 偏移标题栏水平线。单击功能区“修改”选项组中的“偏移”按钮，在弹出的文本框中输入 7，再按空格键，单击图框下边界，接着往上单击，单击偏移出来的第一条线，再往上单击，单击偏移出来的第二条线，再往上单击，以此类推，偏移出 8 条水平线，并把中间 7 条水平线图层切换成“细实线”图层，如图 1-48 所示。

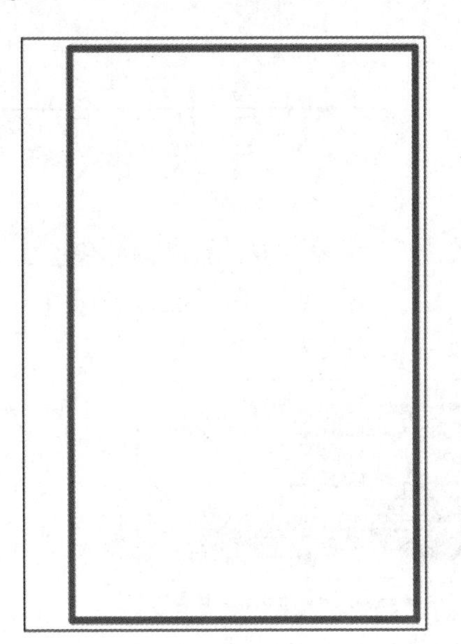

图 1-47　修剪完成的图框

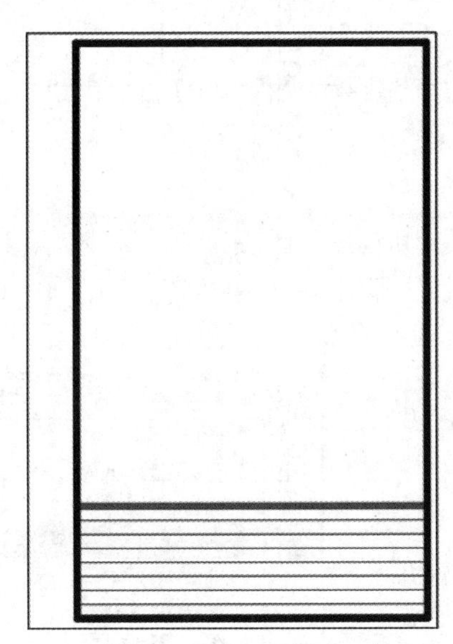

图 1-48　偏移标题栏水平线

② 左右偏移竖直线。单击功能区“修改”选项组中的“偏移”按钮，在弹出的文本框中输入 12，再按空格键，单击图框左边界粗实线，再往右单击一下，即可偏移出间隔为 12 mm 的竖直线。单击功能区“修改”选项组中的“修剪”按钮，将偏移 12 mm 的竖直线修剪成图 1-49 所示长度，并以此竖直线为基础，使用偏移命令依次偏移出间隔为 12 mm，16 mm，12 mm，12 mm，16 mm 的竖直线，如图 1-50 所示。

工作笔记

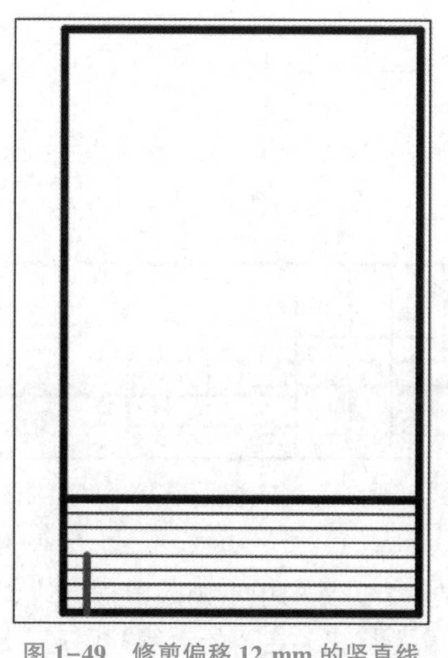

图 1-49　修剪偏移 12 mm 的竖直线

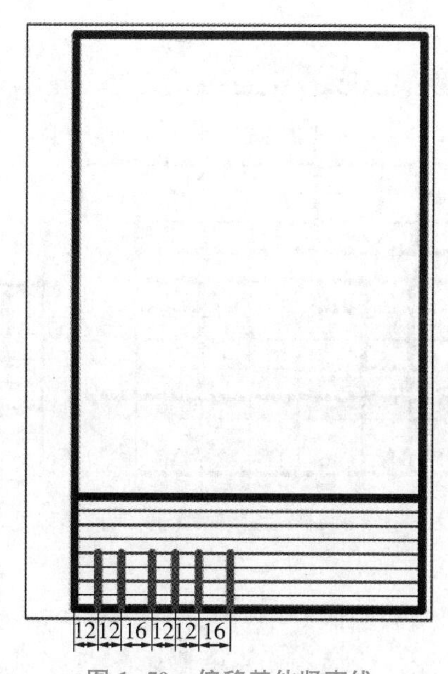

图 1-50　偏移其他竖直线

③ 利用夹点拉长线段。单击图 1-50 中最右侧间隔为 16 mm 的竖直线，可呈现两个端点和一个中点共三个特征点，如图 1-51 所示，这些特征点在 AutoCAD 软件中称为夹点。单击①上方端点，拖动鼠标，在将其拉长到标题栏上边界出现垂足符号时，再次单击，这样线段就拉长了。同理可拉长该线段左侧两条线段，如图 1-52 所示。

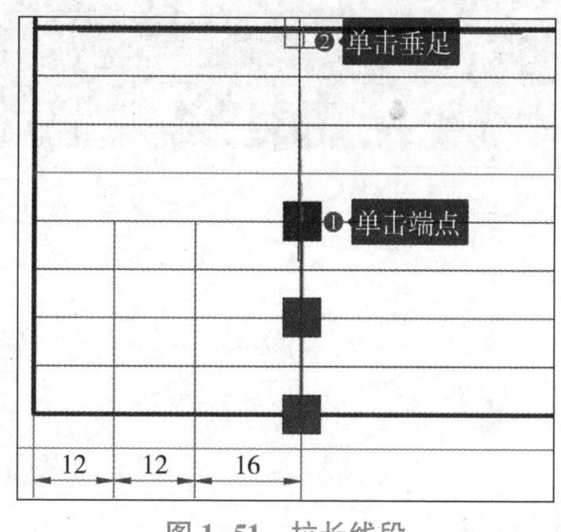

图 1-51　拉长线段

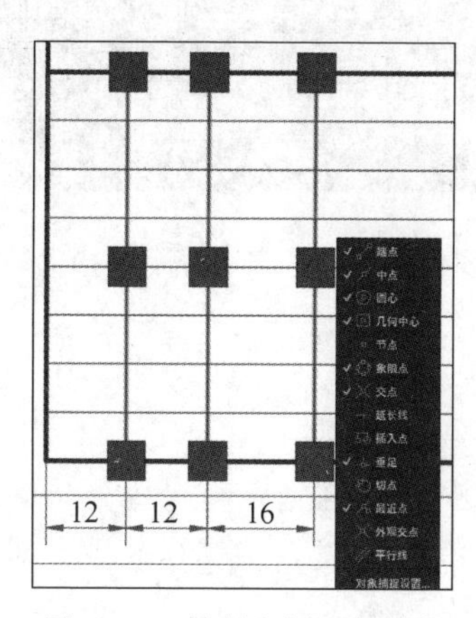

图 1-52　拉长左侧两条线段

注意：应打开状态栏对象捕捉，同时选择“端点”“中点”“垂足”命令。

④ 偏移和修剪出其他图线。在图 1-52 的基础上使用偏移和修剪命令绘制标题栏更改区的图线，如图 1-53 所示。同理可绘制出标题栏其他图线，同时注意将图线切换到对应的图层。绘制完成的标题栏如图 1-54 所示。

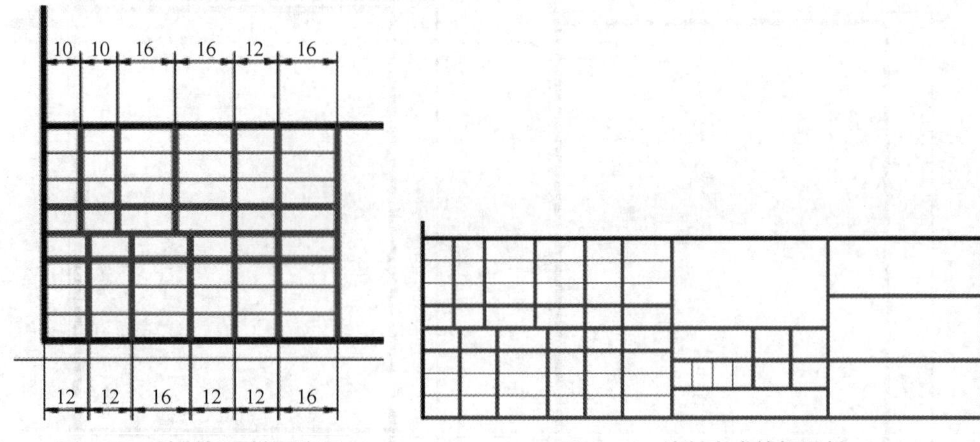

图 1-53　绘制标题栏更改区　　　　图 1-54　绘制完成的标题栏

(4) 绘制对中符号。对中符号是从图幅 4 个边界的中点画入图框内约 5 mm 的粗实线，通常作为缩微摄影和复制的定位基准标记。在“轮廓线”图层，状态栏正交模式按钮处于打开的状态下，单击功能区“绘图”选项组中的“直线”按钮，分别从图幅 4 个边界中点，往图框内绘制直线段，左边界中点往图框内绘制 30 mm 直线段，上边界和右边界中点往图框内绘制 10 mm 直线段。由于有标题栏，因此下边界对中线段只需要画到标题栏边界。绘制完成的 A4 图框和标题栏如图 1-55 所示。

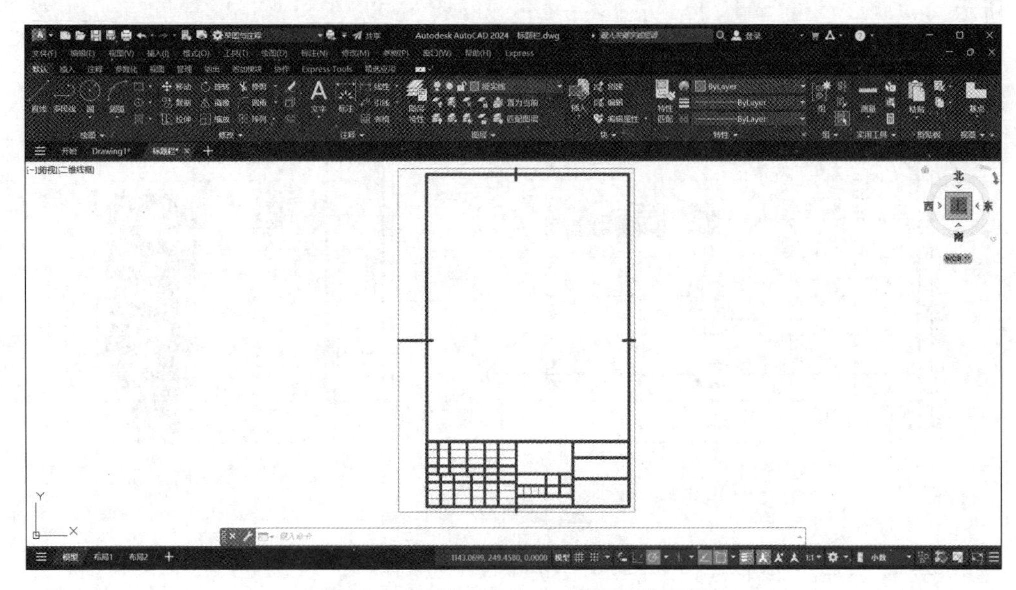

图 1-55　绘制完成的 A4 图框和标题栏

步骤 5：规范性检查。

对照机械制图国标中规定的 A4 图幅、图框、标题栏尺寸，检查图形的准确性，同时也需检查图线的线宽和线型。最后保存修改的“机械 A4 绘图模板”文件。

提示

绘制完成一个图形后，一定要对照相应标准，进行图形规范性、准确性和标准性检查。

工作任务1中的A4图框和标题栏已经绘制好。学思践悟，以知促行！

1.3.5 工程师点评

（1）本子任务中A4图框是采用矩形命令来绘制的，也可以采用直线命令直接绘制。

（2）绘制矩形框可以从坐标原点开始绘制，也可以从绘图区域任意一点开始绘制。对于低版本AutoCAD软件，在输入另外一个对角点时要加@，如@210，297。

（3）在绘制标题栏的水平线和竖直线时，也可以采用复制命令来进行绘制，此处不再赘述，可以自己尝试练习。

（4）利用线段夹点可以快速拉长线段，熟练这个操作，可以提高绘图效率。

（5）在连续重复使用同一个命令时，学会使用空格键退出和重新调出重复的命令。熟练操作该方法，可以缩短调用命令的时间，提高绘图效率。

1.3.6 工作质量评价

1. 质量评价表

序号	自评内容	分数配置	自评得分
1	温习机械制图国标中的图幅、图框和标题栏的相关标准，熟悉图框、标题栏的尺寸和要求	5分	
2	正确绘制A4图框和标题栏	40分	
3	能熟练操作矩形、偏移、修剪及分解等命令	10分	
4	能借助命令行窗口进行命令操作	10分	
5	能举一反三绘制其他的图幅和图框	5分	
6	能为图线切换图层	5分	
7	保存好绘制有A4图框和标题栏的“机械A4绘图模板”文件	5分	
8	反复练习本子任务，能在15 min内完成A4图框和标题栏的绘制	20分	

工作笔记

工作笔记

2. 测一测（判断题）

（1）矩形命令的快捷键是 REC。（　　）

（2）在机械制图国标中，图幅边界是用细实线来绘制的。（　　）

参考答案

（3）在使用偏移命令偏移线段时，得到的是距离为定值的平行线。（　　）

（4）在机械制图国标中，图框是用细实线来绘制的。（　　）

（5）如果一幅图样的绘图比例是 1∶2，则可采用 1∶1 视图比例，将图框放大 2 倍来实现整幅图样比例是 1∶2。（　　）

3. 练一练

尝试根据机械 A4 图框和标题栏的绘制方法，快速绘制一个 A3 图框和标题栏，并依据质量评价表进行自评。

子任务 1.4 设置文字和标注样式

任务实施流程如图 1-56 所示。

文字和标注样式设置

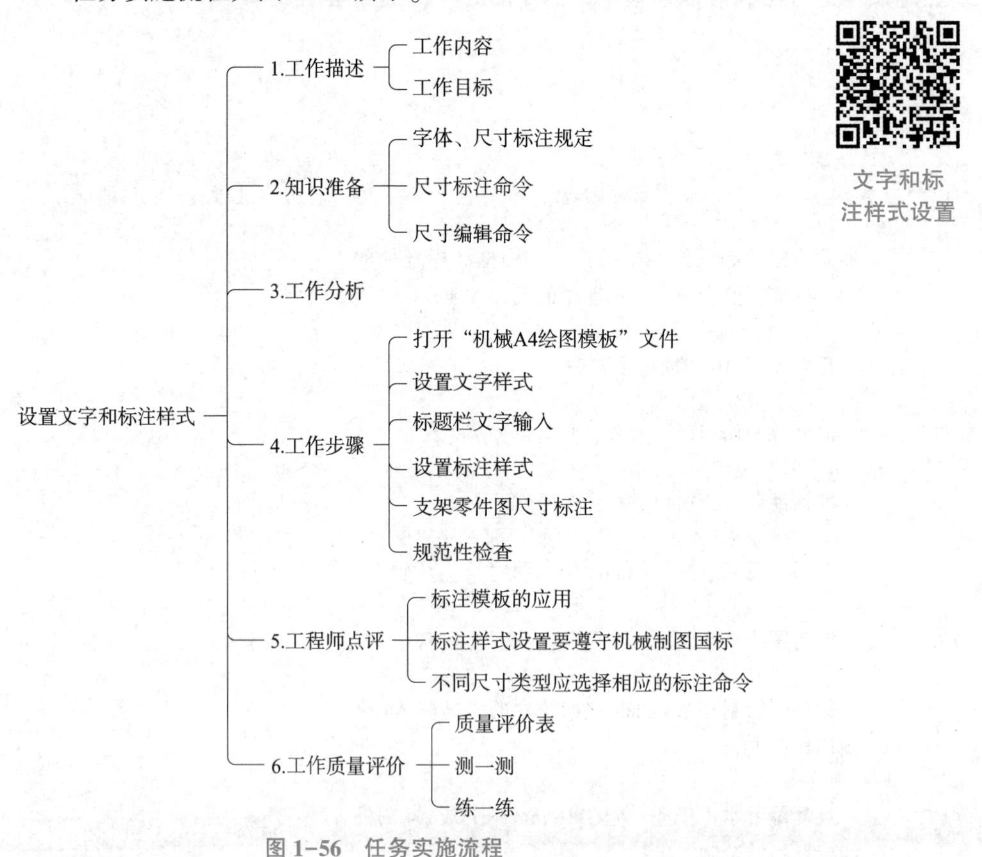

图 1-56　任务实施流程

1.4.1 工作描述

1. 工作内容

（1）设置文字样式，完成标题栏文字输入，如图 1-57 所示。

						（材料标记）			（单位名称）
标记	处数	分区	更改文件号	签名	年月日				（图样名称）
设计	（签名）	（年月日）	标准化	（签名）	（年月日）	阶段标记	质量	比例	
									（图样代号）
审核									（投影代号）
工艺			批准			共 张 第 张			

图 1-57 标题栏文字输入

（2）设置标注样式，完成支架零件图的尺寸标注，如图 1-58 所示。

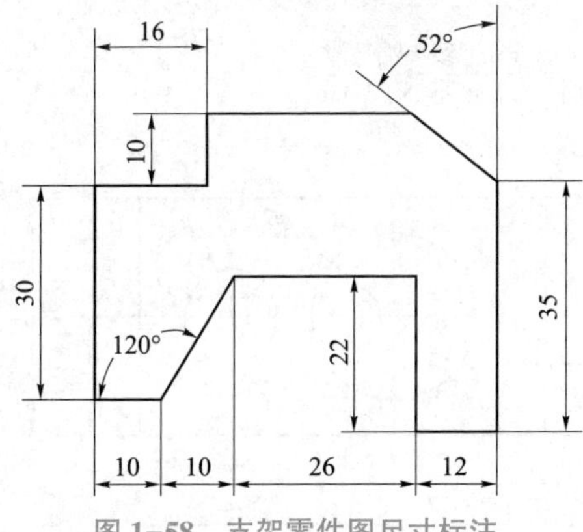

图 1-58 支架零件图尺寸标注

2. 工作目标

（1）温习机械制图国标中有关字体和尺寸标注的要求，遵守职业规范。

（2）能调出“文件样式”对话框，设置符合机械制图国标要求的汉字和数字样式。

（3）能调出“标注样式管理器”对话框，设置符合机械制图国标要求的线性及角度的标注样式。

（4）能完成 A4 标题栏文字输入。

（5）会标注支架零件图尺寸。

（6）能根据工作需要，灵活设置文字和标注样式。

1.4.2 知识准备

1. 字体规定

字体高度即为字体号数。字体高度为 1.8 mm，2.5 mm，3.5 mm，5 mm，7 mm，

10 mm，14 mm，20 mm。如需用到更大的字体，则其高度应按$\sqrt{2}$的比率递增。根据国标《机械工程　CAD 制图规则》（GB/T 14665—2012），数字一般以正体输出；字母除表示变量外，一般也以正体输出；汉字一般以正体输出，并采用国家正式公布和推行的简化字。小数点、标点符号应占一个字位（省略号和破折号占两个字位）。各图幅中的字高如表 1-6 所示。

表 1-6　图幅中的字高　　单位：mm

图幅	A0	A1	A2	A3	A4
字母与数字的字高	5		3. 5		
汉字的字高	7		5		

2. 尺寸标注规定

尺寸标注所用线型应为细实线，常用尺寸标注规定如图 1-59 所示。在尺寸标注样式设置和标注过程中应注意遵守这些规定。

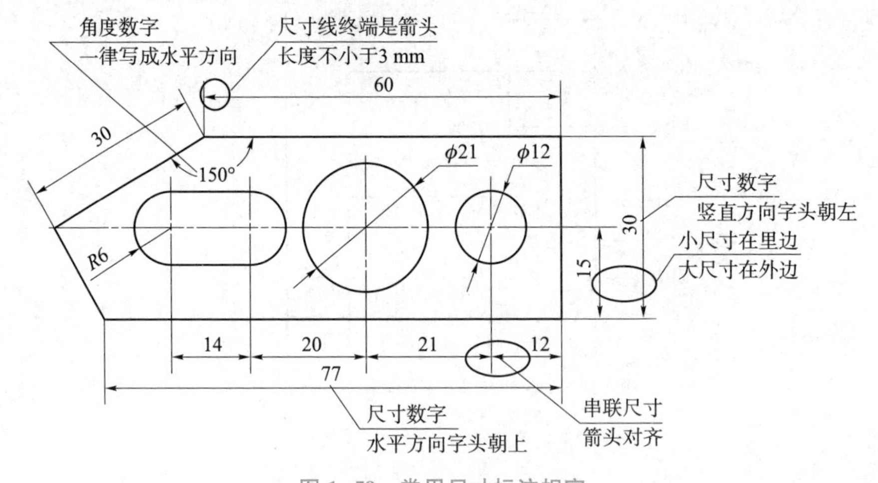

图 1-59　常用尺寸标注规定

提示

文字样式和尺寸标注样式的设置是根据机械制图国标中有关字体和尺寸标注的要求进行的，所以一定要非常熟悉并遵守这些规范。

3. 尺寸标注命令

尺寸标注命令可以在“注释”选项卡的“标注”选项组中找到，如图 1-60 所示。

通过命令行窗口提示，可以总结出常用尺寸标注命令的命令快捷键、用途及操作步骤，如表 1-7 所示。

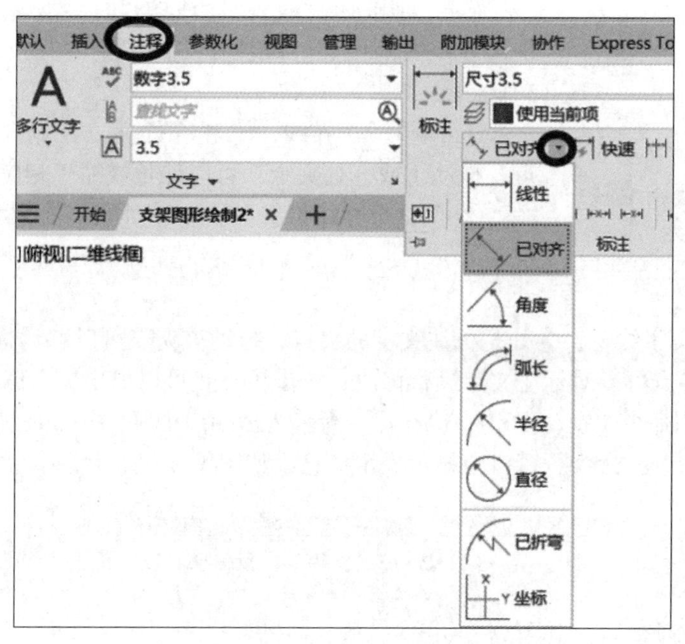

图 1-60　尺寸标注命令的位置

表 1-7　尺寸标注命令的命令快捷键、用途及操作步骤

命令按钮	命令快捷键	用途	操作步骤
线性	DLI	标注水平或竖直方向线段的尺寸	依次单击线段两个端点，显示尺寸数字，可拖动该数字将其放置于合适位置
已对齐	DAL	标注倾斜线段的尺寸	依次单击斜线段两个端点，显示尺寸数字，可拖动该数字将其放置于合适位置
角度	DAN	标注角度尺寸	依次单击组成角度的两条边，显示尺寸数字，可拖动该数字将其放置于合适位置
半径	DRA	标注圆弧半径尺寸	单击需要标注的圆弧，显示尺寸数字，可拖动该数字将其放置于合适位置
直径	DDI	标注圆的尺寸	单击需要标注的圆弧，显示尺寸数字，可拖动该数字将其放置于合适位置
⌖ .1	TOL	标注形位公差（几何公差）	弹出形位公差对话框，可选择对应公差项目、公差数值、基准等，在显示需要的公差后，可将其拖动放置于合适位置

4. 尺寸编辑命令

在 AutoCAD 2024 软件中，可以对标注内容的文字、位置及样式等进行编辑，包括调整尺寸界线、调整尺寸线位置和标注文字编辑等。常用的尺寸编辑命令有以下几种。

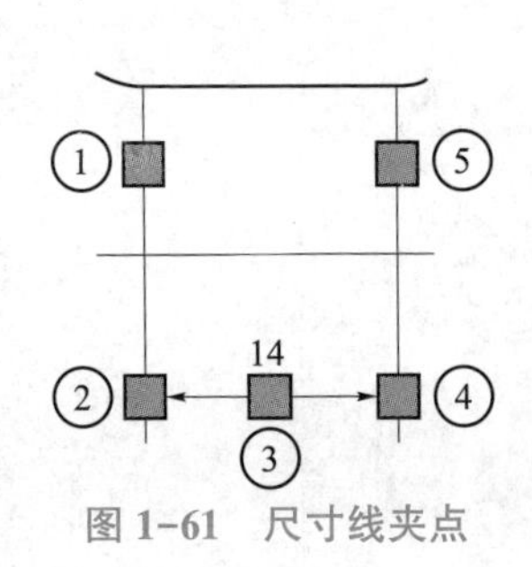

图 1-61　尺寸线夹点

(1) 利用夹点编辑已标注的尺寸线位置及尺寸数字在尺寸线上的位置。以图 1-61 为例，单击尺寸线，显示 5 个夹点。

① 调整尺寸界线，①和⑤处夹点控制尺寸界线的起点，拖动①或⑤处夹点，可以伸长或缩短相应尺寸界线。

② 调整尺寸线位置，②和④处夹点是尺寸线两端点，拖动②或④处夹点至合适位置并单击可以重新放置尺寸线。

③ 标注文字编辑，③处是标注文字的夹点，拖动该夹点可以移动标注文字的位置；双击该夹点可以对标注文字进行修改；单击该夹点可以退出尺寸编辑。

(2) 利用命令快捷键 DED，或在命令行输入 DIMEDIT 再按 Enter 键，都可以调出尺寸编辑命令，命令行窗口会显示提示信息，如图 1-62 所示。

DIMEDIT 输入标注编辑类型 [默认(H) 新建(N) 旋转(R) 倾斜(O)] <默认>:

图 1-62　命令行窗口提示信息

其中各选项的含义如下。

①“默认”：将旋转标注文字移回默认位置。

②“新建”：使用多行文字编辑器更改标注文字，尖括号“<>”内表示已生成的测量值，可以对该测量值添加前缀或后缀，也可以在测量值处直接输入文字，将测量值替换成要更改的内容，然后直接单击“关闭文字编辑器”按钮，再单击需要编辑的尺寸线，右击确认。

③“旋转”：旋转标注文字，设置标注文字的角度时输入 0，系统会将标注文字按默认设置放置。

④“倾斜”：调整线性标注延伸线的倾斜角度。

1.4.3　工作分析

标题栏内部的内容和字体应参照机械制图相关国标，要温习相应的规范。一般先设置符合相应国标要求的文字样式，再采用多行文字命令输入文字。在标注零部件尺寸时，需要先设置符合相应国标的尺寸标注样式，再进行尺寸标注。

(1) 打开“机械 A4 绘图模板”文件，里面有在子任务 1.3 中绘制的空白标题栏。

(2) 设置文字样式。

(3) 标题栏文字输入。

(4) 设置标注样式。

(5) 标注支架零件图尺寸。

(6) 规范性检查。

1.4.4　工作步骤

步骤 1：打开“机械 A4 绘图模板”文件。

打开子任务 1.3 保存的“机械 A4 绘图模板”文件，本子任务要输入标题栏中的文字和标注支架零件尺寸。

步骤 2：设置文字样式。

（1）调出“文字样式”对话框的方式有两种，如图 1-63 所示。在功能区单击①“注释”标签，进入“注释”选项卡，再单击②“文字”标签右侧的斜箭头；或在命令行输入 ST 再按空格键。“文字样式”对话框如图 1-64 所示。

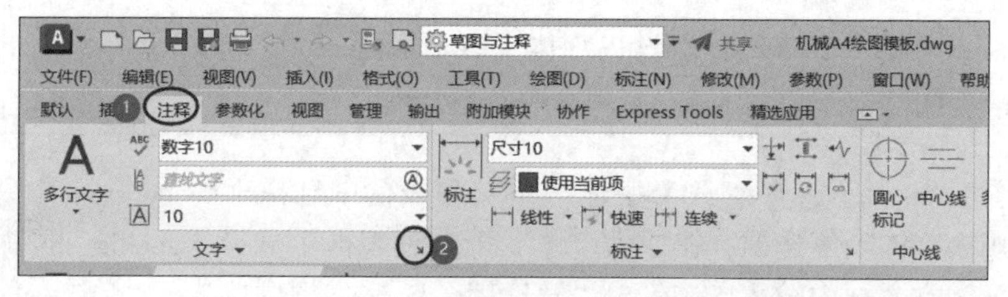

图 1-63 调出“文字样式”对话框的斜箭头位置

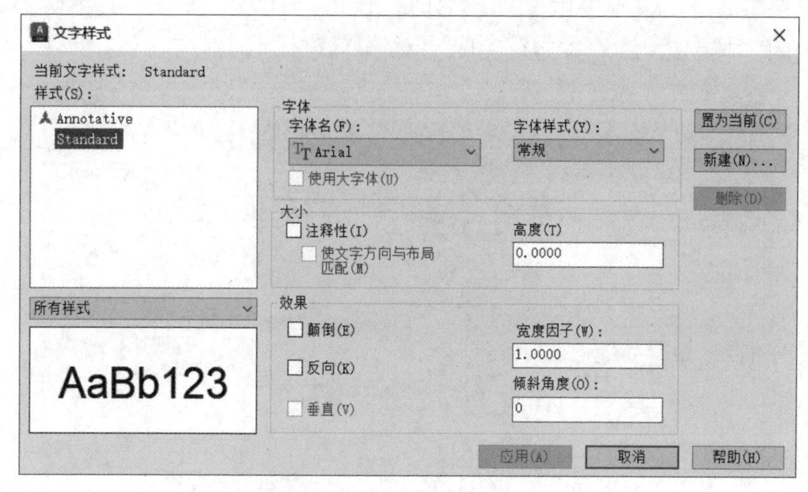

图 1-64 “文字样式”对话框

（2）设置“汉字 5”文字样式。

① 如图 1-65 所示，在“文字样式”对话框中单击①“新建”按钮，弹出“新建文字样式”对话框，在②“样式名”文本框中输入“汉字 5”，单击③“确定”按钮。

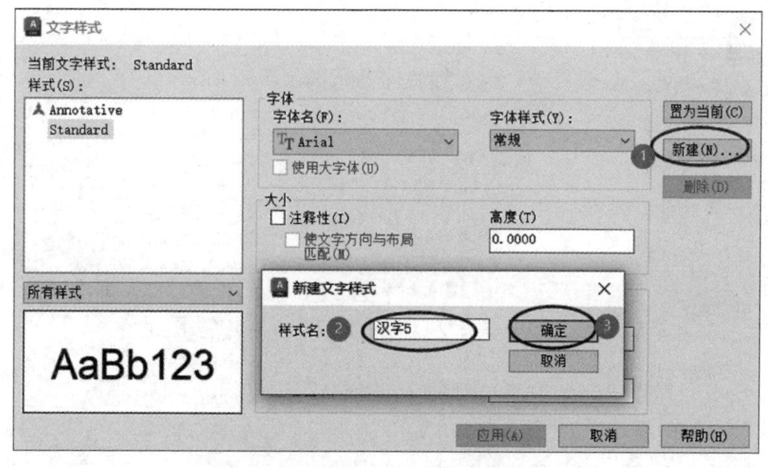

图 1-65 新建文字样式“汉字 5”

② 设置文字相关信息，根据机械制图国标中对汉字、数字及字母的要求，A4图幅的字体按照表 1-8 进行设置。

表 1-8　A4 图幅字体设置

文字样式名称	字体名	大字体	高度	宽度因子	倾斜角度
汉字 5	gbenor. shx，使用大字体	gbcbig. shx	5 mm	0. 7 或 1	0°
数字 3. 5	gbenor. shx	常规	3. 5 mm	1	0°

如图 1-66 所示，在“SHX 字体”下拉列表框中选择①gbenor. shx 命令，勾选②“使用大字体”复选框，在“大字体”下拉列表框中选择③gbcbig. shx 命令，在④“高度”文本框中输入 5，在⑤“宽度因子”文本框中输入 1。单击⑥“应用”按钮，在弹出的对话框中单击“置为当前”按钮，系统返回“文字样式”对话框，单击“关闭”按钮或⑧ × 按钮，关闭“文字样式”对话框。

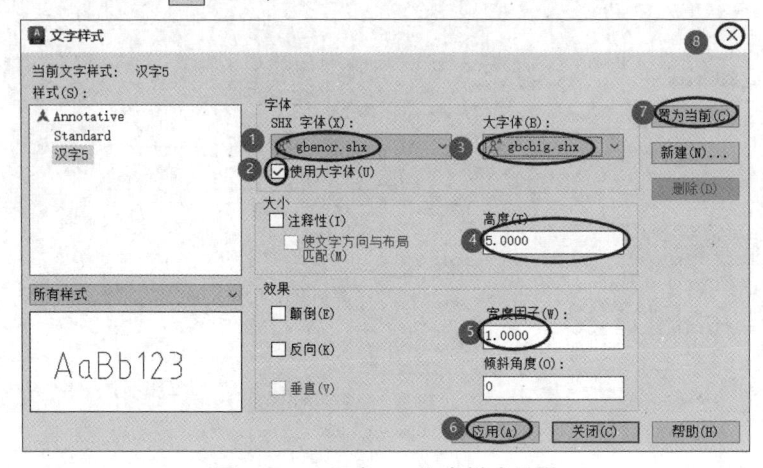

图 1-66　“汉字 5”文字样式设置

(3) 设置“数字 3. 5”文字样式。按空格键重新调出“文字样式”对话框，参照“汉字 5”文字样式的设置方式新建文字样式“数字 3. 5”，如图 1-67 所示，“数字 3. 5”文字样式设置如图 1-68 所示。

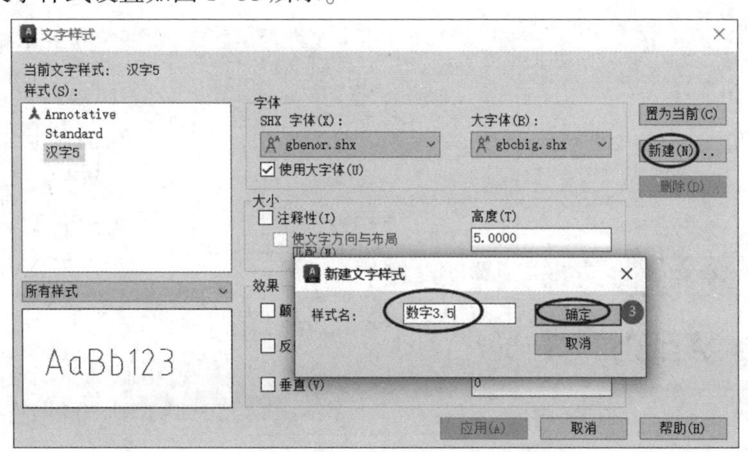

图 1-67　新建“数字 3. 5”文字样式

工作笔记

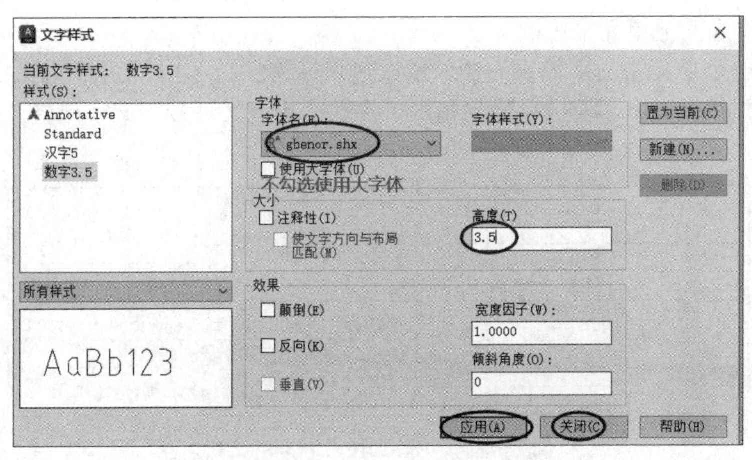

图 1-68 “数字 3.5” 文字样式设置

步骤 3：标题栏文字输入。

(1) 填写一处文字。例如，在标题栏左下角单元格中输入“工艺”，具体操作步骤如下。

① 在命令行中输入 MT 再按 Enter 键，或单击功能区“注释”选项组中的“多行文字”按钮。

② 根据命令行窗口中的提示，单击标题栏左下角单元格的左上角点，将其指定为第一角点，再单击该单元格的右下角点，功能区会自动切换成“文字编辑器”选项卡，如图 1-69 所示。检查文字样式应为“汉字 5”，图层应为“细实线”，切换成中文输入法，在单元格中输入“工艺”，在“对正”下拉菜单中选择“正中”命令。

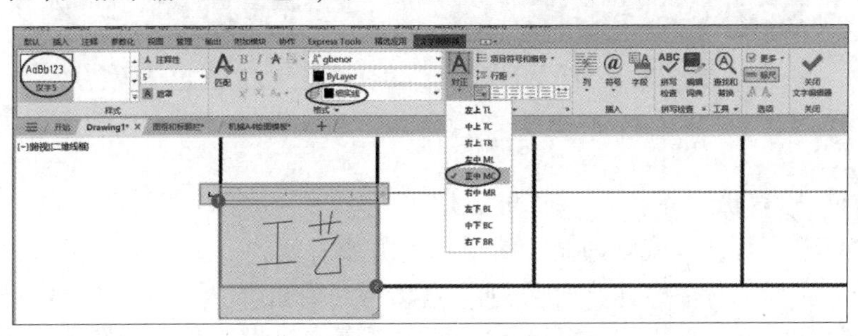

图 1-69 “工艺”文字输入过程

③ 单击空白处，或单击选项卡右侧“关闭文字编辑器”按钮，就完成了“工艺”文字输入，如图 1-70 所示。

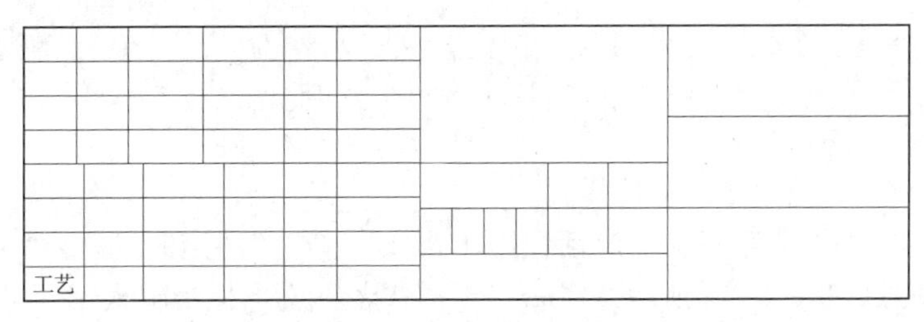

图 1-70 完成“工艺”文字输入

（2）输入其他单元格中的文字。

① 用单个单元格文字输入方法，依次输入标题栏中其他单元格中的文字，直到所有文字全部输入完毕。检查文字输入情况，发现“更改文件号”文字出格，如图1-71所示。

						（材料标记）	（单位名称）
标记	处数	分区	更改文件	签名	年月日		（图样名称）
设计	（签名）	（年月日）	标准化	（签名）	（年月日）	阶段标记 质量 比例	
							（图样代号）
审核							（投影代号）
工艺			批准			共 张 第 张	

图1-71 “更改文件号”文字出格

② 检查调整，双击“更改文件号”文字，功能区切换到“文字编辑器”选项卡，先单击“更改文件号”文字，将“格式”选项组中的宽度因子 调整到0.8或更小，这样“更改文件号”文字就全部在方格内部，如图1-72所示，最后按鼠标左键完成操作。这样整个标题栏的文字就输入完成了。

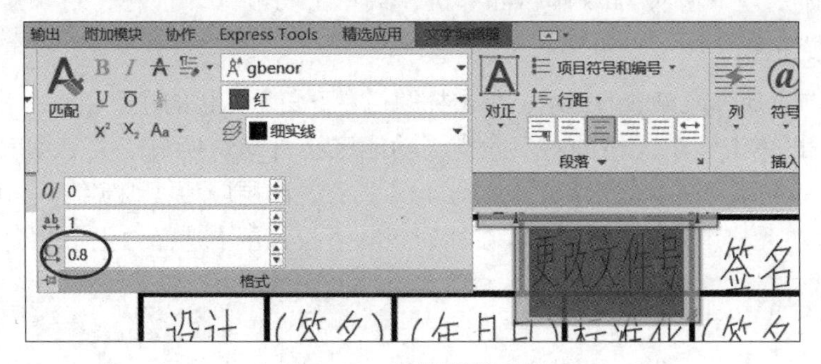

图1-72 调整宽度因子

步骤4：设置标注样式。

（1）调出“标注样式管理器”对话框的方式有两种。如图1-73所示，在功能区单击①“注释”标签，进入“注释”选项卡，单击②“标注”标签右侧的斜箭头；或在命令行输入D再按空格键。“标注样式管理器”对话框如图1-74所示。

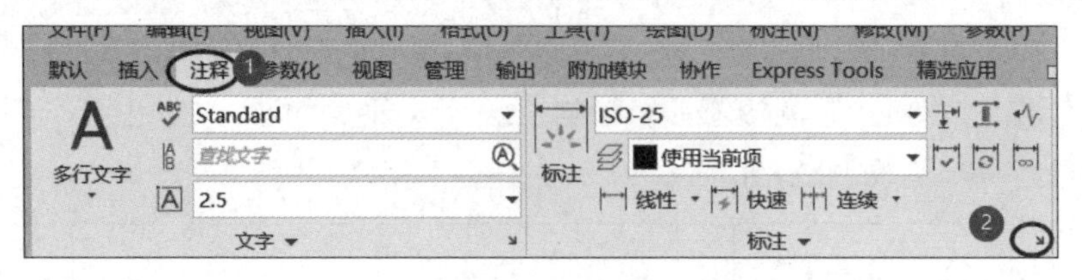

图1-73 调出“标注样式管理器”的斜箭头位置

（2）设置“尺寸3.5”标注样式。

① 在“标注样式管理器”对话框中单击①“新建”按钮，弹出“创建新标注样式”对话框，如图1-75所示，在②“新样式名”文本框中输入“尺寸3.5”，单击③“继续”按钮，弹出“新建标注样式：尺寸3.5”对话框，如图1-76所示。

工作笔记

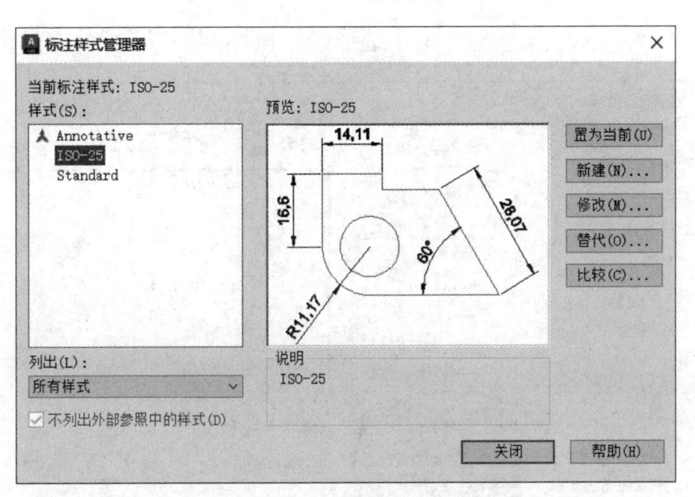

图 1-74 “标注样式管理器”对话框

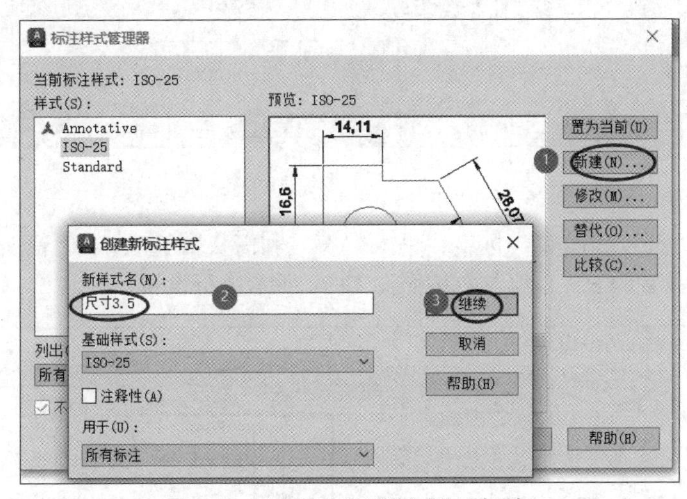

图 1-75 “创建新标注样式”对话框

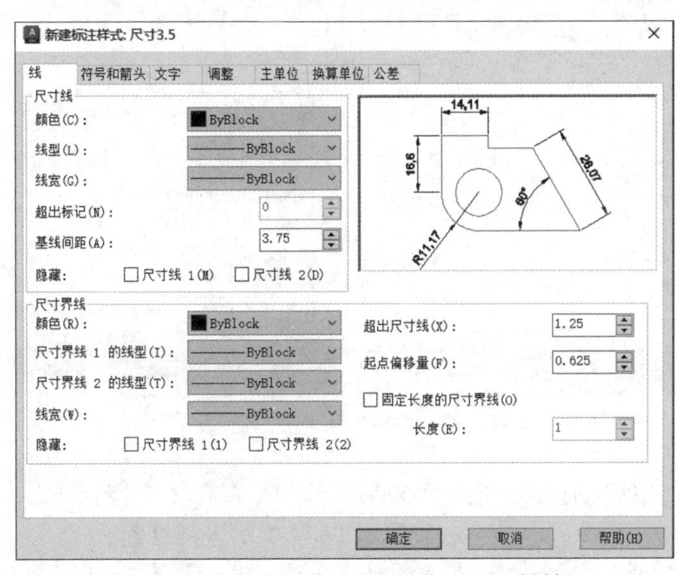

图 1-76 “新建标注样式：尺寸 3.5”对话框

工作笔记

② 单击“线”标签，进入“线”选项卡，按照图 1-77 所示进行设置。

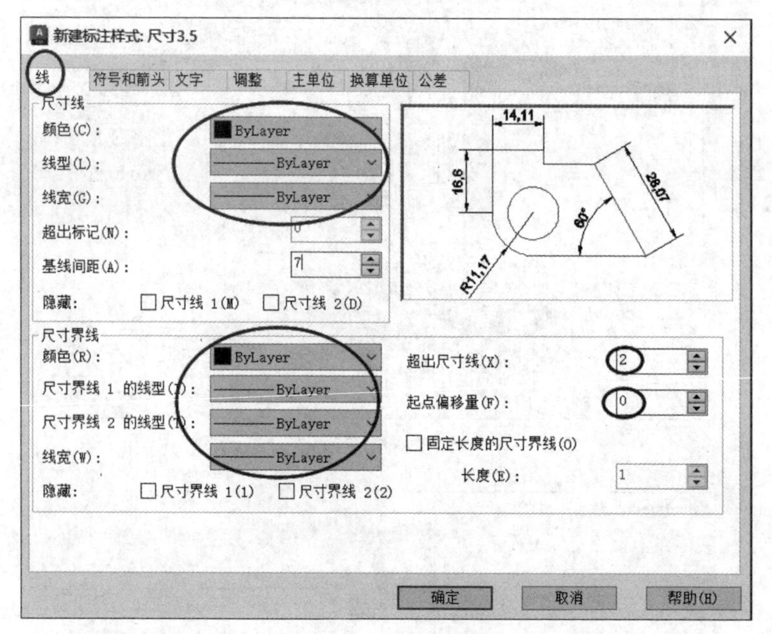

图 1-77 “线”选项卡

③ 单击“符号和箭头”标签，进入“符号和箭头”选项卡，“箭头大小”默认为 2.5，也可设置为 3，其他参数按照图 1-78 所示进行设置。

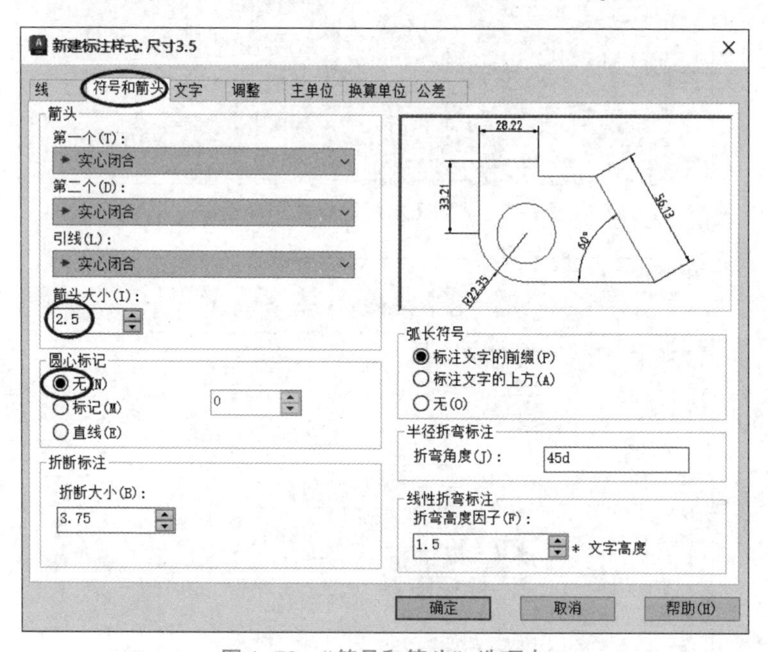

图 1-78 “符号和箭头”选项卡

④ 单击“文字”标签，进入“文字”选项卡，在“文字样式”下拉列表框中选择“数字 3.5”命令，其他参数按照图 1-79 所示进行设置。

⑤ 单击“调整”标签，进入“调整”选项卡，按照图 1-80 所示进行设置。

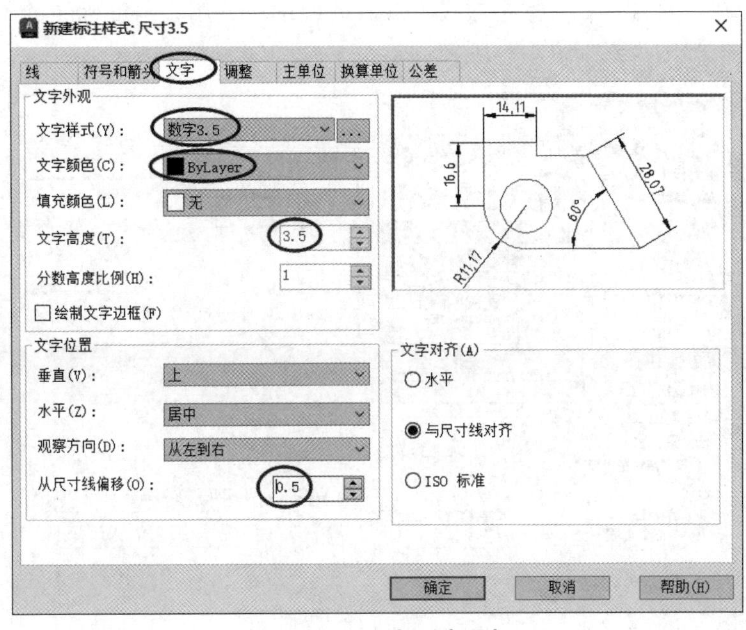

图 1-79 “文字”选项卡

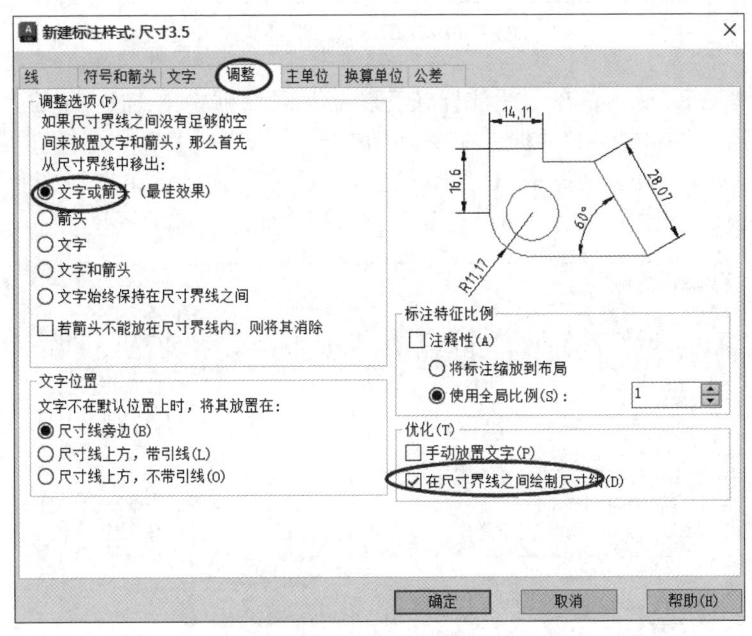

图 1-80 “调整”选项卡

⑥ 单击“主单位”标签，进入“主单位”选项卡，根据图样需要，选取对应的线性标注角度标注精度，在“小数分隔符”下拉列表框中选择“.”（句点）命令，其他参数按照图 1-81 所示进行设置。

⑦“换算单位”和“公差”选项卡暂时不需要设置，单击“确定”按钮，“尺寸 3.5”标注样式设置完成。

（3）设置角度数字水平。在机械制图国标中规定，角度数字一律沿水平方向书写，因此，在“尺寸 3.5”标注样式下，需要继续设置用于角度标注的子样式。设置角度数字水平的步骤如下。

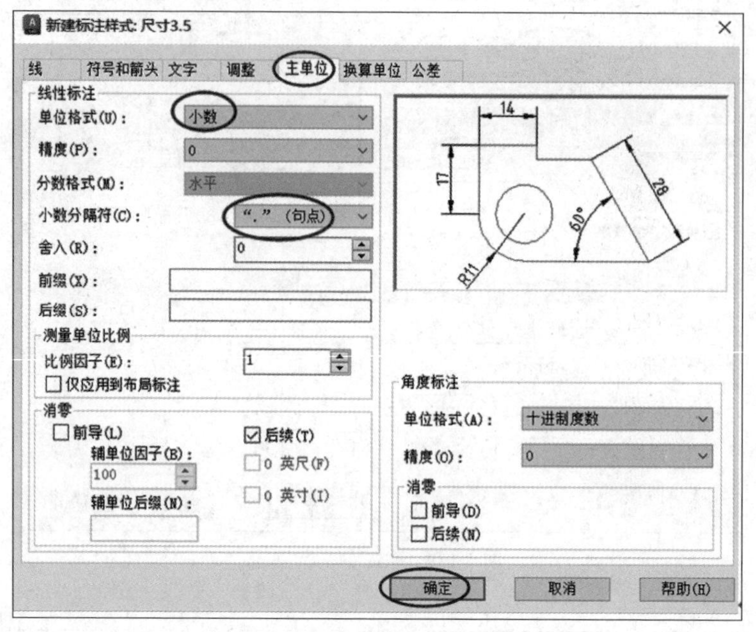

图 1-81 “主单位”选项卡

① 如图 1-82 所示，在“标注样式管理器”对话框中单击①“新建”按钮，弹出“创建新标注样式”对话框，在“基础样式”下拉列表框中选择②“尺寸 3.5”命令，在“用于”下拉列表框中选择③“角度标注”命令，单击④“继续”按钮，弹出“新建标注样式：尺寸 3.5：角度”对话框，如图 1-83 所示。

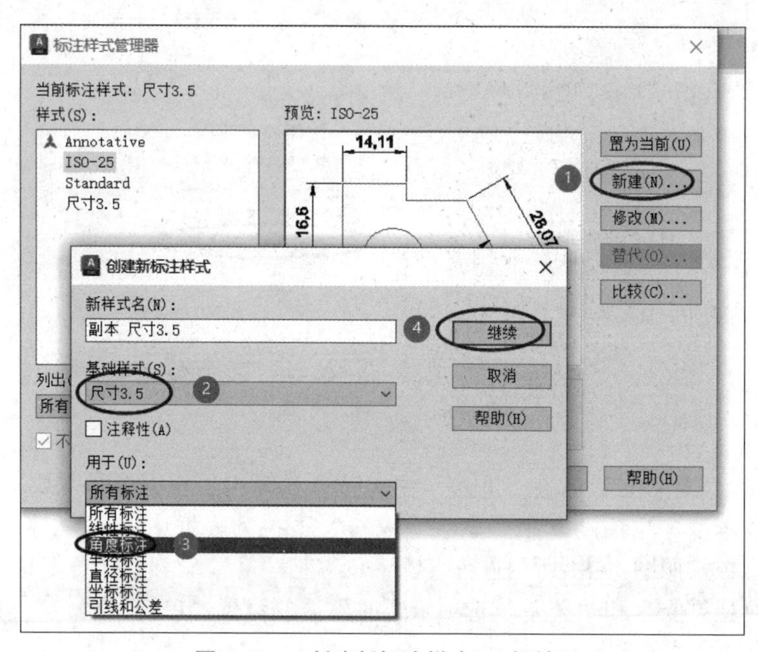

图 1-82 “创建新标注样式”对话框

工作笔记

② 在“新建标注样式：尺寸 3.5：角度”对话框中，单击“文字”标签，进入“文字”选项卡，如图 1-83 所示，在“文字对齐”选项组中选中“水平”单选按钮，单击“确定”按钮，返回“标注样式管理器”对话框。此时在“标注样式管理器”对话框左边“样式”选项组中的“尺寸 3.5”样式下显示“角度”子样式，如图 1-84 所示。

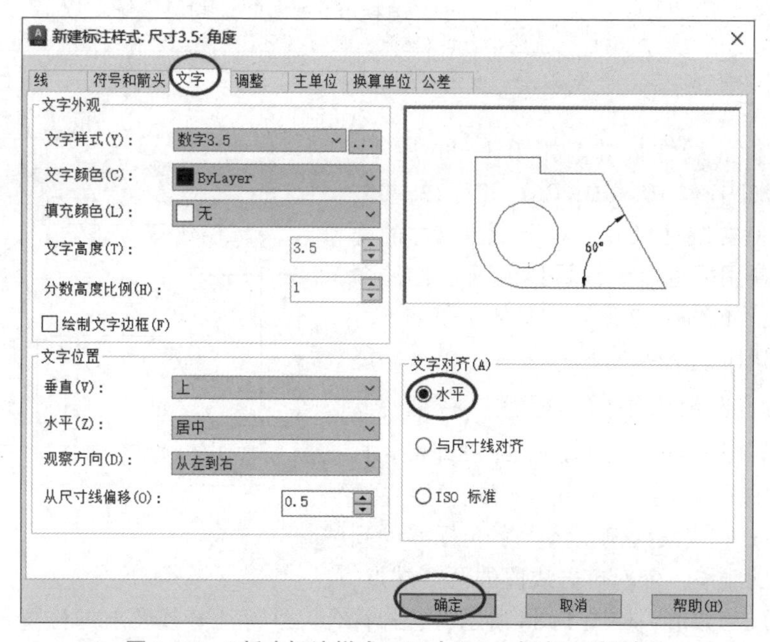

图 1-83 “新建标注样式：尺寸 3.5：角度”对话框

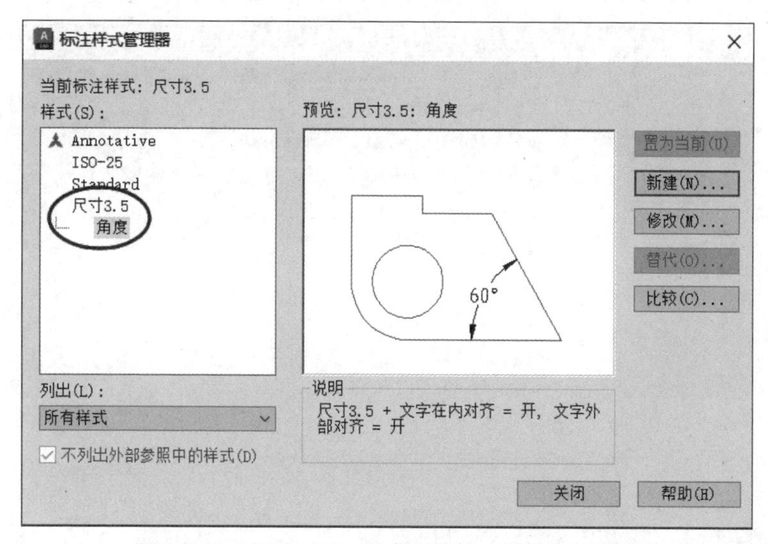

图 1-84 “尺寸 3.5”样式下显示“角度”子样式

支架零件图绘制

步骤 5：支架零件图尺寸标注。

(1) 尺寸标注准备工作。在功能区单击“注释”标签，进入“注释”选项卡，在“标注”选项组中的“标注”下拉列表框中选择“尺寸 3.5”命令作为当前标注样式，在图层下拉列表框中选择

“尺寸线”命令作为当前图层，如图 1-85 所示。

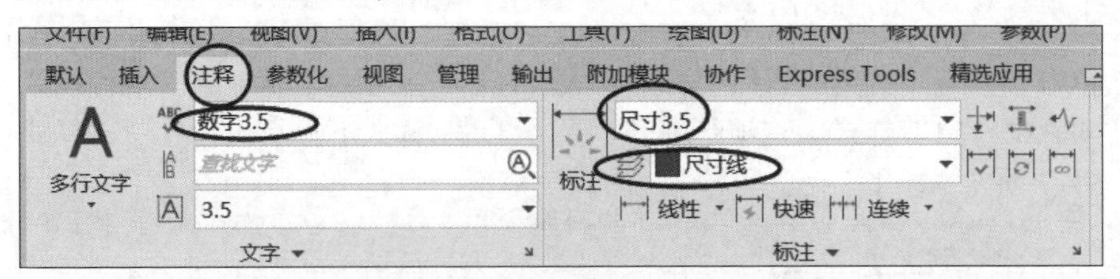

图 1-85　设置当前标注样式和当前图层

（2）标注线性尺寸。如图 1-86 所示，支架零件图中有 10，10，26，22，12，35，16，10，30 等线性尺寸。对于线性尺寸的标注，可以使用标注命令或具体的线性标注命令来实现，如图 1-87 所示。具体步骤如下。

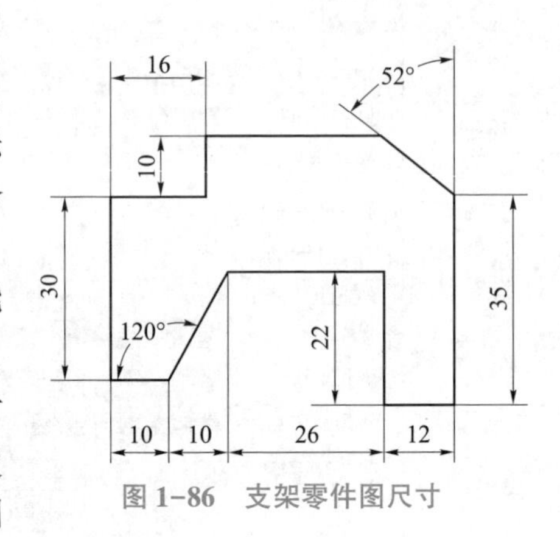

图 1-86　支架零件图尺寸

① 调用标注命令有两种方式。单击功能区“默认”选项卡中的“标注”按钮，或在命令行输入 DIM，再按 Enter 键即可。打开状态栏中的对象捕捉和正交模式，以左边长为 30 mm 的线段为例：将十字光标移动到需要标注的线段，依次单击线段的两个端点，即可显示尺寸数值，如图 1-88 所示，选择符合尺寸标注基线要求的位置再次单击，就完成了该线段的尺寸标注，如图 1-89 所示。

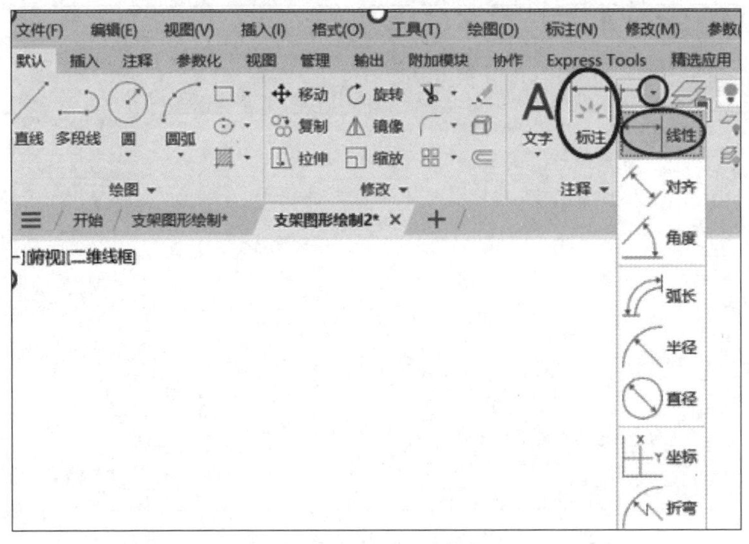

图 1-87　标注命令和线性标注命令的按钮及位置

② 串联尺寸的连续标注。支架零件图下方的串联尺寸，需要箭头对齐，可以通过在标注命令中设定连续标注实现。在命令行输入 DIM，再按 Enter 键，调出标注命令。先标注好右下角的尺寸 12，此时命令行窗口提示信息如图 1-90 所示。单击其中的“连续”按钮，或在命令行输入 C，再按空格键，再依次单击图 1-91 中的

①尺寸 12 左界线、②尺寸 26 左端点，尺寸 26 就标注完成了，并且与尺寸 12 箭头对齐；接着再依次单击③斜线段尺寸 10 左端点、④直线段尺寸 10 左端点，两个尺寸 10 也标注完成了。用同样的方法，可以标注完成其余线性尺寸，如图 1-92 所示。

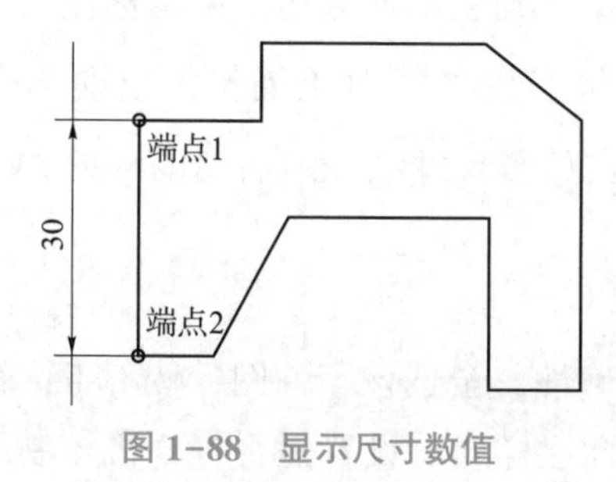

图 1-88　显示尺寸数值

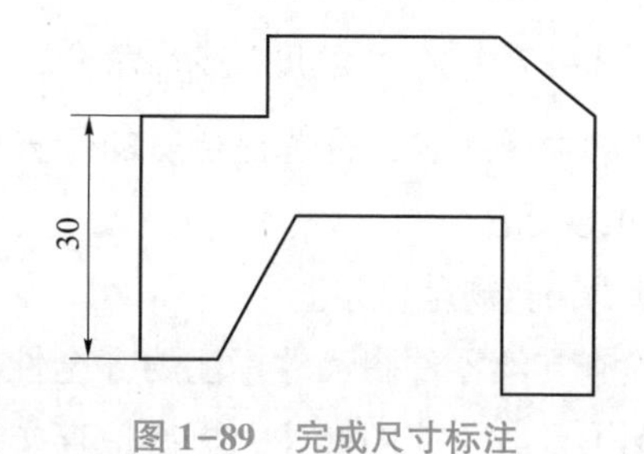

图 1-89　完成尺寸标注

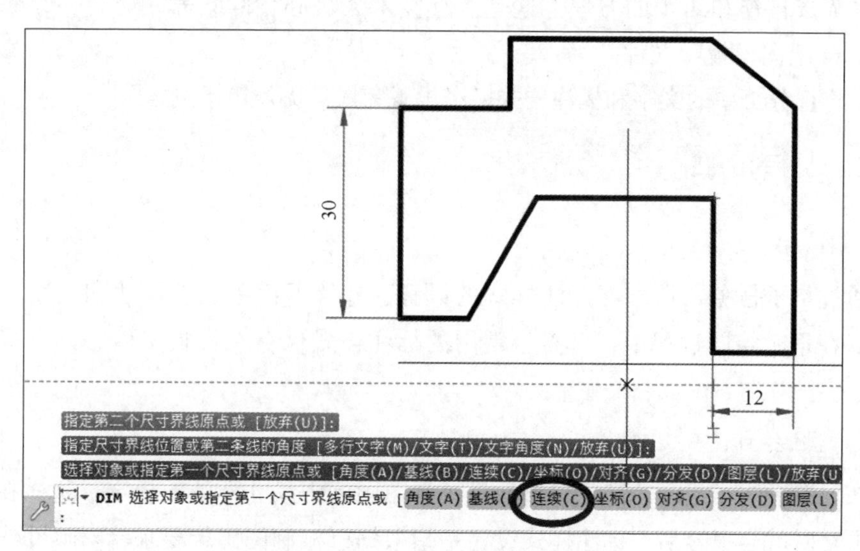

图 1-90　命令行窗口提示信息

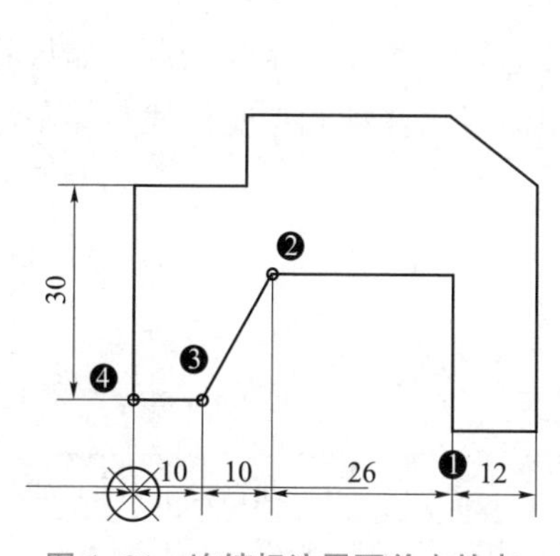

图 1-91　连续标注需要单击的点

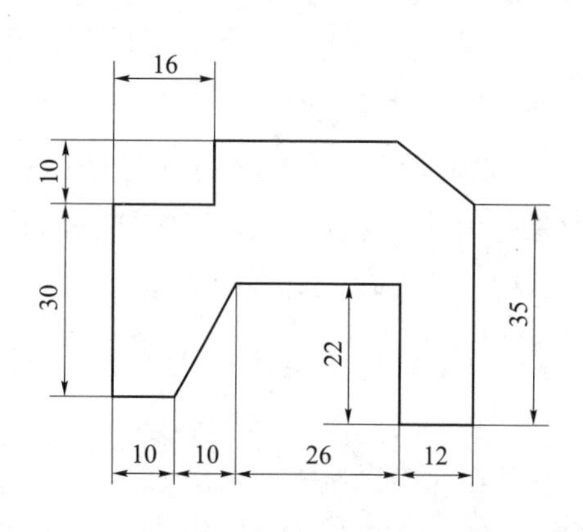

图 1-92　支架零件图线性尺寸标注完成

③ 调用线性标注命令有两种方式。单击功能区“默认”选项卡中的“线性”

工作笔记

按钮 ，或在命令行输入 DIML 再按 Enter 键即可，然后打开状态栏中的对象捕捉和正交模式。用户可以根据命令行窗口的提示去试着学习这种标注方式。

（3）标注角度尺寸。角度标注需要选择组成角度的两条边。调用标注命令，或选择图 1-87 中的“角度” 命令，关闭状态栏中的对象捕捉，依次单击组成∠120°的两条线段，再选择合适的位置，单击放置尺寸线。最后用同样的方法完成52°的角度标注。

步骤 6：规范性检查。

检查支架零件图尺寸标注的齐全性和正确性，全选该零件图，按 Delete 键，删除该图形及其对应的标注，再次检查文字和标注样式的设置是否符合机械制图国标要求，养成自查和纠正的习惯，这是工程技术人员必备的素养。最后保存修改的“机械 A4 绘图模板”文件。

工作任务 1 中的文字和标注样式已经设置完成。无规矩不成方圆！

1.4.5 工程师点评

1. 标注模板的应用

通过本子任务可以学习标注样式的设置，并练习简单线性尺寸和角度尺寸的标注。在平时绘图过程中，只需将常用的标注样式保存在模板文件中，直接调用即可。

2. 标注样式设置要遵守机械制图国标

在设置标注样式时，需要先熟悉机械制图国标中尺寸标注的规定，这样在设置各个项目时就会很容易。标注样式设置是指根据机械制图国标要求针对尺寸线、尺寸界线及尺寸数字进行的设置。

3. 不同尺寸类型应选择相应的标注命令

在进行尺寸标注时，可以先将尺寸进行分类。标注命令的标注方式有很多种，如图 1-87 所示，其中默认方式是选择对象或指定第一条尺寸界线原点。如果将选择对象作为默认标注方式，则需要关闭状态栏中的对象捕捉和正交模式。在采用其他方式时，要先输入对应的命令。

1.4.6 工作质量评价

1. 质量评价表

序号	自评内容	分数配置	自评得分
1	熟悉机械制图国标中文字及尺寸标注的要求	5 分	
2	会设置符合机械制图国标要求的文字和标注样式	30 分	

工作笔记

续表

序号	自评内容	分数配置	自评得分
3	能完成 A4 标题栏的文字输入	20 分	
4	能借助命令行窗口学习尺寸标注命令的操作	5 分	
5	能举一反三设置符合其他图幅的文字和标注样式	5 分	
6	能正确标注支架零件图尺寸	20 分	
7	保存好已设置完成文字和标注样式的“机械 A4 绘图模板”文件	5 分	
8	反复练习本子任务，能在 30 min 内完成文字和标注样式设置、标题栏文字输入、支架零件图尺寸标注等操作	10 分	

2. 测一测（判断题）

参考答案

（1）在 AutoCAD 2024 软件中“标注样式管理器”对话框中的各个参数应根据机械制图国标中尺寸标注的要求和图幅的大小来进行设置。（　　）

（2）调出“标注样式管理器”对话框的命令快捷键是 D。（　　）

（3）在标注命令中，“对齐”命令可以标注斜线段的长度。（　　）

（4）在 AutoCAD 软件 2016 以上版本中，双击尺寸数字，即可对其进行编辑。（　　）

（5）在标注角度尺寸时，对角度数值的方向没有要求。（　　）

3. 练一练

标注板件零件图尺寸（见图 1-93），并依据质量评价表进行自评。

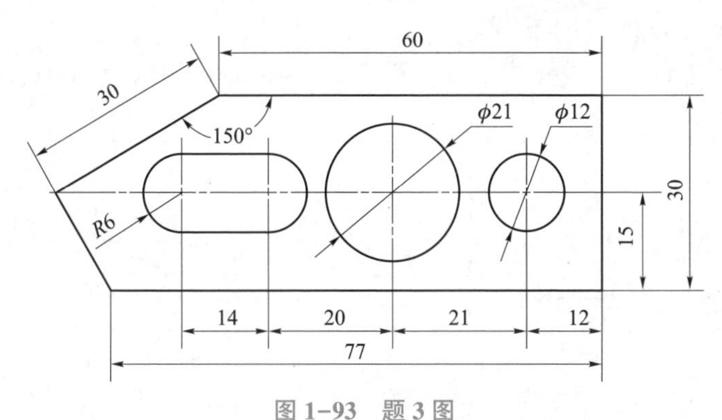

图 1-93　题 3 图

板件尺寸标注

工作笔记

子任务 1.5 设置多重引线样式

任务实施流程如图 1-94 所示。

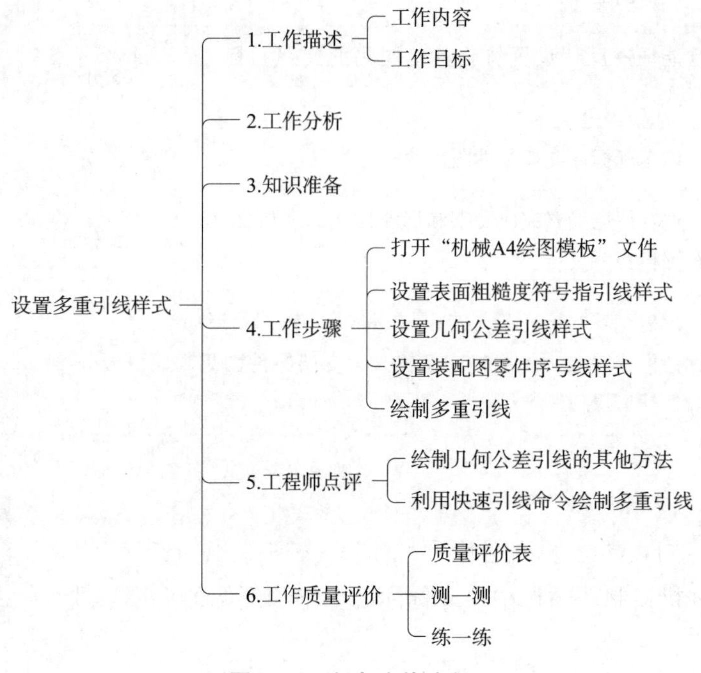

图 1-94 任务实施流程

1.5.1 工作描述

1. 工作内容

（1）设置表面粗糙度符号指引线样式：基线距离为 7~8 mm，末端为箭头，绘制结果如图 1-95（a）所示。

（2）设置几何公差引线样式：一条水平或竖直线段，或者两条垂直线段，末端为箭头，绘制结果如图 1-95（b）所示。

（3）设置装配图零件序号线样式：基线距离为 7~8 mm，末端为小点，绘制结果如图 1-95（c）所示。

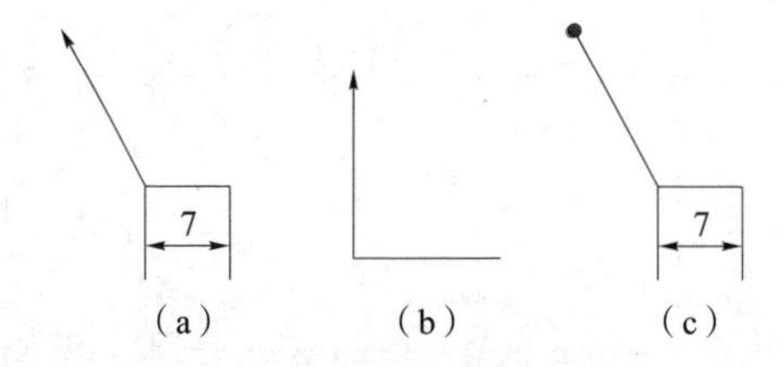

图 1-95 常用多重引线样式

（a）表面粗糙度符号指引线；（b）几何公差引线；（c）装配图零件序号线

2. 工作目标

（1）温习机械制图国标中有关表面粗糙度符号指引线、几何公差引线、装配图零件序号线的要求，遵守职业规范。

（2）能调出“多重引线样式管理器”对话框，设置符合机械制图国标要求的表面粗糙度符号指引线样式。

（3）能调出“多重引线样式管理器”对话框，设置符合机械制图国标要求的几何公差引线样式。

（4）能调出“多重引线样式管理器”对话框，设置符合机械制图国标要求的装配图零件序号线样式。

（5）能绘制多重引线。

（6）能根据工作需要，灵活设置相应的多重引线样式。

1.5.2 工作分析

多重引线主要用于标注表面结构参数（表面粗糙度）、几何公差及装配图中零件序号。在绘制多重引线前，需要先设置多重引线样式。在机械制图国标中，对表面粗糙度符号指引线、几何公差引线、装配图零件序号线均有具体要求，因此，在设置多重引线样式时，应注意遵守相应的标准和规范。

（1）打开“机械 A4 绘图模板”文件，其中已包含前 4 个子任务的内容。

（2）调出“多重引线样式管理器”对话框。

（3）设置表面粗糙度符号指引线样式。

（4）设置几何公差引线样式。

（5）设置装配图零件序号线样式。

（6）绘制多重引线。

1.5.3 知识准备

调出“多重引线样式管理器”对话框的方式有两种。在命令行输入 MLS，再按空格键，或在功能区“注释”选项卡中单击“引线”标签右侧斜箭头，如图 1-96 所示，系统即弹出“多重引线样式管理器”对话框，如图 1-97 所示。

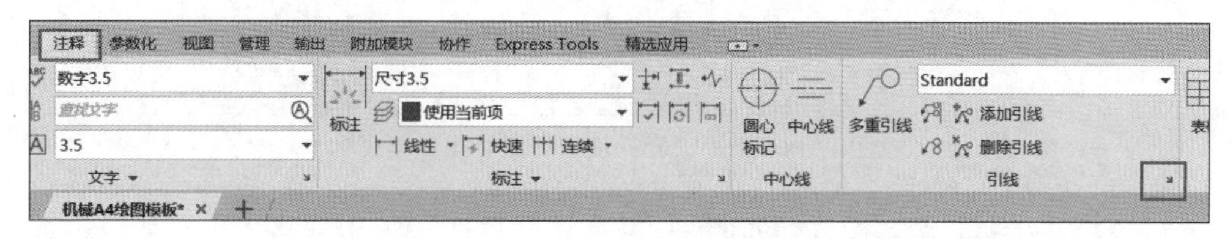

图 1-96 调出“多重引线样式管理器”对话框的斜箭头位置

工作笔记

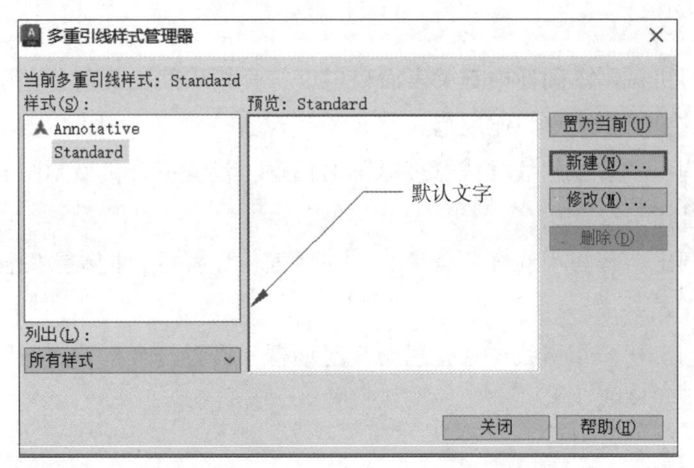

图 1-97 “多重引线样式管理器”对话框

1.5.4 工作步骤

设置多重引线样式

步骤 1：打开“机械 A4 绘图模板”文件。

打开子任务 1.4 保存的“机械 A4 绘图模板”文件，本子任务要对常用的多重引线进行相应设置。

步骤 2：设置表面粗糙度符号指引线样式。

(1) 在命令行输入 MLS，再按空格键，系统弹出“多重引线样式管理器”对话框。如图 1-98 所示，单击①“新建”按钮，弹出“创建新多重引线样式”对话框，在②“新样式名”文本框中输入“粗糙度符号指引线”，单击③“继续”按钮，弹出“修改多重引线样式：粗糙度符号指引线”对话框，如图 1-99 所示。

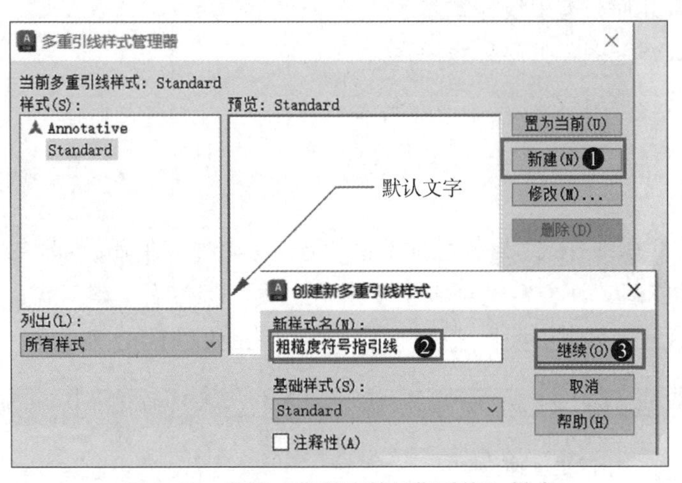

图 1-98 新建“粗糙度符号指引线”样式

(2) “引线格式”设置。如图 1-99 所示，单击①“引线格式”标签，进入“引线格式”选项卡，在“常规”选项组中的“颜色”“线型”“线宽”下拉列表框中均选择②Bylayer 命令，在③“箭头”选项组中的“符号”下拉列表框中选择“实心闭合”命令，“大小”设置为 2.5，或与尺寸标注样式的箭头大小保持一致。

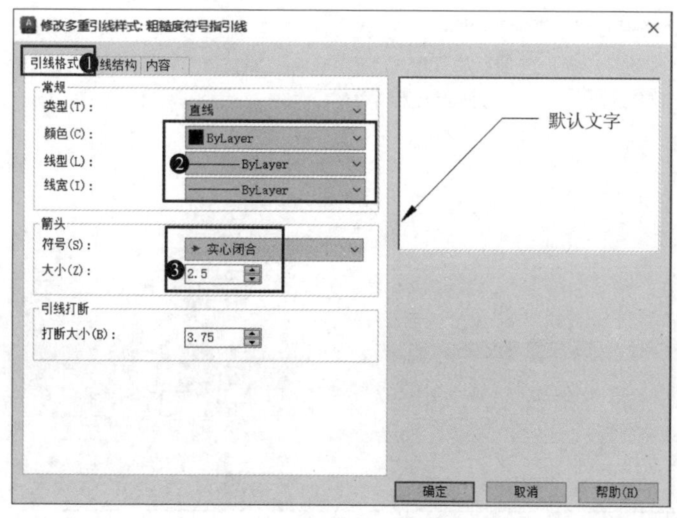

图 1-99 “引线格式”选项卡

（3）“引线结构”设置。如图 1-100 所示，单击①“引线结构”标签，进入“引线结构”选项卡，勾选②“最大引线点数”复选框，并将其设置为 2，勾选③“自动包含基线”和“设置基线距离”复选框，在④处将基线距离设置为 7。

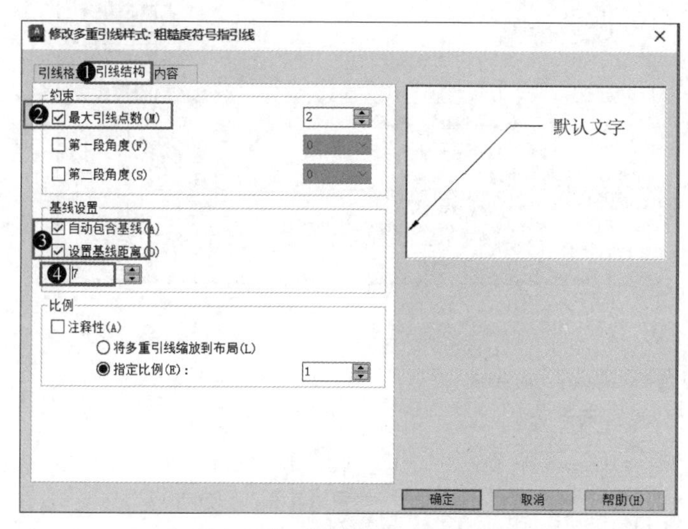

图 1-100 “引线结构”选项卡

（4）“内容”设置。如图 1-101 所示，单击①“内容”标签，进入“内容”选项卡，在②“多重引线类型”下拉列表框中选择“无”命令，单击③“确定”按钮，返回“多重引线样式管理器”对话框，再单击“确定”按钮退出对话框。这样粗糙度符号指引线样式就设置完成了。

步骤 3：设置几何公差引线样式。

（1）如图 1-102 所示，在“多重引线样式管理”对话框中单击①“新建”按钮，弹出“创建新多重引线样式”对话框，在②“新样式名”文本框中输入“几何公差引线”，单击③“继续”按钮，弹出“修改多重引线样式：几何公差引线”对话框，如图 1-103 所示。

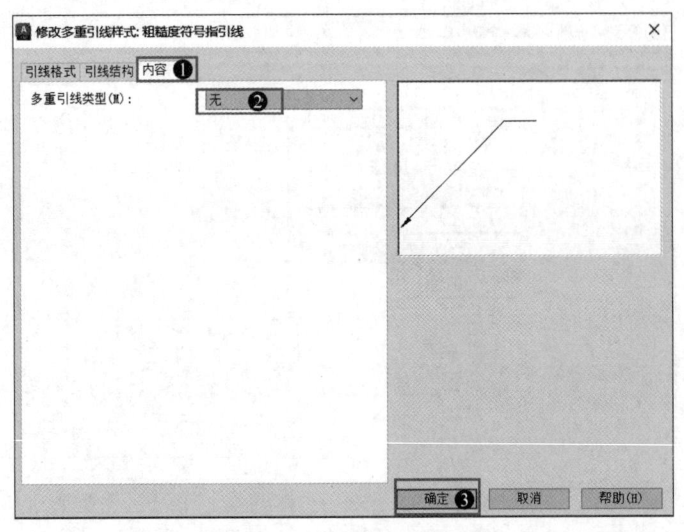

图 1-101 “内容”选项卡

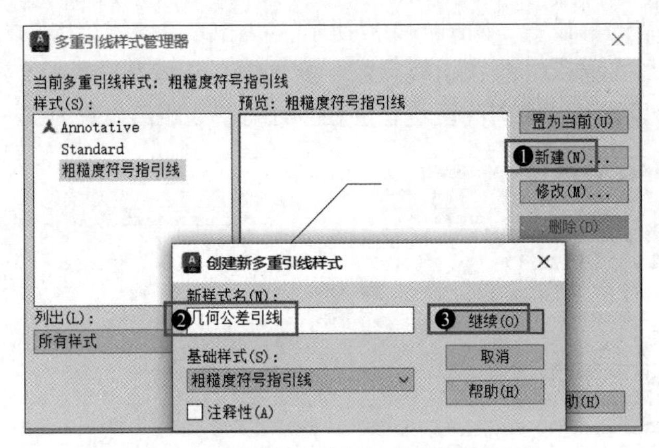

图 1-102 新建“几何公差引线”样式

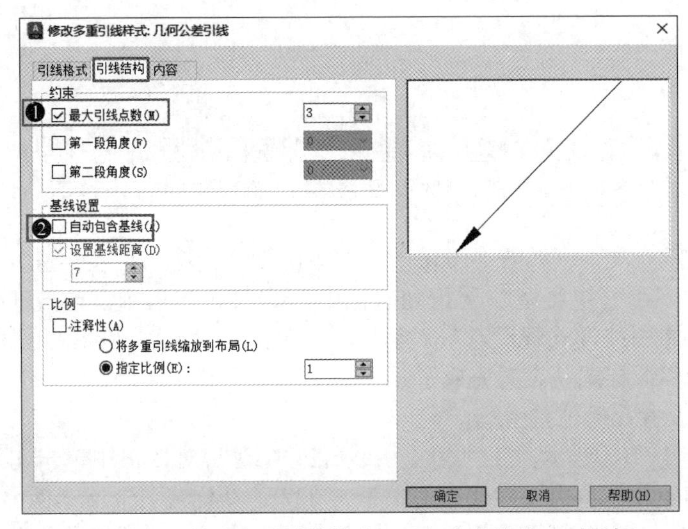

图 1-103 “修改多重引线样式：几何公差引线”对话框

（2）“引线格式”设置。参考图 1-99 中的设置，单击①“引线格式”标签，进入“引线格式”选项卡，在“常规”选项组中的“颜色”“线型”“线宽”下拉列表框中均选择②Bylayer 命令，在③“箭头”选项组中的“符号”下拉列表框中选择“实心闭合”命令，“大小”设置为 2.5，或与尺寸标注样式的箭头大小保持一致。

（3）“引线结构”设置。如图 1-103 所示，单击“引线结构”标签，进入“引线结构”选项卡，勾选①“最大引线点数”复选框，并将其设置为 3，取消勾选②“自动包含基线”复选框。

（4）“内容”设置。参考图 1-101 中的设置，单击①“内容”标签，进入“内容”选项卡，在②“多重引线类型”下拉列表框中选择“无”命令，单击③“确定”按钮，返回“多重引线样式管理器”对话框，再单击“确定”按钮退出对话框。这样几何公差引线样式就设置完成了。

步骤 4：设置装配图零件序号线样式。

装配图零件序号线样式的设置和表面粗糙度符号指引线样式的设置除箭头形式不一样之外，其余参数都相同。根据步骤 2 中的设置，在“新样式名”文本框中输入“装配图零件序号线”，进入“引线格式”选项卡，在“箭头”选项组中的“符号”下拉列表框中选择“小点”命令，如图 1-104 所示，其余参数设置与步骤 2 相同。

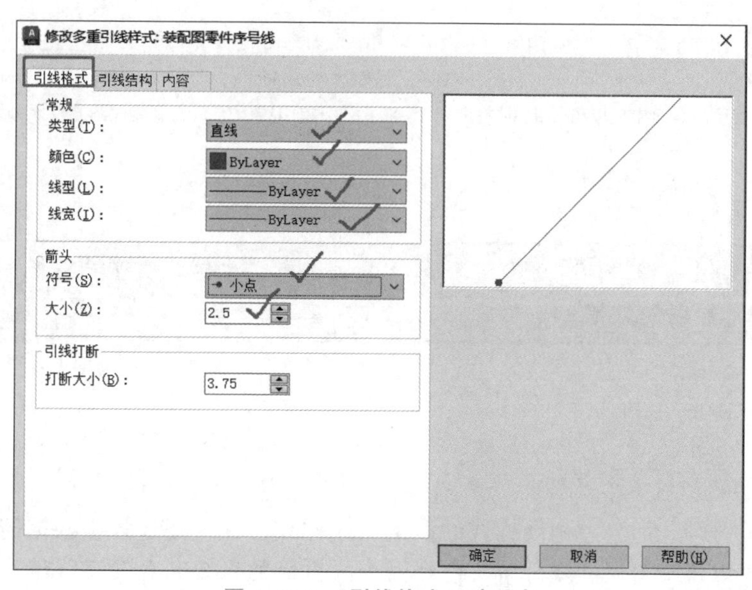

图 1-104 “引线格式”选项卡

通过以上操作即可设置常用多重引线样式，在绘图过程中可根据需要进行相应选择。最后保存修改的“机械 A4 绘图模板”文件。

工作任务 1 中的多重引线样式已经设置完成。磨刀不误砍柴工！

步骤 5：绘制多重引线。

（1）调用多重引线命令有两种方式。在命令行输入 MLEADER，再按 Enter 键，或进入“注释”选项卡，单击“引线”选项组中的“多重引线”按钮，并在下拉列表框中选择“粗糙度符号指引线”命令，如图 1-105 所示。

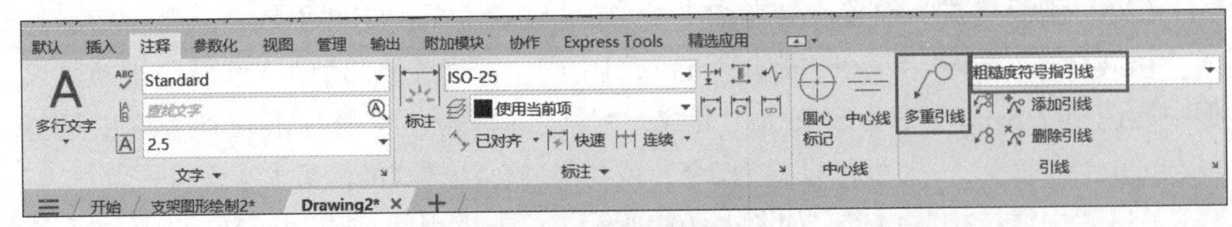

图 1-105　调用多重引线命令

（2）调用多重引线命令后，关闭状态栏正交模式，在需要绘制的位置单击①和②两个点就可以绘制表面粗糙度符号指引线，如图 1-106（a）所示；打开状态栏正交模式，将多重引线样式切换到“几何公差引线”，再单击绘制几何公差引线的三个点位置①，②，③，就可以绘制几何公差引线，如图 1-106（b）所示；关闭状态栏正交模式，将多重引线样式切换到“装配图零件序号线”，再单击绘制装配图零件序号线的两个点位置①，②，就可以绘制装配图零件序号线，如图 1-106（c）所示。

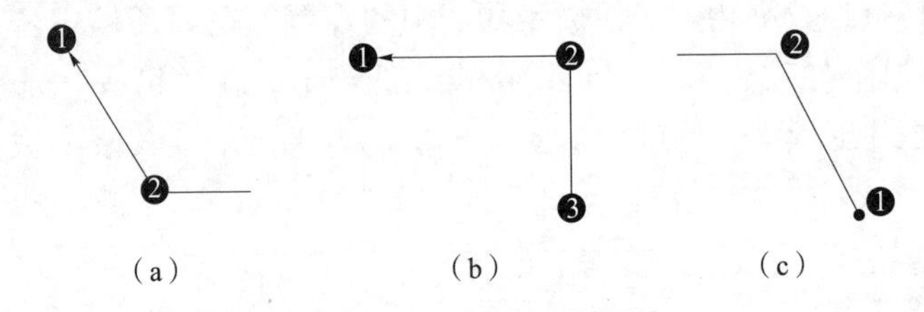

（a）　　（b）　　（c）

图 1-106　绘制多重引线

（a）绘制表面粗糙度符号指引线；（b）绘制几何公差引线；（c）绘制装配图零件序号线

提示

在保存文件前，再次检查机械图样中对多重引线样式的要求，养成遵守规范、自查和纠正的习惯。

1.5.5　工程师点评

1. 绘制几何公差引线的其他方法

除设置符合几何公差引线样式的多重引线样式，在绘图过程中根据需要直接调用外，也可以将某个尺寸线分解，得到箭头，再借助直线命令绘制线段来实现绘制几何公差引线。

2. 利用快速引线命令绘制多重引线

如果在绘图过程中只是偶尔用一次多重引线，则不需要花时间进行多重引线的设置，可以利用快速引线命令，通过命令行窗口提示信息，直接绘制需要的多重引线。

（1）快速引线命令。在命令行输入 QL 再按 Enter 键，命令行窗口提示信息如图 1-107 所示。单击“设置”按钮，或在命令行输入 S 再按空格键，即可调用快速引线命令。

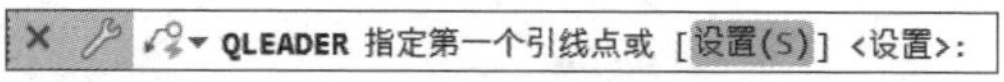

QLEADER 指定第一个引线点或 [设置(S)] <设置>:

图 1-107　命令行窗口提示信息

（2）绘制几何公差基准符号。在命令行输入 QL 再按空格键，单击“设置”按钮，弹出“引线设置”对话框，如图 1-108 所示。单击“注释”标签，进入“注释”选项卡，在“注释类型”选项组中选中“公差”单选按钮；单击“引线和箭头”标签，进入“引线和箭头”选项卡，在“箭头”下拉列表框中选择“实心基准三角形”命令，如图 1-109 所示，然后单击“确定”按钮或按 Enter 键。单击 ϕ35 尺寸线（见图 1-110）的延伸线靠近轮廓线的位置，指定第一个引线点，再输入 7 并按 Enter 键，弹出“形位公差”对话框，如图 1-111 所示。在“基准 1”文本框中输入 D，单击“确定”按钮，几何公差基准符号就绘制完成，如图 1-110 所示。

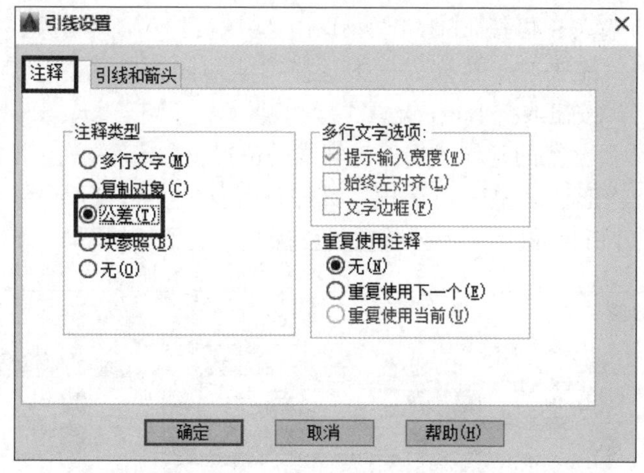

图 1-108　“引线设置”对话框

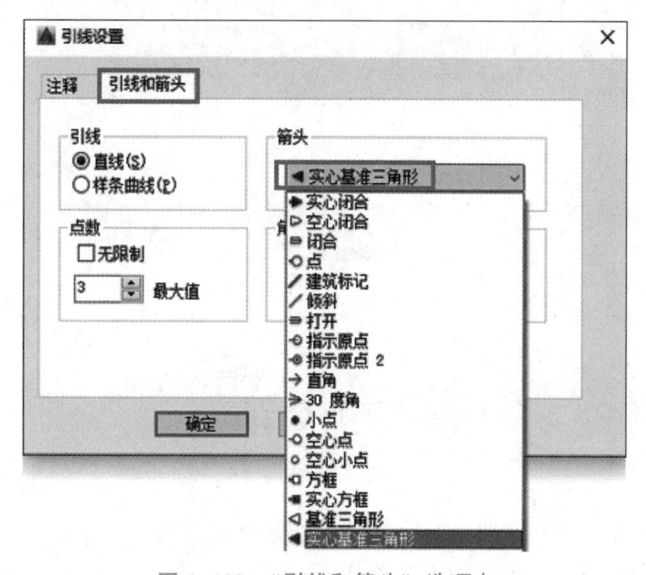

图 1-109　“引线和箭头”选项卡

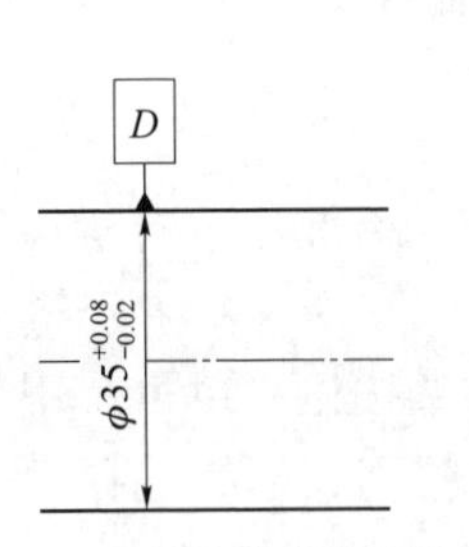

图 1-110　几何公差基准符号绘制完成

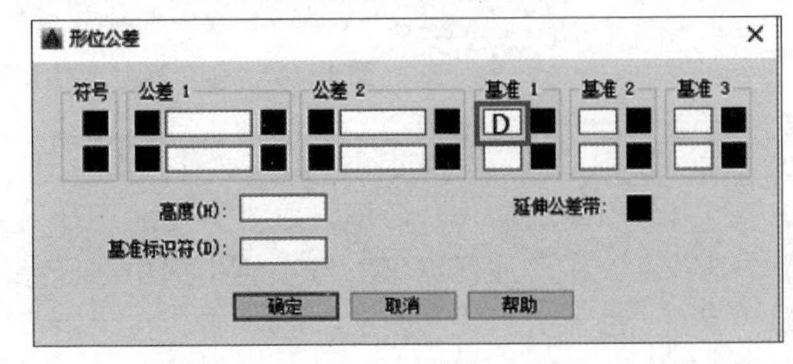

图 1-111　“形位公差”对话框

(3) 标注几何公差项目 ◎ ϕ0.04 D 。

① 在命令行输入 QL 再按 Enter 键。

② 在命令行输入 S 再按 Enter 键，弹出“引线设置”对话框，在“引线和箭头”选项卡中的“箭头”下拉列表框中选择“实习闭合”命令，其他参数为默认值，单击“确定”按钮或按 Enter 键。

③ 单击 ϕ32 尺寸线的延伸线靠近轮廓线的位置，指定第一个引线点，再拾取第二点位置，弹出“形位公差”对话框，具体设置如图 1-112 所示，设置完毕单击“确定”按钮或按 Enter 键，几何公差项目就标注完成了，如图 1-113 所示。

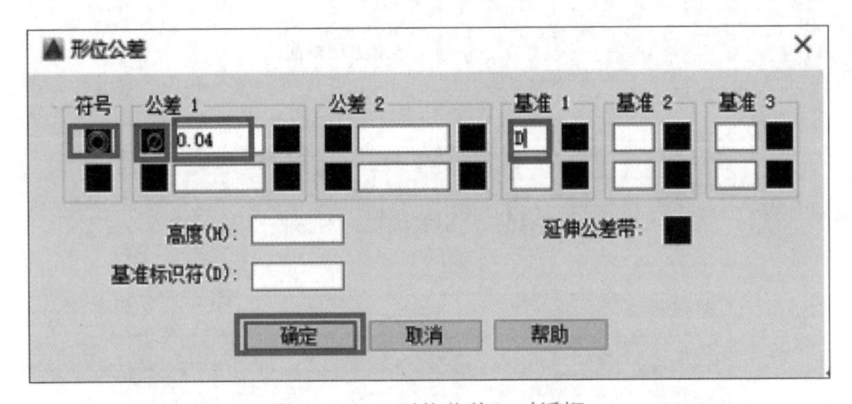

图 1-112　“形位公差”对话框

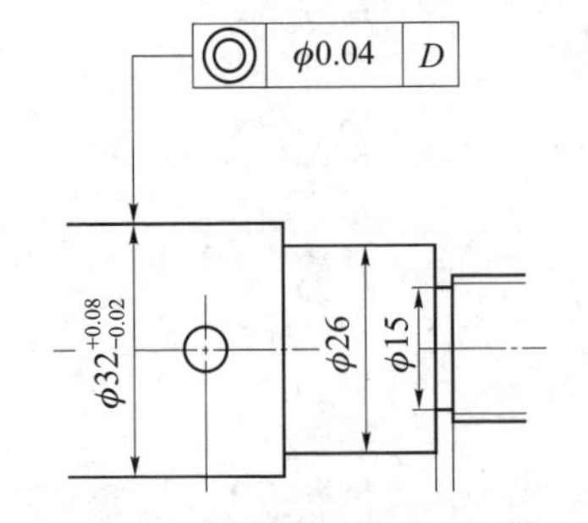

图 1-113　几何公差项目标注完成

工作笔记

1.5.6 工作质量评价

1. 质量评价表

序号	自评内容	分数配置	自评得分
1	熟悉引线在机械图样中的应用场景和机械制图国标要求，并遵守相应的职业规范	5分	
2	能熟练调用多重引线设置的相关命令	10分	
3	能正确设置多重引线样式	30分	
4	能调出绘制多重引线的命令	5分	
5	能绘制符合机械制图国标要求的引线	30分	
6	保存好设置完成多重引线样式的“机械A4绘图模板”文件	5分	
7	反复练习本子任务，能在5 min内完成一种多重引线样式的设置	10分	
8	体会“工欲善其事必先利其器”中华文化魅力	5分	

2. 测一测（选择和判断题）

参考答案

（1）装配图零件序号线的末端是（　　）。

A. 小点　　B. 点　　C. 三角形　　D. 实心闭合箭头

（2）调出“多重引线样式管理器”对话框的命令快捷键是（　　）。

A. MLS　　B. MA　　C. MS　　D. MI

（3）在绘制多重引线前，一定要先新建多重引线样式。（　　）

（4）表面粗糙度符号指引线箭头的大小，应与图形中尺寸标注箭头大小一样。（　　）

（5）可以利用命令快捷键 MLD 绘制多重引线。（　　）

3. 练一练

在标注几何公差（形位公差）基准时，基准符号中有一个实心三角形，参考多重引线样式的设置，设置一个几何公差基准实心三角形的多重引线样式（见图1-114），并依据质量评价表进行自评。

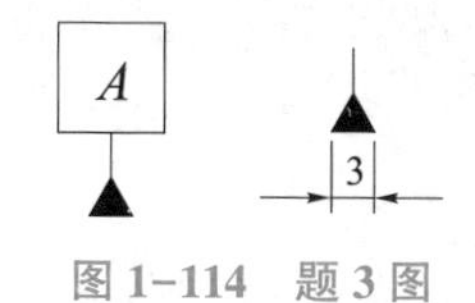

图1-114　题3图

子任务 1.6 创建表面粗糙度符号块

任务实施流程如图 1-115 所示。

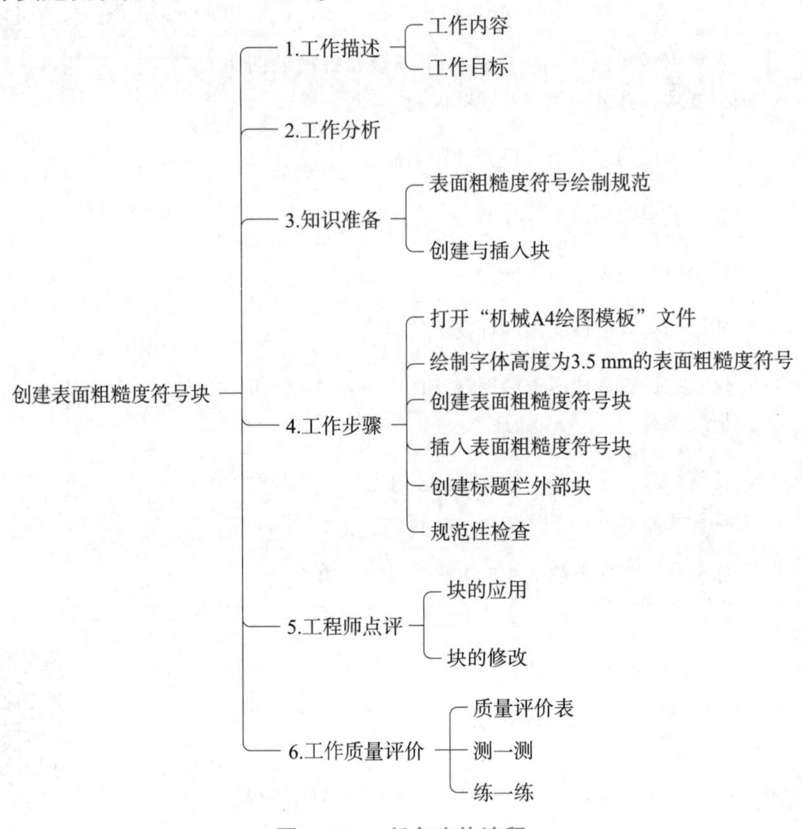

图 1-115 任务实施流程

1.6.1 工作描述

创建表面粗糙度符号块

1. 工作内容

(1) 绘制字体高度为 3.5 mm 的表面粗糙度符号，如图 1-116 (a) 所示。

(2) 创建具有属性的表面粗糙度符号块，如图 1-116 (b) 所示，并能在绘图过程中插入块。

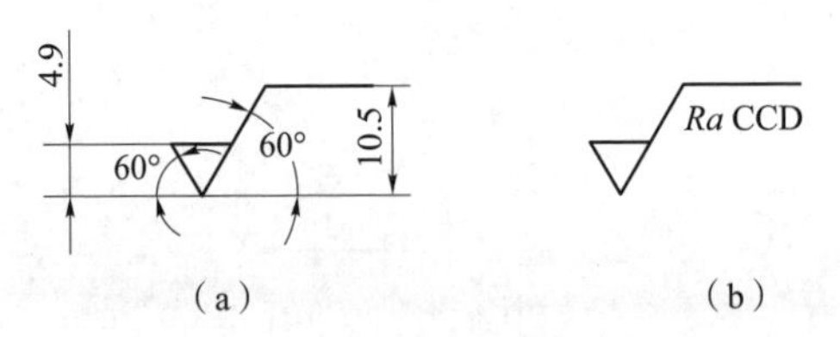

图 1-116 常用多重引线样式

(a) 字体高度为 3.5 mm 的表面粗糙度符号；(b) 具有属性的表面粗糙度符号块

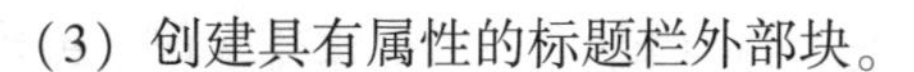

（3）创建具有属性的标题栏外部块。

2. 工作目标

（1）温习机械制图国标中有关表面粗糙度符号的要求，遵守职业规范。
（2）能绘制与字体高度匹配的表面粗糙度符号。
（3）能创建具有属性的表面粗糙度符号块。
（4）能在绘图过程中插入具有属性的表面粗糙度符号块。
（5）能举一反三根据需要创建其他块。

1.6.2 工作分析

表面粗糙度（表面结构参数）是衡量零件表面加工程度的一个参数。在零件图中标注表面粗糙度时，可以先定义一个表面结构参数的块，然后在需要的时候直接插入块。所以要先创建表面粗糙度符号块，再利用插入块命令进行表面结构参数标注。同理，对于标题栏中的信息而言，不同的标题栏对应不同的信息，因此，可以创建一个具有属性的外部块，在需要的时候直接插入块即可。

（1）打开“机械 A4 绘图模板”文件，其中已包含前 5 个子任务的内容。
（2）绘制字体高度为 3.5 mm 的表面粗糙度符号。
（3）创建表面粗糙度符号块。
（4）插入表面粗糙度符号块。
（5）创建标题栏外部块。
（6）插入标题栏外部块。
（7）规范性检查。

1.6.3 知识准备

1. 表面粗糙度符号绘制规范

图 1-117（a）所示为机械制图国标《产品几何技术规范（GPS）技术产品文件中表面结构的表示法》（GB/T 131—2006）中对表面粗糙度符号的要求，其中 h 是指图幅所用字体高度，符号线宽为 $h/10$。所以对于字体高度为 3.5 mm 的表面粗糙度符号（见图 1-117（b）），其线宽为 0.35 mm。

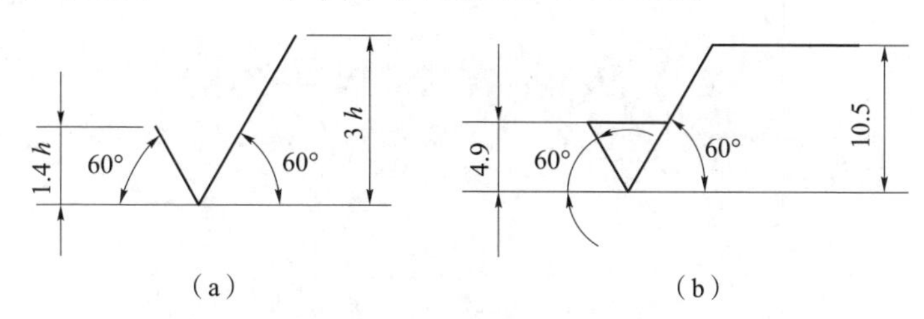

图 1-117　表面粗糙度符号

（a）字体高度为 h 的表面粗糙度符号；（b）字体高度为 3.5 mm 的表面粗糙度符号

2. 创建与插入块

（1）块的用途。在机械图样中，一般有很多重复的结构，如表面粗糙度符号、几何公差基准符号、剖面位置符号、标题栏等。对于这些重复的结构，可以先绘制一个图形，用 AutoCAD 2024 软件中的创建块命令，定义变化量的属性，再创建具有

属性的块，即重复的结构，后续在需要绘制这些结构时，可以直接插入块，再根据具体情况填入相应的信息，这样可以减少重复工作，提高绘图效率。

（2）创建块命令。创建块命令有两种，一种是创建内部块，一般只用于当前文件中；另一种是创建外部块，即生成一个 AutoCAD 文件，可以利用插入块命令将其插入任意一个 AutoCAD 文件中。创建块、定义块属性及插入块命令如下。

① 创建内部块命令。在功能区单击“插入”标签，进入“插入”选项卡，在“块定义”选项组中单击“创建块”按钮，如图 1-118 所示，或在命令行输入 B，再按空格键，系统弹出“块定义”对话框，如图 1-119 所示。

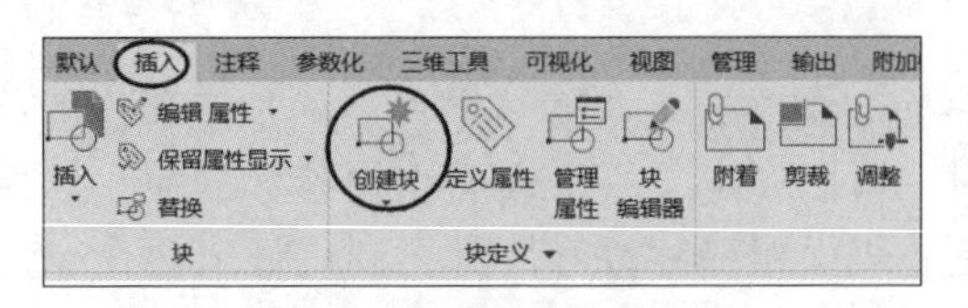

图 1-118 “创建块”按钮

图 1-119 “块定义”对话框

② 创建外部块命令。在命令行输入 W 或 WB，再按空格键，系统弹出“写块”对话框，如图 1-120 所示。

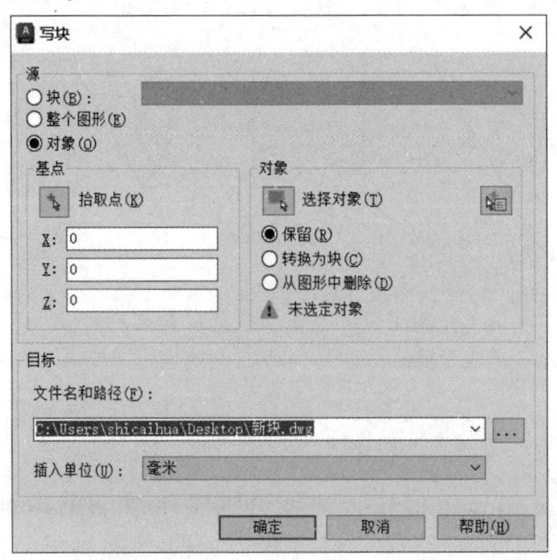

图 1-120 “写块”对话框

工作笔记

③ 定义块属性命令。在功能区单击“插入”标签，进入“插入”选项卡，在“块定义”选项组中单击“定义属性”按钮，或在命令行输入 ATT，再按空格键，系统均弹出“属性定义”对话框，如图 1-121 所示。

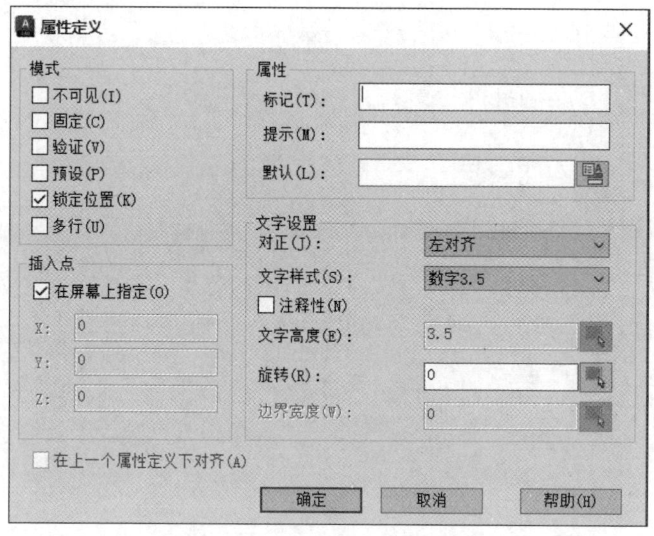

图 1-121 “属性定义”对话框

（3）插入块命令。在功能区单击“插入”标签，进入“插入”选项卡，在“块”选项组中单击“插入”按钮，显示“插入”下拉菜单，如图 1-122 所示。其中最上方是当前图形中的块；选择第二行“最近使用的块”命令，会出现“最近使用的项目”选项卡，如图 1-123 所示。在“最近使用的块”选项卡中单击需要插入的块图标，十字光标处就出现对应图形，将十字光标移动到需要插入的位置并单击，如果设置有属性，会弹出“编辑属性”对话框，设置完成按 Enter 键即可。如果在“最近使用的块”选项卡中没有需要的块图标，则可单击图 1-123 右上角的按钮，弹出“选择要插入的文件”对话框，如图 1-124 所示，单击需要插入的外部块文件，如①“标题栏”文件，再单击②“打开”按钮，该外部块图形块即出现在十字光标处，此时单击需要插入的位置，如果设置有属性，会弹出“编辑属性”对话框，设置完成按 Enter 键即可。

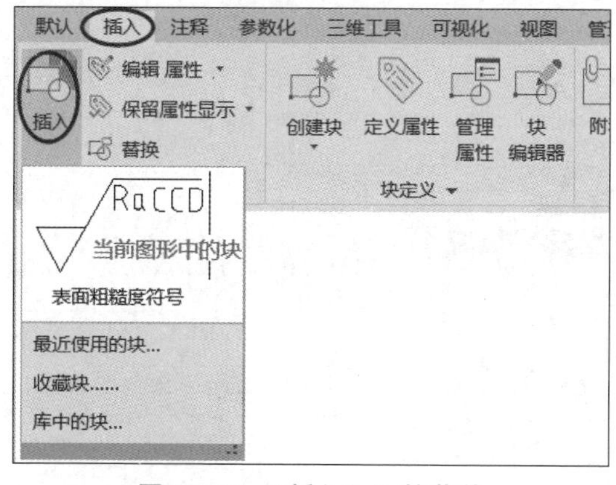

图 1-122 “插入”下拉菜单

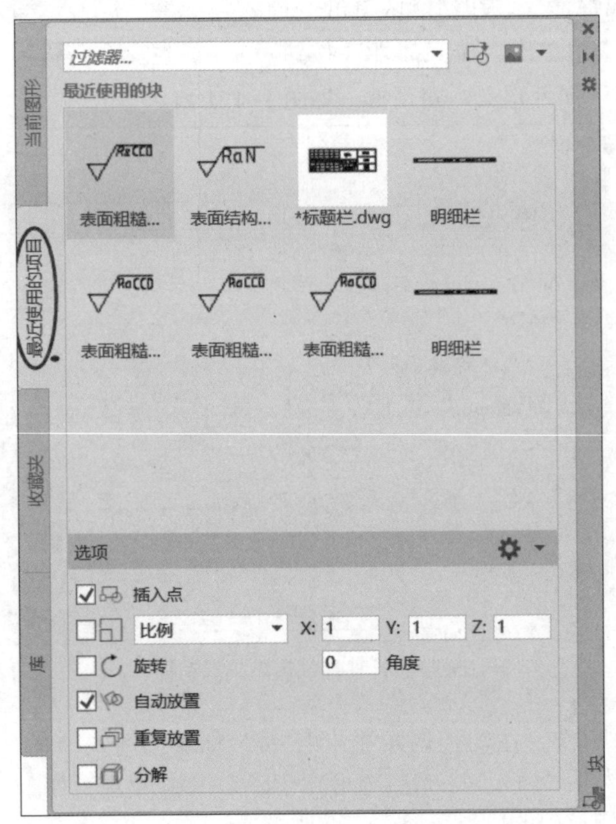

图 1-123 “最近使用的项目”选项卡

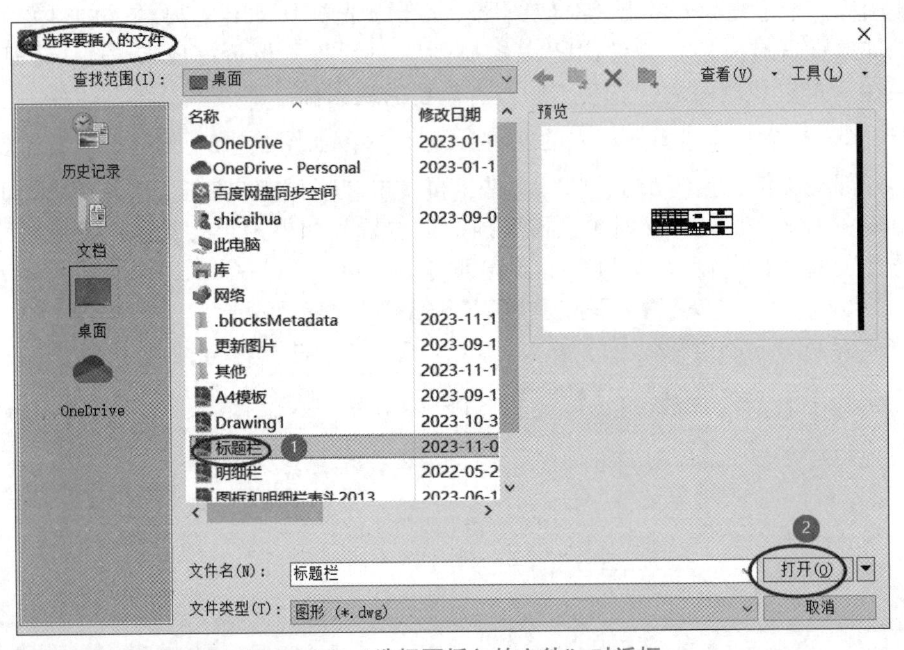

图 1-124 “选择要插入的文件”对话框

工作笔记

1.6.4 工作步骤

步骤 1：打开“机械 A4 绘图模板”文件。

打开子任务 1.5 保存的“机械 A4 绘图模板”文件，本子任务将绘制表面粗糙度符号，并在此基础上创建表面粗糙度符号块。

步骤 2：绘制字体高度为 3.5 mm 的表面粗糙度符号。

（1）将 0 图层作为当前图层，在“特性”选项组中将线宽调整为“0.35 毫米”，如图 1-125 所示。

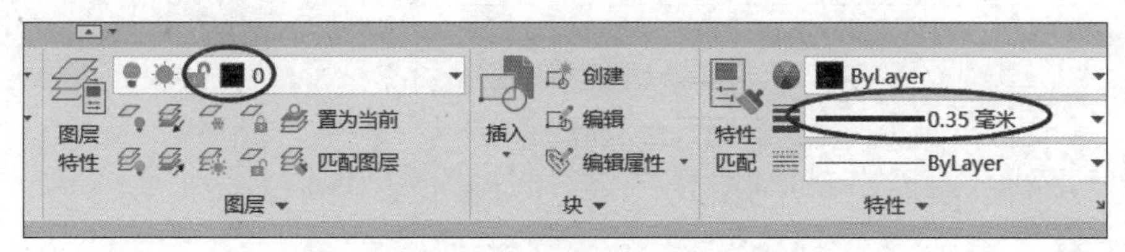

图 1-125 设置当前图层和线宽

（2）如图 1-126（a）所示，利用直线命令，绘制一条长 20 mm 的水平线段，将该线段用偏移命令分别向上偏移 4.9 mm 和 10.5 mm，最后显示为三条水平线段。

（3）如图 1-126（b）所示，利用旋转命令，单击最下方水平线段，选择左端点为基点，在命令行窗口单击“复制”按钮，在命令行输入 60，再按空格键；重复旋转命令，单击最下方水平线段，选择左端点为基点，在命令行窗口单击“复制”按钮，在命令行输入 120，再按空格键，选择线段，单击中间水平线段的左端点，并将其拉长穿过∠120°的左侧边。

（4）如图 1-126（c）所示，利用修剪命令，修剪多余的线段。

（5）如图 1-126（d）所示，利用多行文字命令，选择文字样式为“数字 3.5”并输入 *Ra*。

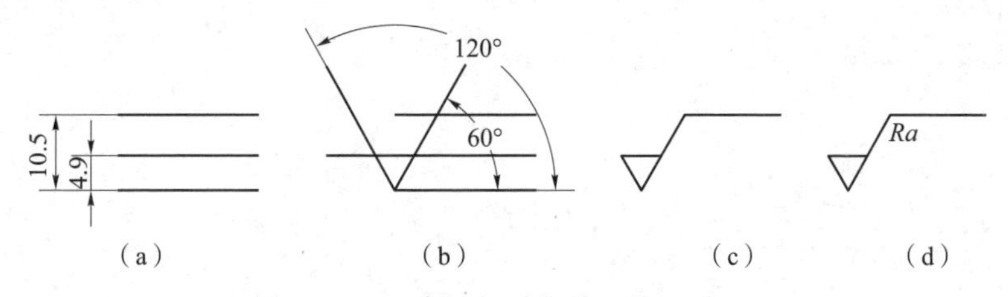

图 1-126 表面粗糙度符号绘制过程

（a）偏移出三条平行线段；（b）旋转出大致的结构；（c）修剪出表面粗糙度符号；（d）输入 *Ra*

提示

除上述方法外，还可以用直线命令+修剪命令来绘制表面粗糙度符号。绘制表面粗糙度符号的线宽，一般为字体高度的 1/10。

步骤 3：创建表面粗糙度符号块。

（1）定义块属性。在命令行输入 ATT，再按空格键，系统弹出“属性定义”

工作笔记

对话框，如图 1-127 所示。其中，在“标记”文本框中输入 CCD，在“提示”文本框中输入“请输入表面粗糙度的数值”，在“默认”文本框中输入一个常用的表面粗糙度数值，如 1.6，检查“文字样式”下拉列表框是否已选择“数字 3.5”命令，然后单击“确定”按钮。此时在十字光标处会出现字母 CCD，移动十字光标，将字母 CCD 放在图 1-128 所示字母 *Ra* 后方空一格的位置，调整 *Ra* 上方水平线段的长度，使线段右端点和字母 D 右侧对齐，这样表面符号块的属性就设置完成了。

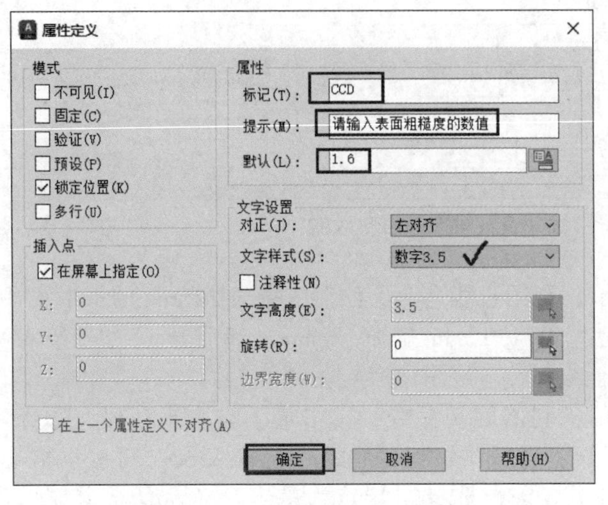

图 1-127 “属性定义”对话框

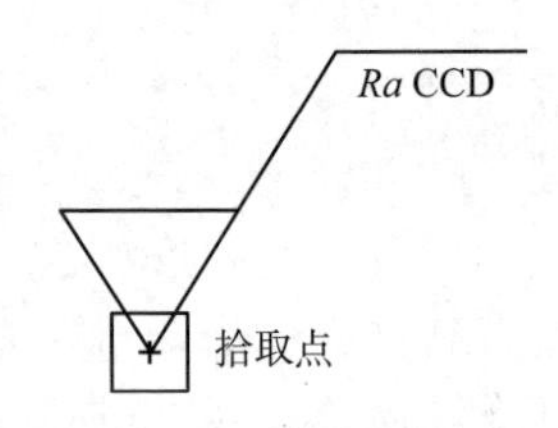

图 1-128 放置字母 CCD

（2）创建块。定义好块属性，接下来就是创建块，在命令行输入字母 B 再按 Enter 键，弹出“块定义”对话框，如图 1-129 所示。

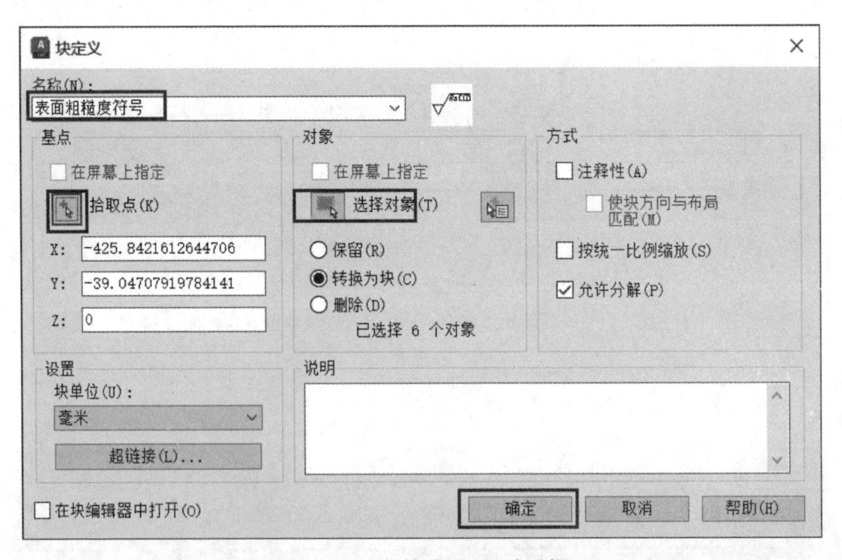

图 1-129 “块定义”对话框

在“块定义”对话框中的“名称”文本框中输入“表面粗糙度符号”；单击

“拾取点”前的按钮，再单击图 1-128 中表面粗糙度符号下方的端点，将其作为拾取点；单击“选择对象”前的按钮，选中图 1-128 中全部图形，包括表面粗糙度符号和字母；其他参数为默认值，单击“确定”按钮，表面粗糙度符号块就创建完成了。

步骤 4：插入表面粗糙度符号块。

在功能区单击“默认”或“插入”选项卡中的①“插入”按钮，在该按钮的下方会显示②“表面粗糙度符号”块，此时在十字光标处也出现了表面粗糙度符号，如图 1-130 所示。单击需要插入的位置，弹出“编辑属性”对话框，如图 1-131 所示，在“请输入表面粗糙度的数值”文本框中输入 12.5，单击“确定”按钮，*Ra*12.5 μm 的表面粗糙度符号就插入完成了。

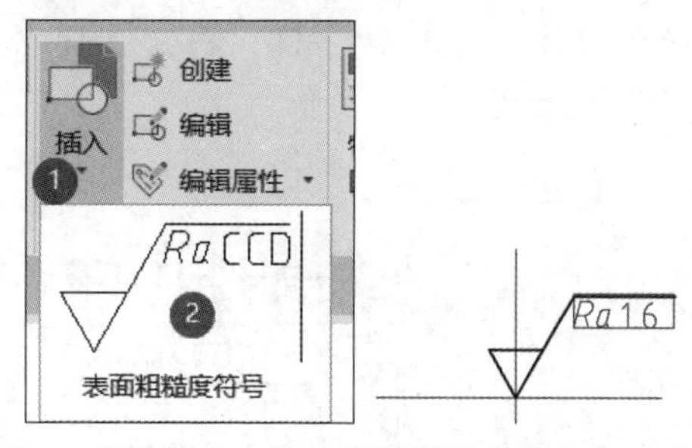

图 1-130　插入表面粗糙度符号块

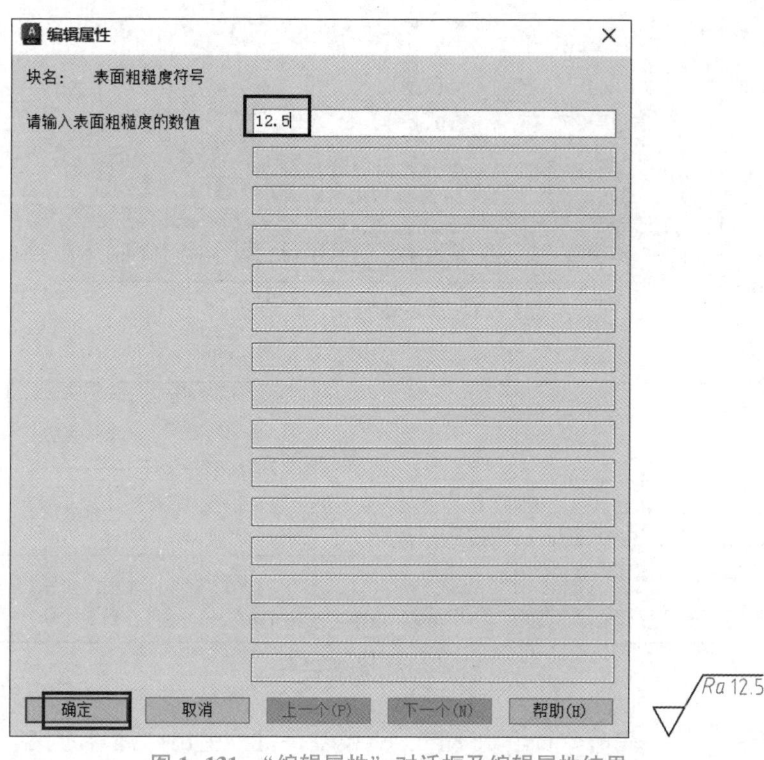

图 1-131　“编辑属性”对话框及编辑属性结果

工作笔记

保存“机械 A4 绘图模板”文件，完成该任务后，在“机械 A4 绘图模板”文件中已经有 A4 图框、标题栏，设置好的文字样式、尺寸样式、多重引线样式，图层信息，表面粗糙度符号块等。

工作任务 1 中的表面粗糙度符号块创建完成。磨刀不误砍柴工！

步骤 5：创建标题栏外部块。

(1) 定义标题栏中变化内容的属性。

外部块

在命令行输入 ATT，再按空格键，弹出“属性定义”对话框，如图 1-132 所示。在“属性”选项组中的“标记”文本框中输入“图样名称”，在“提示”文本框中输入“请输入图样的名称”，在“文字设置”选项组中的“对正”下拉列表框中选择“居中”命令，在“文字样式”下拉列表框中选择“汉字 5”命令，其他参数为默认，单击“确定”按钮，十字光标处出现“图样名称”字样，将“图样名称”放在图 1-133 所示标题栏中“(图样名称)”位置处。

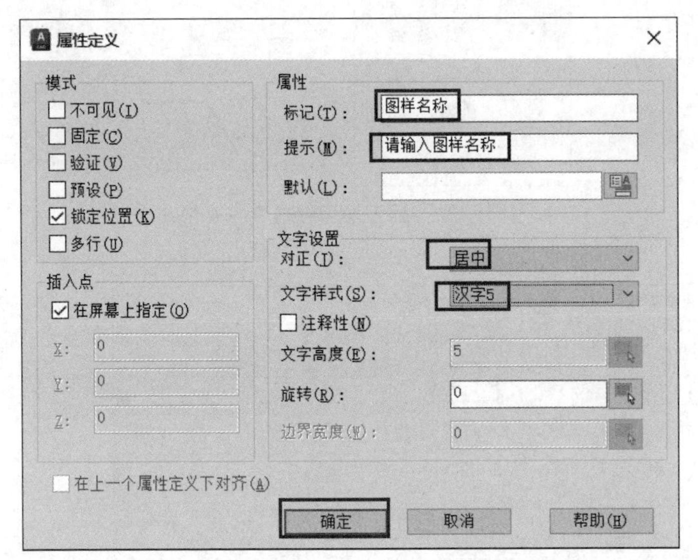

图 1-132 “属性定义”对话框

						（材料标记）			（单位名称）
标记	处数	分区	更改文件号	签名	年月日				（图样名称）
设计	(签名)	(年月日)	标准化	(签名)	(年月日)	阶段标记	质量	比例	
								(比例)	（图样代号） （投影代号）
审核									
工艺			批准			共P张 第P1张			

图 1-133 标题栏

用同样的方法，在命令行输入 ATT，再按空格键，弹出“属性定义”对话框，定义标题栏中其余变化内容的属性。标题栏中变化内容的属性如表 1-9 所示。

表 1-9　标题栏中变化内容的属性

属性标记	属性提示	对正	文字样式
图样名称	请输入图样名称	居中	汉字 5
图样代号	请输入图样代号	居中	汉字 5
单位名称	请输入单位名称	居中	汉字 5
材料标记	请输入材料标记	居中	汉字 5
比例	请输入图样比例	居中	数字 3.5
P	请输入图纸总张数	居中	数字 3.5
P1	请输入图纸为第几张	居中	数字 3.5

完成定义属性的标题栏如图 1-134 所示。

						材料标记			单位名称
标记	处数	分区	更改文件号	签名	年月日				
设计	(签名)	(年月日)	标准化	(签名)	(年月日)	阶段标记	质量	比例	图样名称
								(比例)	
审核									图样代号 投影代号
工艺			批准			共P张　第P1张			

图 1-134　完成定义属性的标题栏

(2) 用命令快捷键 W 写块。

在命令行输入 W 再按空格键，弹出“写块”对话框，如图 1-135 所示。单击①“拾取点”前的按钮，单击标题栏右下角端点作为拾取点；单击②“选择对象”前的按钮，选中整个标题栏；单击“文件名和路径”文本框右侧③ ... 按钮，弹出

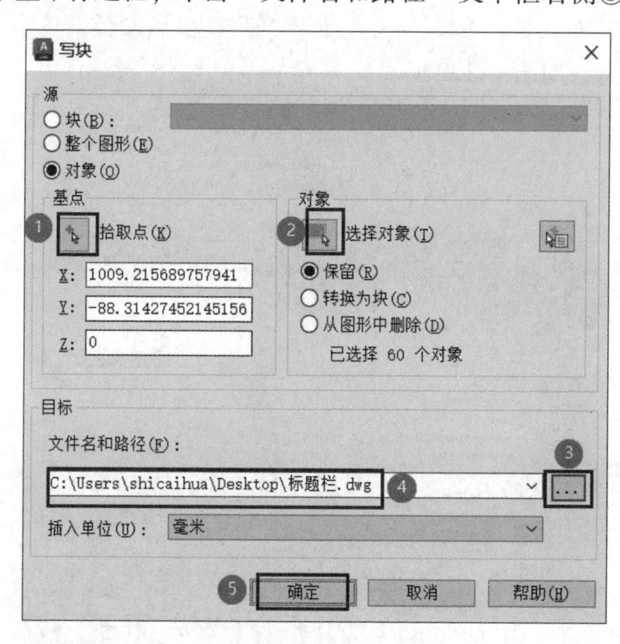

图 1-135　“写块”对话框

工作笔记

"浏览图形文件"对话框，如图 1-136 所示。选择文件保存路径，一般保存至 AutoCAD 2024 软件专用文件夹中，在"文件名"文本框中输入"标题栏"，单击"保存"按钮，返回"写块"对话框，可以观察到"文件名和路径"文本框中显示④"C:\Users\shicaihua\Desktop\标题栏 . dwg"，单击⑤"确定"按钮。

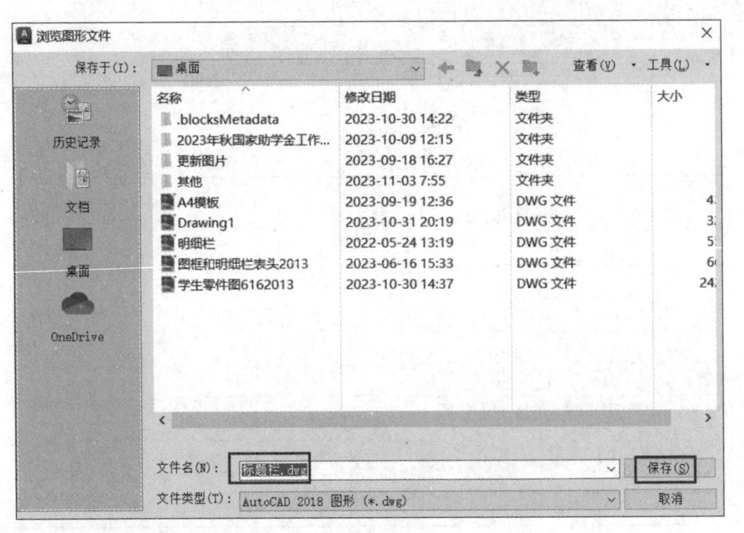

图 1-136 "浏览图形文件"对话框

(3) 插入外部块。

在命令行输入 I，再按空格键，弹出"插入"对话框，单击①"文件路径"按钮，弹出"选择要插入的文件"对话框，如图 1-137 所示，单击②"标题栏"文件，再单击③"打开"按钮，此时十字光标处出现标题栏，单击需要插入的位置，弹出"编辑属性"对话框，如图 1-138 所示，设置相关参数，单击"确定"按钮，完成标题栏的插入，如图 1-139 所示。

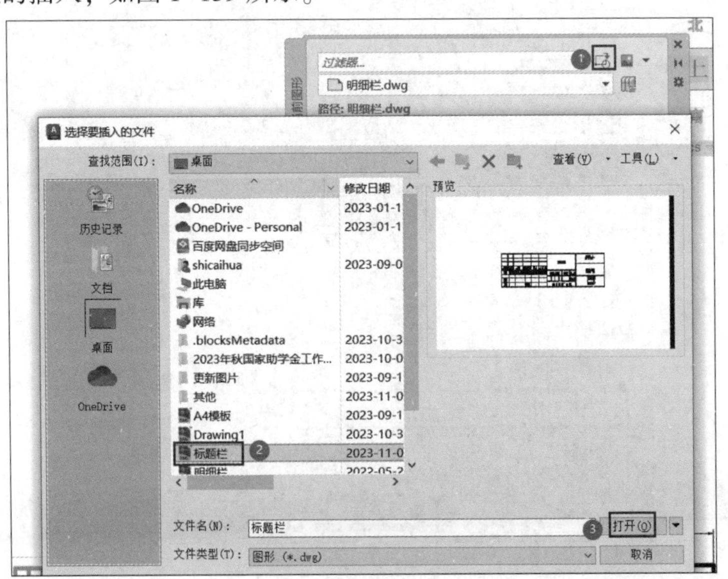

图 1-137 插入外部块操作

工作笔记

编辑属性
块名： 标题栏
请输入图纸为第几张
3
请输入图纸总张数
10
请输入投影代号
1
请输入图样代号
1-1-3
请输入图样比例
1:1
请输入材料标记
45
请输入单位名称
苏州健雄职业技术学院
请输入图样名称
从动轴
确定
取消
上一个(P)
下一个(N)
帮助(H)

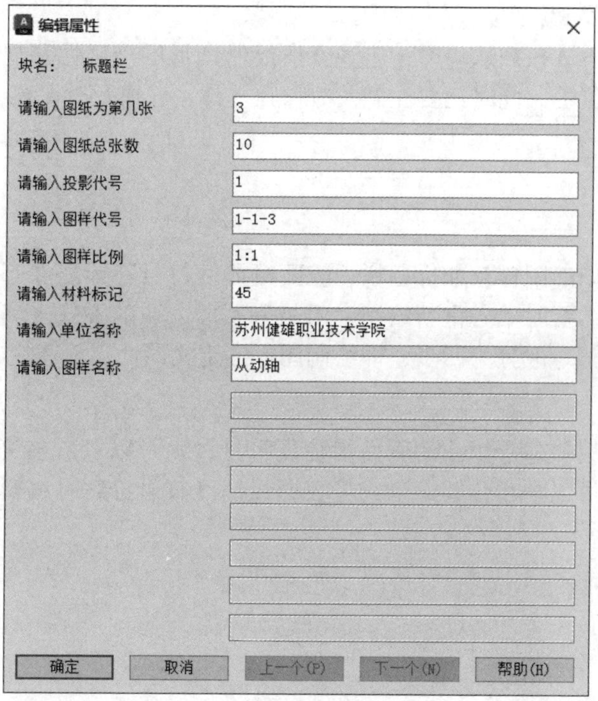

图 1-138 “编辑属性”对话框

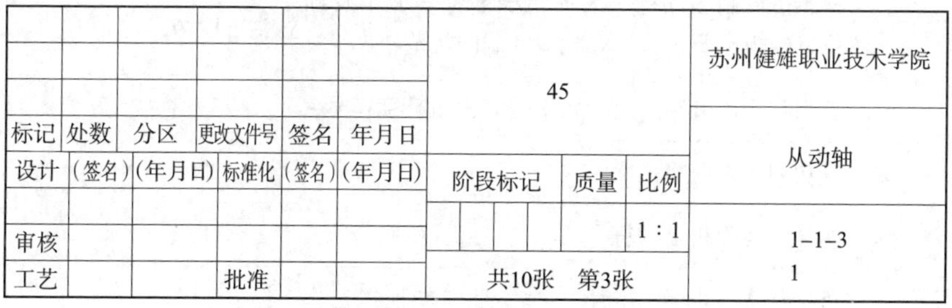

45
苏州健雄职业技术学院
标记
处数
分区
更改文件号
签名
年月日
从动轴
设计
(签名)
(年月日)
标准化
(签名)
(年月日)
阶段标记
质量
比例
1 : 1
1-1-3
审核
1
工艺
批准
共10张 第3张

图 1-139 填入相关内容的标题栏

如果标题栏的内容填错，则可单击标题栏，弹出“增强属性编辑器”对话框，如图 1-140 所示，进行标题栏内容的编辑。

增强属性编辑器
块：标题栏
标记：(P1)
选择块(B)
属性
文字选项
特性
标记
提示
值
(P1)
请输入图纸为第几张
(P)
请输入图纸总张数
(比例)
请输入绘图比例
(材料标记)
请输入材料标记
值(V)：
1
应用(A)
确定
取消
帮助(H)

图 1-140 “增强属性编辑器”对话框

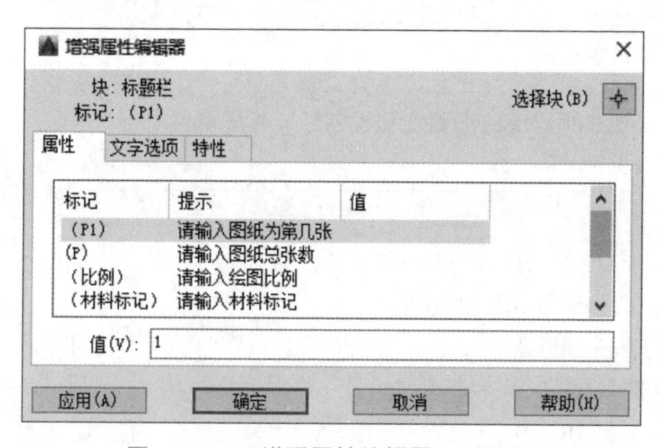

步骤6：规范性检查。

块创建完成后，在插入块时，应观察所绘制图形的准确性和规范性，对自己的工作要做到认真负责。同时还要注意及时保存文件，养成及时保存文件的习惯。

1.6.5 工程师点评

1. 块的应用

对于一些常用的图样，如标题栏、表面粗糙度符号、标准件等，可将其生成为图形块，这样在需要时不必重新绘制，而是采用插入块的方式来完成这些图样的调用。块的创建步骤一般分为四步，即绘制图形、定义属性、创建块、插入块。

2. 块的修改

如果要修改用块命令标注的表面粗糙度符号，则可以双击该符号，弹出修改数据的对话框；也可以利用分解命令，将表面粗糙度符号分解，编辑修改成其他形式的表面粗糙度符号。

1.6.6 工作质量评价

1. 质量评价表

序号	自评内容	分数配置	自评得分
1	熟悉机械制图国标中表面粗糙度符号大小及标注位置的规范要求，遵守相应的制图规范	10分	
2	绘制符合机械制图国标要求的表面粗糙度符号	30分	
3	成功创建表面粗糙度的块	20分	
4	能插入表面粗糙度符号块	20分	
5	总结创建块的操作流程，举一反三能根据工作需要创建其他块	5分	
6	保存好创建完成表面粗糙度符号块的“机械A4绘图模板”文件，养成良好的文件管理习惯	5分	
7	反复练习本子任务，能在5 min内完成表面粗糙度符号块的创建	5分	
8	反复检查所建块的准确性和规范性，养成精益求精的工作习惯	5分	

2. 测一测（选择和判断题）

参考答案

（1）设置块属性的命令快捷键是（　　）。

A. AT　　B. B　　C. ATT　　D. ST

（2）创建内部块的命令快捷键是（　　）。

A. S　　B. M　　C. A　　D. B

(3) 创建外部块的命令快捷键是（　　）。

A. S　　B. M　　C. W　　D. B

(4) 带有属性块的创建步骤为先绘制图形，再设置属性，最后创建块。(　　)

(5) 内部块一般在当前文件使用，外部块是生成一个 AutoCAD 文件。(　　)

3. 练一练

在标注几何公差（形位公差）基准时，基准符号中的图形是确定的，改变的是基准字母。参考外部块的创建步骤，创建一个几何公差基准符号的外部块（见图 1-141），并依据质量评价表进行自评。

A

图 1-141　题 3 图

子任务 1.7 保存和使用“机械 A4 绘图模板”文件

任务实施流程如图 1-142 所示。

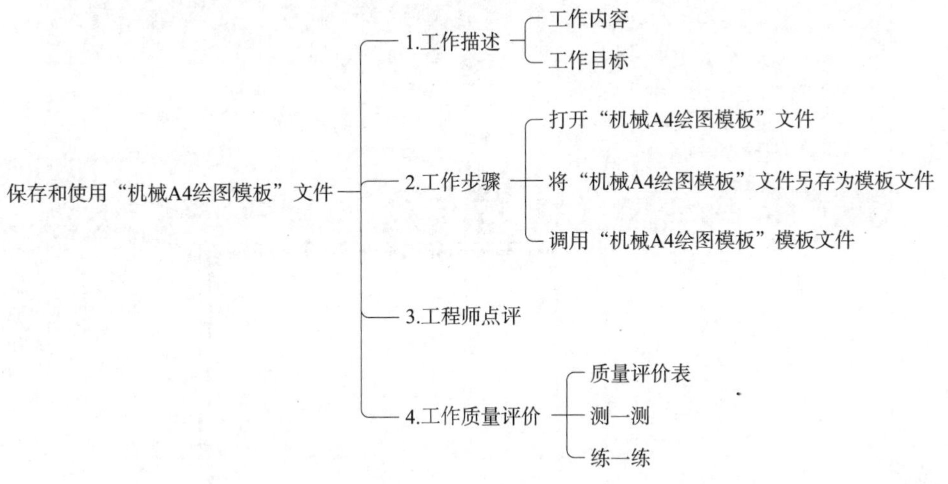

图 1-142　任务实施流程

1.7.1　工作描述

1. 工作内容

(1) 将“机械 A4 绘图模板”文件另存为模板文件。

(2) 调用“机械 A4 绘图模板”模板文件。

2. 工作目标

(1) 了解文件保存的规范性，养成良好的文件保存习惯。

(2) 清楚“机械 A4 绘图模板”文件的保存文件类型、保存位置。

绘图模板
创建和使用

(3) 能调用“机械 A4 绘图模板”模板文件。

(4) 会保存和归类 AutoCAD 文件。

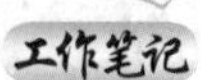

1.7.2 工作步骤

步骤 1：打开“机械 A4 绘图模板”文件。

按 Ctrl+O 快捷键或单击快速访问工具栏中的“打开”按钮，如图 1-143 所示，打开“机械 A4 绘图模板”文件，如图 1-144 所示。检查子任务 1.2~子任务 1.6 中图层、A4 图框和标题栏、文字和标注样式、多重引线样式、表面粗糙度符号块的设置是否准确和完整。

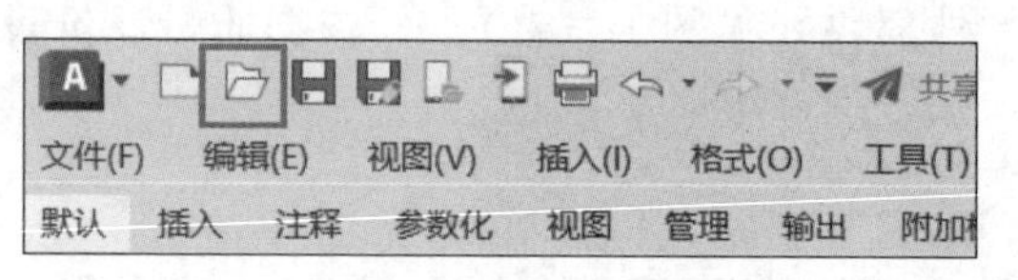

图 1-143 “打开”按钮位置

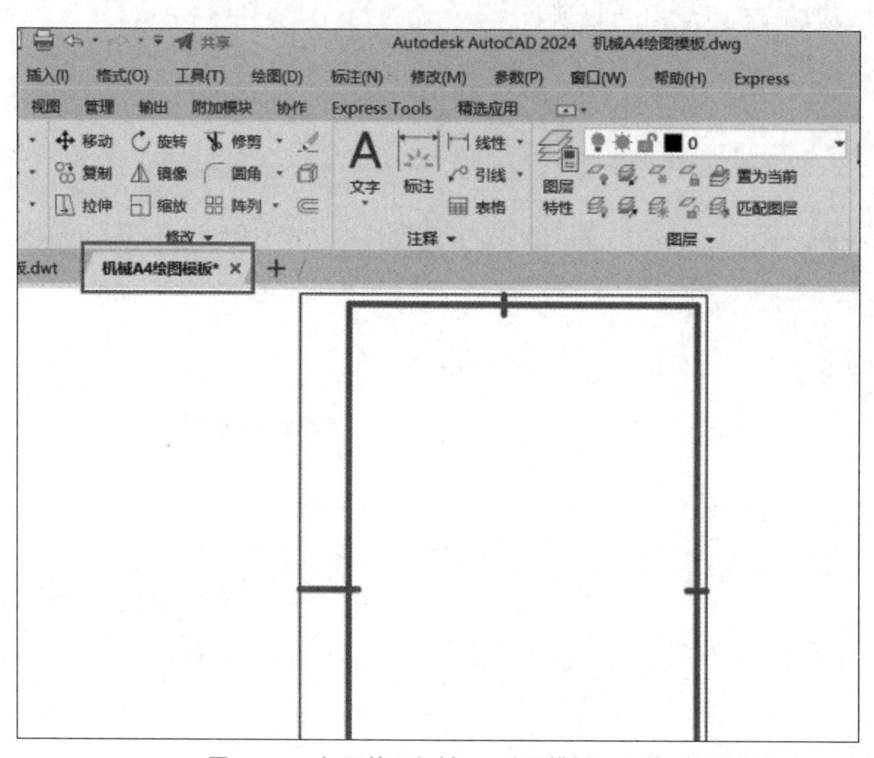

图 1-144 打开的“机械 A4 绘图模板”文件

步骤 2：将“机械 A4 绘图模板”文件另存为模板文件。

按 Shift+Ctrl+S 快捷键或单击快速访问工具栏中的“另存为”按钮，弹出“图形另存为”对话框，如图 1-145 所示。在“文件类型”的下拉列表框中选择①“AutoCAD 图形样板（*.dwt）”命令，在“文件名”文本框中输入②“机械 A4 绘图模板”，单击“保存”按钮。这样将“机械 A4 绘图模板”文件另存为模板文件就完成了。

工作笔记

图 1-145 “图形另存为”对话框

步骤 3：调用“机械 A4 绘图模板”文件。

（1）按 Ctrl+N 快捷键或单击快速访问工具栏中的“新建”按钮，弹出“选择样板”对话框，如图 1-146 所示。

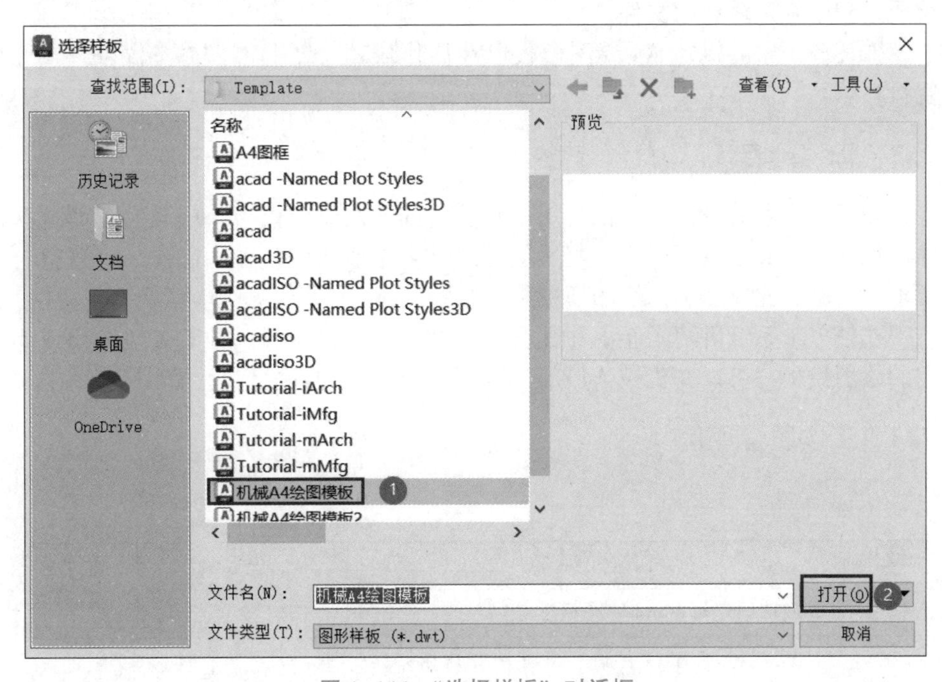

图 1-146 “选择样板”对话框

（2）单击图 1-146 中①“机械 A4 绘图模板”文件，再单击②“打开”按钮，就成功新建一个以“机械 A4 绘图模板”文件为基础的文件 Drawing1，如图 1-147 所示。

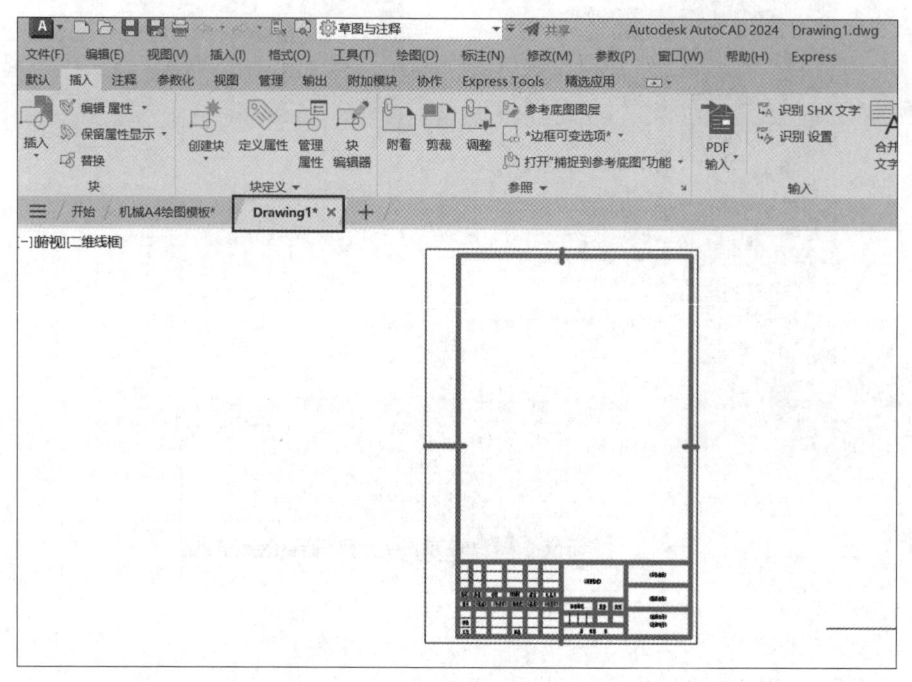

图 1-147 以“机械 A4 绘图模板”文件为基础的新建文件 Drawing1

（3）利用另存为命令将新建文件 Drawing1 保存到 AutoCAD 的专用文件夹中。在绘图过程中须及时保存文件。

工作任务 1 中的机械 A4 绘图模板已经制作成功。纸上得来终觉浅，绝知此事要躬行！

1.7.3 工程师点评

一般每个企业的设计部门都会用一些固定的通用绘图模板，应及时了解这些模板的应用场景及其预设置内容。当然也可以结合企业绘图模板，制作一个既符合企业要求，自己又比较熟悉的绘图模板。

工作任务 1 系统讲解了企业中常用的机械 A4 绘图模板，对于其他图幅或不同比例的绘图模板，可以在机械 A4 绘图模板的基础上，通过复制、缩放等命令得到。

1.7.4 工作质量评价

1. 质量评价表

序号	自评内容	分数配置	自评得分
1	成功创建机械 A4 绘图模板	20 分	
2	会对 AutoCAD 文件进行新建、打开和另存为等操作	30 分	

续表

序号	自评内容	分数配置	自评得分
3	在新建文件时，会选用“机械 A4 绘图模板”文件	20 分	
4	逐步养成保存文件的意识	10 分	
5	反复练习本子任务，能在 3 min 内完成模板文件的创建	20 分	

2. 测一测（选择和判断题）

参考答案

（1）在 AutoCAD 2024 软件中，新建文件的命令快捷键是(　　)。

A. Ctrl+N　　B. Ctrl+O

C. Ctrl+S　　D. Ctrl+D

（2）在 AutoCAD 2024 软件中，另存为的命令快捷键是（　　）。

A. Ctrl+C　　B. Ctrl+B　　C. Ctrl+S　　D. Shift+Ctrl+S

（3）在 AutoCAD 2024 软件中，模板文件的后缀是（　　）。

A. dwg　　B. dwt　　C. doc　　D. dxf

（4）在 AutoCAD 2024 软件中，除了自己新建模板文件外，还可以复制其他人创建的模板文件。（　　）

（5）在 AutoCAD 2024 软件中制作的模板文件，在后续绘制过程中可以直接应用，能节省工作时间。（　　）

3. 练一练

在“机械 A4 绘图模板”文件的基础上，绘制 A3 图框，插入标题栏外部块，快速创建一个“机械 A3 绘图模板”文件，并依据质量评价表进行自评。

工作笔记

工作任务 2　绘制典型机械平面图形

工作要求

本工作任务通过绘制典型机械平面图形，使用户掌握 AutoCAD 2024 软件绘图命令与修改命令的操作方法。本工作任务的绘图子任务包括钩头楔键主视图、板件俯视图、螺栓连接俯视图、垫片主视图、扳手主视图、吊钩主视图、箭头造型及参数化绘图。其中涉及的 AutoCAD 典型命令：绘图命令，包括直线、矩形、正多边形、圆、圆弧、椭圆、样条曲线、图案填充、多段线命令等；修改命令，包括删除、复制、镜像、偏移、阵列、移动、旋转、缩放、拉长、修剪、打断、倒角、圆角、分解命令等。

工作目标

知识目标	能力目标	素质目标
掌握 AutoCAD 2024 软件常用绘图命令的操作要领	能分析典型机械平面图形的结构	能总结操作 AutoCAD 绘图和修改命令的一般规律
掌握 AutoCAD 2024 软件常用修改命令的操作要领	能设计典型平面图形绘制步骤	能领会化繁为简、逐个击破的思维方式
掌握典型机械平面图形的绘制方法	能熟练运用常用绘图及修改命令	能根据图形所给条件选择恰当的命令形式，做到具体问题具体分析
理解典型机械平面图形的分析方法	能根据图形结构选择简单、快捷的命令组合	逐步养成遵守机械平面图形绘制职业规范的习惯
了解平面图形的相关机械制图国标要求	能在绘图过程遵守相应的职业规范	能学思结合，领悟绘图的技巧和智慧

工作任务 2 工作流程图如图 2-1 所示。

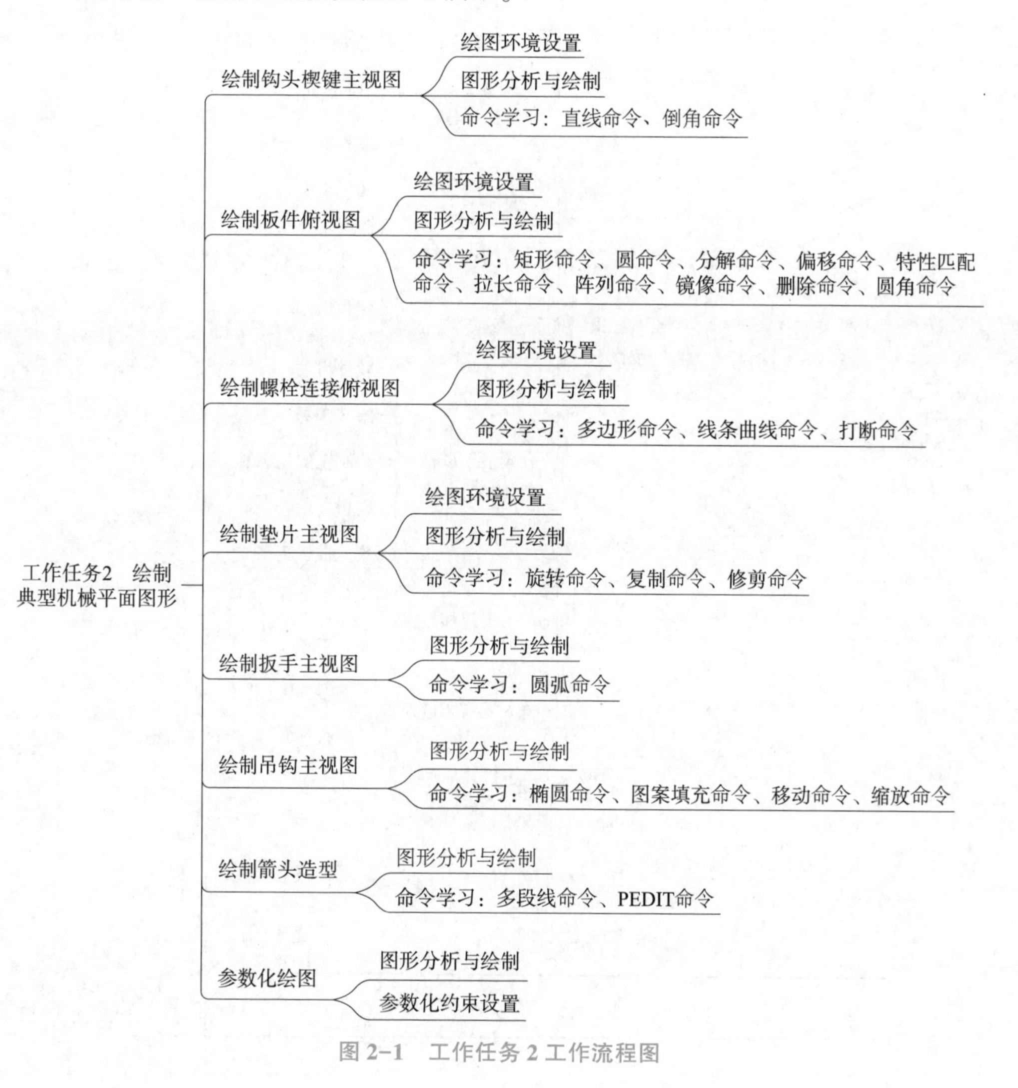

图 2-1　工作任务 2 工作流程图

子任务 2.1 绘制钩头楔键主视图

任务实施流程如图 2-2 所示。

2.1.1　工作描述

1. 工作内容

钩头楔键主视图绘制过程演示

本子任务工作内容为绘制钩头楔键主视图，如图 2-3 所示，用粗实线绘制钩头楔键的外轮廓，在绘制完成后对照原图进行检查。熟练掌握在绘制过程中用到的直线和倒角命令，若以后遇到类似结构的图形，则可以联想到本子任务进行绘制，达到举一反三的目的。

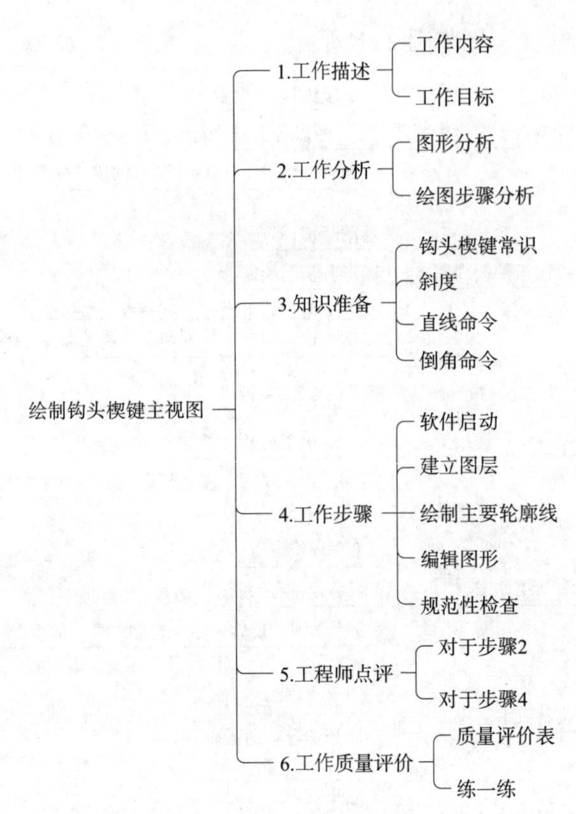

图 2-2 任务实施流程

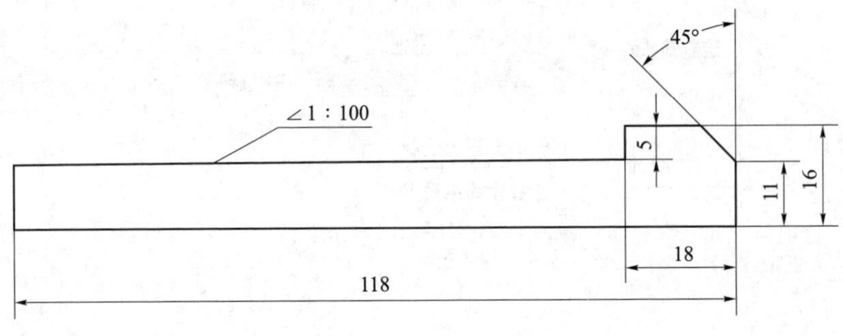

图 2-3 钩头楔键主视图

2. 工作目标

(1) 会操作直线和倒角命令。
(2) 能绘制由直线段组成的图样。
(3) 能总结类似图形的绘制步骤。
(4) 具备自查任务完成质量的意识。
(5) 逐步学会举一反三用 AutoCAD 软件绘制类似的图样。

2.1.2 工作分析

1. 图形分析

(1) 图线分析。图 2-3 所示为钩头楔键主视图，其左端为楔形，用于楔入键

工作笔记

槽；右端为钩头，方便敲击，该处有倒角。在绘制该图形时，须用直线命令绘制其轮廓线，且轮廓线线型为粗实线。该图形的图线，除楔面及倒角处外，均为横平竖直的直线，所以在绘图时应打开状态栏中的正交模式，充分利用正交模式。

（2）尺寸分析。钩头楔键总长为 118 mm，总高为 16 mm。左端楔面斜度为 1∶100，由此可计算得出最左端竖线尺寸为 10 mm。右端钩头处有倒角，其尺寸为 5 mm×5 mm。

2. 绘图步骤分析

根据钩头楔键的形状及尺寸分析，绘制钩头楔键主视图的步骤如下。

（1）软件启动。

（2）建立图层，如果在新建文件时采用“机械 A4 绘图模板”模板文件，则可省略这一步骤。

（3）绘制主要轮廓线。

（4）编辑图形。

（5）规范性检查。

2.1.3 知识准备

1. 钩头楔键常识

钩头楔键为标准件，与普通平键、半圆键等相同，均用于键连接，其尺寸须查阅《机械设计手册》；钩头楔键主要用于紧键连接。在装配后，因为斜度影响，轴与轴之间的零件会产生偏斜和偏心，所以不适合精度要求高的连接。

2. 斜度

斜度是指一条直线（或一个平面）相对于另一条直线（或另一个平面）的倾斜程度，其大小用两条直线（或两个平面）之间的夹角正切值来表示。

3. 命令学习

（1）直线命令。

直线命令讲解、演示

① 调用直线命令的方法有三种：在功能区选择“默认”→“直线”命令，在菜单栏中选择“绘图”→“直线”命令，或在命令行输入 L 再按 Enter 键。

② 指定起点。可以在绘图区单击任意一点将其指定为起点，也可以在命令行窗口的提示下输入具体点的坐标值作为起点。

③ 指定另一端点完成第一条直线段。

④ 指定其他直线段的端点。若在执行直线命令期间放弃前一条直线段，则在命令行输入 U，再按 Enter 键；若放弃整段直线段，则单击快速访问工具栏中的“放弃”按钮。

⑤ 按 Enter 键结束命令，或在命令行输入 C 再按 Enter 键，使一系列直线段闭合。

（2）倒角命令。

倒角命令讲解、演示

① 调用倒角命令的方法有三种：在功能区选择“默认”→“修改”→“倒角”命令，在菜单栏中选择“修改”→“倒角”命令，或在命令行输入 CHA 再按 Enter 键。

② 在命令行输入 T 再按 Enter 键，进行修剪控制；输入 N 再按 Enter 键，进行不修剪控制。

③ 在命令行输入 D 再按 Enter 键，即以给定两边倒角距离的方式进行倒角；输入 A 再按 Enter 键，即以给定一边倒角距离及角度的方式进行倒角。

④ 选择要倒角的对象。可倒角的对象包括直线、多段线、射线、构造线等。

2.1.4 工作步骤

步骤 1：软件启动。

启动 AutoCAD 2024 软件，自动生成 Drawing1 文件，将文件另存为“钩头楔键主视图 . dwg”图形文件。

步骤 2：建立图层。

按照表 2-1 所示图层信息，建立相应图层。

表 2-1 图层信息

图层名称	颜色	线型	线宽
轮廓线	自定	Continuous	0.5 mm

步骤 3：绘制主要轮廓线。

(1) 单击状态栏中的“正交模式”按钮，或按 F8 键，使“正交模式”按钮处于高亮状态。

(2) 绘制主要轮廓线。在功能区“默认”选项卡的“图层”选项组中，将“轮廓线”图层设置为当前图层，通过在功能区选择“默认”→“直线”命令，或在命令行输入 L 再按 Enter 键，调出直线命令，命令行窗口出现以下提示信息。

```
命令：
LINE
指定第一个点:(在绘图区适当位置单击)
指定下一点或［放弃(U)］: 10(按 Enter 键)(鼠标移至上一点下方,输入与上一点的相对坐标,按 Enter 键)
指定下一点或［放弃(U)］: 118(按 Enter 键)(鼠标移至上一点右方,输入与上一点的相对坐标,按 Enter 键)
指定下一点或［闭合(C)/放弃(U)］: 16(按 Enter 键)(鼠标移至上一点上方,输入与上一点的相对坐标,按 Enter 键)
指定下一点或［闭合(C)/放弃(U)］: 18(按 Enter 键)(鼠标移至上一点左方,输入与上一点的相对坐标,按 Enter 键)
指定下一点或［闭合(C)/放弃(U)］: 5↙(鼠标移至上一点下方,输入与上一点的相对坐标,按 Enter 键)
指定下一点或［闭合(C)/放弃(U)］: C↙(输入 C,选择“闭合”选项,结束“直线”命令)。
```

根据提示信息可绘制钩头楔键主视图主要轮廓，如图 2-4 所示。

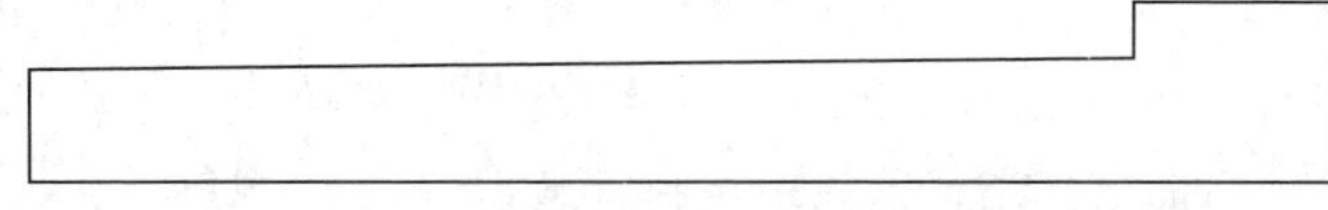

图 2-4 钩头楔键主视图主要轮廓

步骤 4：编辑图形。

在功能区选择“默认”→“修改”→“倒角”命令，在菜单栏中选择“修改”→“倒角”命令，或在命令行输入 CHA 再按 Enter 键，调出倒角命令，命令行窗口显示以下提示信息。

工作笔记

```
命令：
CHAMFER
("修剪"模式)当前倒角距离 1=0.0000,距离 2=0.0000
选择第一条直线或[放弃(U)/多段线(P)/距离(D)/角度(A)/修剪(T)/方式(E)/多个(M)]:D(按 Enter 键)(设置倒角距离)
指定第一个倒角距离<0.0000>:5(按 Enter 键)(设置第一个倒角距离为 5 mm)
指定第二个倒角距离<5.0000>:(按 Enter 键)(设置第二个倒角距离与第一个倒角距离相同)
选择第一条直线或[放弃(U)/多段线(P)/距离(D)/角度(A)/修剪(T)/方式(E)/多个(M)]:(单击需要倒角的第一个边)
选择第二条直线,或按住 Shift 键选择直线以应用角点或[距离(D)/角度(A)/方法(M)]:(单击需要倒角的第二个边,结束倒角命令)
```

根据提示信息对钩头处进行倒角，可绘制完成图 2-3 所示的钩头楔键主视图。

步骤 5：规范性检查。

在图形绘制完成后，要对绘制图形所用图线规范性和绘图准确性进行检查；同时还要注意及时保存文件，养成及时保存文件的习惯。

提示

绘制钩头楔键主视图主要利用直线和倒角命令，若在工作中遇到类似的零件，则可举一反三参考该图进行绘制。

2.1.5 工程师点评

1. 对于步骤 2

在初学 AutoCAD 软件时，需要进行建立图层的练习；在熟悉软件各功能后新建文件时，可先调用已经做好的模板文件，不用重复建立图层。

2. 对于步骤 4

可以用直线命令绘制出主要轮廓后再利用倒角命令进行编辑，也可用直线命令直接完成。对于简单的图形，两者区别不大，但如果机械图样中有多处倒角，且倒角数值相同，则前一种方法可明显提高绘图效率。

2.1.6 工作质量评价

1. 质量评价表

序号	自评内容	分数配置	自评得分
1	能调用“机械 A4 绘图模板”模板文件，或能创建需要的图层，且线型、线宽符合机械制图国标要求	10 分	
2	能正确绘制图形，要求图形中所有图线均绘制完成，并进行整理；图线线宽符合机械制图国标要求	60 分	

续表

序号	自评内容	分数配置	自评得分
3	选择合适的比例，将绘制的图形放置图框内	10 分	
4	在绘制完成后，对照原图进行全面检查	10 分	
5	反复练习本子任务，能在 5 min 内完成钩头楔键主视图的绘制	10 分	

2. 练一练（绘图题）

调用工作任务 1 制作机械 A4 绘图模板，绘制 4 幅零件图，如图 2-5 所示，并标注尺寸。在绘制完成后，依据质量评价表进行自评。

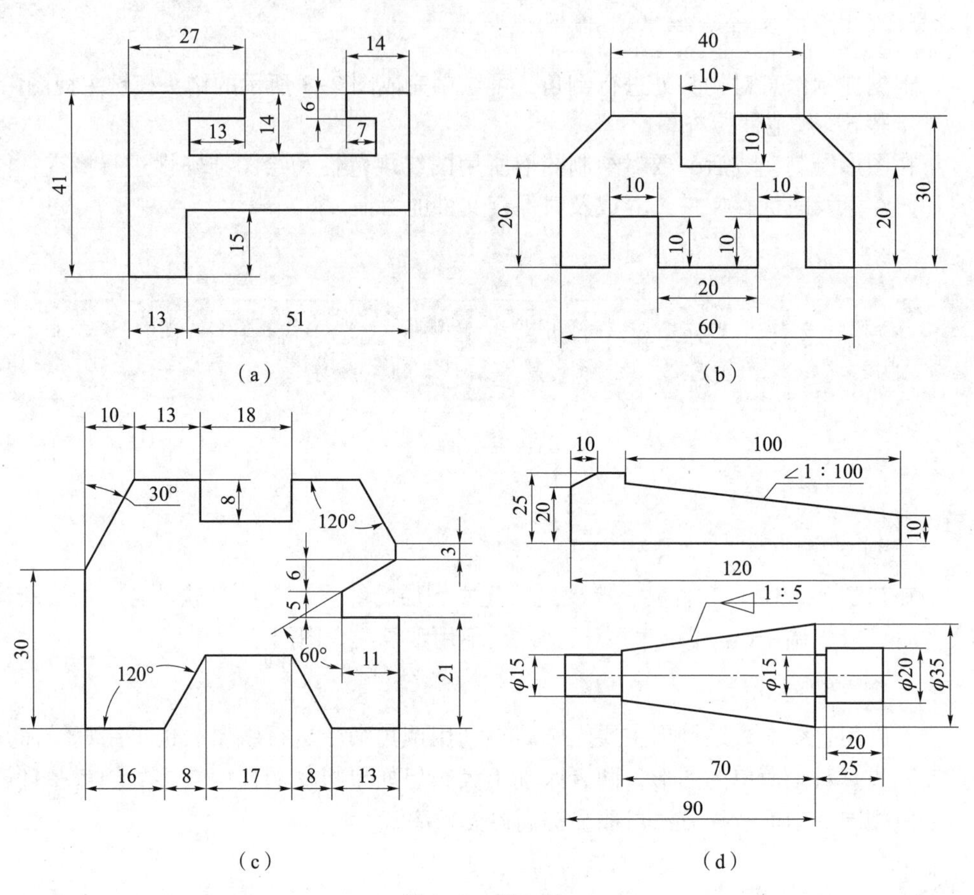

图 2-5　题 2 图

注：图 2-5（a）、图 2-5（b）、图 2-5（c）、图 2-5（d）分别在 5 min、10 min、15 min、20 min 内绘制完成。

子任务 2.2 绘制板件俯视图

任务实施流程如图 2-6 所示。

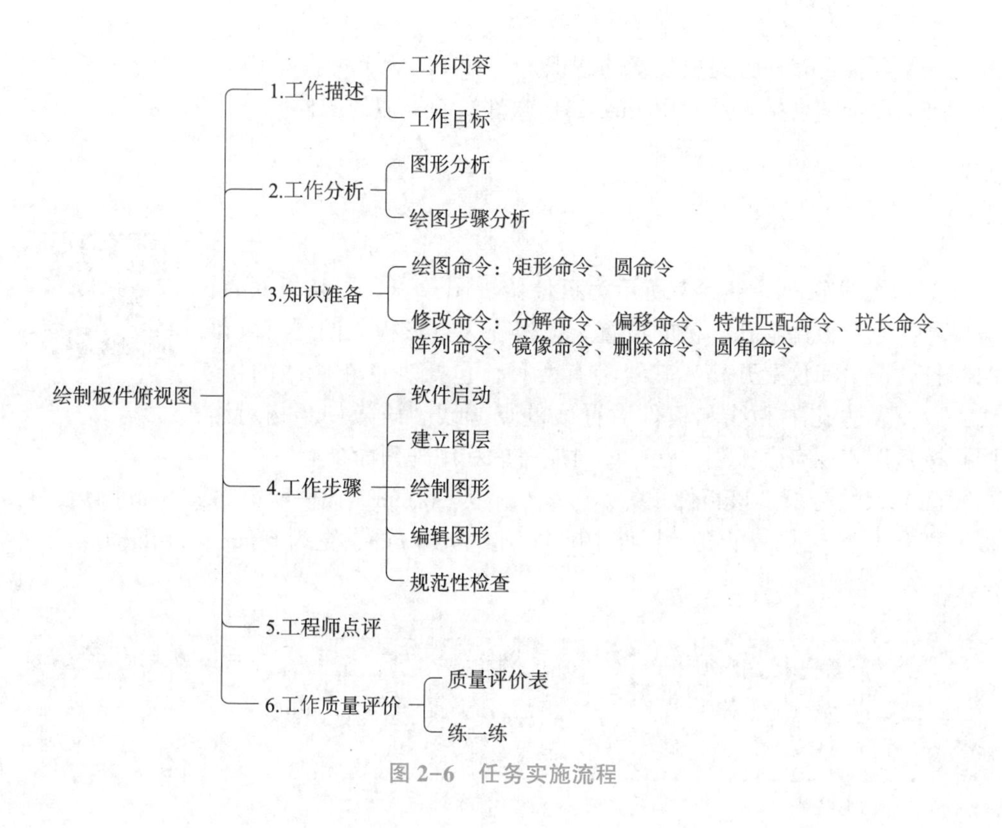

图 2-6 任务实施流程

2.2.1 工作描述

1. 工作内容

本子任务工作内容为绘制板件俯视图，如图 2-7 所示。板类零件是指长宽具有一定比例，厚度较小的零件。板件结构包括平面、沟槽或孔。通常把具有平面和槽结构的板称为槽板，把具有平面和孔结构的板称为孔板。

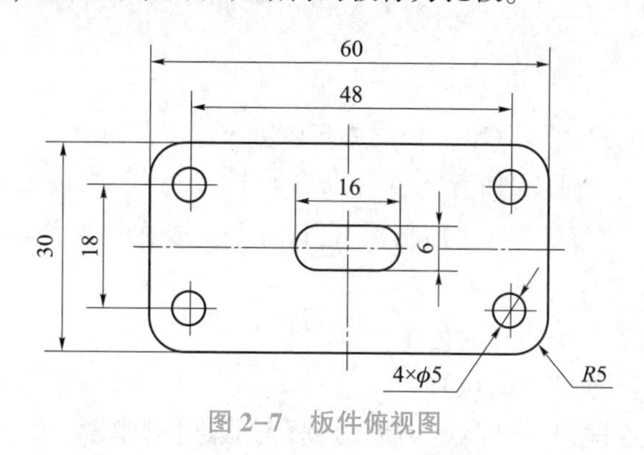

图 2-7 板件俯视图

2. 工作目标

（1）会操作矩形、圆等绘图命令。

（2）会操作圆角、偏移、阵列、拉长等修改命令。

（3）能总结类似图形的绘制步骤。

（4）具备自查任务完成质量的意识。

（5）逐步学会举一反三用 AutoCAD 软件绘制类似的图样。

2.2.2 工作分析

1. 图形分析

板件俯视图绘制过程演示

（1）图线分析。图 2-7 所示为板件俯视图，表达了某板件的长宽尺寸，以及板件上孔、槽的位置。该板件为方形板，四周有圆角，四周打孔，中间位置开槽。其线型有两种，包括表达轮廓线的粗实线，以及表达孔中心线和板件对称线的点画线。该板件结构对称，圆孔按矩形阵列有序排列，在绘图时应考虑利用阵列命令。

（2）尺寸分析。该板件长为 60 mm，宽为 30 mm，板件四周倒 $R5$ mm 圆角，在板上打有 4 个 $\phi5$ mm 的孔。板件中间开有长为 16 mm、宽为 6 mm 的环形槽。

提示

图形分析包括图线分析和尺寸分析，结合“机械制图”课程中平面图形的分析与绘制内容，可了解到图形的组成是绘图时选择所用 AutoCAD 命令类型的决定因素。

2. 绘图步骤分析

（1）建立图层，或调用已设置好图层的模板文件。

（2）绘制图形。

（3）编辑图形。

（4）规范性检查。

2.2.3 知识准备

1. 矩形命令

矩形命令讲解、演示

矩形命令用于创建矩形对象，其使用步骤如下。

（1）调用矩形命令有三种方式：在命令行输入 REC 再按 Enter 键，在功能区选择“默认”→“矩形”命令，或在菜单栏中选择“绘图”→“矩形”命令。

（2）指定矩形第一个角点的位置。

（3）指定矩形其他角点的位置。

在绘制矩形的过程中，可指定矩形的倒角、圆角、厚度、宽度、标高等信息。

2. 圆命令

圆命令讲解、演示

创建圆，可以通过利用圆命令指定圆心、半径、直径，以及圆周或其他对象上的点来实现。

（1）通过指定圆心和半径绘制圆，有以下两种方式。

工作笔记

① 在功能区选择“默认”→“圆”→“圆心，半径”命令，或在菜单栏中选择“绘图”→“圆”→“圆心，半径”命令，并指定圆心，输入半径。

② 在命令行输入 C 再按 Enter 键，指定圆心；再输入 R 按 Enter 键，输入半径。

（2）通过指定圆心和直径绘制圆，有以下两种方式：

① 在功能区选择“默认”→“圆”→“圆心，直径”命令，或在菜单栏中单击“绘图”→“圆”→“圆心，直径”命令，并指定圆心，输入直径。

② 在命令行输入 C 再按 Enter 键，指定圆心；再输入 D 按 Enter 键，输入直径。

（3）通过指定直径上的两个端点绘制圆，有以下两种方式。

① 在功能区选择“默认”→“圆”→“两点”命令，或在菜单栏中选择“绘图”→“圆”→“两点”命令，并指定直径上的两个端点。

② 在命令行输入 C 再按 Enter 键，或在“绘图”选项组中单击“圆”按钮，在命令行输入 2P 再按 Enter 键，并指定直径上的两个端点。

（4）通过指定圆上三个点绘制圆，有以下两种方式。

① 在功能区选择“默认”→“圆”→“三点”命令，或在菜单栏中选择“绘图”→“圆”→“三点”命令，并指定圆上三个点。

② 在命令行输入 C 再按 Enter 键，或在“绘图”选项组中单击“圆”按钮，在命令行输入 3P 再按 Enter 键，并指定圆上三个点。

（5）创建与两个对象相切的圆，有以下两种方式。

① 在功能区选择“默认”→“圆”→“相切，相切，半径”命令，或在菜单栏中选择“绘图”→“圆”→“相切，相切，半径”命令，分别选择与要绘制的圆相切的两个对象，并输入圆的半径。

② 在命令行输入 C 再按 Enter 键，或在“绘图”选项组中单击“圆”按钮，在命令行输入 T 再按 Enter 键，分别选择与要绘制的圆相切的两个对象，并输入圆的半径。

（6）创建与三个对象相切的圆。在功能区选择“默认”→“圆”→“相切，相切，相切”命令，或在菜单栏中选择“绘图”→“圆”→“相切，相切，相切”命令，分别选择与要绘制的圆相切的三个对象。

提示

在 AutoCAD 2024 软件中，绘制圆有 6 种方式，具体如何选择，由要绘制圆的已知条件决定。在绘图过程中应灵活应用，具体问题具体分析。

3. 分解命令

分解命令讲解、演示

分解命令用于将复合对象分解为若干个单一对象，其使用步骤如下。

（1）调用分解命令有三种方式：在命令行输入 X 再按 Enter 键，在功能区选择“默认”→“分解”命令，或在菜单栏中选择“修改”→“分解”命令。

（2）选择要分解的对象。

注意：对于大多数对象，并不能直观看到分解的效果。

偏移命令讲解、演示

4. 偏移命令

对指定对象进行偏移，可以创建与该对象形状相同、位置平行的新对象。可偏移的对象有直线、圆弧、圆、椭圆、椭圆弧、二维多段线、构造线、射线和样条曲线。

（1）以指定距离偏移对象的步骤如下。

① 在命令行输入 O 再按 Enter 键，在功能区选择“默认”→“偏移”命令，或在菜单栏中选择“修改”→“偏移”命令，均可调用偏移命令。

② 指定偏移距离。可以在命令行输入值，再按 Enter 键，或使用定点设备确定两点之间的距离。

③ 选择要偏移的对象。

④ 指定某个点以指示要偏移的方向。

（2）使偏移对象通过某一点的步骤如下。

① 在命令行输入 O 再按 Enter 键，在“修改”工具栏中单击“偏移”按钮，在功能区选择“默认”→“偏移”命令，或在菜单栏中选择“修改”→“偏移”命令，均可调用偏移命令。

特性匹配命令讲解、演示

② 在命令行输入 T 再按 Enter 键。

③ 选择要偏移的对象。

④ 指定偏移对象要通过的点。

5. 特性匹配命令

特性匹配命令用于将选定对象的特性应用于其他对象。可应用的特性包括颜色、图层、线型、线型比例、线宽、打印样式、透明度和其他指定的特性，其使用步骤如下。

（1）在命令行输入 MA 再按 Enter 键，或在菜单栏中选择“修改”→“特性匹配”命令，即可调用特性匹配命令。

（2）选择源对象。

（3）选择目标对象。

拉长命令讲解、演示

6. 拉长命令

拉长命令用于调整对象的大小，使其在一个方向上按比例增大或缩小。可用拉长命令进行操作的对象包括直线、圆弧、开放的多段线、椭圆弧和开放的样条曲线。在使用拉长命令时，动态拖动模式最为灵活实用，其使用步骤如下。

（1）调用拉长命令有三种方式：在命令行输入 LEN 再按 Enter 键，在功能区选择“默认”→“修改”→“拉长”命令，或在菜单栏中选择“修改”→“拉长”命令。

（2）在命令行输入 DY 再按 Enter 键，打开动态拖动模式。

（3）选择要拉长的对象。

工作笔记

（4）拖动端点接近选择点，指定一个新端点。

7. 阵列命令

阵列命令讲解、演示

阵列命令用于创建以阵列模式排列的对象副本。阵列有三种模式：矩形阵列、环形阵列、路径阵列。

（1）创建矩形阵列步骤如下。

① 调用矩形阵列命令有三种方式：在命令行输入 AR 再按 Enter 键，选择要阵列的对象，再次按 Enter 键（跳过步骤②），单击命令行窗口中的“矩形”按钮；在功能区选择“默认”→“矩形阵列”命令；在菜单栏中选择“修改”→“阵列”→“矩形阵列”命令。

② 选择要阵列的对象，并按 Enter 键。

③ 在命令行输入 R 再按 Enter 键，指定要排列的行数及行间距。

④ 在命令行输入 COL 再按 Enter 键，指定要排列的列数及列间距。

此外，可以在预览阵列中拖动夹点以调整间距、行数和列数。

（2）创建环形阵列步骤如下。

① 调用环形阵列命令有三种方式：在命令行输入 AR 再按 Enter 键，选择要阵列的对象，再次按 Enter 键（跳过步骤②），在命令行输入 PO 再按 Enter 键；在功能区选择“默认”→“修改”→“环形阵列”命令；在菜单栏中选择“修改”→“阵列”→“环形阵列”命令。

② 选择要阵列的对象，并按 Enter 键。

③ 指定中心点，将显示预览阵列。

④ 在命令行输入 I（项目）再按 Enter 键，然后输入要阵列对象的数量，再次按 Enter 键。

⑤ 在命令行输入 A（角度）再按 Enter 键，然后输入要填充的角度，再次按 Enter 键。

此外，可以拖动箭头夹点来调整填充角度。

（3）创建路径阵列步骤如下。

创建路径阵列最简单的方法是先选择要阵列的对象和作为阵列路径的对象，然后使用“阵列”上下文功能区中“特性”选项组中的命令来进行调整。

① 调用路径阵列命令有三种方式：在命令行输入 AR 再按 Enter 键，选择要阵列的对象，再次按 Enter 键（跳过步骤②），在命令行输入 PA 再按 Enter 键；在功能区选择“默认”→“修改”→“路径阵列”命令；在菜单栏中选择“修改”→“阵列”→“路径阵列”命令。

② 选择要阵列的对象，并按 Enter 键。

③ 选择某个对象（如直线、多段线、三维多段线、样条曲线、螺旋、圆弧、圆或椭圆）作为阵列的路径。

④ 指定要阵列的对象沿路径分布方式有两种：在“阵列”上下文功能区中，选择“特性”选项组中的“分割”命令，可使要阵列的对象沿整个路径均匀分布；在“阵列”上下文功能区中，选择“特性”选项组中的“测量”命令，可使要阵列的对象以特定间隔分布。

工作笔记

⑤ 沿路径移动十字光标进行调整。

⑥ 按 Enter 键完成创建路径阵列。

8. 镜像命令

镜像命令讲解、演示

镜像命令用于绕指定轴翻转对象来创建对称的镜像图像，其使用步骤如下。

（1）调用镜像命令有三种方式：在命令行输入 MI 再按 Enter 键；在功能区选择“默认”→“修改”→“镜像”命令；在菜单栏中选择“修改”→“镜像”命令。

（2）选择要镜像的对象。

（3）指定镜像直线的第一点。

（4）指定第二点。

删除命令讲解、演示

（5）按 Enter 键保留原始对象，或在命令行输入 Y 再按 Enter 键将其删除。

9. 删除命令

删除命令用于删除在绘图过程中不再需要的对象，可用如下两种方法完成。

（1）在命令行输入 E 再按 Enter 键，在功能区选择“默认”→“修改”→“删除”命令，或在菜单栏中选择“修改”→“删除”命令，选中要删除的对象，按 Enter 键。

（2）先选中要删除的对象，然后按 Delete 键。

10. 圆角命令

圆角命令讲解、演示

圆角命令可使用具有指定半径且与对象相切的圆弧连接两个对象。可用圆角命令进行操作的对象包括圆弧、圆、椭圆、椭圆弧、直线、多段线、射线、样条曲线和构造线。其使用步骤如下。

（1）调用圆角命令有三种方式：在命令行输入 F 再按 Enter 键；在功能区选择“默认”→“修改”→“圆角”命令；在菜单栏选择“修改”→“圆角”命令。

（2）在命令区输入 R 再按 Enter 键，输入圆角半径数值，再次按 Enter 键。

（3）选择连接圆角的第一个对象。

（4）选择连接圆角的第二个对象。

提示

> 在学习 AutoCAD 命令时，可以从几个命令操作过程中，归纳命令操作的一般规律，再用该规律指导学习新命令，触类旁通，举一反三，学思结合！

2.2.4 工作步骤

步骤 1：软件启动。

启动 AutoCAD 2024 软件，自动生成 Drawing1 文件，将文件另存为“板件俯视图 . dwg”图形文件。

步骤 2：建立图层。

按照表 2-2 所示图层信息，建立相应图层。

表 2-2　图层信息

图层名称	颜色	线型	线宽/mm
轮廓线	自定	Continuous	0.5
中心线	自定	CENTER2	0.25

步骤 3：绘制图形。

(1) 绘制矩形。将“轮廓线”图层设置为当前图层，在命令行输入 REC 再按 Enter 键，利用矩形命令在适当位置绘制板件的矩形轮廓，如图 2-8 (a) 所示。

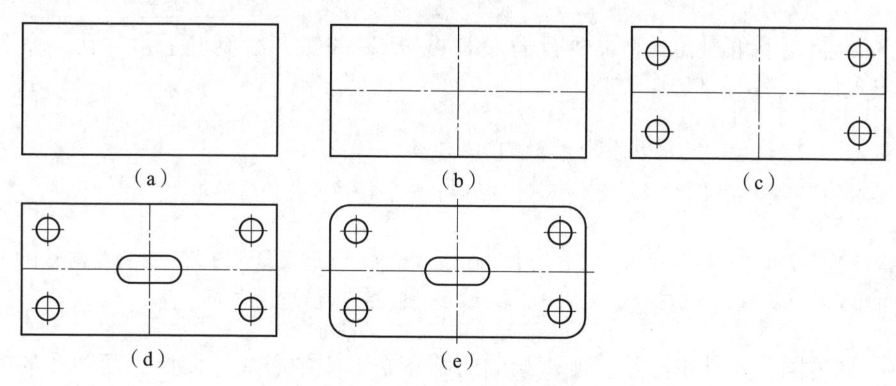

图 2-8　板件俯视图绘制过程

命令行窗口出现以下提示信息。

```
命令:REC(按 Enter 键)
RECTANG
指定第一个角点或[倒角(C)/标高(E)/圆角(F)/厚度(T)/宽度(W)]:(单击适当位置,确定第一角点)
指定另一个角点或[面积(A)/尺寸(D)/旋转(R)]:@ 60,30(输入@ 60,30,并按 Enter 键,完成矩形绘制)
```

(2) 绘制矩形的对称线。切换“中心线”图层为当前图层，用直线命令绘制矩形的对称线，如图 2-8 (b) 所示。

(3) 绘制四个圆孔。

① 分解矩形。在命令行输入 X 再按 Enter 键，分解刚才绘制的矩形，命令行窗口出现以下提示信息。

```
命令:X(按 Enter 键)(调用分解命令)
EXPLODE
选择对象:找到 1 个(单击矩形)
选择对象:(按 Enter 键)(结束分解命令)
```

工作笔记

② 通过偏移命令确定左下方圆孔的圆心位置。在命令行输入 O 再按 Enter 键，对矩形的左、下两条边进行偏移操作，命令行窗口出现以下提示信息。

```
命令: O(按 Enter 键)(开启偏移命令)
OFFSET
当前设置: 删除源=否 图层=源 OFFSETGAPTYPE=0
指定偏移距离或 [通过(T)/删除(E)/图层(L)] <3.0000>: 6(按 Enter 键)
选择要偏移的对象,或 [退出(E)/放弃(U)] <退出>:(拾取左侧直线)
指定要偏移的那一侧上的点,或 [退出(E)/多个(M)/放弃(U)] <退出>:(单击右侧点)
选择要偏移的对象,或 [退出(E)/放弃(U)] <退出>:(拾取下侧直线)
指定要偏移的那一侧上的点,或 [退出(E)/多个(M)/放弃(U)] <退出>:(单击上侧点)
选择要偏移的对象,或 [退出(E)/放弃(U)] <退出>:(按 Enter 键)(结束偏移命令)
```

③ 绘制左下角圆孔。在命令行输入 C 再按 Enter 键，绘制左下角圆孔，命令行窗口出现以下提示信息。

```
命令: C(按 Enter 键)(开启圆命令)CIRCLE
指定圆的圆心或 [三点(3P)/两点(2P)/切点、切点、半径(T)]:(单击刚才偏移出来的两条直线的交点)
指定圆的半径或 [直径(D)] <2.5000>: D(按 Enter 键)(用给出直径的方式绘制圆)
指定圆的直径 <5.0000>: 5(输入 5,按 Enter 键,指定圆的直径)
```

④ 调整圆孔及其中心线。刚刚绘制的圆孔处于“中心线”图层，而圆孔的中心线处于“轮廓线”图层且长度过大，不符合机械制图国标中中心线应长出轮廓线 2~5 mm 的要求。在命令行输入 MA 再按 Enter 键，调整图线属性，命令行窗口出现以下提示信息。也可以直接利用夹点拉长或缩短中心线。

```
命令:MA(按 Enter 键)(调用对象特性匹配命令)
MATCHPROP
选择源对象:(拾取轮廓线层的某对象作为源对象)
当前活动设置:颜色 图层 线型 线型比例 线宽 透明度 厚度 打印样式 标注 文字 图案填充 多段线 视口 表格 材质 阴影显示 多重引线
选择目标对象或[设置(S)]:(选择圆)
选择目标对象或[设置(S)]:(按 Enter 键)(结束对象特性匹配命令)
命令:(按 Enter 键)(重复上一命令)
MATCHPROP
选择源对象:(拾取中心线层的某对象作为源对象)
当前活动设置:颜色 图层 线型 线型比例 线宽 透明度 厚度 打印样式 标注 文字 图案填充 多段线 视口 表格 材质 阴影显示 多重引线
选择目标对象或[设置(S)]:(选择圆的第一条中心线)
选择目标对象或[设置(S)]:(选择圆的第二条中心线)
选择目标对象或[设置(S)]:(按 Enter 键)(结束特性匹配命令)
```

⑤ 阵列出 4 个圆孔。在命令行输入 AR 再按 Enter 键，对已经绘制的圆孔及其中心线进行阵列。命令行窗口出现以下提示信息。

工作笔记

命令:AR(按 Enter 键)(调用阵列命令)

ARRAY

选择对象:指定对角点:找到 3 个(选择绘制出的圆及中心线)

选择对象:(按 Enter 键,结束对象选择)

输入阵列类型[矩形(R)/路径(PA)/极轴(PO)]<矩形>:(按 Enter 键)(采用默认的矩形阵列模式)

类型=矩形　关联=是

选择夹点以编辑阵列或[关联(AS)/基点(B)/计数(COU)/间距(S)/列数(COL)/行数(R)/层数(L)/退出(X)]<退出>:R(输入 R,按 Enter 键)

输入行数或[表达式(E)]<3>:2(输入 2,按 Enter 键,设置为 2 行)

指定 行数 之间的距离或[总计(T)/表达式(E)]<10.2629>:18(输入 18,按 Enter 键,设置行间距为 18 mm)

指定 行数 之间的标高增量或[表达式(E)]<0>:(按 Enter 键)(不指定标高增量)

选择夹点以编辑阵列或[关联(AS)/基点(B)/计数(COU)/间距(S)/列数(COL)/行数(R)/层数(L)/退出(X)]<退出>:COL(输入 COL,按 Enter 键)

输入列数或[表达式(E)]<4>:2(输入 2,按 Enter 键,设置为 2 列)

指定 列数 之间的距离或[总计(T)/表达式(E)]<10.2443>:48(输入 48,按 Enter 键,设置列间距为 48 mm)

选择夹点以编辑阵列或[关联(AS)/基点(B)/计数(COU)/间距(S)/列数(COL)/行数(R)/层数(L)/退出(X)]<退出>:(按 Enter 键)(结束阵列命令)

至此，4 个圆孔及其中心线绘制完毕，如图 2-8（c）所示。

（4）绘制环形槽。利用直线、偏移、圆角、镜像命令绘制板件中间的环形槽，如图 2-8（d）所示，命令行窗口出现以下提示信息。

命令:L(按 Enter 键)

LINE

指定第一个点:(单击矩形两条中心线的交点)

指定下一点或[放弃(U)]:5(按 Enter 键)(将十字光标移至第一点左侧,在正交模式下输入 5,按 Enter 键)

指定下一点或[放弃(U)]:(按 Enter 键)(结束直线命令)

命令:O(按 Enter 键)(调用偏移命令)

OFFSET

当前设置:删除源=否　图层=源　OFFSETGAPTYPE=0

指定偏移距离或[通过(T)/删除(E)/图层(L)]<6.0000>:3(按 Enter 键)

选择要偏移的对象,或[退出(E)/放弃(U)]<退出>:(选择刚绘制的直线)

指定要偏移的那一侧上的点,或[退出(E)/多个(M)/放弃(U)]<退出>:(单击直线上侧点)

选择要偏移的对象,或[退出(E)/放弃(U)]<退出>:(选择刚绘制的直线)

指定要偏移的那一侧上的点,或[退出(E)/多个(M)/放弃(U)]<退出>:(单击直线上侧点)

选择要偏移的对象,或[退出(E)/放弃(U)]<退出>:(按 Enter 键)

命令:F(按 Enter 键)(开启圆角命令)

FILLET

当前设置:模式=修剪,半径=5.0000

选择第一个对象或[放弃(U)/多段线(P)/半径(R)/修剪(T)/多个(M)]:(单击偏移出上侧直线的左半部分上的点)

```
选择第二个对象,或按住 Shift 键选择对象以应用角点或[半径(R)]:(单击偏移出下侧直线的左半部分上的点,得到与两条直线相切的半圆)
命令:MI(按 Enter 键)(开启镜像命令)
MIRROR
选择对象:找到 1 个
选择对象:找到 1 个,总计 2 个
选择对象:找到 1 个,总计 3 个
选择对象:(按 Enter 键)(拾取刚刚偏移出的直线及圆角命令绘制出的半圆)
指定镜像线的第一点:指定镜像线的第二点:(单击矩形竖直对称线上的任意两点)
要删除源对象吗? [是(Y)/否(N)]<N>:(按 Enter 键)(采用默认模式,不删除源对象,结束镜像命令)
命令:E(按 Enter 键)(开启删除命令)
ERASE
选择对象:找到 1 个(拾取用来进行偏移的辅助直线)
选择对象:(按 Enter 键)(结束删除命令)
```

步骤 4：编辑图形。

（1）调整矩形对称线长度。在命令行输入 LEN 再按 Enter 键，用与调整圆的中心线一样的方法对矩形对称线进行调整，使其长出矩形 2~5 mm。

（2）对矩形倒圆角。在命令行输入 F 再按 Enter 键，用圆角命令为矩形添加圆角，如图 2-8（e）所示，命令行窗口出现以下提示信息。

```
命令:F(按 Enter 键)(调用圆角命令)
FILLET
当前设置:模式=修剪,半径=0.0000
选择第一个对象或[放弃(U)/多段线(P)/半径(R)/修剪(T)/多个(M)]:单击"半径(R)"
指定圆角半径<0.0000>:5(按 Enter 键)(指定圆角半径为 5 mm)
选择第一个对象或[放弃(U)/多段线(P)/半径(R)/修剪(T)/多个(M)]:(单击矩形左边上边缘)
选择第二个对象,或按住 Shift 键选择对象以应用角点或[半径(R)]:(单击矩形上边左边缘,完成对矩形左上角的圆角)
…(用同样的方法对矩形其他角进行圆角)
```

步骤 5：规范性检查。

在图形绘制完成后，对照原图检查图形形状、结构等的准确性；对照机械制图国标检查图线线型、线宽的标准性，以及中心线绘制是否齐全、长度是否符合要求。

2.2.5　工程师点评

绘制平面图形首先应理解该图形，才能正确分析图形中的图线。对于已知线段，如矩形、圆、环等，其绘制并无明确的先后顺序。而中间线段或连接线段则必须放在已知线段之后绘制。例如，圆角应放在矩形之后绘制。

工作笔记

图形中的圆弧要根据具体情况选择相应命令，具体问题具体分析。一般情况下，先利用圆命令修剪或绘制轮廓后，再进行倒圆角操作。

在 AutoCAD 2024 软件中，命令的选择并不是唯一的，通常完成一个平面图形可以利用不同的绘图命令，万变不离其宗。

2.2.6 工作质量评价

1. 质量评价表

序号	自评内容	分数配置	自评得分
1	能设置绘图环境，包括图层设置及绘图区设置	5分	
2	对照原图检查图形中所有图线是否均绘制完成，并进行整理；图线线宽与线型是否符合机械制图国标要求；是否有中心线且长短符合机械制图国标要求	60分	
3	配有图框与标题栏，且图框与标题栏符合机械制图国标要求	5分	
4	能调用已建好图层、标题栏及图框的模板文件	5分	
5	反复练习本子任务，能在 10 min 内完成板件俯视图的绘制	10分	
6	能总结类似图形的绘制步骤	5分	
7	逐步学会举一反三用 AutoCAD 软件绘制类似的图样	5分	
8	能从圆命令的学习过程中，体会到具体问题具体分析的绘图思维	5分	

2. 练一练（绘图题）

（1）绘制把手平面图（见图 2-9），并依据质量评价表进行自评。

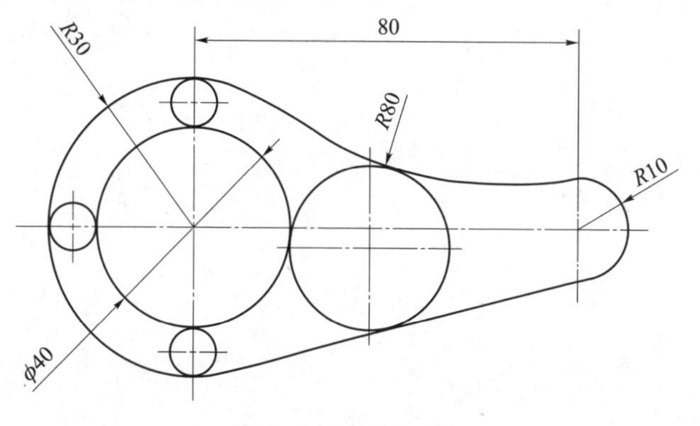

图 2-9 题（1）图

注：10 min 内绘制完成。

绘制把手图形

绘制短轴图形

（2）分析并绘制图形（见图 2-10），并依据质量评价表进行自评。

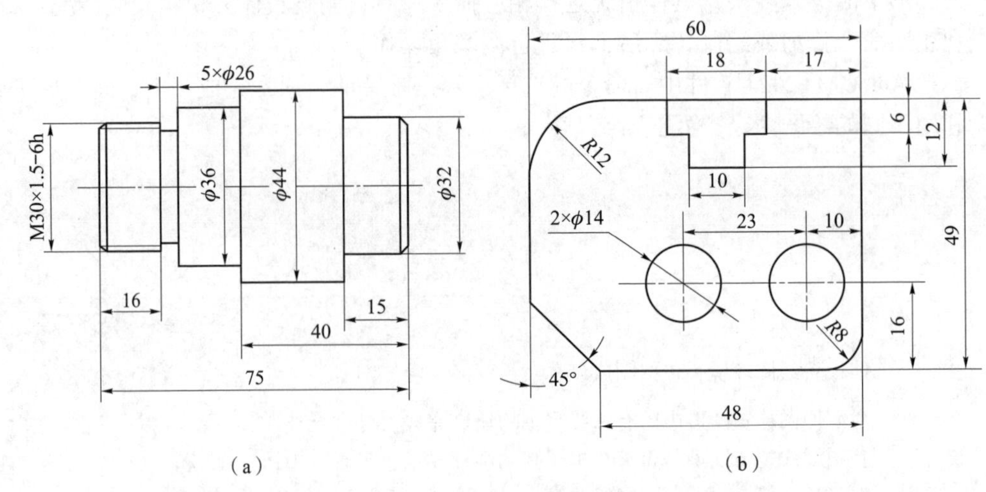

图 2-10 题（2）图

注：图 2-10（a）、图 2-10（b）分别在 8 min、10 min 内绘制完成。

子任务 2.3 绘制螺栓连接俯视图

任务实施流程如图 2-11 所示。

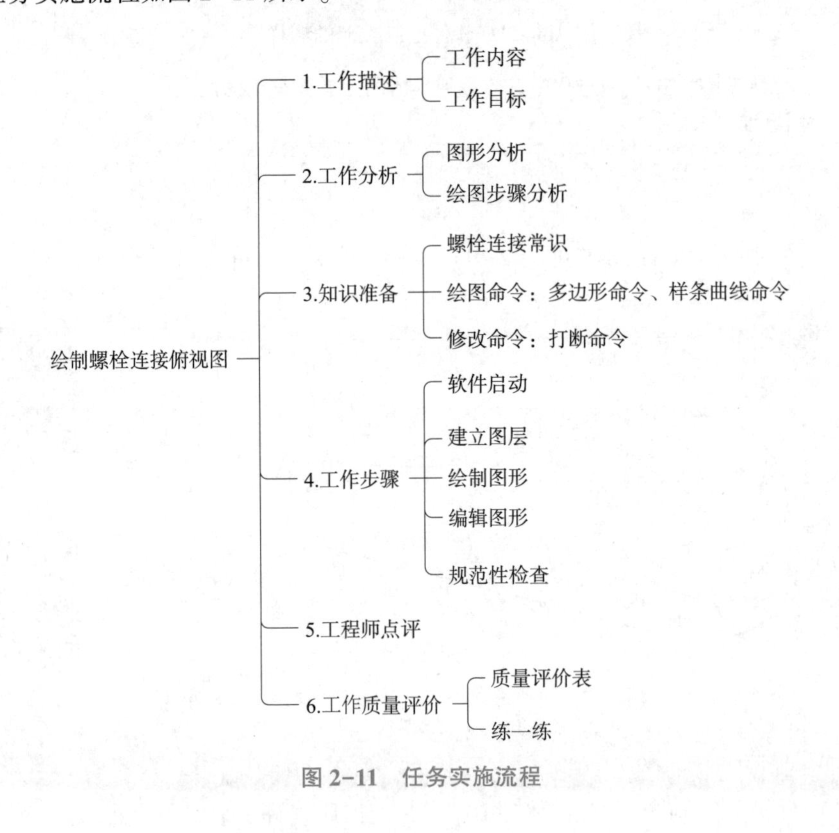

图 2-11 任务实施流程

2.3.1 工作描述

螺栓连接俯视图
绘制过程演示

1. 工作内容

本子任务工作内容为绘制螺栓连接俯视图，如图 2-12 所示。

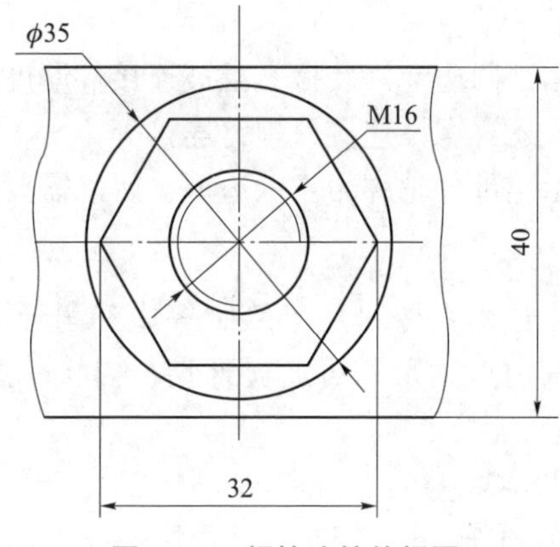

图 2-12 螺栓连接俯视图

2. 工作目标

（1）会操作多边形、样条曲线等绘图命令。

（2）会操作打断命令。

（3）能总结类似图形的绘制步骤。

（4）具备自查任务完成质量的意识。

（5）逐步学会举一反三，能用 AutoCAD 软件绘制类似的图样。

（6）逐步培养化繁为简、逐个击破的工作思路。

（7）遵守螺纹连接的机械制图国标要求。

2.3.2 工作分析

1. 图形分析

（1）图线分析。图 2-12 所示为螺栓连接俯视图，螺栓连接的各个零件，由大到小分别为被连接件、垫圈、螺母和螺栓。其中，中心线为点画线，轮廓线为粗实线，波浪线和螺纹牙底线为细实线。该图形为上下、左右对称结构，在绘图时应考虑利用镜像命令。

（2）尺寸分析。被连接件宽度为 40 mm，长度未指定，在绘图时画出大概尺寸即可。螺母外轮廓为 ϕ32 mm 圆内接的正六边形。螺栓公称直径为 M16 mm，其小径线用简化画法画出约 ϕ14 mm 即可。垫圈外径为 ϕ35 mm。

2. 绘图步骤分析

（1）建立图层，或调用已设置好图层的模板文件。

（2）绘制图形。

(3) 编辑图形。

(4) 规范性检查。

2.3.3 知识准备

1. 螺栓连接件常识

(1) 螺栓连接是指利用螺栓穿过被连接的两个零件通孔，然后套上垫圈，拧紧螺母的方式，连接两个零件。

(2) 螺栓连接主要用于两边允许装拆，且被连接件厚度不大的场合。

(3) 类似的连接方式还有螺柱连接、螺钉连接等。

(4) 图样组成中表示螺母外轮廓为正六边形，所以需要利用多边形命令。

2. 命令学习

多边形命令讲解、演示

(1) 多边形命令。多边形命令可用于绘制等边三角形、正方形、五边形、六边形和其他多边形。可通过外切、内接、边三种方法创建多边形。

① 创建外切多边形的步骤。

a. 在命令行输入 POL 再按 Enter 键，在功能区选择“默认”→“绘图”→“多边形”命令，或在菜单栏中选择“绘图”→“多边形”命令，均可调用多边形命令。

b. 在命令行窗口的提示下，输入边数。

c. 指定多边形的中心。

d. 在命令行输入 C 再按 Enter 键，绘制与圆外切的多边形。

e. 输入内切圆半径长度。

② 创建内接多边形的步骤。

a. 在命令行输入 POL 再按 Enter 键，在功能区选择“默认”→“绘图”→“多边形”命令，或在菜单栏中选择“绘图”→“多边形”命令，均可调用多边形命令。

b. 在命令行窗口的提示下，输入边数。

c. 指定多边形的中心。

d. 在命令行输入 I 再按 Enter 键，绘制与圆内接的多边形。

e. 输入外接圆半径长度。

③ 通过指定一条边绘制多边形的步骤。

a. 在命令行输入 POL 再按 Enter 键，在功能区选择“默认”→“绘图”→“多边形”命令，或在菜单栏中选择“绘图”→“多边形”命令，均可调用多边形命令。

b. 在命令行窗口的提示下，输入边数。

c. 在命令行输入 E，再按 Enter 键。

d. 指定多边形一条边的起点。

e. 指定该条边的端点。

样条曲线命令讲解、演示

（2）样条曲线命令。样条曲线是指经过或接近影响曲线形状的一系列点的平滑曲线。得到样条曲线的方法有很多，在此只介绍 AutoCAD 2024 软件默认使用的通过拟合点创建样条曲线的方法，其使用步骤如下。

① 在命令行输入 SPL 再按 Enter 键，在“绘图”工具栏中单击“样条曲线”按钮，在功能区选择“默认”→“绘图”→“样条曲线”→“拟合”命令，或在菜单栏中选择“绘图”→“样条曲线”→“拟合”命令，均可调用样条曲线命令。

② 指定样条曲线的起点。

③ 指定样条曲线的下一个点，并根据需要继续指定点。

④ 按 Enter 键结束，或在命令行输入 C 再按 Enter 键，使样条曲线闭合。

（3）打断命令。打断命令可以将一个对象打断为两个对象，两对象之间可以有间隙，也可以没有间隙。其使用步骤如下。

打断命令
讲解、演示

① 在命令行输入 BR 再按 Enter 键，在功能区选择“默认”→“修改”→“打断”命令，或在菜单栏中选择“修改”→“打断”命令，均可调用打断命令。

② 打断点。默认情况下，在对象上选择的点为第一个打断点。若要选择其他打断点，则在命令行输入 F 再按 Enter 键，指定第一个打断点。

③ 指定第二个打断点。

提示

在学习 AutoCAD 命令时，可以从几个命令操作过程中，归纳命令操作的一般规律，再用该规律指导学习新命令，触类旁通，举一反三，学思结合！

2.3.4 工作步骤

步骤 1：软件启动。

启动 AutoCAD 2024 软件，自动生成 Drawing1 文件，将文件另存为“螺栓连接俯视图 . dwg”图形文件。

步骤 2：建立图层。

按照表 2-3 所示图层信息，建立相应图层。

表 2-3 图层信息

图层名称	颜色	线型	线宽/mm
轮廓线	自定	Continuous	0.5
细实线	自定	Continuous	0.25
中心线	自定	CENTER2	0.25

步骤 3：绘制图形。

（1）绘制中心线。打开状态栏正交模式，将“中心线”图层设置为当前图层，在命令行输入 L 再按 Enter 键，利用直线命令在适当位置绘制两条垂直相交的直线，如图 2-13（a）所示。

（2）确定被连接件位置。在命令行输入 O 再按 Enter 键，对水平中心线进行偏移操作，如图 2-13（b）所示。

（3）绘制螺栓及垫圈外轮廓。在“图层”工具栏中将“轮廓线”图层设置为当前图层，或在命令行输入 C 再按 Enter 键，绘制直径分别为 14 mm、16 mm 及 35 mm 的圆，如图 2-13（c）所示。

（4）绘制螺母外轮廓。在命令行输入 POL 再按 Enter 键，绘制内接于直径为 32 mm 圆的正六边形，如图 2-13（d）所示，命令行窗口出现以下提示信息。

```
命令:POL(按 Enter 键)
POLYGON 输入侧面数<4>:6(按 Enter 键)(指定正多边形的边数)
指定正多边形的中心点或[边(E)]:(单击中心线的交点,指定正六边形的中心点)
输入选项[内接于圆(I)/外切于圆(C)]<I>:(按 Enter 键)(采用默认的内接于圆模式)
指定圆的半径:16(按 Enter 键)(保持正交状态,将鼠标置于中心点右侧,输入 16,完成多边形的绘制)
```

（5）绘制被连接件外轮廓。利用直线命令确定被连接件宽度，在命令行输入 SPL 再按 Enter 键，利用样条曲线命令表达水平方向尺寸不指定，如图 2-13（e）所示，命令行窗口出现以下提示信息。

```
命令:L(按 Enter 键)(调用直线命令)
LINE
指定第一个点:(单击竖直中心线与水平中心线向上偏移线的交点)
指定下一点或[放弃(U)]:(单击正左侧适当位置)
指定下一点或[放弃(U)]:(按 Enter 键)(结束直线命令)
命令:MI(按 Enter 键)(调用镜像命令)
MIRROR
选择对象:找到 1 个(拾取刚才绘制的直线段)
选择对象:(按 Enter 键)(结束选择对象)
指定镜像线的第一点:指定镜像线的第二点:(在竖直中心线上拾取两点)
要删除源对象吗?[是(Y)/否(N)]<N>:(按 Enter 键)(选择不删除源对象,结束镜像命令)
命令:(按 Enter 键)(重复上一个命令)
MIRROR
选择对象:找到 1 个
选择对象:找到 1 个,总计 2 个(拾取刚才绘制的两条直线段)
选择对象:(按 Enter 键)(结束选择对象)
指定镜像线的第一点:指定镜像线的第二点:(在竖直中心线上拾取两点)
要删除源对象吗?[是(Y)/否(N)]<N>:(按 Enter 键,取默认的不删除源对象选项,结束镜像命令)
```

工作笔记

```
命令:<正交 关>(关掉正交模式)
命令:SPL(按 Enter 键)(调用样条曲线命令)
SPLINE
当前设置:方式=拟合  节点=弦
指定第一个点或[方式(M)/节点(K)/对象(O)]:(单击左上直线左端点)
输入下一个点或[起点切向(T)/公差(L)]:
输入下一个点或[端点相切(T)/公差(L)/放弃(U)]:
输入下一个点或[端点相切(T)/公差(L)/放弃(U)/闭合(C)]:
输入下一个点或[端点相切(T)/公差(L)/放弃(U)/闭合(C)]:(单击样条曲线中间各控制点)
输入下一个点或[端点相切(T)/公差(L)/放弃(U)/闭合(C)]:(单击左下直线左端点)
输入下一个点或[端点相切(T)/公差(L)/放弃(U)/闭合(C)]:(按 Enter 键)(将鼠标移到适当位置,按 Enter 键,结束样条曲线命令)
命令:MI(按 Enter 键)(开启镜像命令)
MIRROR
选择对象:找到 1 个(拾取样条曲线)
选择对象:(按 Enter 键)(结束拾取)
指定镜像线的第一点:指定镜像线的第二点:(单击竖直中心线上任意两点)
要删除源对象吗?[是(Y)/否(N)]<N>:(按 Enter 键)(默认选择不删除源对象,结束镜像命令)
命令:E(按 Enter 键)(开启删除命令)
ERASE
选择对象:找到 1 个
选择对象:找到 1 个,总计 2 个(拾取用以确定位置的两条直线)
选择对象:(按 Enter 键)(结束拾取,结束删除命令)
```

步骤 4：编辑图形。

（1）调整线条图层。选中样条曲线及 ϕ14 mm 圆，将它们切换到“细实线”图层。

（2）打断 ϕ14 mm 圆。ϕ14 mm 圆表示螺纹牙底线、小径，应为 3/4 圆。在命令行输入 BR 再按 Enter 键，对该圆进行打断，命令行窗口出现以下提示信息。

```
命令:BR(按 Enter 键)(调用打断命令)
BREAK
选择对象:(拾取 φ14 mm 圆,拾取点即为第一个打断点)
指定第二个打断点或[第一点(F)]:(沿逆时针方向拾取打断点第二点,结束打断命令)
```

（3）调整中心线长度。中心线超出轮廓线 2~5 mm，在命令行输入 LEN 再按 Enter 键,调整中心线长度，完成绘图，如图 2-13（f）所示。

步骤 5：规范性检查。

在图形绘制完成后，对照原图检查图形形状、结构等的准确性；对照机械制图国标检查图线线型、线宽的标准性，以及中心线绘制是否齐全、长度是否符合要求。本子任务尤其注意检查螺纹的规范性画法。

工作笔记

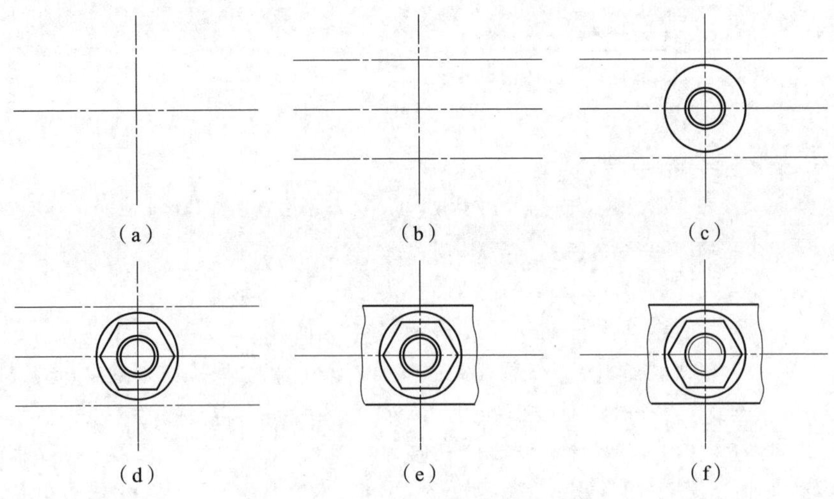

图 2-13　螺栓连接件俯视图绘制过程

2.3.5　工程师点评

在本子任务绘图过程中绘制圆时，多个圆可以连续重复利用圆命令进行绘制，利用空格键可直接重复上一个命令，以提高绘图效率，其中螺纹小径圆并不在“轮廓线”图层，但不影响圆的连续绘制，只需在绘制完成后再切换图层，或利用特性匹配命令编辑即可。

当利用打断命令打断圆弧时，打断点要按照默认的逆时针选择而不是顺时针。

2.3.6　工作质量评价

1. 质量评价表

序号	自评内容	分数配置	自评得分
1	能设置绘图环境，包括图层设置及绘图区设置	5 分	
2	对照原图检查图形中所有图线是否均绘制完成，并进行整理；图线线宽与线型是否符合机械制图国标要求；是否有中心线且长短符合机械制图国标要求	65 分	
3	配有图框与标题栏，且图框与标题栏符合机械制图国标要求	5 分	
4	能调用已建好图层、标题栏及图框的模板文件	5 分	
5	反复练习本子任务，能在 10 min 内完成螺栓连接俯视图的绘制	10 分	
6	能举一反三绘制类似的图形	5 分	
7	熟悉螺纹绘制的机械制图国标要求，并能遵守相应规范	5 分	

2. 练一练（绘图题）

（1）绘制正五角星和螺栓左视图（见图 2-14），并依据质量评价表进行自评。

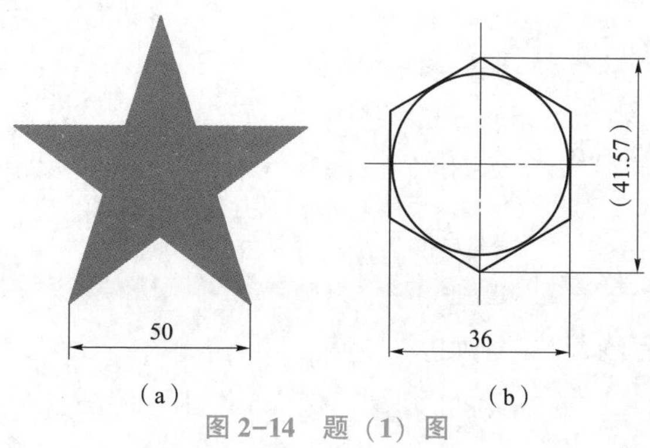

绘制正五角星和
螺栓左视图

图 2-14　题（1）图

（a）正五角星；（b）螺栓左视图

注：10 min 内绘制完成。

（2）拓展绘图题目：分析并绘制图形（见图 2-15），并依据质量评价表进行自评。

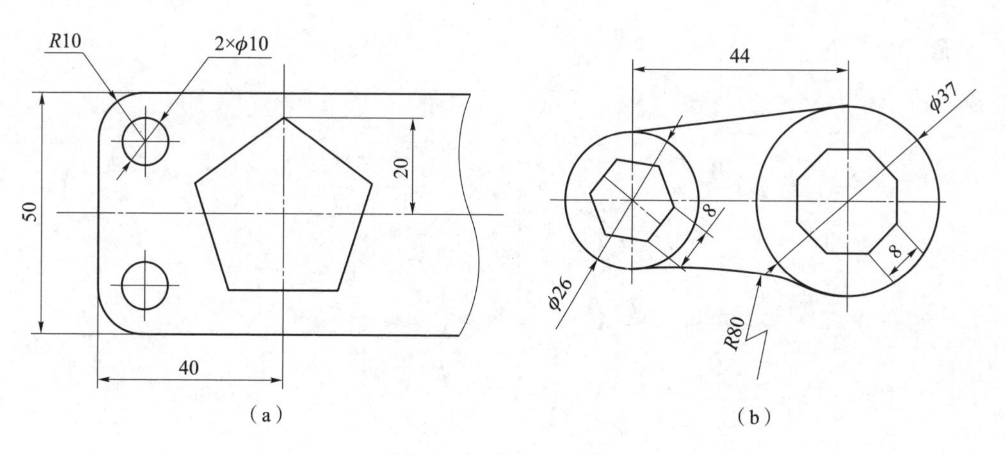

图 2-15　题（2）图

注：图 2-15（a）、图 2-15（b）分别在 6 min、8 min 内绘制完成。

子任务 2.4　绘制垫片主视图

任务实施流程如图 2-16 所示。

2.4.1　工作描述

垫片主视图
绘制过程演示

1. 工作内容

本子任务工作内容为绘制垫片主视图，如图 2-17 所示。

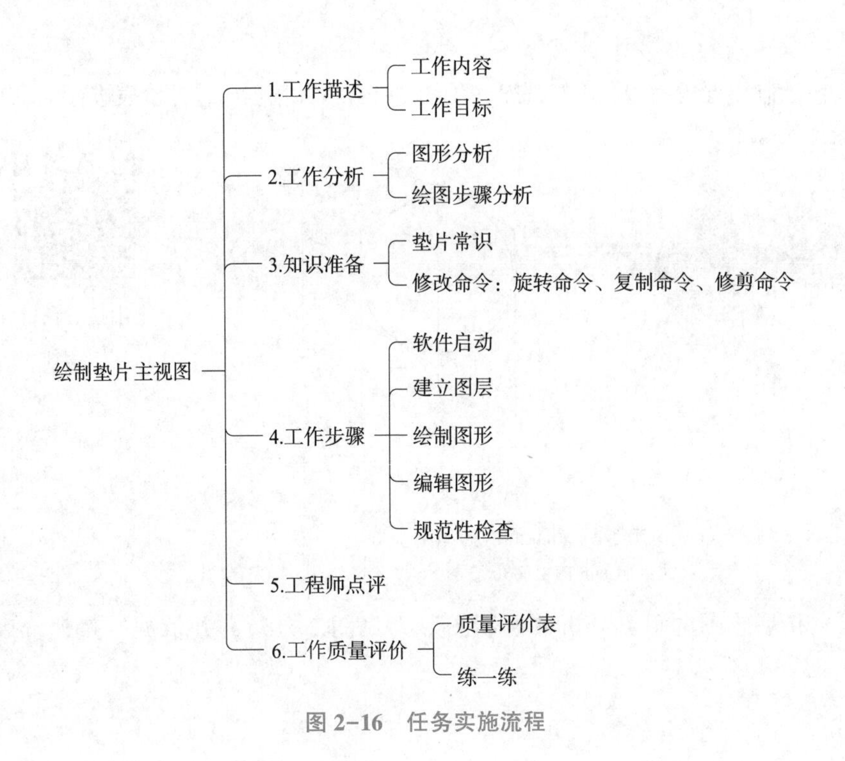

图 2-16　任务实施流程

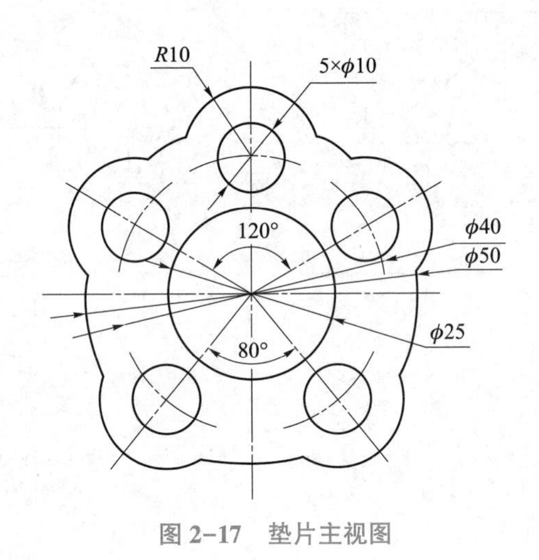

图 2-17　垫片主视图

2. 工作目标

(1) 会操作旋转、复制、修剪等修改命令。

(2) 能总结类似图形的绘制步骤。

(3) 具备自查任务完成质量的意识。

(4) 逐步学会举一反三用 AutoCAD 软件绘制类似的图样。

(5) 逐步培养化繁为简、逐个击破的工作思路。

(6) 逐步总结 AutoCAD 命令操作的一般规律。

工作笔记

2.4.2 工作分析

1. 图形分析

（1）图线分析。图 2-17 所示为垫片主视图，表达了某种垫片的轮廓形状，凸缘形状应与被密封件形状一致，中间的圆为穿过垫片的轴孔，四周的 5 个圆为螺纹连接穿过的孔。其中，用来确定各圆中心位置的线为点画线，轮廓线为粗实线；四周的 5 个圆孔大小相同，位置不同，在绘图时应考虑利用复制命令；该图形为左右对称结构，在绘图时应考虑利用镜像命令。

（2）尺寸分析。该垫片的 5 个凸缘半径均为 10 mm，被 ϕ50 mm 的圆切割。5 个圆孔的直径为 10 mm，与凸缘的圆心位置一致，其圆心落在 ϕ40 mm 的圆上，最上端的圆孔落在垫片左右对称线上，上侧左右两个圆孔的圆心夹角为 120°，下侧两个圆孔的圆心夹角为 80°。

2. 绘图步骤分析

（1）建立图层，或调用已设置好图层的模板文件。

（2）绘制图形。

（3）编辑图形。

（4）规范性检查。

2.4.3 知识准备

1. 垫片常识

（1）垫片是由纸、橡皮片或铜片制成，放置在两静密封面之间以加强密封性，可防止流体泄漏的密封件。

（2）垫片可分为平垫片、环形平垫片、平金属垫片等，一般为圆形，也有根据被密封件而设计的异形垫片。

（3）选择垫片的材料主要取决于温度、压力、介质这三种因素。

旋转命令

讲解、演示

2. 命令学习

（1）旋转命令。旋转命令用于使图形中的对象绕指定基点旋转，其使用步骤如下。

① 在命令行输入 RO 再按 Enter 键，在功能区选择“默认”→“修改”→“旋转”命令，或在菜单栏中选择“修改”→“旋转”命令，均可调用旋转命令。

② 选择要旋转的对象。

③ 指定旋转基点。

④ 执行以下操作之一。

复制命令

讲解、演示

a. 输入旋转角度。

b. 绕基点拖动旋转对象，并指定旋转对象的终止点。

c. 在命令行输入 C 再按 Enter 键，创建旋转对象的副本。

d. 在命令行输入 R 再按 Enter 键，将旋转对象从指定的参照角度旋转到绝对角度。

（2）复制命令。复制命令用于生成与源对象相同的副本，其使用步骤如下。

① 在命令行输入 CO 再按 Enter 键，在功能区选择“默认”→“修改”→“复制”命令，或在菜单栏中选择“修改”→“复制”命令，均可调用复制命令。

② 选择要复制的对象。

③ 指定基点。

④ 指定要复制的目标点。

（3）修剪命令。修剪命令用于将界线之外不需要的部分剪掉，也可在使用修剪命令的同时，使对象缩短或拉长，与其他对象的边相接，其使用步骤如下。

修剪命令讲解、演示

① 在命令行输入 TR 再按 Enter 键，在功能区选择“默认”→“修改”→“修剪”命令，或在菜单栏中选择“修改”→“修剪”命令，均可调用修剪命令。

② 选择作为剪切边的对象。若要选择显示的所有对象作为剪切边，则在未选择任何对象的情况下按 Enter 键。

③ 选择要修剪的对象，可通过单击拾取、框选、栏选等手段进行选择，也可按住 Shift 键的同时利用修剪命令起到延伸的作用。

在 AutoCAD 2024 软件中，调用修剪命令后，可直接单击不需要的图线实现修剪，不需要选择剪切边，修剪命令也可以当作删除命令来用。在学习过程中，应多体会和总结 AutoCAD 命令操作的一般规律。

2.4.4 工作步骤

步骤 1：软件启动。

启动 AutoCAD 2024 软件，自动生成 Drawing1 文件，将文件另存为“垫片主视图.dwg”图形文件。

步骤 2：建立图层。

按照表 2-4 所示图层信息，建立相应图层。

表 2-4 图层信息

图层名称	颜色	线型	线宽/mm
轮廓线	自定	Continuous	0.5
中心线	自定	CENTER2	0.25

步骤 3：绘制图形。

（1）绘制中心线。打开状态栏正交模式，将“中心线”图层设置为当前图层，在命令行输入 L 再按 Enter 键，利用直线命令在适当位置绘制两条垂直相交的直线，直线长度应略大。再利用直线命令绘制从中心线交点至竖直线上端、中心线交点至竖直线下端的两条直线。在命令行输入 RO 再按 Enter 键，命令行窗口出现以下提示信息。

```
命令:RO(按 Enter 键)(调用旋转命令)
ROTATE
UCS 当前的正角方向:ANGDIR=逆时针  ANGBASE=0
选择对象:找到 1 个(拾取刚才绘制的上侧直线作为被旋转对象)
选择对象:(按 Enter 键)(结束拾取)
指定基点:(选择中心线交点作为旋转基点)
指定旋转角度,或[复制(C)/参照(R)]<320>:60(按 Enter 键)(确定旋转角度,结束旋转命令)
命令:(按 Enter 键)(重复上一个命令)
ROTATE
UCS 当前的正角方向:ANGDIR=逆时针  ANGBASE=0
选择对象:找到 1 个(拾取刚才绘制出的下侧直线作为被旋转对象)
选择对象:(按 Enter 键)(结束拾取)
指定基点:(选择中心线交点作为旋转基点)
指定旋转角度,或[复制(C)/参照(R)]<60>:-40(按 Enter 键)(确定旋转角度,结束旋转命令)
```

利用旋转命令得到的两条图线如图 2-18（a）所示。

（2）绘制各圆。将“轮廓线”图层设置为当前图层，在命令行输入 C 再按 Enter 键，利用圆命令绘制以中心线交点为圆心，直径分别为 25 mm、40 mm 及 50 mm 的圆；接着绘制以竖直中心线与 ϕ40 mm 圆的上侧交点为圆心，以 10 mm、20 mm 为直径的圆，如图 2-18（b）所示。

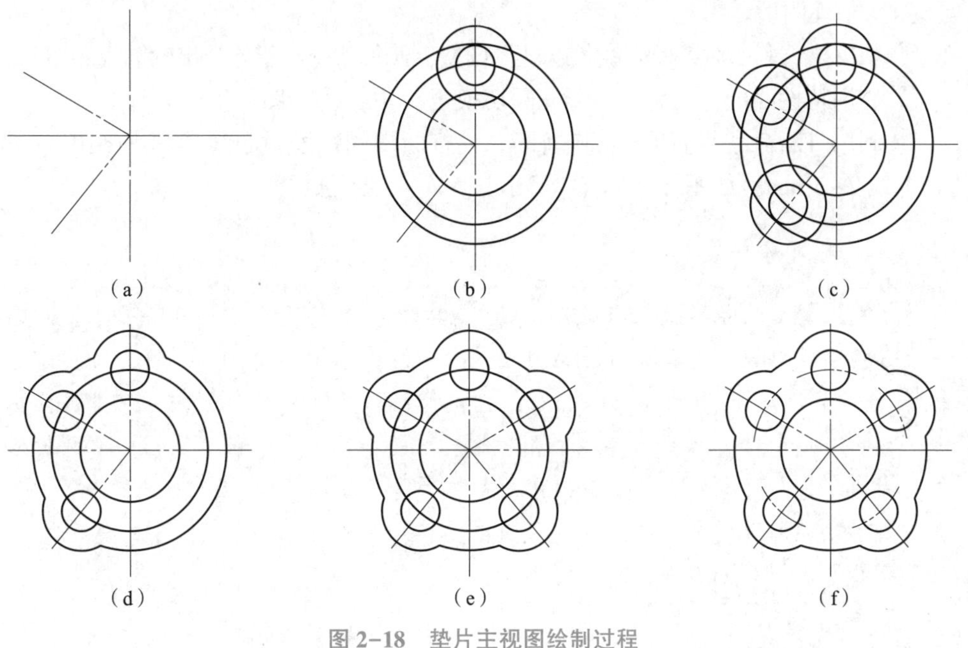

图 2-18　垫片主视图绘制过程

步骤 4：编辑图形。

（1）复制 ϕ10 mm、ϕ20 mm 圆。在命令行输入 CO 再按 Enter 键，利用复制命令将刚才绘制出的 ϕ10 mm、ϕ20 mm 圆复制到所需位置，命令行窗口出现以下提示信息。

```
命令:CO(按 Enter 键)(调用复制命令)
COPY
选择对象:找到 1 个(拾取 φ10 mm 圆)
选择对象:找到 1 个,总计 2 个(拾取 φ20 mm 圆)
选择对象:(按 Enter 键)(结束拾取)
当前设置:复制模式 = 多个
指定基点或[位移(D)/模式(O)]<位移>:(单击两圆圆心作为复制基点)
指定第二个点或[阵列(A)]<使用第一个点作为位移>:(单击旋转出的上侧中心线与 φ40 mm 圆交点)
指定第二个点或[阵列(A)/退出(E)/放弃(U)]<退出>:(单击旋转出的下侧中心线与 φ40 mm 圆交点)
指定第二个点或[阵列(A)/退出(E)/放弃(U)]<退出>:(按 Enter 键)(结束复制命令)
```

结果如图 2-18（c）所示。

（2）对圆进行修剪。在命令行输入 TR 再按 Enter 键，接着按空格键，对绘制及复制出的圆进行修剪。结果如图 2-18（d）所示。

（3）镜像出右侧对象并修剪。利用镜像命令对复制出的左侧两个 ϕ10 mm 圆及其对应的凸缘及中心线，沿垫片竖直中心线进行镜像，不删除源对象。用修剪命令对镜像出的两个凸缘处的 ϕ50 mm 圆进行修剪。结果如图 2-18（e）所示。

（4）整理图形。

① 利用拉长命令对各中心线长度进行调整，使每条中心线均长出轮廓线 2~5 mm。

② 利用特性匹配命令将 ϕ40 mm 圆切换至“中心线”图层。

③ 利用打断命令将 ϕ40 mm 圆打断，使打断出的每段中心线均超出 ϕ10 mm 圆的轮廓线 2~5 mm，如图 2-18（f）所示。

提示

垫片主视图的绘制也可以用旋转命令+阵列命令来实现。仔细观察可知，垫片下方两条 R10 mm 圆弧与两个 ϕ10 mm 圆孔结构夹角都为 80°，因此，可先绘制竖直方向 R10 mm 圆弧与 ϕ10 mm 圆孔，经修剪后接着旋转出左上方 R10 mm 圆弧与 ϕ10 mm 圆孔，再以其为对象，利用环形阵列命令，设置项目数 4，填充角度为 240°，即可得到图 2-18（f）所示结果。平面图形绘制的命令组合并不是唯一的，在学习过程中应熟悉各命令操作要点，灵活组合，用最简单的命令组合实现高效绘图，减少工作时间。

步骤 5：规范性检查。

在图形绘制完成后，对照原图检查图形形状、结构等的准确性；对照机械制图国标检查图线线型、线宽的标准性，以及中心线绘制是否齐全、长度是否符合要求。本子任务尤其注意检查 ϕ10 mm 圆孔中心线绘制是否准确，该圆孔中心线一条是圆弧，一条是直线段。

2.4.5 工程师点评

绘制平面图形，首先要能看懂图形，如果看不懂，则很难正确、高效地进行绘制。其次要有行之有效的绘图步骤，绘图的先后顺序应做到心中有数，忙而不乱。

此外，还应能根据图形特点，合理采用各种命令。例如，本子任务中很多圆的直径相同但位置不同，就要考虑利用复制命令；对称或有序的相同图形排列，就要考虑利用镜像或阵列命令。

修剪命令应用十分广泛，在应用时要灵活地选择剪切边，注意修剪顺序，应始终保持有剪切边在起作用，初学者很容易发生修剪到最后无法完成的情况。在使用修剪命令的同时按住 Shift 键，可使对象缩短或拉长。

2.4.6 工作质量评价

1. 质量评价表

序号	自评内容	分数配置	自评得分
1	能设置绘图环境，包括图层设置及绘图区设置	5 分	
2	对照原图检查图形中所有图线是否均绘制完成，并进行整理；图线线宽与线型是否符合机械制图国标要求；是否有中心线且长短符合机械制图国标要求	55 分	
3	标注尺寸，检查尺寸标注与原图是否一致，标注样式是否符合机械制图国标要求	15 分	
4	能调用已建好图层、标题栏及图框的模板文件	5 分	
5	反复练习本子任务，能在 10 min 内完成垫片主视图的绘制	5 分	
6	逐步学会举一反三用 AutoCAD 软件绘制类似的图样	5 分	
7	能总结 AutoCAD 命令操作的一般规律	5 分	
8	逐步培养化繁为简、逐个击破的工作思路	5 分	

2. 练一练（绘图题）

（1）绘制垫片图形（见图 2-19），并依据质量评价表进行自评。

绘制垫片图形

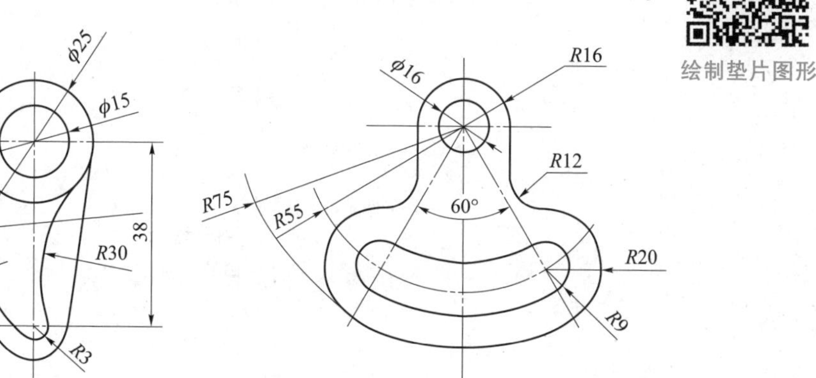

图 2-19 题（1）图

注：图 2-19（a）、图 2-19（b）分别在 10 min、15 min 内绘制完成。

工作笔记

(2) 分析并绘制图形（见图 2-20），并依据质量评价表进行自评。

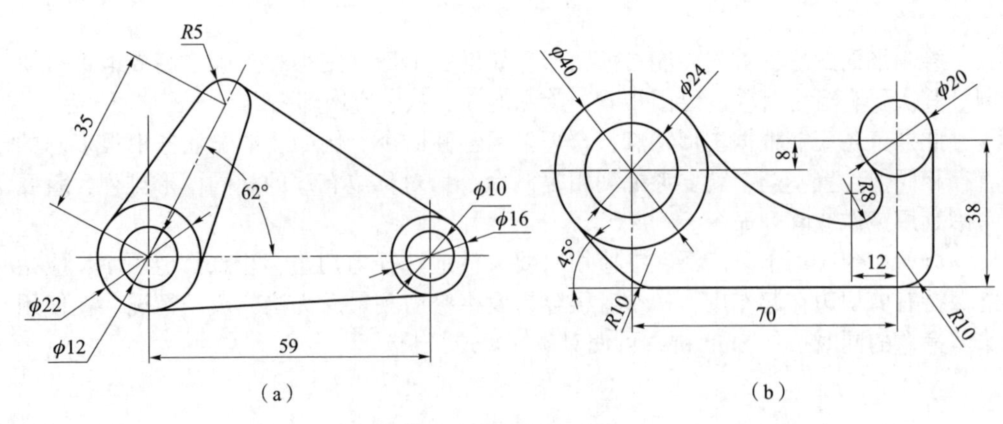

图 2-20　题（2）图

注：图 2-20（a）、图 2-20（b）分别在 15 min、20 min 内绘制完成。

子任务 2.5　绘制扳手主视图

任务实施流程如图 2-21 所示。

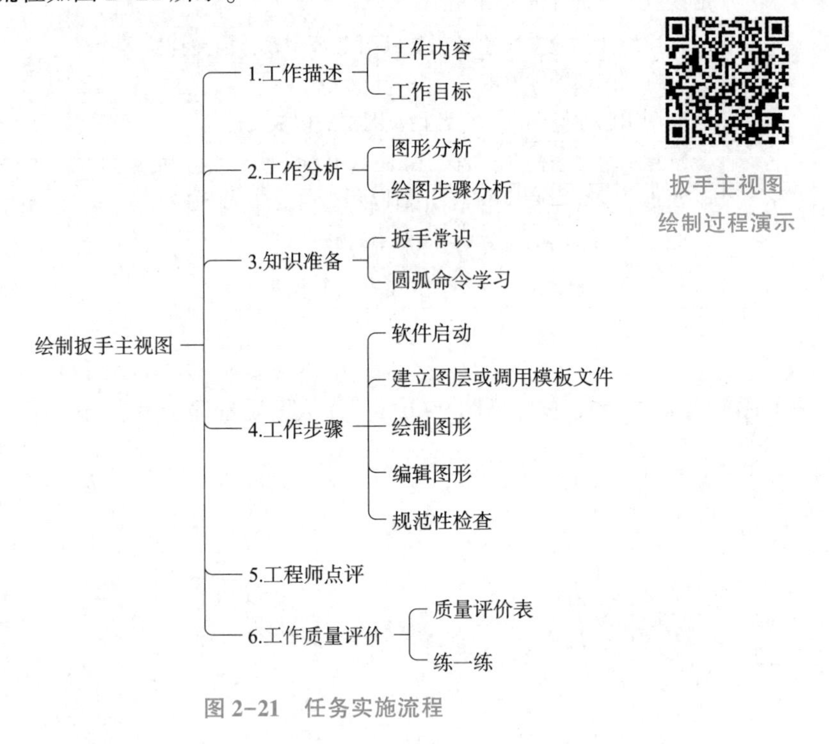

图 2-21　任务实施流程

扳手主视图
绘制过程演示

2.5.1　工作描述

1. 工作内容

本子任务工作内容为绘制扳手主视图，如图 2-22 所示。

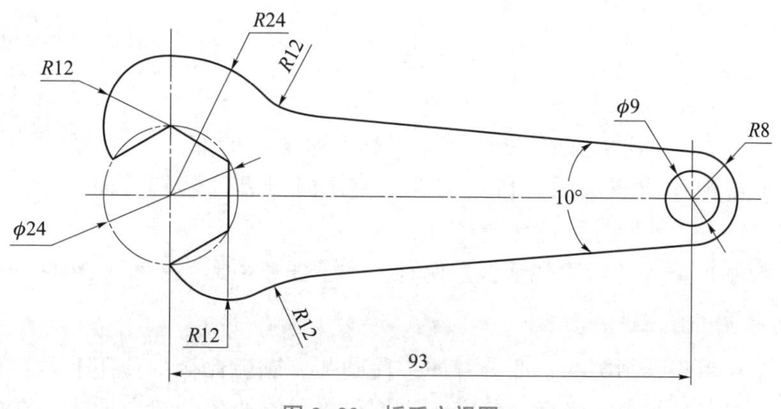

图 2-22 扳手主视图

2. 工作目标

(1) 会操作圆弧命令。

(2) 能总结类似图形的绘制步骤。

(3) 具备自查任务完成质量的意识。

(4) 逐步学会举一反三用 AutoCAD 软件绘制类似的图样。

(5) 逐步培养化繁为简、逐个击破的工作思路。

(6) 能辩证分析圆、圆弧、圆角命令的区别与联系。

2.5.2 工作分析

1. 图形分析

(1) 图线分析。图 2-22 所示为扳手主视图，表达了某种扳手的轮廓形状，可大致分为头部、中部和尾部三部分。该扳手的头部开口是正六边形的一部分，其轮廓由几段圆弧组成；扳手尾部由一个圆孔及一段圆弧组成；扳手中部用直线连接头部和尾部，并与两端相切。本子任务中有两种图线，其中中心线及正六边形的辅助圆为点画线，轮廓线为粗实线。

(2) 尺寸分析。该扳手头部开口正六边形内接圆直径为 24 mm，头部上端两段圆弧半径分别为 12 mm 和 24 mm，头部下端一段圆弧半径为 12 mm；扳手尾部圆孔直径为 9 mm，圆弧半径为 8 mm；扳手中部两条直线之间的夹角为 10°，且直线与尾部圆弧相切，与头部轮廓之间以 R12 mm 的圆角连接。

2. 绘图步骤分析

(1) 建立图层，或调用已设置好图层的模板文件。

(2) 绘制图形。

(3) 编辑图形。

(4) 规范性检查。

2.5.3 知识准备

圆弧命令
讲解、演示

1. 扳手常识

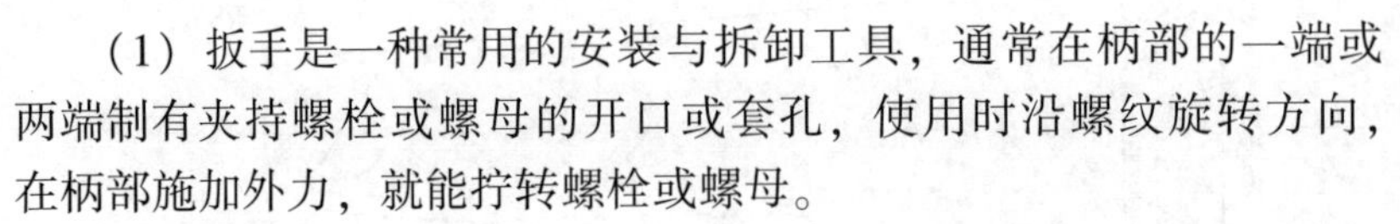

(1) 扳手是一种常用的安装与拆卸工具，通常在柄部的一端或两端制有夹持螺栓或螺母的开口或套孔，使用时沿螺纹旋转方向，在柄部施加外力，就能拧转螺栓或螺母。

(2) 扳手可分为死扳手和活扳手两种，本子任务图形为一种死扳手。

2. 圆弧命令学习

圆弧命令用于绘制圆的一部分，即一段圆弧。圆弧命令的使用非常灵活，可以指定圆心、端点、起点、半径、角度、弦长和方向值的各种组合形式，在此只介绍几种绘制圆弧的步骤。

(1) 指定三点绘制圆弧的步骤如下。

① 在命令行输入 A 再按 Enter 键，在功能区选择“默认”→“圆弧”→“三点”命令，或在菜单栏中选择“绘图”→“圆弧”→“三点”命令，均可调用圆弧命令。

② 指定圆弧起点，圆弧默认以逆时针方向绘制。

③ 指定圆弧上一点。

④ 指定圆弧端点。

(2) 指定起点、圆心和端点绘制圆弧的步骤如下。

① 在命令行输入 A 再按 Enter 键，在功能区选择“默认”→“圆弧”→“起点、圆心、端点”命令，或在菜单栏中选择“绘图”→“圆弧”→“起点、圆心、端点”命令，均可调用圆弧命令。

② 指定圆弧起点。

③ 指定圆弧圆心（若使用工具栏或在命令行输入的方法，则在此步骤前需在命令行输入 C 再按 Enter 键）。

④ 指定圆弧端点。

(3) 指定起点、端点和半径绘制圆弧的步骤如下。

① 在功能区选择“默认”→“圆弧”→“起点、端点、半径”命令，或在菜单栏中选择“绘图”→“圆弧”→“起点、端点、半径”命令，均可调用圆弧命令。

② 指定圆弧起点。

③ 指定圆弧端点。

④ 指定圆弧半径。

提示

圆弧默认以逆时针方向绘制，若需以顺时针方向绘制，则需按住 Ctrl 键进行。有些连接圆弧可以直接利用圆角命令绘制，具体用圆弧命令还是圆角命令，应在命令使用过程中用心体会，学思践悟，具体问题具体分析。

工作笔记

2.5.4 工作步骤

步骤 1：软件启动。

启动 AutoCAD 2024 软件，自动生成 Drawing1 文件，将文件另存为“扳手主视图 . dwg”图形文件。

步骤 2：建立图层或调用模板文件。

步骤 3：绘制图形。

（1）绘制中心线及辅助圆。打开状态栏正交模式，将“中心线”图层设置为当前图层，在命令行输入 L 再按 Enter 键，利用直线命令在适当位置绘制两条垂直相交的直线，竖直线在水平线靠近左端的位置，水平线长度应略大。在命令行输入 O 再按 Enter 键，将竖直线偏移至右端 93 mm 处。在命令行输入 C 再按 Enter 键，以左端交点为圆心、24 mm 为直径画圆。结果如图 2-23（a）所示。

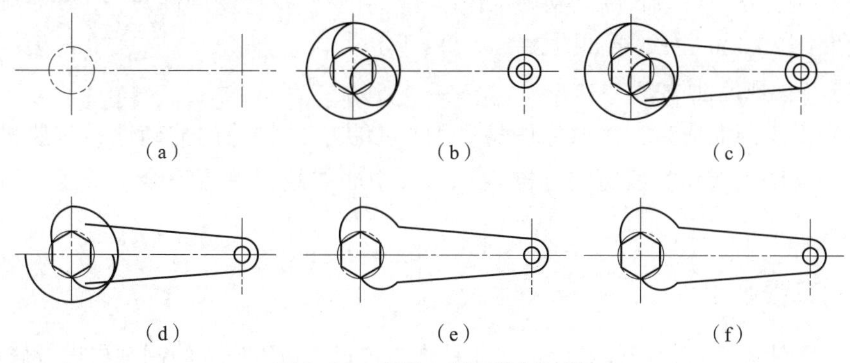

图 2-23 扳手主视图绘制过程

（2）绘制头部及尾部主要轮廓。将“轮廓线”图层设置为当前图层。

① 绘制正六边形。在命令行输入 POL 再按 Enter 键，利用多边形命令绘制以左侧中心线交点为中心，内接于已绘制的 ϕ24 mm 圆的正六边形。

② 绘制各圆。在命令行输入 C 再按 Enter 键，利用圆命令分别绘制以左侧中心线交点为圆心、24 mm 为半径，以正六边形右下方顶点为圆心、12 mm 为半径，以及以右侧中心线交点为圆心、16 mm 及 9 mm 为直径的 4 个圆。

③ 绘制圆弧。在命令行输入 A 再按 Enter 键，绘制以正六边形上顶点为圆心、*R*24 mm 圆与左侧竖直中心线的上交点为起点、正六边形左上顶点为端点的圆弧。命令行窗口出现以下提示信息。

```
命令:A(按 Enter 键)(调用圆弧命令)
ARC
圆弧创建方向:逆时针(按住 Ctrl 键可切换方向)。
指定圆弧的起点或[圆心(C)]:C(按 Enter 键)(以指定圆心的方式画圆)
指定圆弧的圆心:(单击正六边形上顶点作为圆心)
指定圆弧的起点:(单击 R24 mm 圆与左侧竖直中心线的上交点作为起点)
指定圆弧的端点或[角度(A)/弦长(L)]:(单击正六边形左上顶点作为端点)
```

结果如图 2-23（b）所示。

（3）绘制扳手中部两条直线。利用直线命令绘制一条起点为右端 ϕ16 mm 圆的上象限点，左端稍长的直线段。以右侧中心线交点为基点旋转该直线段，旋转角度为-5°，再利用镜像命令将旋转后的直线段以水平中心线为对称线作镜像，不删除源对象。结果如图 2-23（c）所示。

步骤 4：编辑图形。

（1）进行必要的修剪。利用修剪命令对 *R*24 mm 圆的左上部分、正六边形的左下部分、*R*12 mm 圆的左上部分及 *R*8 mm 圆的左侧进行修剪。本步骤后图形如图 2-23（d）所示。

（2）倒圆角。利用圆角命令对 *R*24 mm 圆弧与上方直线段倒圆角，圆角半径为 12 mm；同样对下侧 *R*12 mm 圆弧与下方直线段倒圆角，半径也为 12 mm。结果如图 2-23（e）所示。

（3）调整各中心线长度。利用拉长命令对各中心线长度进行调整，使各中心线超出轮廓线 2~5 mm。结果如图 2-23（f）所示。

步骤 5：规范性检查。

在图形绘制完成后，对照原图检查图形形状、结构等的准确性；对照机械制图国标检查图线线型、线宽的标准性，以及中心线绘制是否齐全、长度是否符合要求。

2.5.5 工程师点评

在本子任务中，使用圆弧命令并非是唯一选择，也可以先绘制圆再进行修剪。

本子任务中的修剪步骤并没有预想中修剪得那么彻底，这是因为在步骤中已经考虑到了下一步圆角命令中自带的修剪模式。

2.5.6 工作质量评价

1. 质量评价表

序号	自评内容	分数配置	自评得分
1	能设置绘图环境，包括图层设置及绘图区设置	7 分	
2	对照原图检查图形中所有图线是否均绘制完成，并进行整理；图线线宽与线型是否符合机械制图国标要求；是否有中心线且长短符合机械制图国标要求	60 分	
3	能调用已建好图层、标题栏及图框的模板文件	7 分	
4	反复练习本子任务，能在 10 min 内完成扳手主视图的绘制	7 分	
5	逐步学会举一反三用 AutoCAD 软件绘制类似的图样	7 分	
6	能总结 AutoCAD 命令操作的一般规律	7 分	
7	逐步培养化繁为简、逐个击破的工作思路	5 分	

2. 练一练（绘图题）

（1）分析并绘制图形（见图 2-24），并依据质量评价表进行自评。

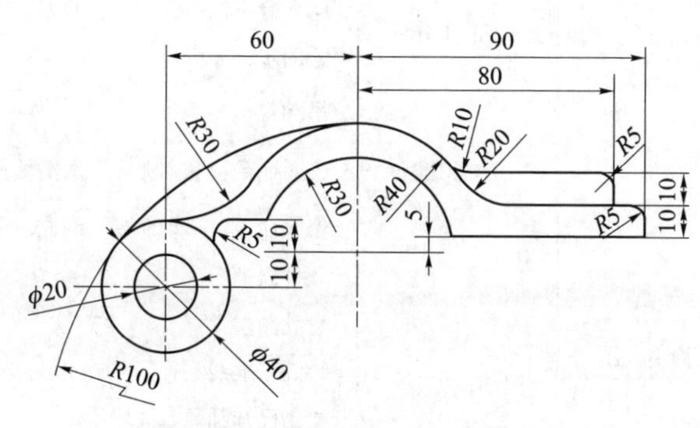

图 2-24 题（1）图

注：20 min 内绘制完成。

（2）分析并绘制图形（见图 2-25），并依据质量评价表进行自评。

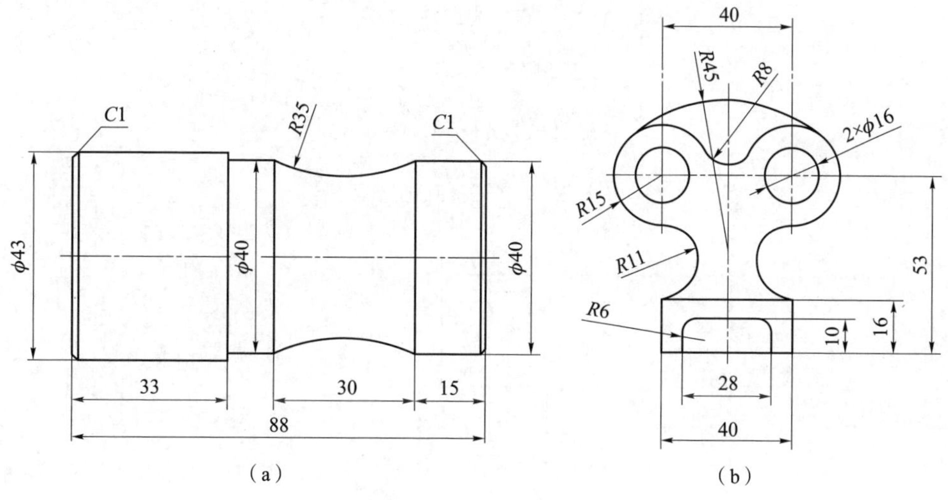

图 2-25 题（2）图

注：图 2-25（a）、图 2-25（b）均需在 10 min 内绘制完成。

子任务 2.6 绘制吊钩主视图

任务实施流程如图 2-26 所示。

2.6.1 工作描述

吊钩主视图

绘制过程演示

1. 工作内容

本子任务工作内容为绘制吊钩主视图，如图 2-27 所示。

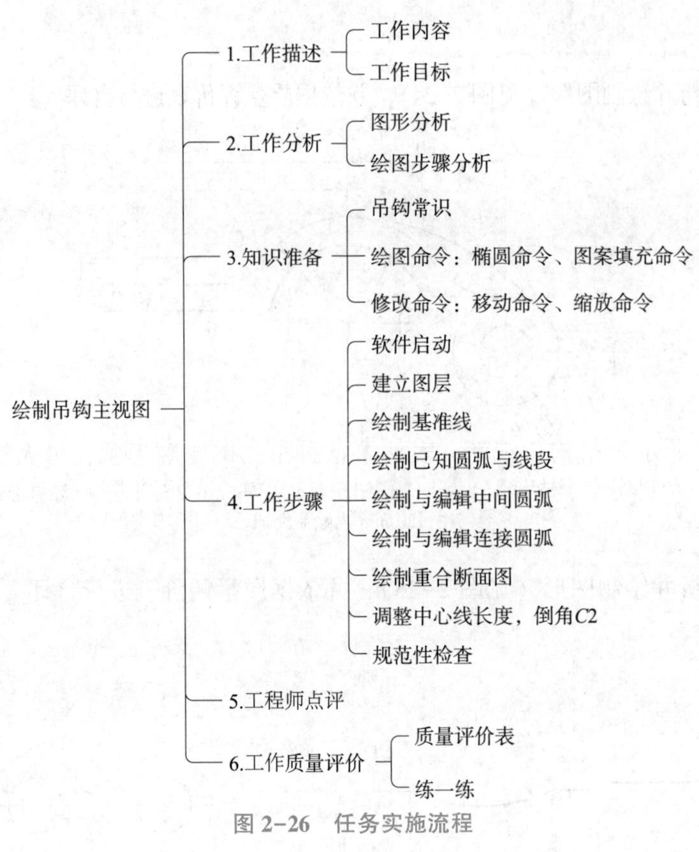

图 2-26　任务实施流程

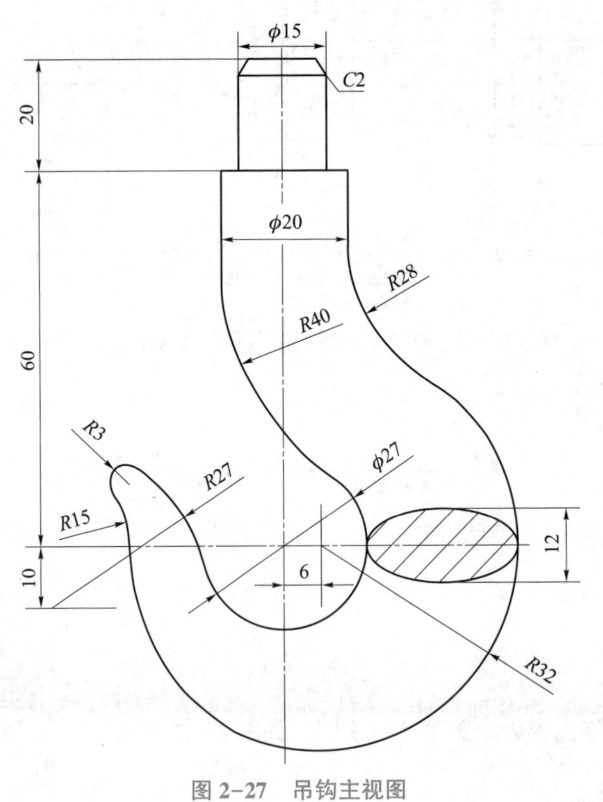

图 2-27　吊钩主视图

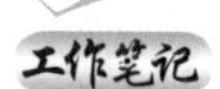

2. 工作目标

(1) 会操作椭圆、图案填充、移动和缩放命令。
(2) 会绘制外切的中间圆弧。
(3) 能总结类似图形的绘制步骤。
(4) 逐步培养化繁为简、逐个击破的工作思维方式。
(5) 具备自查任务完成质量的意识。
(6) 遵守平面图形绘制的职业规范。
(7) 逐步学会举一反三用 AutoCAD 软件绘制类似的图样。

2.6.2 工作分析

1. 图形分析

图 2-27 所示为吊钩主视图，表达了某种吊钩的轮廓形状，可大致分为钩柄、钩身和钩尖三个部分。钩柄部分为一段 $\phi15$ mm×20 mm 的圆柱，钩身部分断面呈椭圆状，钩尖部分收口。在该图形中，$\phi27$ mm 圆弧的水平和竖直中心线是整个图形的尺寸基准；$\phi27$ mm 与 $R32$ mm 圆弧为已知圆弧，$R27$ mm 与 $R15$ mm 圆弧为中间圆弧，$R28$ mm、$R40$ mm 与 $R3$ mm 圆弧为连接圆弧。绘制时要先绘制基准线，然后绘制已知圆弧，再绘制中间圆弧，最后绘制连接圆弧。

本子任务中有三种图线，其中各段圆弧中心线为点画线，轮廓线为粗实线，椭圆断面及其剖面线为细实线。

2. 绘图步骤分析

(1) 建立图层，或调用已设置好图层的模板文件。
(2) 绘制基准线。
(3) 绘制已知线段与圆弧。
(4) 绘制与编辑中间圆弧。
(5) 绘制与编辑连接圆弧。
(6) 绘制重合断面图。
(7) 调整中心线长度，倒角 $C2$。
(8) 规范性检查。

2.6.3 知识准备

1. 吊钩常识

(1) 吊钩是起重机械中最常见的一种吊具。
(2) 吊钩常借助滑轮组等部件悬挂在起升机构的钢丝绳上。
(3) 吊钩按形状可分为单钩和双钩，本子任务中的吊钩为单钩。

2. 命令学习

(1) 椭圆命令。椭圆命令用于绘制椭圆或椭圆的一部分，椭圆形状由定义其长度和宽度的两条轴决定。绘制椭圆可以通过指定轴及端点绘制，也可通过指定圆心绘制。

椭圆命令
讲解、演示

① 指定轴及端点绘制椭圆的步骤如下。

a. 在命令行输入 EL 再按 Enter 键，在功能区选择“默认”→“椭圆”→“轴、端点”命令，或在菜单栏中选择“绘图”→“椭圆”→“轴、端点”命令，均可调用椭圆命令。

工作笔记

b. 指定第一条轴的第一个端点。

c. 指定第一条轴的第二个端点。

d. 输入或单击选取点，指定另一条轴的半轴长度。

② 指定圆心绘制椭圆的步骤如下。

a. 在命令行输入 EL 再按 Enter 键，在功能区选择“默认”→“椭圆”→“圆心”命令，或在菜单栏中选择“绘图”→“椭圆”→“圆心”命令，均可调用椭圆命令。

b. 指定椭圆的中心点。

c. 指定其中一条轴的端点。

d. 输入或单击选取点，指定另一条轴的半轴长度。

(2) 图案填充命令。图案填充命令用于对现有对象、封闭区域或新创建的图形填充图案、纯色或渐变色，其使用步骤如下。

图案填充命令讲解、演示

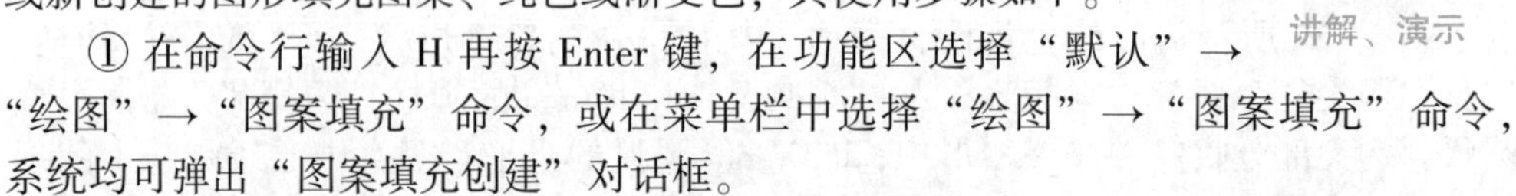

① 在命令行输入 H 再按 Enter 键，在功能区选择“默认”→“绘图”→“图案填充”命令，或在菜单栏中选择“绘图”→“图案填充”命令，系统均可弹出“图案填充创建”对话框。

② 在“类型和图案”选项卡中，选择要使用的图案类型、图案及其颜色。

③ 在“角度和比例”选项卡中，指定图案的角度和比例。

④ 在“边界”选项卡中，指定选择图案边界的方式。

a. 拾取点。即在边界内单击以指定区域，主要用于插入图案、填充或布满以一个或多个对象为边界的封闭区域。

b. 选择边界对象。主要用于在闭合对象（如圆）内插入图案填充或边界。

⑤ 在绘图区内单击要进行图案填充的区域或对象。

⑥ 单击“确定”按钮，实现图案填充并退出“图案填充和渐变色”对话框。

(3) 移动命令。移动命令用于将对象由原位置移动至目标位置，其使用步骤如下。

移动命令讲解、演示

① 在命令行输入 M 再按 Enter 键，在功能区选择“默认”→“修改”→“移动”命令，或在菜单栏中选择“修改”→“移动”命令，均可调用移动命令。

② 选择要移动的对象。

③ 指定基点。

④ 指定要移动的目标位置。

(4) 缩放命令。缩放命令用于放大或缩小对象，其使用步骤如下。

缩放命令讲解、演示

① 在命令行输入 SC 再按 Enter 键，在功能区选择“默认”→“修改”→“缩放”命令，或在菜单栏中选择“修改”→“缩放”命令，均可调用缩放命令。

② 单击拾取要进行缩放的对象。

③ 指定基点。

④ 根据命令行提示信息输入比例因子，或在命令行输入 R 再按 Enter 键，以参照方式指定比例因子。

2.6.4 工作步骤

步骤 1：软件启动。

启动 AutoCAD 2024 软件，自动生成 Drawing1 文件，将文件另存为“吊钩主视图 . dwg”图形文件。

步骤 2：建立图层。

按照表 2-5 所示图层信息，建立相应图层。

表 2-5　图层信息

图层名称	颜色	线型	线宽/mm
轮廓线	自定	Continuous	0. 5
细实线	自定	Continuous	0. 25
中心线	自定	CENTER2	0. 25

步骤 3：绘制基准线。

打开状态栏正交模式，将“中心线”图层设置为当前图层，利用直线命令在适当位置绘制两条略长的垂直相交直线段，水平线段位于竖直线段下半部分。利用偏移命令将水平线段向下偏移 10 mm，向上偏移 60 mm，将竖直线段向右偏移 6 mm。结果如图 2-28（a）所示。

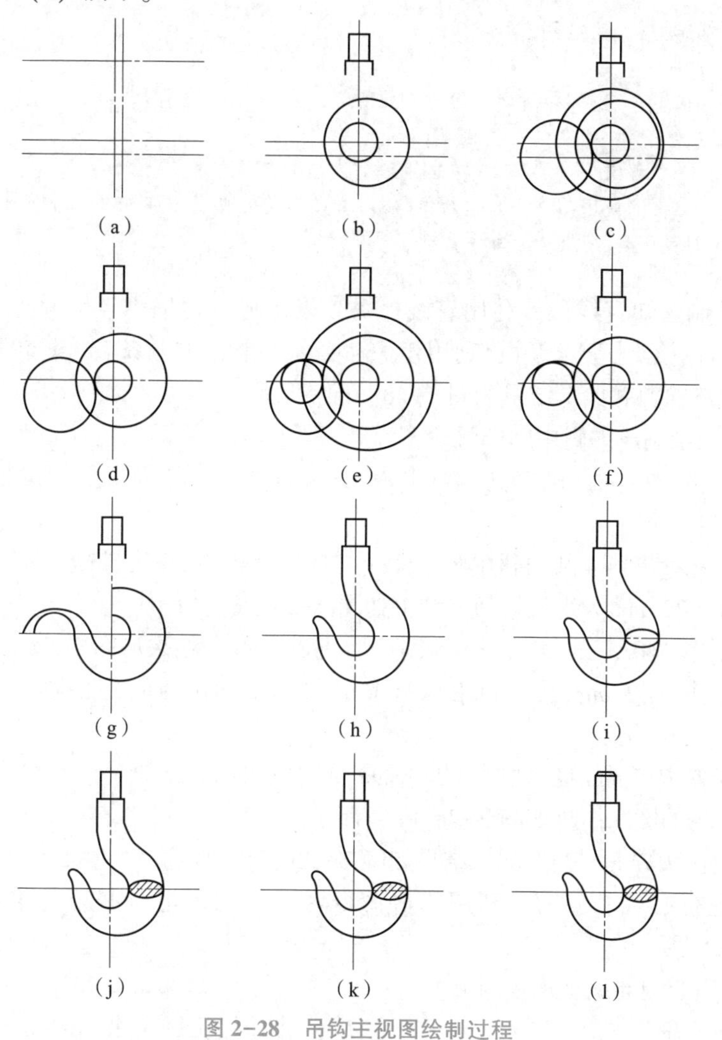

图 2-28　吊钩主视图绘制过程

工作笔记

提示

从吊钩绘制的过程可总结出平面图形绘制的步骤为基准线、已知圆弧（线段）、中间圆弧（线段）、连接圆弧。在绘制过程中要及时整理图形，一板一眼，步步为营。

步骤4：绘制已知圆弧与线段。

将“轮廓线”图层设置为当前图层。

（1）绘制已知圆。利用圆命令先绘制以原始中心线交点为圆心、27 mm 为直径的圆，再绘制以右侧中心线交点为圆心、32 mm 为半径的圆。

（2）删除右侧中心线。

（3）绘制已知矩形框。先利用矩形命令在附近位置绘制出一个 15 mm×20 mm 的矩形，然后在命令行输入 M 再按 Enter 键，利用移动命令将所绘矩形移动到所需位置。命令行窗口出现以下提示信息。

```
命令:M(按 Enter 键)(调用移动命令)
MOVE
选择对象:找到 1 个(拾取要进行移动的矩形)
选择对象:(按 Enter 键)(结束拾取)
指定基点或[位移(D)]<位移>:(单击矩形下边框中点作为基点)
指定第二个点或<使用第一个点作为位移>:(单击竖直中心线与偏移出的上侧水平中心线的交点作为移动的目标点,结束移动命令)
```

（4）绘制已知直线段。利用直线命令，以矩形下边框中点为起点，向左绘制 10 mm，再向下绘制适当尺寸，利用镜像命令将绘制出的两条直线段沿竖直中心线作镜像，不删除源对象。结果如图 2-28（b）所示。

步骤5：绘制与编辑中间圆弧。

（1）偏移 ϕ27 mm 圆。利用偏移命令将 ϕ27 mm 圆向外偏移 27 mm，得到 ϕ40. 5 mm 圆。

（2）绘制 R27 mm 圆。利用圆角命令绘制以 ϕ40. 5 mm 圆与最下侧水平中心线交点为圆心、27 mm 为半径的圆。结果如图 2-28（c）所示。

（3）删除 ϕ40. 5 mm 辅助圆与最下侧水平中心线。结果如图 2-28（d）所示。

（4）偏移 R32 mm 圆。利用偏移命令将 R32 mm 圆向外偏移 15 mm，得到 R47 mm 圆。

（5）绘制 R15 mm 圆。利用圆角命令绘制以 R47 mm 圆与中心线交点为圆心、15 mm 为半径的圆。结果如图 2-28（e）所示。

（6）删除 R47 mm 辅助圆。结果如图 2-28（f）所示。

（7）进行必要的修剪。利用修剪命令对所绘图形进行必要的修剪。结果如图 2-28（g）所示。

步骤6：绘制与编辑连接圆弧。

利用圆角命令先对 R15 mm 与 R27 mm 两个圆弧倒圆角，圆角半径为 3 mm；再

工作笔记

对已知左侧竖直线段与 ϕ27 mm 圆弧倒圆角，圆角半径为 40 mm；最后对已知右侧竖直线段与 R32 mm 圆弧倒圆角，圆角半径为 28 mm。结果如图 2-28（h）所示。

步骤 7：绘制重合断面图。

将细实线图层设置为当前图层。

（1）绘制椭圆断面图。在命令行输入 EL 再按 Enter 键，利用椭圆命令绘制椭圆，如图 2-28（i）所示。命令行窗口出现以下提示信息。

```
命令:EL(按 Enter 键)(调用椭圆命令)
ELLIPSE
指定椭圆的轴端点或[圆弧(A)/中心点(C)]:(单击ϕ27 mm 圆弧的右象限点作为椭圆第一个轴端点)
指定轴的另一个端点:(单击 R32 mm 圆弧的右象限点作为椭圆第二个轴端点)
指定另一条半轴长度或[旋转(R)]:6(按 Enter 键)(指定另一半轴长度为 6 mm,结束椭圆命令)
```

（2）为椭圆重合断面图添加剖面线。在命令行输入 H 再按 Enter 键，利用图案填充命令为椭圆添加剖面线，其步骤如下。

① 在命令行输入 H 再按 Enter 键，调用图案填充命令，系统打开“图案填充创建”选项卡，如图 2-29 所示。

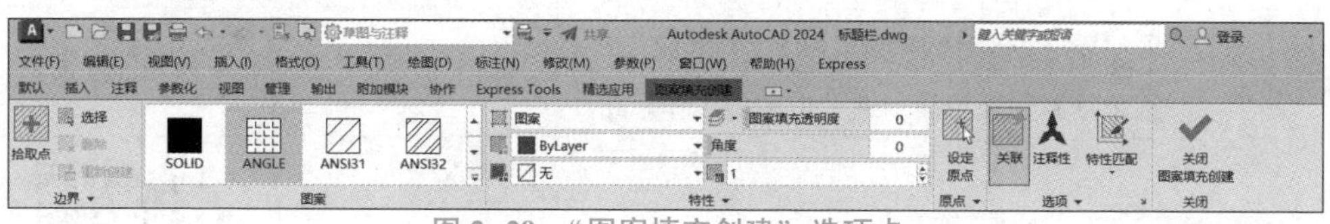

图 2-29 “图案填充创建”选项卡

② 设置参数。在“图案”选项组中选择 ANSI31 命令，“特性”选项组中的“角度”和比例保持默认的 0 和 1 即可。

③ 拾取填充点。单击“边界”选项组中的“拾取点”按钮，再分别单击椭圆上、下两侧内部点，完成拾取，进而完成图案填充操作。结果如图 2-28（j）所示。

步骤 8：调整中心线长度，倒角 C2。

利用拉长命令对各中心线长度进行调整，使每条中心线均超出轮廓线 2~5 mm，如图 2-28（k）所示。在命令行输入 CHA 按空格键，接着输入 D 按空格键，再输入 2 按空格键，按空格键，选择连接倒角的两条边，再按空格键，选择连接倒角的两条边，利用直线命令连接倒角水平线，如图 2-28（l）所示。

步骤 9：规范性检查。

在图形绘制完成后，对照原图检查图形形状、结构等的准确性；对照机械制图国标检查图线线型、线宽的标准性。调整中心线长度，并检查图形的规范性。

2.6.5 工程师点评

对于有绘图比例要求的图样，均应先进行 1∶1 的绘制，最后用缩放命令进行缩小或放大，而不是每步都去计算所要绘制线条的尺寸。

本子任务的绘图难点在于绘制中间圆弧 R15 mm 与 R27 mm 圆弧。中间圆弧的绘制必须在已知圆弧绘制完毕之后进行，而且必须利用图形间的几何关系先绘制辅

助圆，找到中间圆弧的圆心后，才能确定圆弧位置。

本子任务中吊钩钩柄部分的矩形是利用矩形命令和移动命令绘制的，也可利用直线命令和镜像命令绘制。

2.6.6 工作质量评价

1. 质量评价表

序号	自评内容	分数配置	自评得分
1	能绘制外切的中间圆弧	5分	
2	对照原图检查图形中所有图线是否均绘制完成，并进行整理；图线线宽与线型是否符合机械制图国标要求；是否有中心线且长短符合机械制图国标要求	55分	
3	标注尺寸，检查尺寸标注与原图是否一致，标注样式是否符合机械制图国标要求	15分	
4	能调用已建好图层、标题栏及图框的模板文件	5分	
5	反复练习本子任务，能在5 min内完成吊钩主视图的绘制	5分	
6	逐步学会举一反三用AutoCAD软件绘制类似的图样	5分	
7	能总结AutoCAD命令操作的一般规律	5分	
8	逐步培养化繁为简、逐个击破的工作思路	5分	

2. 练一练（绘图题）

绘制卧钩平面图形

（1）分析并绘制卧钩平面图形（见图2-30），并依据质量评价表进行自评。

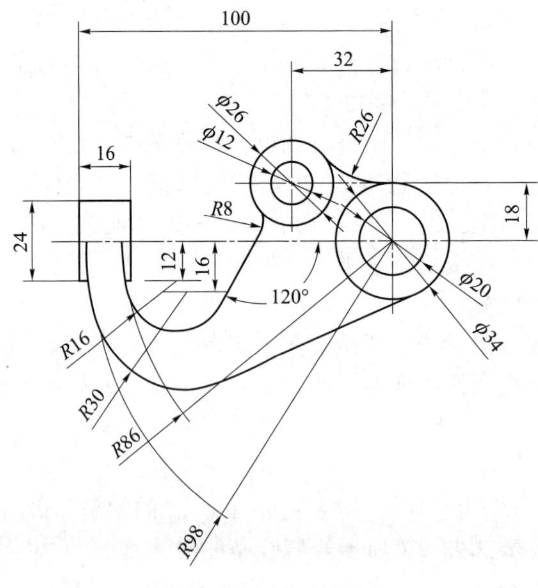

图2-30 题（1）图

注：20 min内绘制完成。

工作笔记

提示

完成第（1）题绘制后对比吊钩主视图绘制过程，可以总结出吊钩是解决外切中间圆弧的绘制问题，第（1）题则是解决内切中间圆弧的绘制问题。后续再遇到中间圆弧的绘制问题，可以联系这两个案例，分类解决。

（2）分析并绘制图形（见图 2-31），并依据质量评价表进行自评。

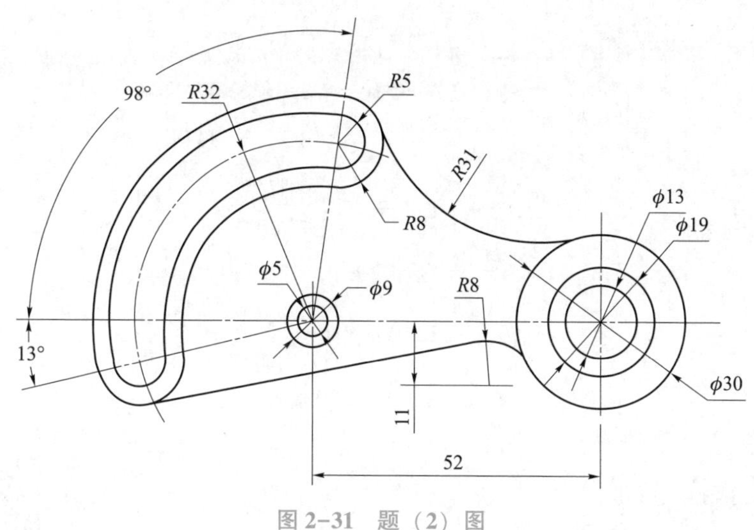

图 2-31　题（2）图

注：20 min 内绘制完成。

（3）分析并绘制图形（见图 2-32），并依据质量评价表进行自评。

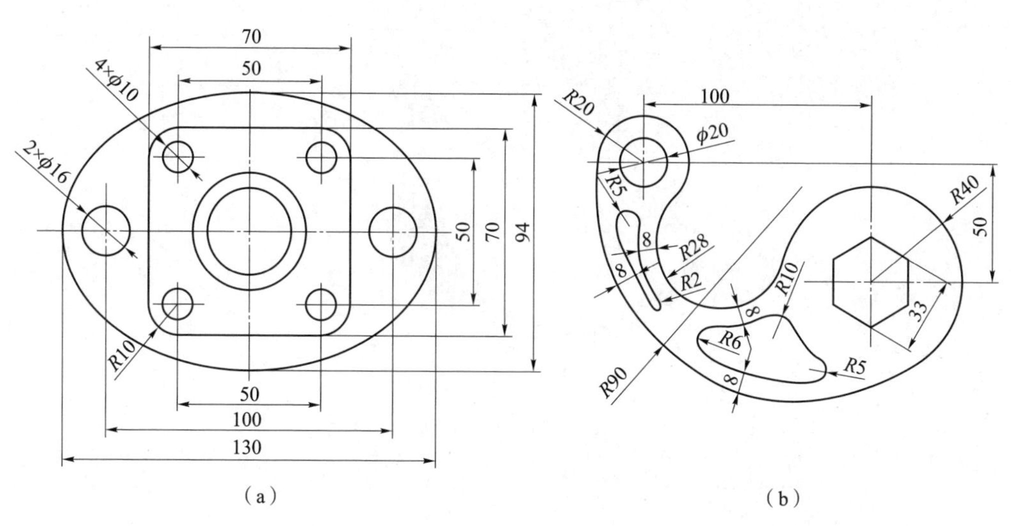

图 2-32　题（3）图

注：图 2-32（a）、图 2-32（b）均需在 20 min 内绘制完成。

子任务 2.7 绘制箭头造型

任务实施流程如图 2-33 所示。

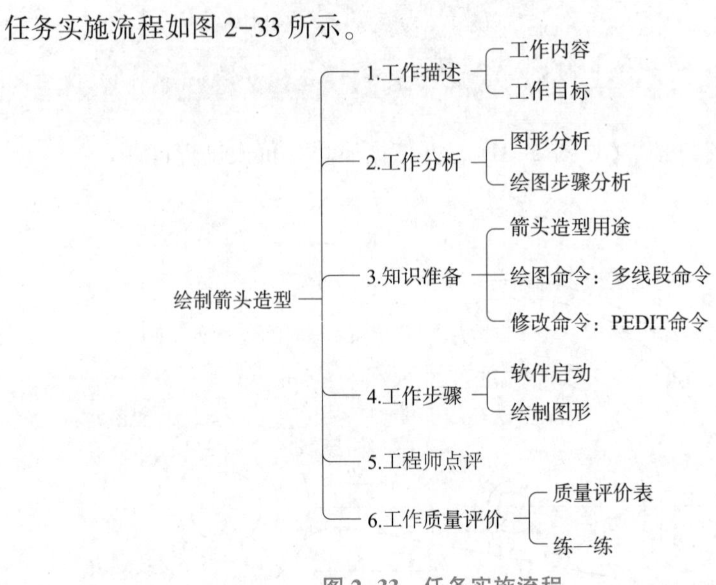

图 2-33　任务实施流程

2.7.1　工作描述

箭头造型
绘制过程演示

1. 工作内容

本子任务工作内容为绘制箭头造型，如图 2-34 所示。

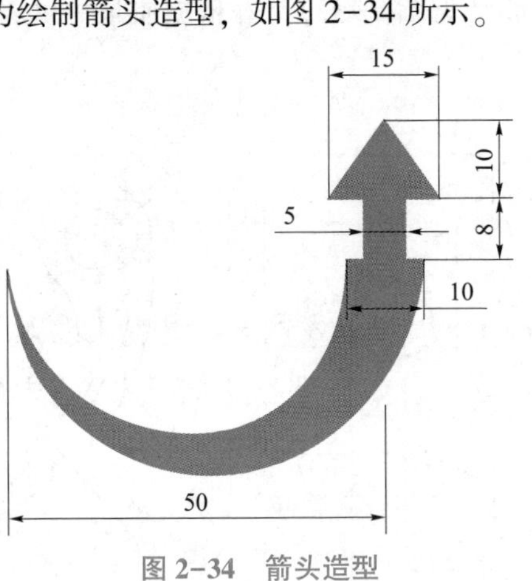

图 2-34　箭头造型

2. 工作目标

（1）会操作多段线命令。

（2）能根据具体图形结构和条件，选择合适的多段线绘制方法。

（3）能总结类似图形的绘制步骤。

（4）培养具体问题具体分析的工作思维方式。

（5）具备自查任务完成质量的意识。

（6）逐步学会举一反三用 AutoCAD 软件绘制类似的图样。

工作笔记

2.7.2 工作分析

1. 图形分析

图 2-34 所示为箭头造型，可大致分为箭尾、箭身和箭头三部分。箭尾部分为圆弧状，其圆弧直径为 50 mm，弧线宽度由左至右递增，最左端为 0 mm，最右端为 10 mm。箭身部分为一段直线，从箭尾右端向上连接，其长度为 8 mm，宽度为5 mm。箭头部分由箭身部分向上连接，形状为收缩三角形，高为 10 mm，底边长为 15 mm。

本子任务的图形特点是线条宽度有变化，可以考虑先用图线绘制轮廓，然后进行图案填充，但此方法较麻烦。在此推荐利用多段线命令进行绘制。本子任务中的线型用实线即可。

2. 绘图步骤分析

（1）建立图层，或调用已设置好图层的模板文件。

（2）绘制图形。

（3）规范性检查。

多段线命令讲解、演示

2.7.3 知识准备

1. 箭头造型用途

箭头造型是人们根据需要设计出的带有箭头特征的图案，可用于方向指示标志、单位 LOGO 等。

2. 命令学习

（1）多段线命令。多段线命令用于创建作为单个对象的相互连接的序列线段，线段类型包括直线段、圆弧段或两者的组合线段。

① 绘制仅包含直线段的多段线，其步骤如下。

a. 在命令行输入 PL 再按 Enter 键，在功能区选择“默认”→“绘图”→“多段线”命令，或在菜单栏中选择“绘图”→“多段线”命令，均可调用多段线命令。

b. 指定多段线的起点。

c. 指定第一条多段线线段的端点。

d. 根据需要继续指定线段端点。

e. 按 Enter 键结束，或在命令行输入 C 再按 Enter 键，使多段线闭合。

若需以上次绘制的多段线端点为起点，绘制新的多段线，则应再次调用多段线命令，在命令行窗口出现“指定起点”的提示信息后，按 Enter 键。

② 绘制直线段和圆弧段组合线段的多段线，其步骤如下。

a. 在命令行输入 PL 再按 Enter 键，在功能区选择“默认”→“绘图”→“多段线”命令，或在菜单栏中选择“绘图”→“多段线”命令，均可调用多段线命令。

工作笔记

b. 指定多段线线段的起点。

c. 指定多段线线段的端点。根据具体情况，在命令行窗口的提示下输入 A 再按 Enter 键，切换到圆弧模式，或输入 L 再按 Enter 键，返回直线模式。

d. 根据需要指定其他多段线线段的端点。

e. 按 Enter 键结束，或在命令行输入 C 再按 Enter 键，使多段线闭合。

③ 绘制有宽度要求的多段线，其步骤如下。

a. 在命令行输入 PL 再按 Enter 键，在功能区选择“默认”→“绘图”→“多段线”命令，或在菜单栏中选择“绘图”→“多段线”命令，均可调用多段线命令。

b. 指定直线段的起点。

c. 在命令行窗口的提示下输入 W 再按 Enter 键。

d. 输入直线段的起点宽度再按 Enter 键。

e. 指定直线段的端点宽度，若要创建等宽直线段，则按 Enter 键；若要创建锥状直线段，则输入一个不同的宽度值。

f. 指定多段线线段的端点。

g. 根据需要继续指定其他多段线线段的端点。

h. 按 Enter 键结束，或在命令行输入 C 再按 Enter 键，使多段线闭合。

（2）编辑多段线命令（PEDIT 命令）。PEDIT 命令用于合并二维多段线、将线条和圆弧转换为二维多段线，以及将多段线转换为拟合多段线。根据编辑对象的不同，命令行窗口会出现不同的提示信息。如果选择直线、圆弧或样条曲线，则命令行窗口会提示将该对象转换为多段线。使用 PEDIT 修改多段线的步骤如下。

PEDIT 命令讲解、演示

① 在命令行输入 PE 再按 Enter 键。

② 选择要修改的多段线，单击选择对象；如需选择多个对象，则在命令行输入 M 再按 Enter 键。

③ 如果选定的对象为直线、圆弧或样条曲线，则命令行窗口出现以下提示信息。

```
选定的对象不是多段线。
是否将其转换为多段线？<是>:输入 Y 或 N,或者按 Enter 键
```

如果输入 Y，则选择的对象将转换为可编辑的单段二维多段线。

在将选定的样条曲线转换为多段线之前，命令行窗口出现以下提示信息。

```
指定精度<10>:输入新的精度值或按 Enter 键。
```

④ 通过输入一个或多个如下命令快捷键编辑多段线。

a. 输入 C（闭合），创建闭合的多段线。

b. 输入 J（合并），合并连续的直线、样条曲线、圆弧或多段线。

c. 输入 W（宽度），指定整个多段线的新的统一宽度。

d. 输入 E（编辑顶点），编辑顶点。

e. 输入 F（拟合），创建圆弧拟合多段线，即由连接每对顶点的圆弧组成的平滑曲线。

f. 输入 S（样条曲线），创建样条曲线的近似线。

g. 输入 D（非曲线化），删除由拟合或样条曲线插入的其他顶点，并拉直所有多段线线段。

h. 输入 L（线型生成），生成经过多段线顶点的连续图案的线型。

i. 输入 R（反转），反转多段线顶点的顺序。

j. 输入 U（放弃），返回 PEDIT 命令的起始处。

⑤ 输入 X（退出）结束命令选项，按 Enter 键退出 PEDIT 命令。

2.7.4 工作步骤

步骤 1：软件启动。

启动 AutoCAD 2024 软件，自动生成 Drawing1 文件，将文件另存为“箭头造型 .dwg”图形文件。用 0 图层或线型为实线的图层。

步骤 2：绘制图形。

打开状态栏正交模式，将线型为实线的图层设置为当前图层。在命令行输入 PL 再按 Enter 键，利用多段线命令绘制图形。命令行窗口出现以下提示信息。

```
命令:PL(按 Enter 键)(调用多段线命令)
PLINE
指定起点:(单击适当位置,指定起点位置)
当前线宽为 0.0000
指定下一个点或[圆弧(A)/半宽(H)/长度(L)/放弃(U)/宽度(W)]:W(按 Enter 键)(调整线条宽度)
指定起点宽度<0.0000>:(按 Enter 键)(采用默认的起点为宽度 0 mm)
指定端点宽度<0.0000>:10(按 Enter 键)(指定端点宽度为 10 mm)
指定下一个点或[圆弧(A)/半宽(H)/长度(L)/放弃(U)/宽度(W)]:A(按 Enter 键)(采用圆弧选项)
指定圆弧的端点或[角度(A)/圆心(CE)/方向(D)/半宽(H)/直线(L)/半径(R)/第二个点(S)/放弃(U)/宽度(W)]:A(按 Enter 键)(采用包含角)
指定包含角:180(按 Enter 键)(指定包含角为 180°)
指定圆弧的端点或[圆心(CE)/半径(R)]:50(按 Enter 键)(将十字光标移至圆弧起点右侧,输入 50 并按 Enter 键,指定圆弧端点为起点右侧 50 mm 处)
指定圆弧的端点或[角度(A)/圆心(CE)/闭合(CL)/方向(D)/半宽(H)/直线(L)/半径(R)/第二个点(S)/放弃(U)/宽度(W)]:L(按 Enter 键)(采用直线选项)
指定下一点或[圆弧(A)/闭合(C)/半宽(H)/长度(L)/放弃(U)/宽度(W)]:W(按 Enter 键)(指定线宽)
指定起点宽度<10.0000>:5(按 Enter 键)(起点线宽为 5 mm)
指定端点宽度<5.0000>:(按 Enter 键)(端点线宽也为 5 mm)
```


工作笔记

指定下一点或[圆弧(A)/闭合(C)/半宽(H)/长度(L)/放弃(U)/宽度(W)]:8(按 Enter 键)(将十字光标移至直线起点上方,输入 8 并按 Enter 键,指定直线长为 8 mm)

指定下一点或[圆弧(A)/闭合(C)/半宽(H)/长度(L)/放弃(U)/宽度(W)]:W(指定线宽)

指定起点宽度<5.0000>:15(按 Enter 键)(起点线宽为 15 mm)

指定端点宽度<15.0000>:0↙(按 Enter 键)(端点线宽为 0 mm)

指定下一点或[圆弧(A)/闭合(C)/半宽(H)/长度(L)/放弃(U)/宽度(W)]:10(按 Enter 键)(将十字光标移至直线起点上方,输入 10 并按 Enter 键,指定直线长为 10 mm)

指定下一点或[圆弧(A)/闭合(C)/半宽(H)/长度(L)/放弃(U)/宽度(W)]:(按 Enter 键)(结束多段线命令)

本子任务利用一个命令即可绘制完毕，其绘制过程如图 2-35 所示。

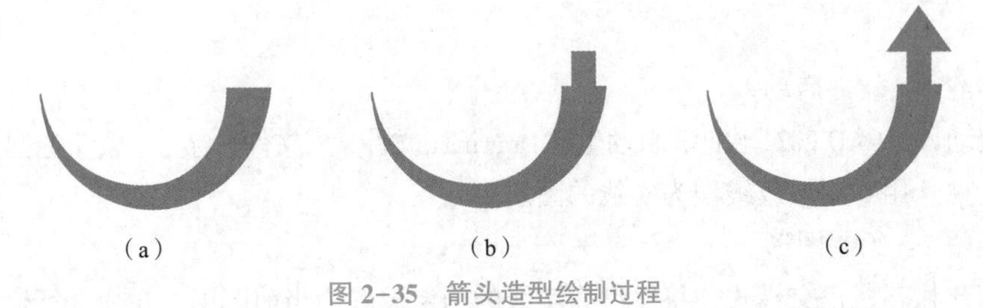

(a) (b) (c)

图 2-35 箭头造型绘制过程

2.7.5 工程师点评

本子任务也可以先利用圆弧、直线命令绘制出轮廓，然后再利用 PEDIT 命令进行编辑，将圆弧、直线编辑为多段线，更改其宽度，得到所需图形。

2.7.6 工作质量评价

1. 质量评价表

序号	自评内容	分数配置	自评得分
1	熟悉多段线命令的操作步骤	15 分	
2	能熟练借助命令行窗口确定多段线绘制过程中的选项设置	15 分	
3	能辩证分析直接绘制和编辑成多段线的优劣势	10 分	
4	反复练习本子任务，能在 3 min 内完成箭头造型的绘制	30 分	
5	能顺利绘制“练一练”中的图形	20 分	
6	能总结多段线图形绘制规律，并可举一反三地用于多段线图形的绘制中	10 分	

2. 练一练（绘图题）

（1）分析并绘制小伞图形（见图 2-36），并依据质量评价表进行自评。

（2）分析并绘制曲线图（见图 2-37），并依据质量评价表进行自评。

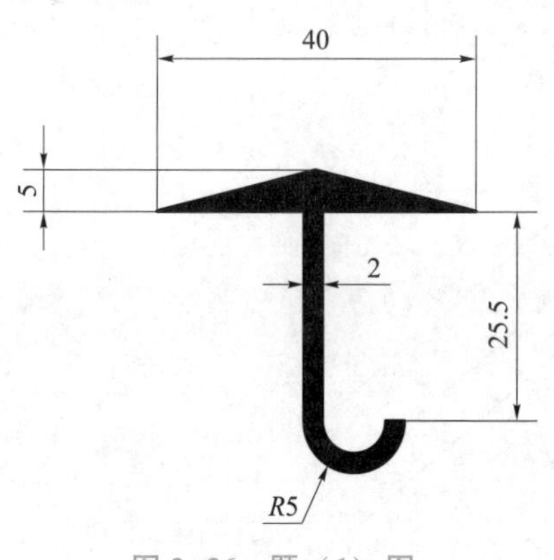

图 2-36　题（1）图

注：5 min 绘制内完成。

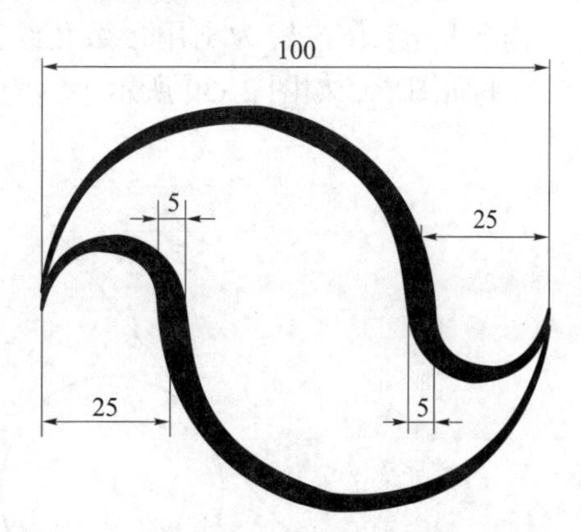

图 2-37　题（2）图

注：5 min 内绘制完成。

子任务 2.8　参数化绘图

任务实施流程如图 2-38 所示。

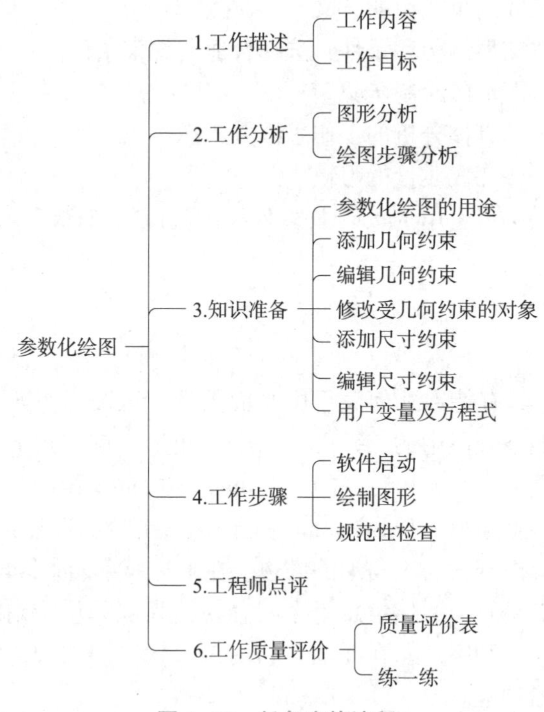

图 2-38　任务实施流程

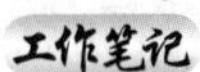

2.8.1 工作描述

1. 工作内容

本子任务工作内容为利用参数化绘图方式，绘制具有特定几何关系的平面图形，如图 2-39 所示。

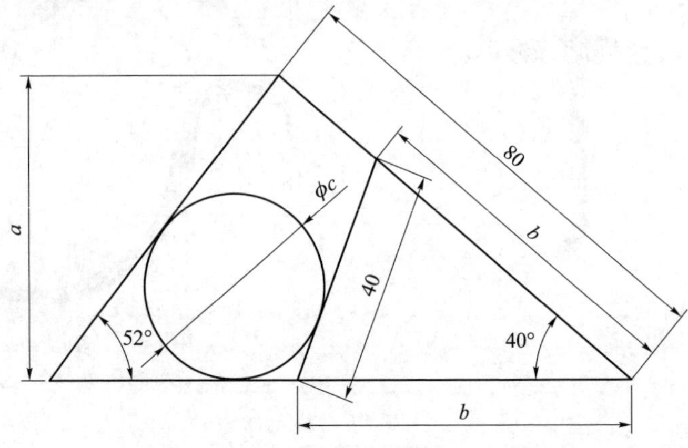

图 2-39 具有特定几何关系的平面图形

2. 工作目标

(1) 熟悉常用几何约束按钮的含义。

(2) 熟悉常用尺寸约束按钮的含义。

(3) 能根据具体图形结构和条件，选择合适的约束条件。

(4) 能总结类似图形的绘制步骤。

(5) 培养具体问题具体分析的工作思维方式。

(6) 具备自查任务完成质量的习惯。

(7) 逐步学会举一反三用 AutoCAD 软件绘制类似的图样。

2.8.2 工作分析

1. 图形分析

图 2-39 所示为具有特定几何关系的平面图形，该图形由四条线段和一个圆组成，看似很简单。四条线段中的三条围成一个三角形，该三角形的底边水平，且与其他两边的夹角分别为 52°和 40°，右上边长度为 80 mm。第四条线段的两端分别落在三角形的底边和右上边上，长为 40 mm，且其两端点与三角形右下角点等距。该图形中的圆在三角形内部，与三角形的底边、左上边及第四条线段均相切。

本子任务的特点是看似图形信息不全，容易给人以无从绘制的感觉，如第四条线段无法直接找到起点和终点。在此推荐利用参数化绘图方式，这也是较高版本的 AutoCAD 软件的新增功能。

2. 绘图步骤分析

(1) 建立图层，或调用已设置好图层的模板文件。

(2) 绘制图形。

(3) 规范性检查。

工作笔记

2.8.3 知识准备

1. 参数化绘图的用途

有些平面图形的组成元素之间存在特定的几何关系，如位置、尺寸或角度等，而这些特定的几何关系也导致这类平面图形的直接绘制变得困难甚至不可行。此时就可利用参数化方式实现这类平面图形的绘制。

2. 添加几何约束

几何约束用于确定二维对象之间或对象上各点之间的几何关系，包括平行、垂直、同心或重合等，例如，添加平行约束使两条线段平行，或添加重合约束使两端点重合等。在“参数化”选项卡的“几何”选项组中可添加几何约束。几何约束表如表 2-6 所示。

表 2-6　几何约束表

按钮	名称	功能
	重合约束	使两个点或一个点和一条线重合
	共线约束	使两条直线位于同一条无限长的直线上
	同心约束	使选定的圆、圆弧或椭圆保持同一中心点
	固定约束	使一个点或一条曲线固定到相对于世界坐标系（WCS）的指定位置和方向上
	平行约束	使两条直线保持相互平行
	垂直约束	使两条直线或多段线的夹角保持 90°
	水平约束	使一条直线或一对点与当前用户坐标系（UCS）的 X 轴保持平行
	竖直约束	使一条直线或一对点与当前用户坐标系（UCS）的 Y 轴保持平行
	相切约束	使两条曲线保持相切或与其延长线保持相切
	平滑约束	使一条曲线与其他样条曲线、直线、圆弧或多段线保持几何连续性
	对称约束	使两个对象或两个点关于选定的直线保持对称
	相等约束	使两条直线或多段线具有相同长度，或使两条圆弧具有相同半径
	自动约束	根据选择对象自动添加几何约束

工作笔记

在添加几何约束时，两个对象的选择顺序将决定对象怎样调整。通常，所选的第二个对象会根据第一个对象进行调整。例如，在应用垂直约束时，选择的第二个对象将调整为垂直于第一个对象。

3. 编辑几何约束

添加几何约束后，在对象旁边会出现相应的几何约束图标。将十字光标移动到该图标或对象上，系统将高亮显示相关的对象及几何约束图标。对已加到图形中的几何约束可以进行显示、隐藏和删除等操作。

4. 修改受几何约束的对象

可通过以下方法修改受几何约束的对象。

(1) 使用关键点编辑模式修改受几何约束的对象，该对象会保留应用的所有几何约束。

(2) 使用 MOVE，COPY，ROTATE 和 SCALE 等命令修改受几何约束的对象后，结果会保留应用于对象的几何约束。

(3) 在某些情况下，使用 TRIM，EXTEND 及 BREAK 等命令修改受几何约束的对象后，所加几何约束将被删除。

5. 添加尺寸约束

尺寸约束用于控制二维对象的大小、角度及两点之间的距离等。此类约束可以是数值，也可以是变量及方程式。若改变尺寸约束，则会驱动对象发生相应变化。

在“参数化”选项卡的“标注”选项组中可添加尺寸约束。尺寸约束表如表 2-7 所示。

表 2-7　尺寸约束表

按钮	名称	功能
	线性尺寸约束	约束水平或者竖直尺寸，根据需要改变数值，按 Enter 键
	水平尺寸约束	约束水平尺寸，根据需要改变数值，按 Enter 键
	竖直尺寸约束	约束竖直尺寸，根据需要改变数值，按 Enter 键
	对齐尺寸约束	约束倾斜尺寸，根据需要改变数值，按 Enter 键
	半径尺寸约束	约束圆弧半径尺寸，根据需要改变数值，按 Enter 键
	直径尺寸约束	约束圆弧直径尺寸，根据需要改变数值，按 Enter 键
	角度尺寸约束	约束角度数值，根据需要改变数值，按 Enter 键
	普通尺寸标注转化为尺寸约束	将普通的尺寸标注，转化为尺寸约束

尺寸约束可分为动态约束和注释性约束两种形式。系统默认尺寸约束为动态约束，系统变量 CCONSTRAINTFORM 为 0；若为 1，则系统默认尺寸约束为注释性约束。

工作笔记

动态约束是指标注外观由固定的预定义标注样式决定，不能修改，且不能打印。在缩放操作过程中，动态约束保持相同大小。

注释性约束是指标注外观由当前标注样式控制，可以修改，也可以打印。在缩放操作过程中，注释性约束的大小会发生变化。可把受注释性约束的对象放在同一图层上，统一设置颜色及可见性。

动态约束与注释性约束之间可相互转换。右击尺寸约束，在弹出的快捷菜单中选择“特性”命令，弹出“特性”对话框，在其中的“约束形式”下拉列表框中可选择尺寸约束要采用的形式。

6. 编辑尺寸约束

对于已创建的尺寸约束，可采用以下方法进行编辑。

（1）双击尺寸约束或利用 DDEDIT 命令可编辑尺寸约束的值、变量名称或表达式。

（2）选中尺寸约束，并拖动与其关联的三角形关键点可改变尺寸约束的值，同时驱动对象发生相应变化。

（3）右击尺寸约束，可利用弹出的快捷菜单中相应命令对尺寸约束进行编辑。

7. 用户变量及方程式

尺寸约束通常是数值形式，但也可采用自定义变量或数学表达式来表示。单击“参数化”选项卡的“标注”选项组中的 fx 按钮，弹出“参数管理器”对话框，如图 2-40 所示。该对话框显示所有尺寸约束及用户变量，可轻松对尺寸约束和用户变量进行管理。在此对话框中可进行如下操作。

（1）单击尺寸约束的名称可以高亮显示图形中相应的尺寸约束。

（2）双击名称或表达式可对其进行编辑。

（3）右击参数并在弹出的快捷菜单中选择“删除”命令，可以删除相应参数。

（4）单击列标题名称可对相应列进行排序。

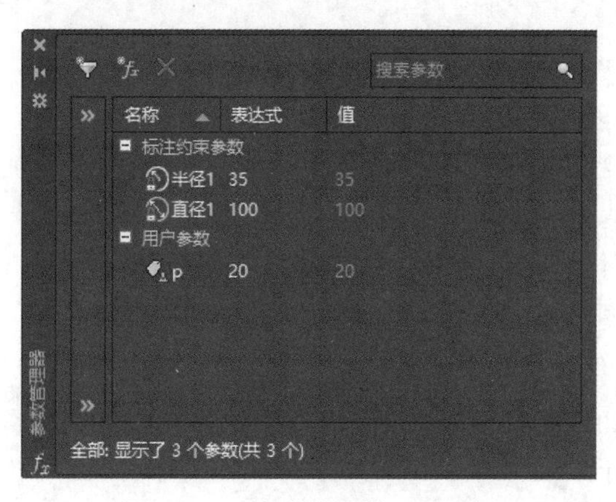

图 2-40 “参数管理器”对话框

尺寸约束或变量在采用表达式来表示时，常用的运算符及数学函数分别如表 2-8 及表 2-9 所示。

工作笔记

表 2-8 常用运算符

运算符	说明
+	加
-	减或负号
*	乘
/	除
^	求幂
（ ）	圆括号或表达式分隔符

表 2-9 常用数学函数

数学函数	语法	数学函数	语法
余弦	cos（表达式）	反余弦	acos（表达式）
正弦	sin（表达式）	反正弦	asin（表达式）
正切	tan（表达式）	反正切	atan（表达式）
平方根	sqrt（表达式）	幂函数	pow（表达式 1，表达式 2）
对数，基数为 e	ln（表达式）	指数函数，底数为 e	exp（表达式）
对数，基数为 10	log（表达式）	指数函数，底数为 10	exp10（表达式）
将度转换为弧度	d2r（表达式）	将弧度转换为度	r2d（表达式）

2.8.4 工作步骤

步骤 1：软件启动。

启动 AutoCAD 2024 软件，自动生成 Drawing1 文件，将文件另存为“参数化.dwg”图形文件。

步骤 2：绘制图形。

（1）绘制三角形三条边。

① 在绘图区适当位置利用直线命令绘制前三个线段组成的三角形，无须精准，也无须封闭，只需尺寸和形状近似即可，如图 2-41（a）所示。

② 单击“参数化”选项卡中的“重合”按钮及“水平”按钮，对三角形进行设置，如图 2-41（b）所示。

③ 单击“参数化”选项卡中的“对齐”按钮及“角度”按钮，对三角形进行尺寸约束，如图 2-41（c）所示。双击上述参数化尺寸，修改为目标尺寸，如图 2-41（d）所示。

（2）绘制第四条线段。

① 绘制辅助线，如图 2-41（e）所示。

② 单击“参数化”选项卡中的“重合”按钮，使辅助线右下端点与三角形右下角点重合，单击“参数化”选项卡中的“角度”按钮，约束辅助线与相邻

两边角度为 20°。结果如图 2-41（f）所示。

③ 草绘第四条线段，如图 2-41（g）所示。

④ 单击“参数化”选项卡中的“对齐”按钮，约束第四条线段长为 40 mm；单击“参数化”选项卡中的“对称”按钮，约束第四条线段两端点相对于辅助线对称。结果如图 2-41（h）所示。

⑤ 绘制另一条辅助线使其与第四条线段垂直，如图 2-41（i）所示，并使其与第四条线段端点相交，如图 2-41（j）所示。

⑥ 拖动线段右上夹点，将其移动至第二条辅助线与三角形右上方交点，如图 2-41（k）所示。

⑦ 删除两条辅助线，如图 2-41（l）所示。

（3）绘制圆。

① 在图中适当位置绘制圆，无须标注尺寸，如图 2-41（m）所示。

② 单击“参数化”选项卡中的“相切”按钮，约束圆与三角形的底边、左上边及第四条线段均相切，如图 2-41（n）~图 2-41（p）所示。

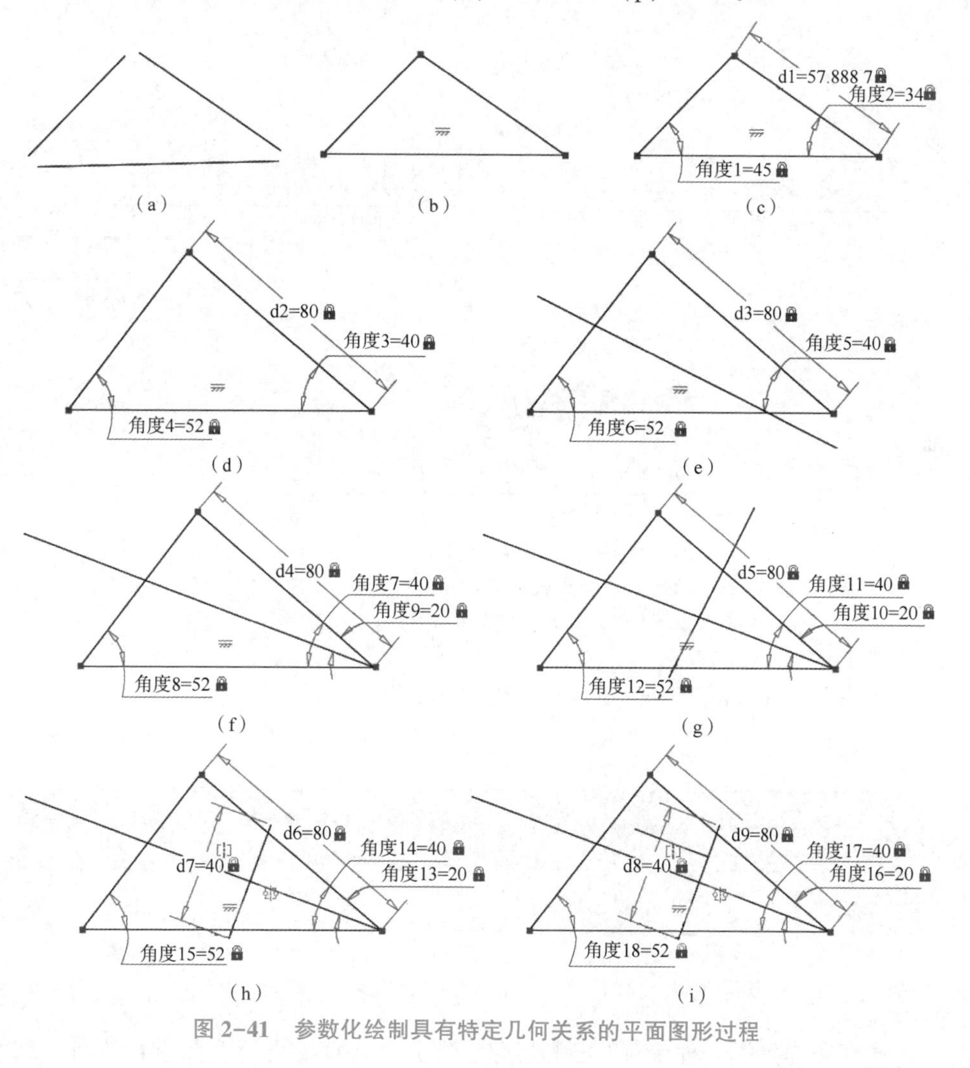

图 2-41　参数化绘制具有特定几何关系的平面图形过程

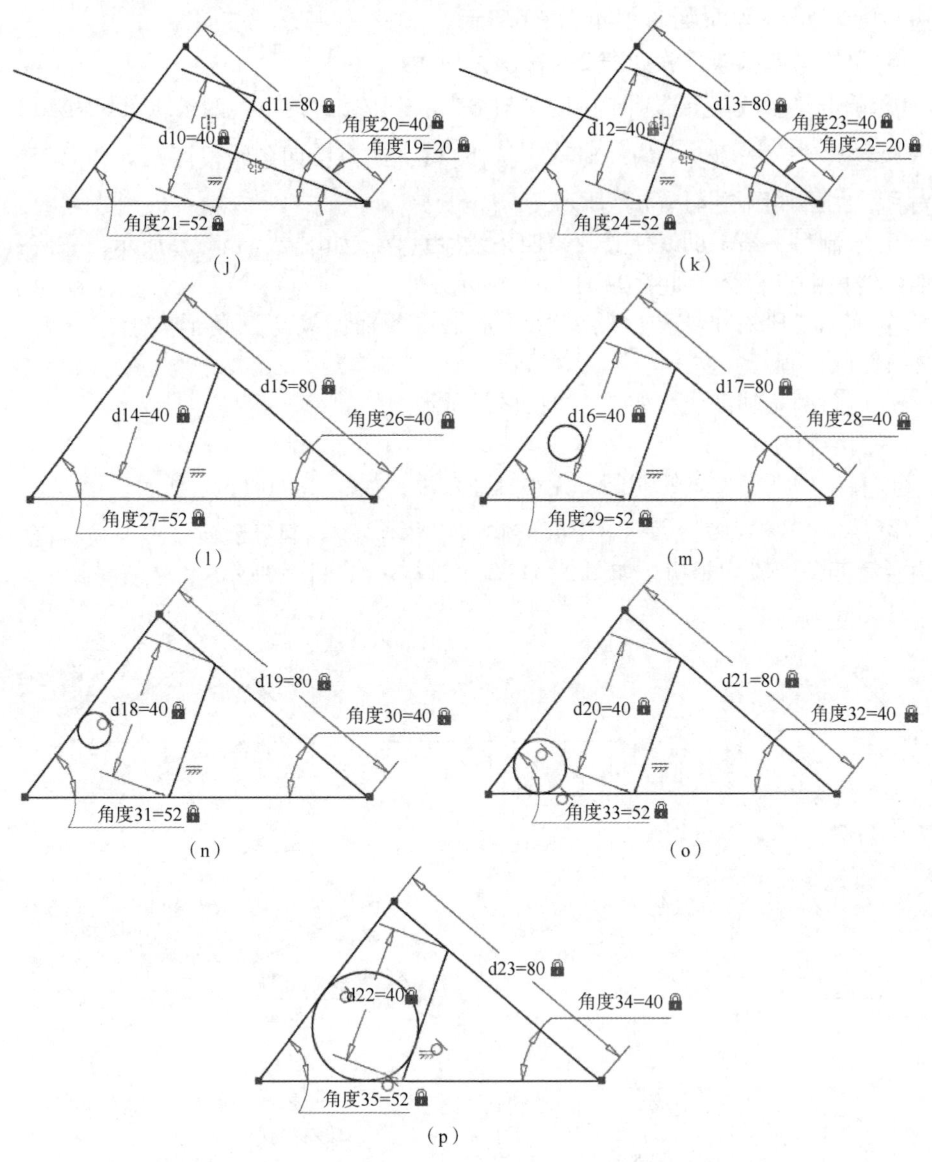

图 2-41　参数化绘制具有特定几何关系的平面图形过程（续）

步骤 3：规范性检查。

对照原图，检查图形的正确性及图线的规范性。

提示

参数化绘图是通过利用几何约束和尺寸约束绘制图形的一种方法，对比给定尺寸数值直接绘制的方法，两者各有优势。掌握这两种方法的绘图要点，在绘图过程中具体问题具体分析，灵活应用。

2.8.5　工程师点评

本子任务提供了一种崭新的绘图思路，即先进行草绘再对草图进行几何与尺寸约束，从而达到自己的绘图目标，与直接绘制图形的思路形成鲜明对比。这种参数化绘图的思路可以解决一些直接绘制无法解决的难题。

这两种绘图思路的选择并非是唯一的，完全可以混合使用，关键在于哪种思路在解决具体问题时更方便、更实用。例如，本子任务中绘制圆时，也可以直接在功能区选择“默认”→“圆”→“相切、相切、相切”命令，拾取与圆相切的三条线段来绘制该圆。

在约束两图形组成元素时需要注意，如果两者都未被事先约束，则先拾取的对象保持不变，后拾取的对象向先拾取对象调整。

2.8.6 工作质量评价

1. 质量评价表

序号	自评内容	分数配置	自评得分
1	熟悉参数化常用约束的含义	20分	
2	能根据图形结构选择合适的约束条件	10分	
3	能熟练操作常用约束命令	20分	
4	熟悉运用参数化绘图的技巧	10分	
5	能辩证分析直接绘图和参数化绘图的优劣势	10分	
6	反复练习本子任务，能在 15 min 内完成参数化绘制具有特定几何关系的平面图形	20分	
7	能举一反三完成“练一练”中的图形绘制	10分	

2. 练一练

分析图形（见图 2-42），并利用参数化绘图方式进行绘制，最后依据质量评价表进行自评。

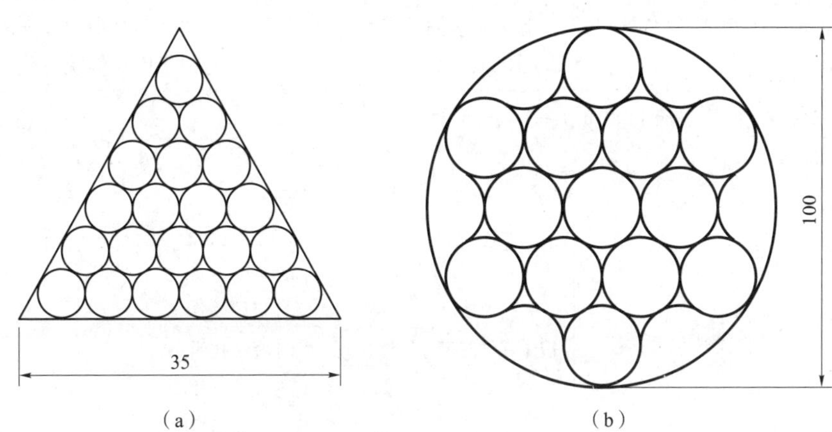

图 2-42 题 2 图

注：图 2-42（a）、图 2-42（b）均需在 10 min 内绘制完成。

工作任务3　零件图尺寸标注

工作要求

本工作任务以图样尺寸标注任务为载体，根据机械制图国标对机械零件图图尺寸标注的相关规定，运用 AutoCAD 2024 软件实现组合体三视图和零件图的尺寸标注，掌握尺寸标注样式设置、标注及编辑尺寸方法。本工作任务包括压块三视图尺寸标注、箱体零件图尺寸标注、打印箱体零件图三个子任务。

工作目标

知识目标	能力目标	素质目标
了解机械制图国标有关机械零件图中字体、尺寸标注等的相关规定	能设置符合机械制图国标要求的文字和标注样式	熟悉尺寸标注的机械制图国标要求，遵守相应的职业规范
掌握尺寸样式设置及编辑方法	会根据机械零件图的尺寸变化，修改相应的尺寸标注样式	具有爱岗敬业、团队合作精神
掌握组合体尺寸标注的方法	能总结叠加型和切割型组合体尺寸标注的步骤	有精益求精的尺寸标注习惯和遵守职业规范的意识
掌握线性公差、几何公差及表面粗糙度的标注及编辑方法	能标注机械零件图中几何公差、表面粗糙度及其他技术要求	体会具体问题具体分析的辩证思维
掌握 AutoCAD 2024 软件文件打印输出方法	能正确设置及打印出符合要求的机械图纸	领会逐个击破和学思结合的中华优秀传统文化

工作任务 3 工作流程图如图 3-1 所示。

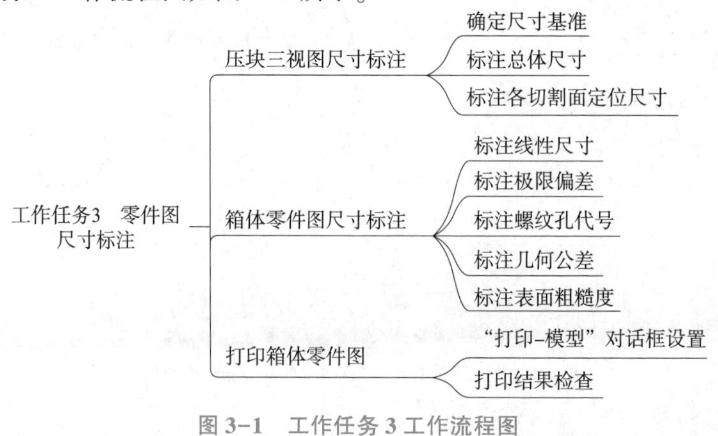

图 3-1　工作任务 3 工作流程图

工作笔记

子任务 3.1 压块三视图尺寸标注

任务实施流程如图 3-2 所示。

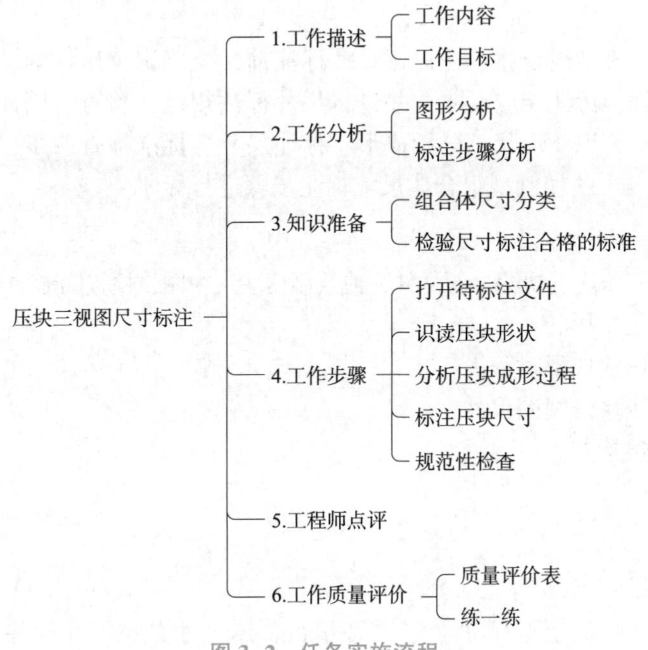

图 3-2 任务实施流程

3.1.1 工作描述

1. 工作内容

图 3-3 所示为压块三视图，按照 1∶1 的比例，标注压块三视图尺寸。

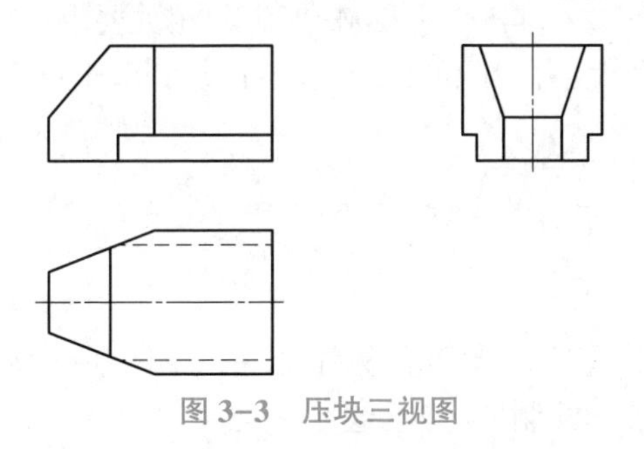

图 3-3 压块三视图

2. 工作目标

(1) 熟悉组合体尺寸标注的机械制图国标要求，遵守相应的规范。

(2) 熟悉组合体尺寸的分类。

(3) 会标注压块三视图尺寸。

(4) 能总结切割型组合体三视图尺寸标注的步骤。

(5) 领悟并运用马克思主义联系观点指导三视图尺寸标注。
(6) 领悟先全局考虑再注重细节的思维方法。

3.1.2 工作分析

1. 图形分析

压块属于切割型组合体，在进行尺寸标注前，要能识读压块的结构形状，分析其加工成形过程，标注相应尺寸，并进行尺寸标注规范性检查。因此，压块三视图尺寸标注的步骤为识读形状、分析成形、标注尺寸、标准检查四步，总结起来就是按照“识分标准”的切割型组合体尺寸标注步骤进行标注。

2. 标注步骤分析

(1) 下载“压块三视图”源文件，或绘制压块三视图，检查图形中尺寸样式设置。
(2) 识读压块形状。
(3) 分析压块成形过程。
(4) 标注压块三视图尺寸。
(5) 规范性检查。

3.1.3 知识准备

1. 组合体尺寸分类

组合体尺寸包括定形尺寸、定位尺寸和总体尺寸，在尺寸标注的过程中要遵守相关机械制图国标和正确、完整、清晰的尺寸标注要求，遵守相应的组合体尺寸标注规范。在标注组合体尺寸时，要先分析组合体的组合形式，再进行尺寸标注。

2. 检验尺寸标注合格的标准

尺寸标注的基本要求是正确、完整和清晰。正确是指尺寸标注应符合国标《机械制图　尺寸注法》(GB/T 4458.4—2003) 中的相关要求；完整是指标注的尺寸能完全确定物体的形状和大小，既不遗漏，也不重复；清晰是指尺寸布局整齐、清晰，便于看图。

3.1.4 工作步骤

压块三视图
绘制过程演示

步骤 1：打开待标注文件。

启动 AutoCAD 2024 软件，打开待标注文件，如图 3-3 所示，或参考微视频“压块三视图绘制”，自己绘制一个。

步骤 2：识读压块形状。

识读图 3-3 所示压块三视图，先补齐三视图的外轮廓，得到三个矩形，即一个长方体，如图 3-4 所示；再观察主视图左上角的切割部分，对应的三视图如图 3-5 所示，即该部分立体状态为图 3-4 中的长方体被一个正垂面切割了左上角；同理分析俯视图左前、后角被铅垂面切割，得到的结构如图 3-6 所示；分析左视图下前、后角被正平面和水平面切割，得到的结构如图 3-7 所示，即压块最终形状。

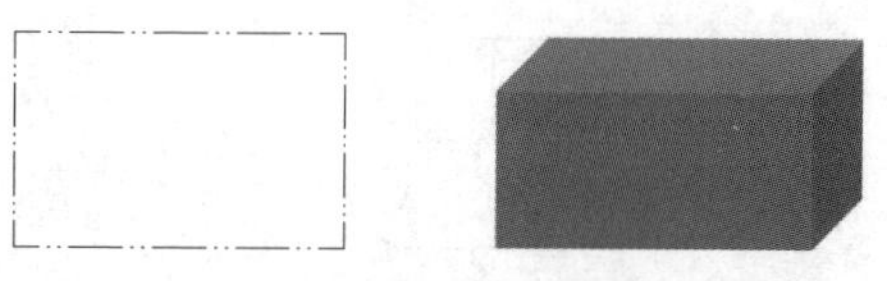

图 3-4　三视图轮廓补齐得到长方体

图 3-5　主视图左上角被切割

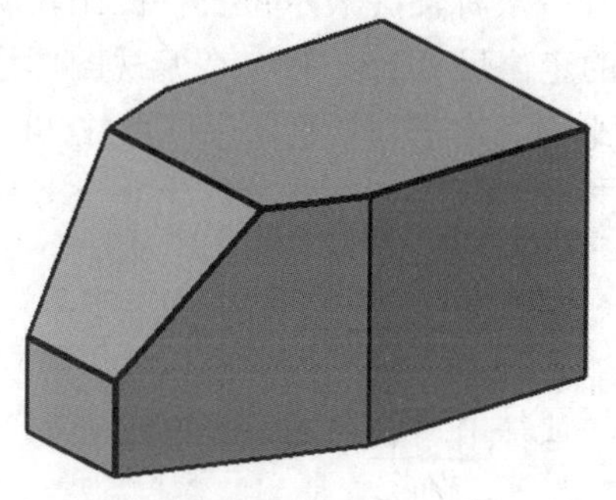

图 3-6　俯视图左前、后角被切割

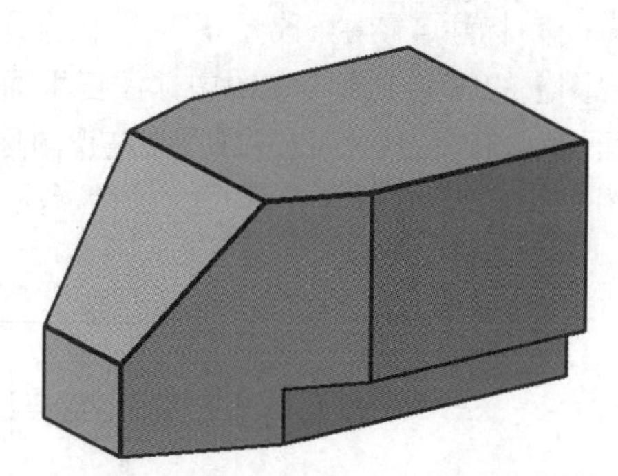

图 3-7　左视图下前、后角被切割

步骤 3：分析压块成形过程。

压块加工过程动画演示

步骤 2 分析了压块形状，联系零件加工成形过程，可以分析出压块的加工成形步骤为加工前是长方体毛坯，正垂面位置切割左上角，对称铅垂面位置切割左前、后角，正平面和水平面位置切割下前、后角，如图 3-4～图 3-7 中的立体图所示。

提示

组合体尺寸标注是一个系统工程，在标注之前要联系组合体的成形和加工过程，这样标注的尺寸才能符合工程实际要求和标准要求。

步骤 4：标注压块尺寸。

压块尺寸标注

在识读压块形状的基础上，联系压块成形过程，进行压块三视图尺寸标注。

（1）确定尺寸基准。尺寸基准的选择原则之一为选择比较大的平面或对称中心面作为零部件尺寸标注某方向的基准。如图 3-8 所示，压块三视图尺寸标注的长度基准是压块右端面，宽度基准是压块前、后对称面，高度基准是压块下底面。

（2）标注总体尺寸。标注加工前的长方体毛坯，总长为 80 mm，总宽为 50 mm，总高为 40 mm。如图 3-9 所示。

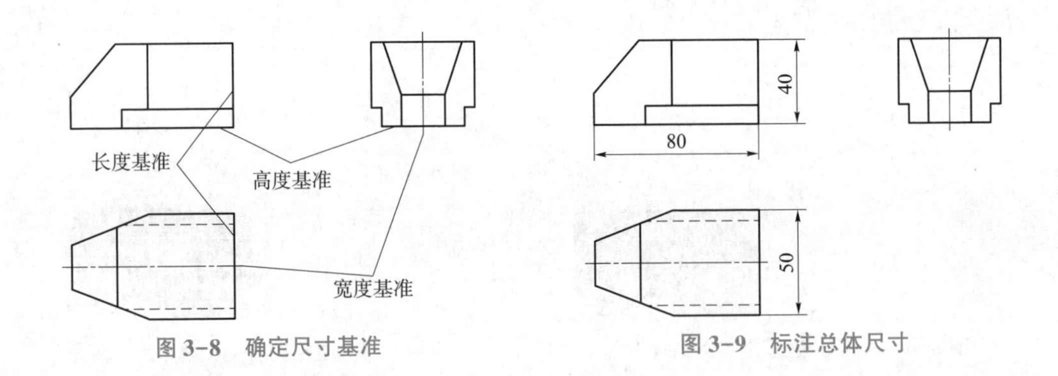

图 3-8　确定尺寸基准　　　图 3-9　标注总体尺寸

(3) 标注各切割面定位尺寸。根据定位尺寸一般标注在表示位置特征比较明显的视图上的原则，在主视图中标注正垂面切割的定位尺寸 58，15，在俯视图标注铅垂面切割的定位尺寸 42，21，在左视图标注正平面和水平面切割的定位尺寸 40，9，如图 3-10 所示。这些定位尺寸尽量标注在尺寸基准面上。

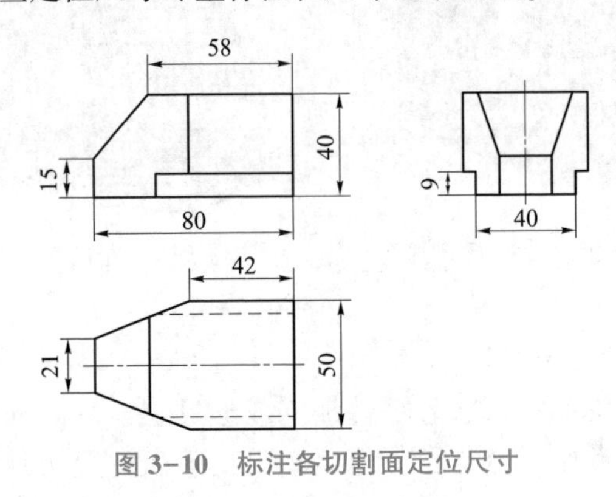

图 3-10　标注各切割面定位尺寸

步骤 5：规范性检查。

遵照尺寸标注相关国标，以及正确、完整和清晰的尺寸标注要求，检查压块的总体尺寸和各切割面定位尺寸。压块的总体尺寸和各切割面定位尺寸应标注完整，且定位尺寸都标注在各个切割面的位置特征视图上。可根据图 3-10 所示的尺寸标注，加工制造压块零件。

提示

组合体的尺寸标注，要确保尺寸标注正确、完整和清晰。检验尺寸标注合格的标准是标注尺寸清晰、符合尺寸标准，能把组合体加工出来，尺寸不多也不少。

3.1.5　工程师点评

组合体尺寸标注是零件尺寸标注的基础，在标注过程中一定要联系组合体的成形过程，以及零件的加工过程和质检便利性。同时，在标注的过程中，一定要先确定尺寸基准，遵守基准先行的原则。

工作笔记

3.1.6 工作质量评价

1. 质量评价表

序号	自评内容	分数配置	自评得分
1	能遵守组合体尺寸标注的机械制图国标要求	10 分	
2	熟悉组合体尺寸的分类	5 分	
3	能应用切割型组合体尺寸标注的方法，解决切割型组合体尺寸标注的问题	10 分	
4	会应用化繁为简、举一反三、各个击破等科学方法解决组合体尺寸标注的问题	5 分	
5	领会马克思主义联系观点在组合体尺寸标注中的指导作用	10 分	
6	完成本子任务所需时间应小于 15 min	30 分	
7	能运用组合体尺寸标注的方法熟练完成“练一练”，并遵守组合体尺寸标注的机械制图图标要求	30 分	

2. 练一练

绘制连杆三视图并进行尺寸标注（见图 3-11），并依据质量评价表进行自评。

连杆三视图绘制及尺寸标注

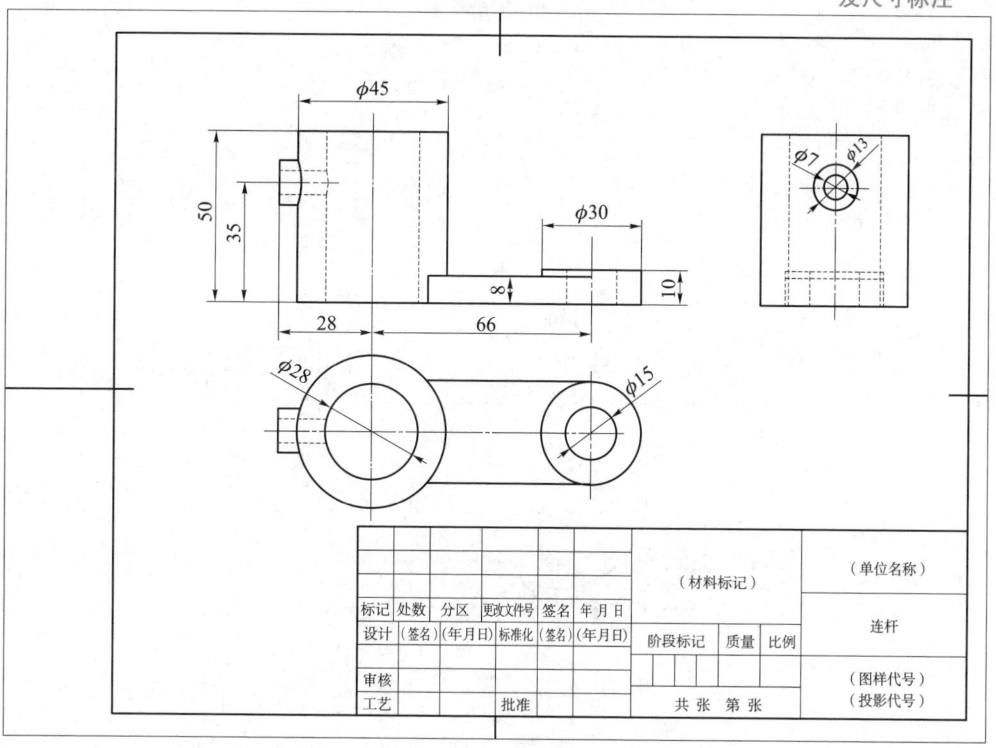

图 3-11 题 2 图

子任务 3.2 箱体零件图尺寸标注

任务实施流程如图 3-12 所示。

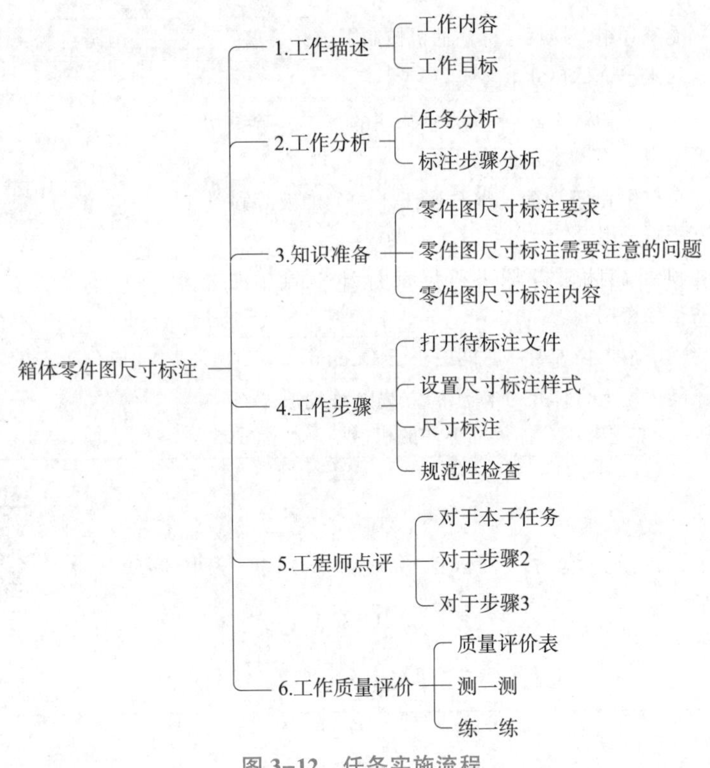

图 3-12 任务实施流程

3.2.1 工作描述

1. 工作内容

标注箱体零件图尺寸，如图 3-13 所示。

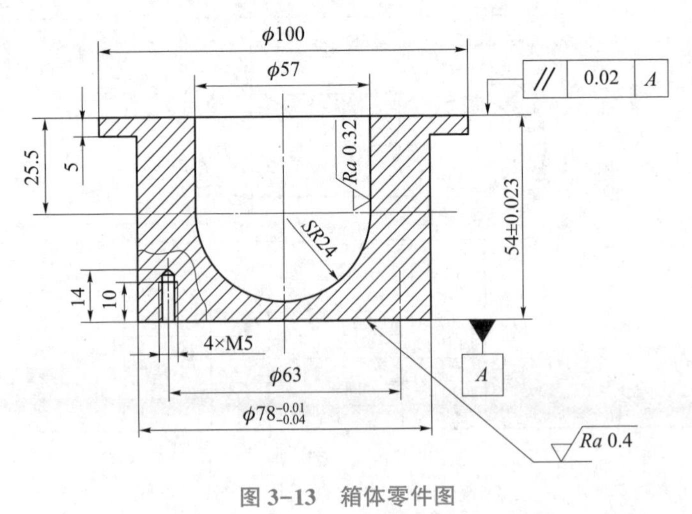

图 3-13 箱体零件图

2. 工作目标

（1）熟悉零件图尺寸标注的机械制图国标要求，遵守相应的规范。
（2）熟悉零件图尺寸的分类。
（3）会标注箱体零件图尺寸。
（4）能总结零件图尺寸标注的步骤。
（5）培养质量意识和负责任的习惯。
（6）会运用化繁为简、逐个击破的思维方法。

3.2.2 工作分析

1. 任务分析

本子任务是对箱体零件图进行尺寸标注，除了基本尺寸标注外，重点是线性公差、几何公差及表面粗糙度的标注。本子任务中的尺寸标注在 AutoCAD 软件中可分为线性尺寸标注、线性尺寸公差标注、几何公差标注、表面粗糙度（表面结构参数）标注等。

2. 标注步骤分析

（1）打开待标注文件。
（2）设置尺寸标注样式。
（3）分类型进行标注。
（4）规范性检查。

3.2.3 知识准备

1. 零件图尺寸标注要求

零件图中的尺寸是制造、检验零件的重要依据，生产中要求零件图中的尺寸不允许有任何差错。在零件图上标注尺寸，除了要求正确、完整和清晰外，还应考虑合理性，既要满足设计要求，又要便于加工、测量。

2. 零件图尺寸标注需要注意的问题

零件图中的尺寸标注需要正确选择尺寸基准，其原则为符合零件的设计要求，且便于加工和测量。零件的底面、端面、对称中心面、主要轴线等都可以作为尺寸基准。在标注零件图中尺寸时，应注意功能尺寸要直接标注，避免标注成封闭的尺寸链。此外还要考虑加工方法、加工顺序、便于测量的要求。

熟悉零件图尺寸标注要求和需要注意的问题，养成遵守规范的习惯。

3. 零件图尺寸标注内容

对零件图进行尺寸标注，要了解该零件的形状结构特征、各个方向上的尺寸基准、线性尺寸标注，还要熟悉线性公差、表面粗糙度、几何公差等的标注，最后要掌握 AutoCAD 软件对于表面粗糙度与几何公差基准的设置和标注方法。

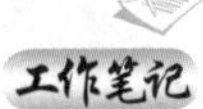

3.2.4 工作步骤

步骤 1：打开待标注文件。

启动 AutoCAD 2024 软件，打开待标注文件，如图 3-14 所示。

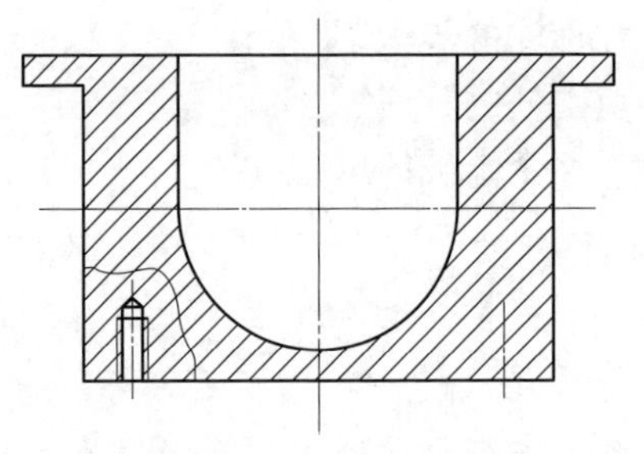

图 3-14 待标注的箱体零件图

箱体零件图
基本尺寸标注

步骤 2：设置尺寸标注样式。

可以借助模板中的文字样式和标注样式，也可以自行重新创建。本子任务根据图形分析，重新设置文字、标注样式。

（1）设置文字样式。

根据子任务 1.4 中文字样式设置方法，在①功能区“注释”选项卡中，单击②“文字”标签右侧的斜箭头，如图 3-15 所示，弹出“文字样式”对话框。“尺寸”文字样式参数设置如图 3-16 所示。

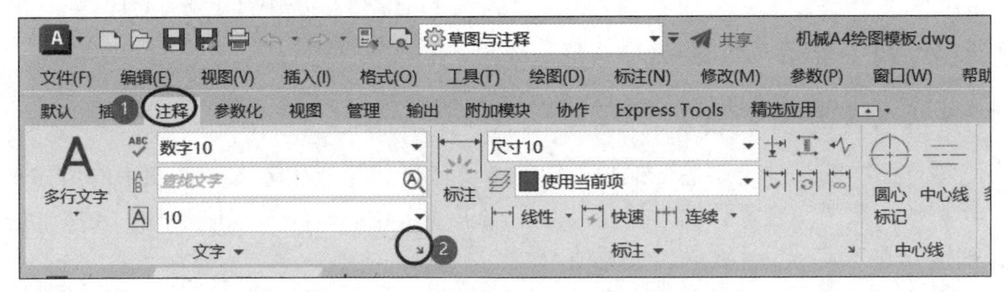

图 3-15 调出“文字样式”对话框的斜箭头位置

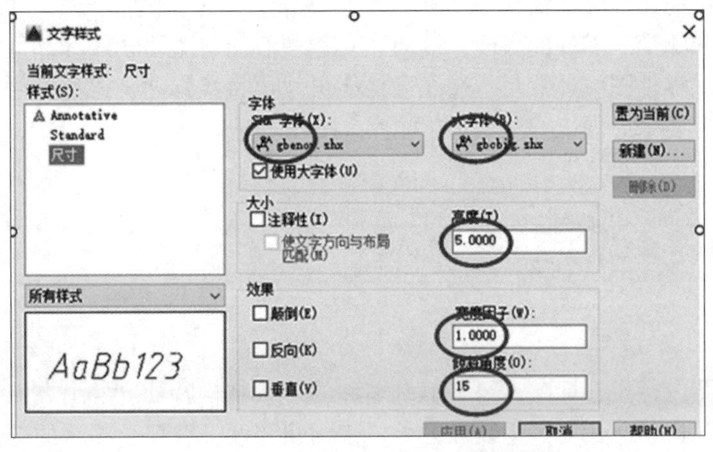

图 3-16 “尺寸”文字样式参数设置

（2）设置标注样式。

在“标注样式管理器”对话框中单击“新建”按钮，弹出“创建新标注样式”对话框，如图 3-17 所示，在“新样式名”文本框中输入“机械 5”，单击“继续”按钮。

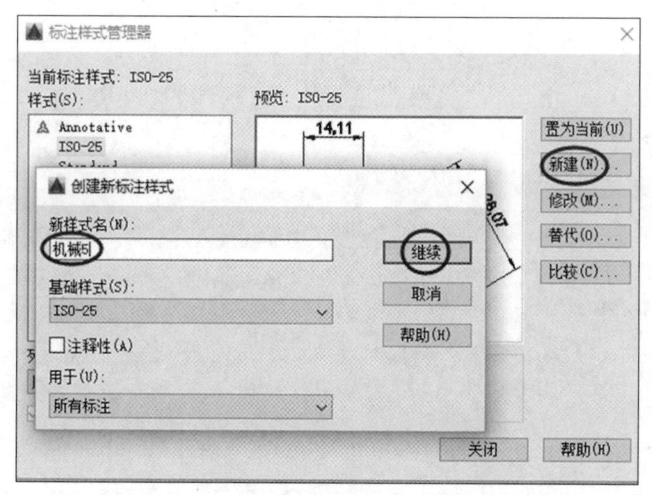

图 3-17 “创建新标注样式”对话框

① 弹出“新建标注样式：机械 5”对话框，如图 3-18 所示。

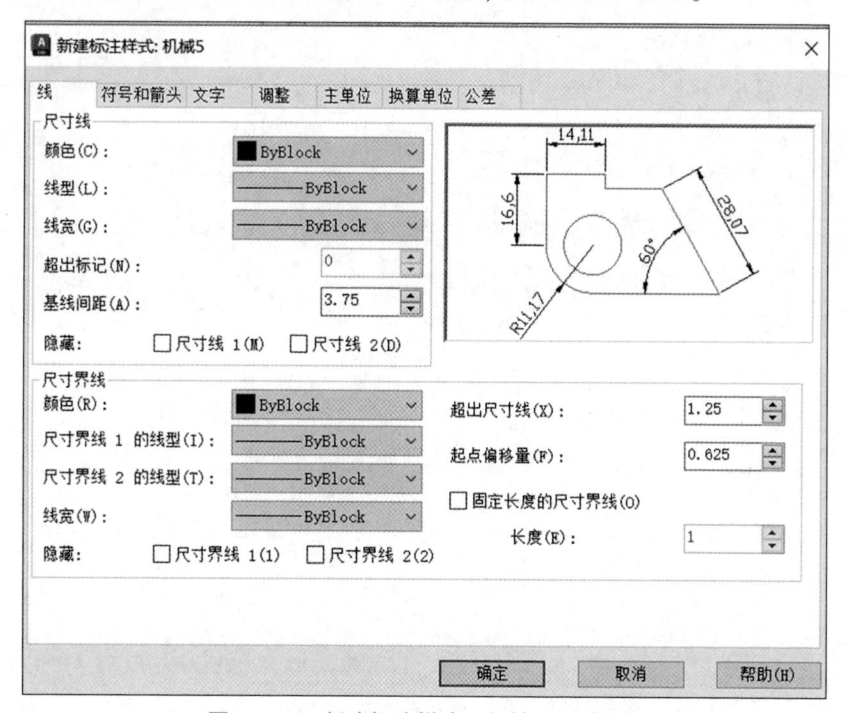

图 3-18 “新建标注样式：机械 5”对话框

② 单击“线”标签，进入“线”选项卡，参数设置如图 3-19 所示。

③ 单击“符号和箭头”标签，进入“符号和箭头”选项卡，参数设置如图 3-20 所示。

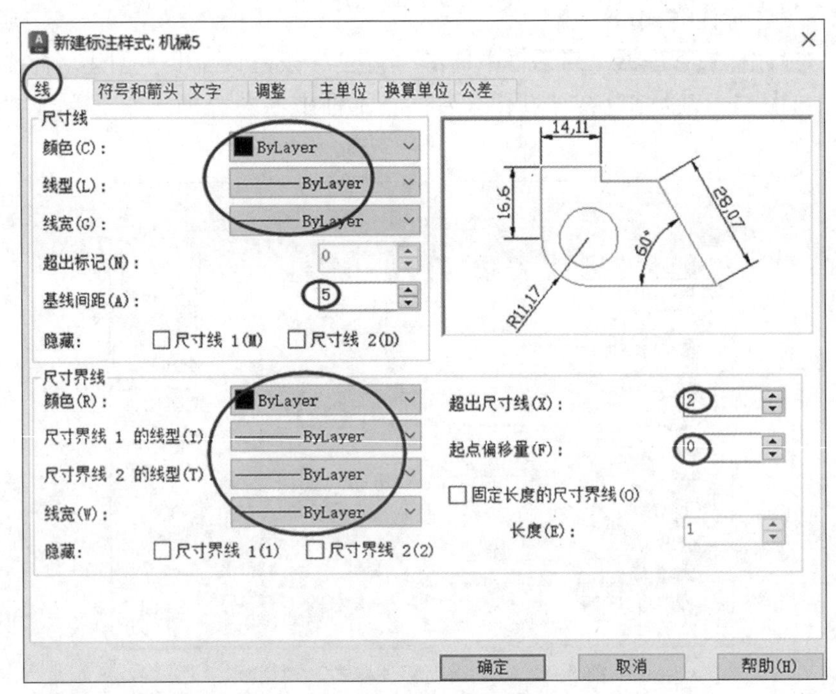

图 3-19 “线”选项卡

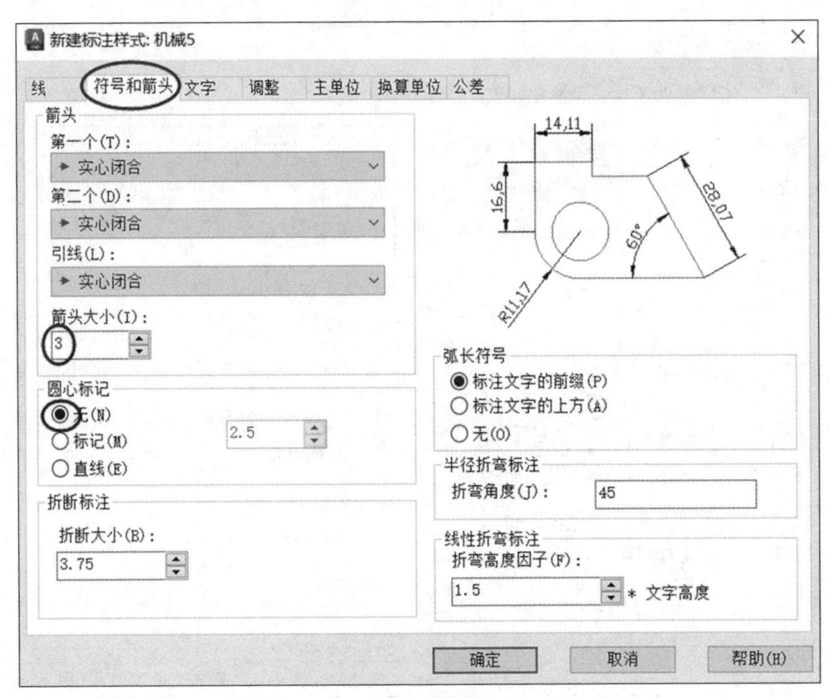

图 3-20 “符号和箭头”选项卡

④ 单击“文字”标签，进入“文字”选项卡，参数设置如图 3-21 所示。

⑤ 单击“主单位”标签，进入“主单位”选项卡，根据图样需要，选取对应的线性标注精度和角度标注精度，具体参数设置如图 3-22 所示。

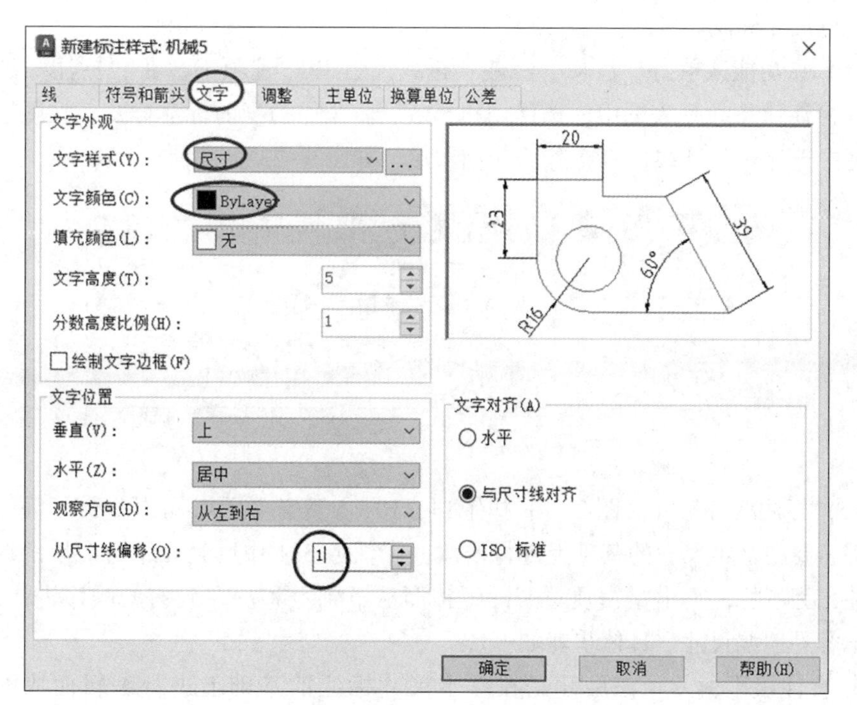

图 3-21 “文字”选项卡

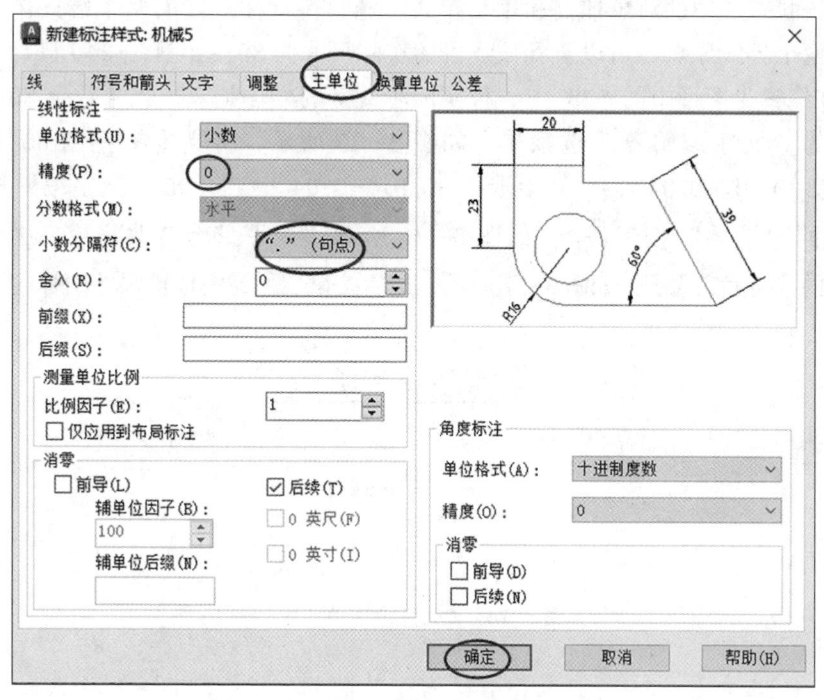

图 3-22 “主单位”选项卡

⑥“调整”“换算单位”和“公差”选项卡不需要设置。

步骤 3：尺寸标注。

将“机械 5”标注样式设置为当前标注样式，再将“尺寸线”图层设置为当前

层，进行尺寸标注。

(1) 在功能区单击“注释”标签，进入“注释”选项卡，在“标注”选项组中的“标注”下拉列表框中，选择“机械 5”命令作为当前标注样式，在图层下拉列表框中选择“尺寸线”命令作为当前图层，如图 3-23 所示。

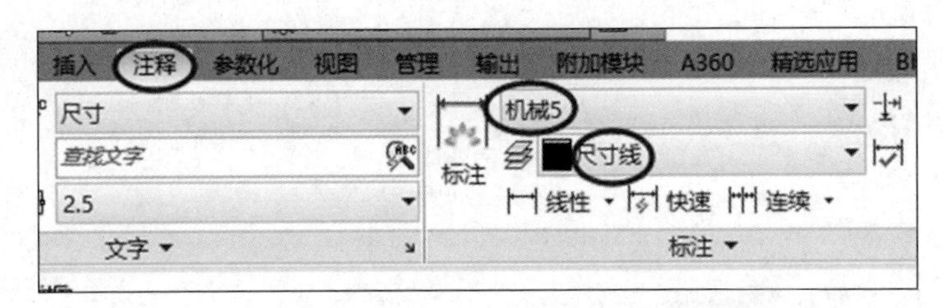

图 3-23　设置当前标注样式和当前图层

(2) 标注线性尺寸。图 3-13 中有 14，10，5 等整数尺寸可以直接标注，其他尺寸都需要在基本尺寸的基础上进行修改，子任务 3.1 中已经介绍过简单的线性尺寸标注，为了标注不出错，须对照图纸按照从下到上和从左到右的顺序进行标注，这样不容易遗漏尺寸。具体步骤如下。

① 标注极限偏差。该尺寸是在基本尺寸标注的基础上进行编辑而成的。在“标注”选项组中单击按钮，或在命令行输入 DIM 再按 Enter 键，调用标注命令。单击状态栏中的对象捕捉和正交模式，选择待标注线段的两个端点作为尺寸界线的两个界线原点，可以看到该线段的实际尺寸为 80，如图 3-24 所示，因此，应将 80 编辑为图纸中的 $\phi78_{-0.04}^{-0.01}$。替换标注文字的方法是双击尺寸数字 80，功能区转换为“文字编辑器”选项卡，如图 3-25 所示，将文本框中的 80 替换为“%%c78-0.01^-0.04”，然后拾取“-0.01^-0.04”，再单击“文字编辑器”选项卡中的“堆叠”按钮，如图 3-26 所示，上下偏差修改完成，这样整个 $\phi78_{-0.04}^{-0.01}$的替换就完成了，如图 3-27 所示。最后按鼠标左键完成该尺寸的标注。

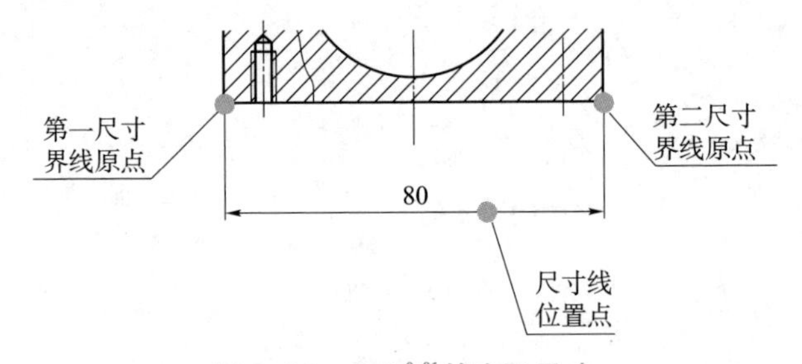

图 3-24　$\phi78_{-0.04}^{-0.01}$的实际尺寸

极限偏差的数字高度，一般比基本尺寸的数字高度小一个字号，遵守字体规范。

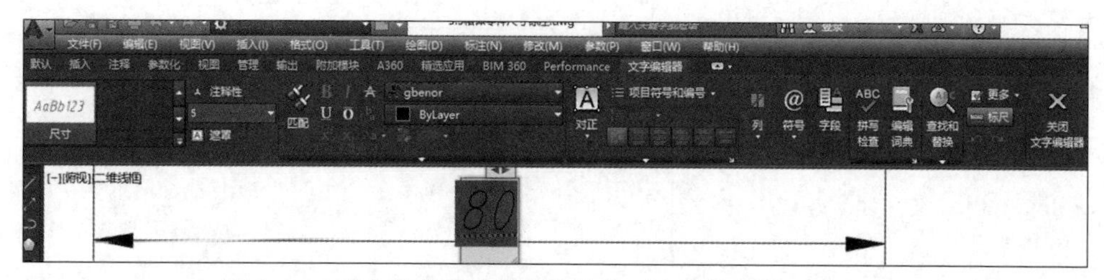

图 3-25　双击数字后功能区转换为“文字编辑器”选项卡

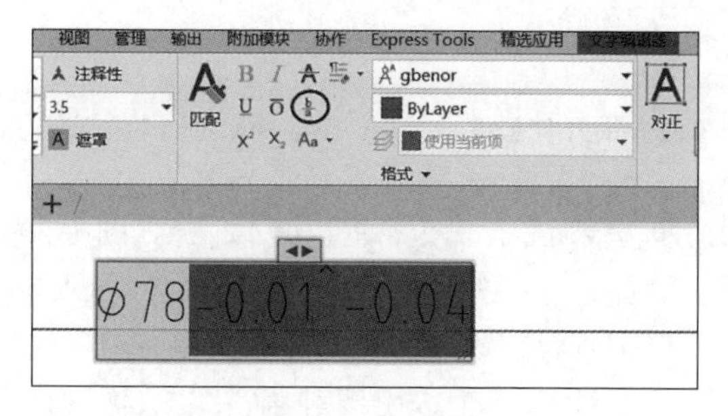

图 3-26　上下偏差修改

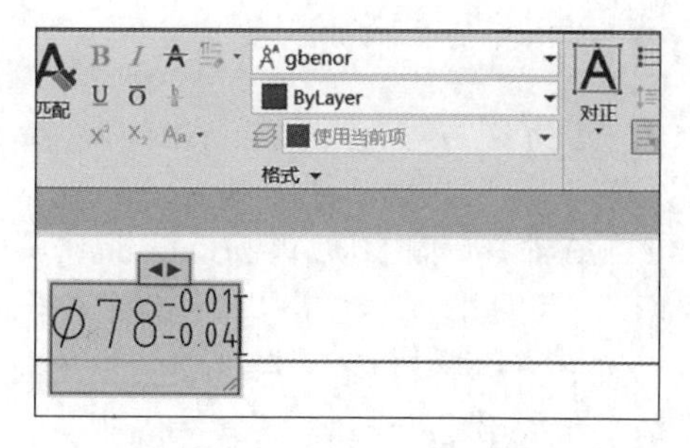

图 3-27　尺寸数字替换完成

按照同样的方法，可以完成其他线性尺寸的标注。

② 标注螺纹孔代号。螺纹孔代号一般标注在大径图线上，利用命令快捷键 DIM 进行标注，且只能标注为 5，如图 3-28（a）所示，因此，需要对该标注进行修改。可以参照上述的修改方法，也可以在尺寸线位置还没有确定时，在命令行输入 M 再按 Enter 键，切换到文字编辑文本框，如图 3-28（b）所示，对尺寸数字进行修改。在数字 5 前面输入 4\ U+00D7M，系统自动出现 4×M5，如图 3-28（c）所示，按鼠标左键完成数字替换，再将尺寸线放到合适的位置，如图 3-28（d）所示。

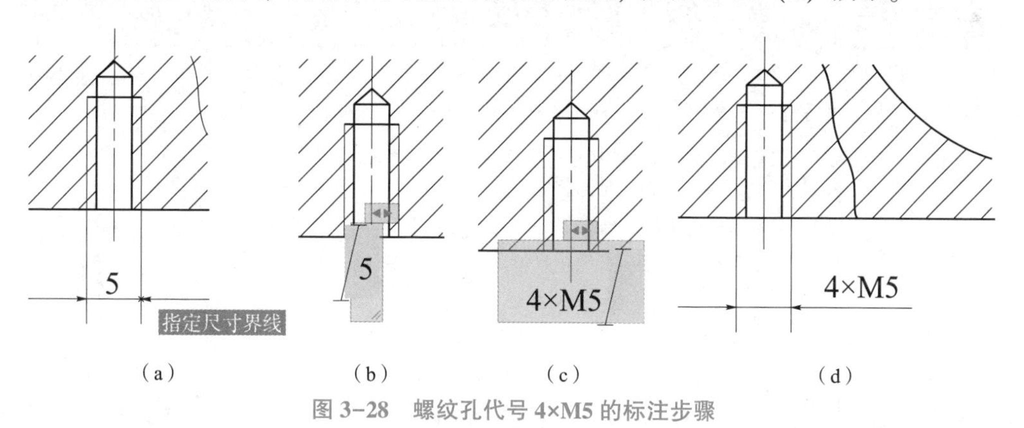

图 3-28　螺纹孔代号 4×M5 的标注步骤

用前面这两种尺寸数字的修改方法可以完成除几何公差和表面粗糙度之外的所有标注。

箱体零件图几何公差标注

（3）标注几何公差。本子任务仅有一个几何公差需要标注，如图 3-29 所示，该几何公差包括几何公差框格、带箭头的指引线和公差基准三部分组成，可以利用快速引线命令来完成。

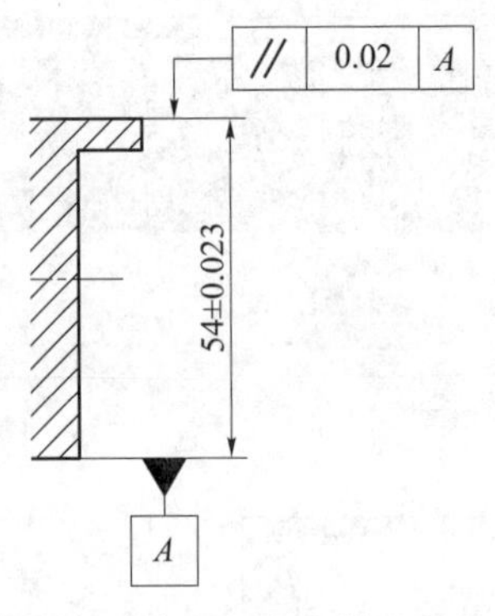

图 3-29　本子任务中的几何公差

在命令行输入QL再按Enter键，调用快速引线命令，命令行窗口提示信息如图3-30所示，可根据提示信息进行引线的绘制或设置。直接按Enter键或在命令行输入S再按Enter键，弹出“引线设置”对话框。在①“注释”选项卡的“注释类型”选项组中选中②“公差”单选按钮，如图3-31所示；在“引线和箭头”选项卡的“箭头”下拉列表框中选择“实心闭合”命令，单击“确定”按钮，如图3-32所示。绘制好引线后，系统自动弹出“形位公差”对话框，按照图3-33中的步骤进行选择即可完成几何公差的标注。

QLEADER 指定第一个引线点或 [设置(S)] <设置>:

图 3-30　命令行窗口提示信息

提示

在尺寸标注过程中，将尺寸分类逐项完成，可以化繁为简、各个击破。

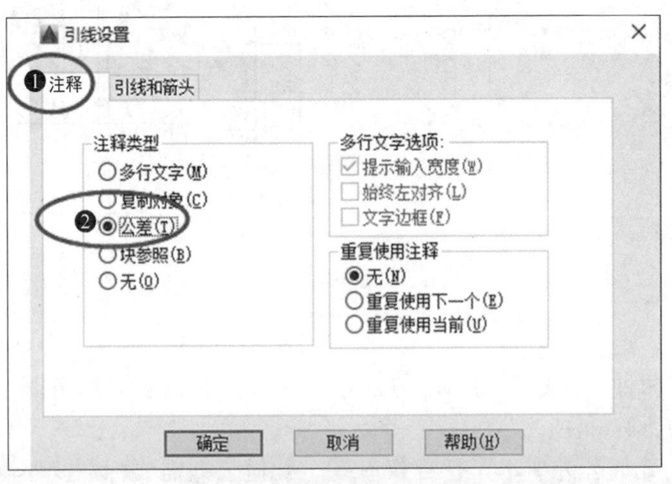

图 3-31　“注释”选项卡

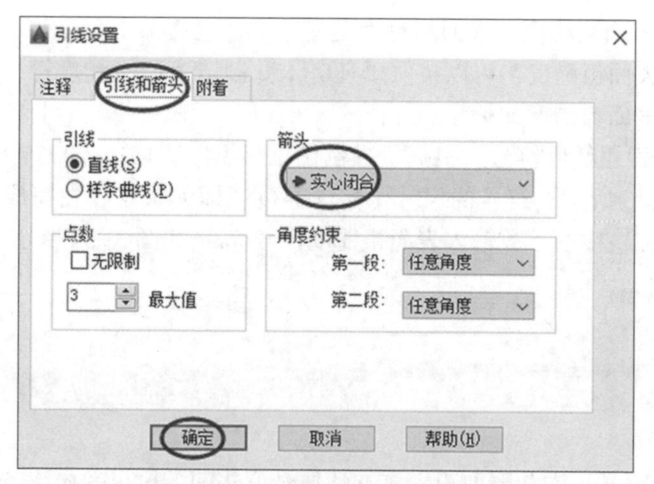

图 3-32 “引线和箭头”选项卡

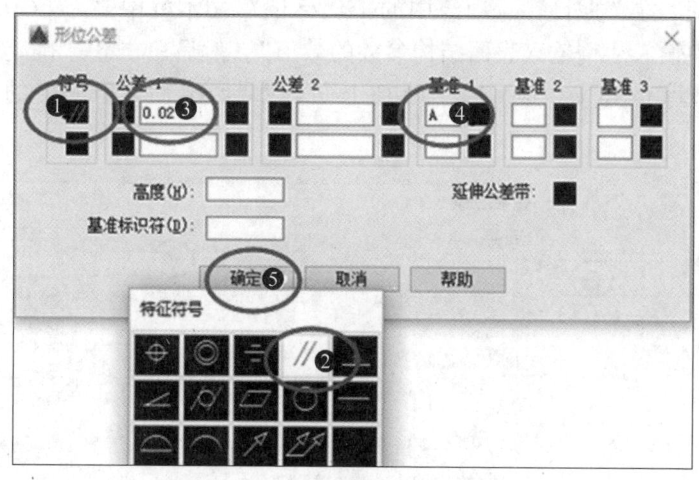

图 3-33 “形位公差”对话框

（4）绘制基准符号。基准符号由基准方格（边长为字体高度 h 的两倍，$2h=10$ mm 的细实线正方形）和基准三角形（三角形边长在5 mm 左右，内部涂黑）组成，两者用细实线相连，连线长度和字体高度一致，基准方格内的大写字母的字体高度为当前字体高度，大写字母书写永远是水平方向，如图 3-34 所示。基准符号的绘制过程如图 3-35 所示。

箱体零件图表面粗糙度标注

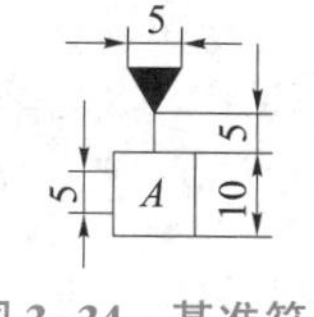

图 3-34 基准符号

10
A
10

（a）

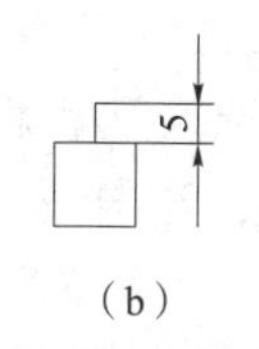

（b）

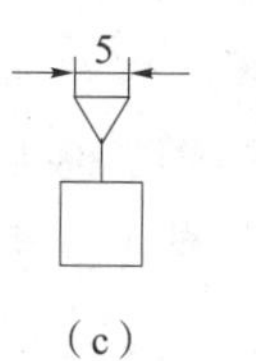

（c）

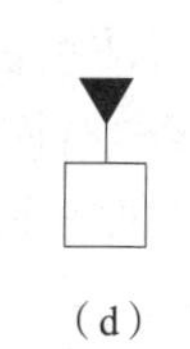

（d）

（e）

图 3-35 基准符号的绘制过程

（a）绘制正方形；（b）绘制竖直线；（c）绘制正三角形；（d）涂黑三角形；（e）书写字母

工作笔记

（5）标注表面粗糙度。表面粗糙度是衡量零件表面加工程度的一个参数，要在零件图中标注表面粗糙度，可以按照子任务 1.6 制造表面粗糙度符号块，再利用插入块命令进行表面粗糙度的标注。

① 绘制表面粗糙度符号。根据机械制图国标 GB/T 131—2006 绘制表面粗糙度符号，如图 3-36 所示。符号的尺寸由字体高度，即 *h* 决定。在完成表面粗糙度符号的绘制后，在横线的下方输入表面粗糙度代号 *Ra*，如图 3-37 所示。

图 3-36　表面粗糙度符号　　图 3-37　表面粗糙度代号 *Ra*

② 块属性定义。因为表面粗糙度的数值是变化的，所以要做成一个数值可以进行修改的块，即要进行块属性定义。在命令行输入 ATT 再按 Enter 键，弹出“属性定义”对话框。在“属性”选项组中的①“标记”文本框中输入 CCD，在②“提示”文本框中输入“请输入表面结构参数的数值”，然后单击③“确定”按钮，十字光标内出现字母 CCD，最后将字母 CCD 放在字母 *Ra* 后方空一格的位置④，如图 3-38 所示。

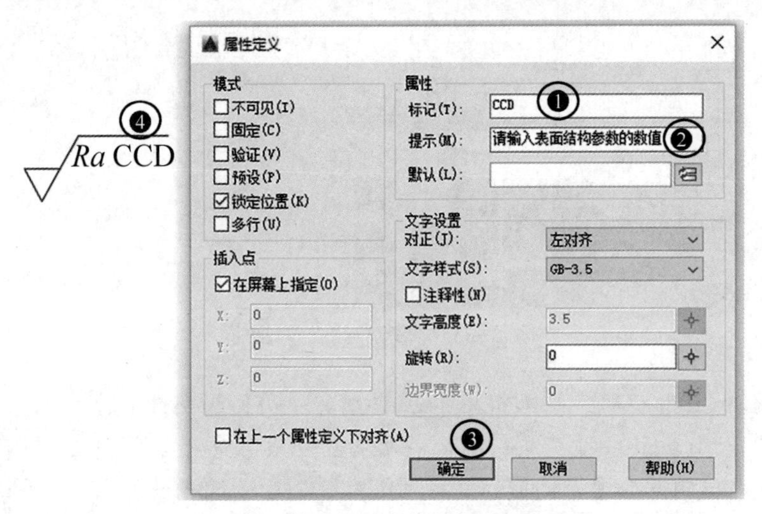

图 3-38　表面粗糙度块属性定义过程

③ 创建块。在命令行输入 B 再按 Enter 键，弹出“块定义”对话框。在“名称”文本框中输入①“表面结构参数”，在“基点”选项组中单击②“拾取点”前的按钮，单击③表面粗糙度符号下方的端点作为基点，在“对象”选项组中单击④“选择对象”前的按钮，最后框选表面粗糙度符号和字母 *Ra* CCD，其他参数为默认值，单击⑤“确定”按钮，这样表面粗糙度块就创建完成了，如图 3-39 所示。

④ 表面粗糙度的标注。根据机械制图国标相关要求，零件表面方位不同，表面粗糙度的标注位置方向不同，如图 3-40 所示。

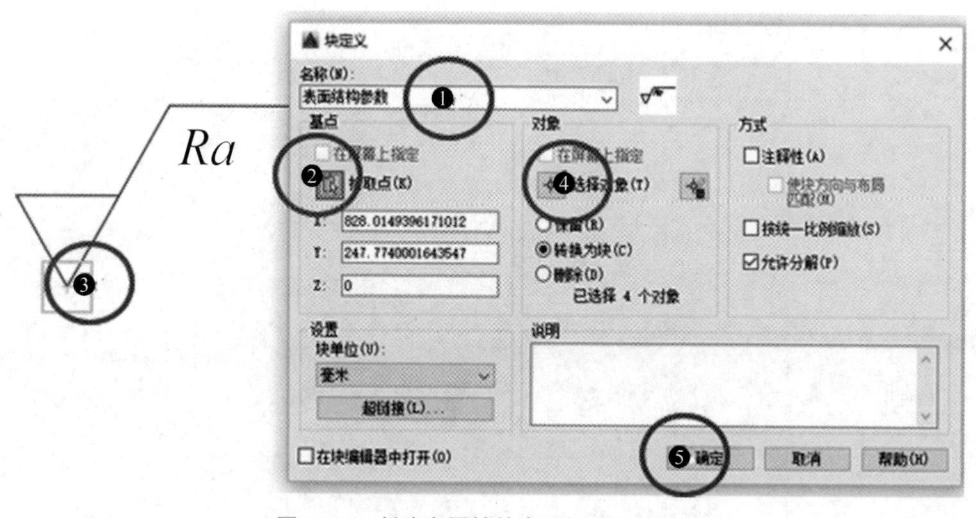

图 3-39　创建有属性的表面粗糙度块过程

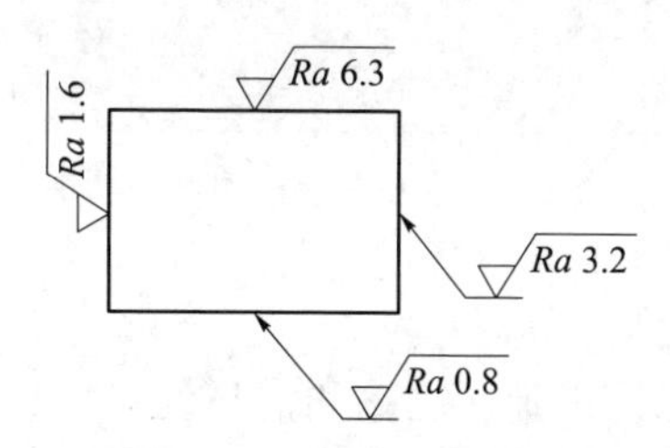

图 3-40　不同表面的表面粗糙度的标注位置与方向

参照子任务 1.6，单击“默认”或“插入”选项卡中的“插入”按钮，系统弹出“插入”对话框，如图 3-41 所示。在“名称”下拉列表框中选择①“表面结构参数”命令，单击②“确定”按钮或按 Enter 键，然后指定插入点。图 3-13 中箱体底面的表面粗糙度为 *Ra* 0.4 μm，需要先绘制引线，然后单击水平引线选择合适位置，此时十字光标内和命令行窗口均出现“请输入表面结构参数的数值”，输入 0.4 后按 Enter 键即可，如图 3-42 所示。以同样的方法将剩余的表面粗糙度标注完成。以“3.2 箱体零件图”为文件名，保存文件。

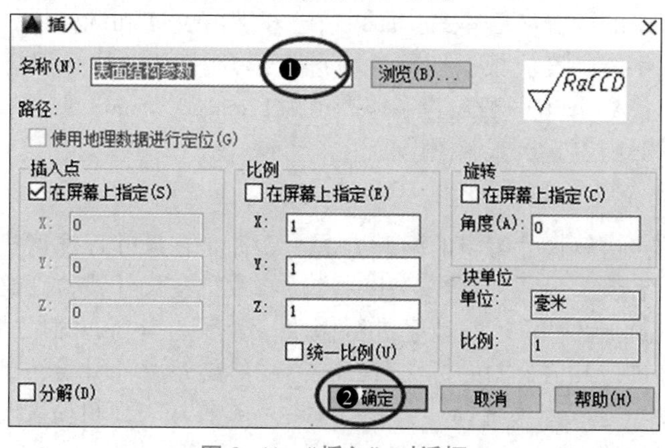

图 3-41　“插入”对话框

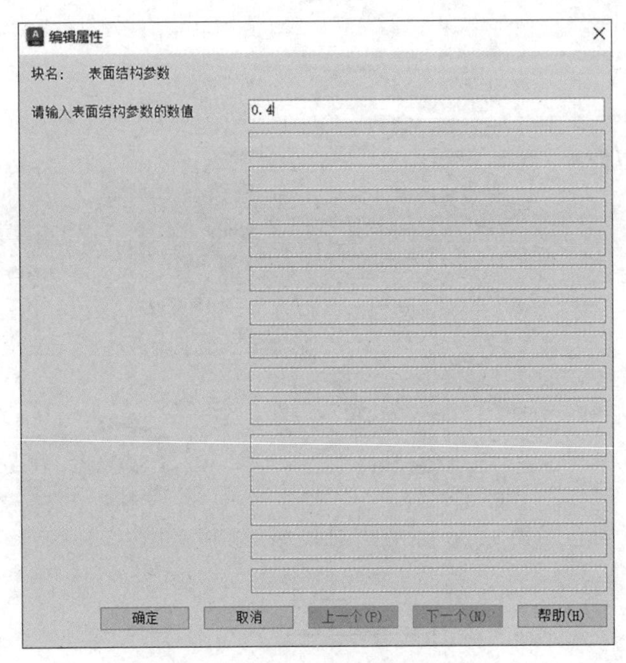

图 3-42　输入表面结构参数数值

步骤 4：规范性检查。

遵照尺寸标注相关国标，正确、完整和清晰的尺寸标注要求，零件图尺寸标注要求和需要注意的问题，检查尺寸标注是否正确、完整和清晰，且便于加工和测量，确保后续图纸识读时的便捷性和零件加工时的高效性。

3.2.5　工程师点评

1. 对于本子任务

本子任务的工作内容是在掌握简单的尺寸标注之后，完成尺寸数字的编辑，以及线性公差、几何公差及表面粗糙度的标注。对于使用率比较高的基准符号、表面粗糙度符号，可以做成块，通过插入块的方式进行标注。

2. 对于步骤 2

对于步骤 2 中的设置标注样式，如果有已设置好文字和标注样式的模板，则这一步可以省略；字体高度应根据图幅大小进行选择，A4 图幅一般选择字体高度为 3.5 mm 或 5 mm，A3 图幅一般选择字体高度为 5 mm 或 7 mm；此外，所有文字和标注样式的设置都必须遵守机械制图国标相关要求。

3. 对于步骤 3

本子任务重点讲解尺寸编辑的两种方法：一种是在尺寸标注后进行修改，双击尺寸数字，进行替换；另一种是在标注时进行修改，在尺寸线位置确定前，在命令行输入 M 再按 Enter 键，对尺寸数字进行修改，最后选择合适的尺寸线位置。在利用快速引线命令进行几何公差的标注时，在标注前要先设置引线，在“注释”选项卡的“注释类型”选项组中选择“公差”命令。在标注表面粗糙度时，应利用创建表面粗糙度符号块的方法。

工作笔记

3.2.6 工作质量评价

1. 质量评价表

序号	自评内容	分数配置	自评得分
1	熟悉零件图尺寸标注的机械制图国标要求	10分	
2	能熟练标注线性公差	20分	
3	能熟练标注几何公差	10分	
4	能熟练标注表面粗糙度	10分	
5	能做到按尺寸标注的机械制图国标要求，检查标注的规范性	10分	
6	会运用化繁为简、各个击破的思维方法	10分	
7	完成本子任务所需时间应小于20 min	10分	
8	能运用箱体零件图尺寸标注方法熟练完成“练一练”，并遵守零件图尺寸标注的机械制图国标要求	20分	

2. 测一测（判断题）

参考答案

（1）几何公差的基准符号 A 只能自己绘制。（　　）

（2）调出“多重引线样式管理器”对话框的命令快捷键是MLS。（　　）

（3）在文字编辑窗口输入%%p，能自动出现符号±。（　　）

（4）在同一张零件图中，表面粗糙度符号大小是一样的。（　　）

（5）一般对于上下极限偏差的数字高度，应该比基本尺寸的数字高度小一个字号。（　　）

（6）表面粗糙度符号的大小是由所采用的字体高度决定的。（　　）

（7）∧符号放在上下极限偏差中间实现堆叠功能。（　　）

（8）TOL是几何公差标注的命令快捷键。（　　）

（9）对于基准符号、表面粗糙度符号可以利用创建块和插入块的方法进行标注。（　　）

（10）利用命令快捷键W创建的块，可以应用到其他AutoCAD文件中。（　　）

3. 练一练

按照以下步骤绘制图形，并标注尺寸（见图3-43）（来自绘图员考证题目），最后依据质量评价表进行自评。

（1）新建图层：打开提供的素材文件“腔体零件视图”。建立尺寸标注图层，图层名称为“尺寸标注”，颜色为“红色”，线型为Continuous，线宽为0.25 mm。

（2）文字样式设置：新建名称为“数字”的文字样式，字体选用gbenor.shx，字体样式为“常规”，文字高度为5 mm，倾斜角度为15°，其余参数均为默认设置。

（3）标注样式设置：新建名称为“标准”的标注样式，文字高度为5 mm，字体选用“数字”文字样式，字体颜色为“红色”，箭头大小为3.5 mm，箭头样式为“实心闭合”，文字位置偏移尺寸线1 mm，设置主单位为整数。调整采用“文字或

工作笔记

箭头（最佳效果）”，优化采用“手动放置文字”，尺寸界线超出尺寸线 2.5 mm，起点偏移量为0，其余参数均为默认设置。

（4）精确标注尺寸与文字：按照图 3-43 所示的尺寸与文字要求进行标注，并将所有标注编辑在“尺寸标注”图层上。

（5）保存文件：将完成的图形以“全部缩放”的形式显示，并以“学号+姓名”为文件名保存上交。

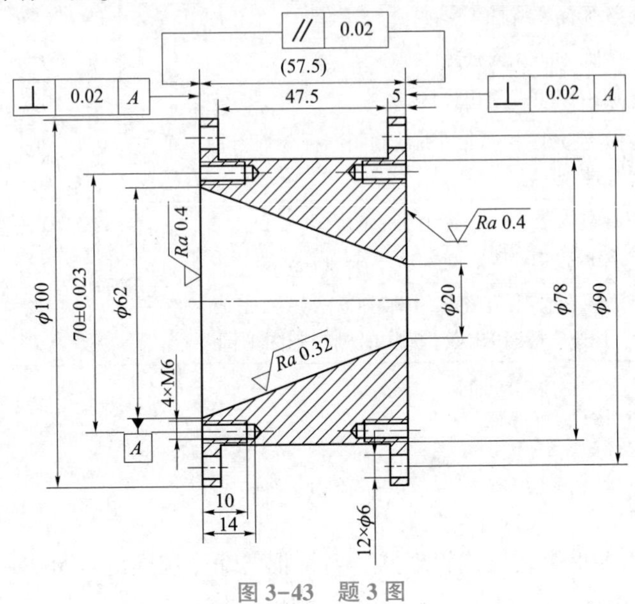

图 3-43　题 3 图

子任务 3.3 打印箱体零件图

任务实施流程如图 3-44 所示。

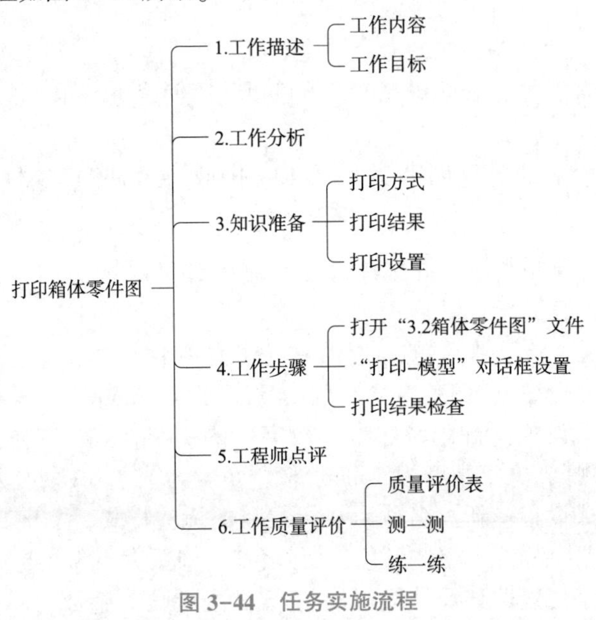

图 3-44　任务实施流程

工作笔记

3.3.1　工作描述

1. 工作内容

本子任务的工作内容为在模型空间，对完成尺寸标注的箱体零件图进行“打印-模型”对话框的设置，并采用 1∶1 的比例打印输出。

2. 工作目标

（1）会正确选择机械制图国标中图幅的大小。

（2）会选择打印机或绘图仪。

（3）会设置可打印区域。

（4）会选择打印范围。

（5）能根据工作需要举一反三，打印其他图幅的图纸。

3.3.2　工作分析

打开“3.2 箱体零件图”文件，在模型空间选择 A4 纵向图幅，并采用 1∶1 的比例将文件打印为 PDF 格式文件。针对任务要求，设计任务步骤如下。

（1）打开“3.2 箱体零件图”文件，在模型空间检查零件图绘制的准确性和尺寸标注的规范性。

（2）调出“打印-模型”对话框，并进行相关设置。

（3）打印结果检查。

打印箱体
零件图过程演示

3.3.3　知识准备

1. 打印方式

AutoCAD 2024 软件可以在模型空间或布局空间打印文件。若打印单张零件图，则可直接在模型空间打印；若进行批量打印，则可先进行页面设置，再进行打印，这样打印效率比较高。

2. 打印结果

根据在“打印机/绘图仪”选项组中选择命令的不同，可以打印出纸质文件、PDF 格式文件、图片文件等结果。

3. 打印设置

在打印前要进行一些参数设置，包括图纸尺寸、比例、图形方向等。

3.3.4　工作步骤

步骤 1：打开“3.2 箱体零件图”文件。

启动 AutoCAD 2024 软件后，按 Ctrl+O 快捷键，弹出“选择文件”对话框，在其中选择“3.2 箱体零件图”文件打开，如图 3-45 所示，检查零件图绘制的准确性和尺寸标注的规范性。

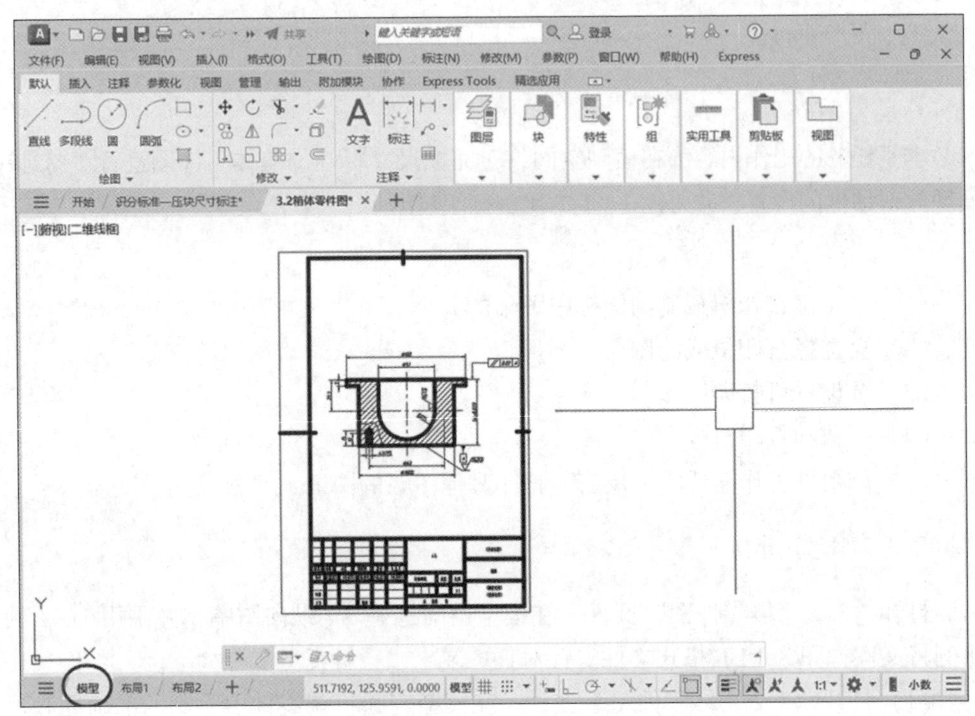

图 3-45　打开“3.2 箱体零件图”文件

步骤 2：“打印-模型”对话框设置。

按 Ctrl+P 快捷键，或单击快速访问工具栏中的“打印”按钮，弹出“批处理打印”对话框，如图 3-46 所示，单击“继续打印单张图纸”按钮，就会弹出“打印-模型”对话框，如图 3-47 所示。

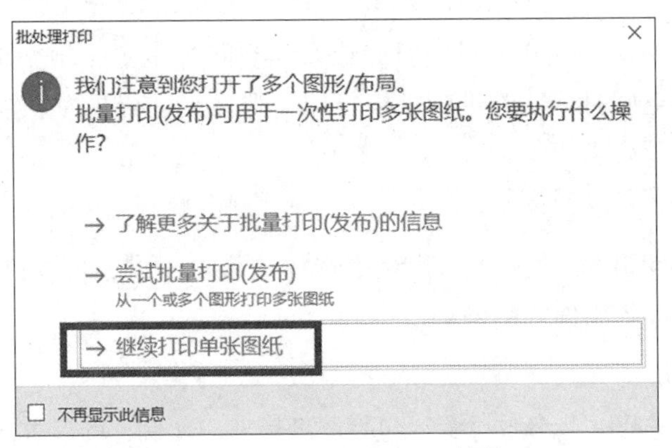

图 3-46　“批处理打印”对话框

（1）页面设置。若第一次打印，则“打印-模型”对话框中“页面设置”选项组中的“名称”显示“<无>”；若已进行页面设置，则可以单击“<无>”选择对应的页面设置名称。

（2）“打印机/绘图仪”选项组中“名称”下拉列表框的设置。如图 3-48 所示，一般①是用户计算机安装的打印机，如果需要打印纸质文件，则需确保计算机已连接了打印机；②，③，④，⑤是打印成 PDF 格式文件；⑥，⑦，⑧是打印成图片文件。本子任务选择③DWG To PDF. pc3，将文件打印成 PDF 格式文件。

工作笔记

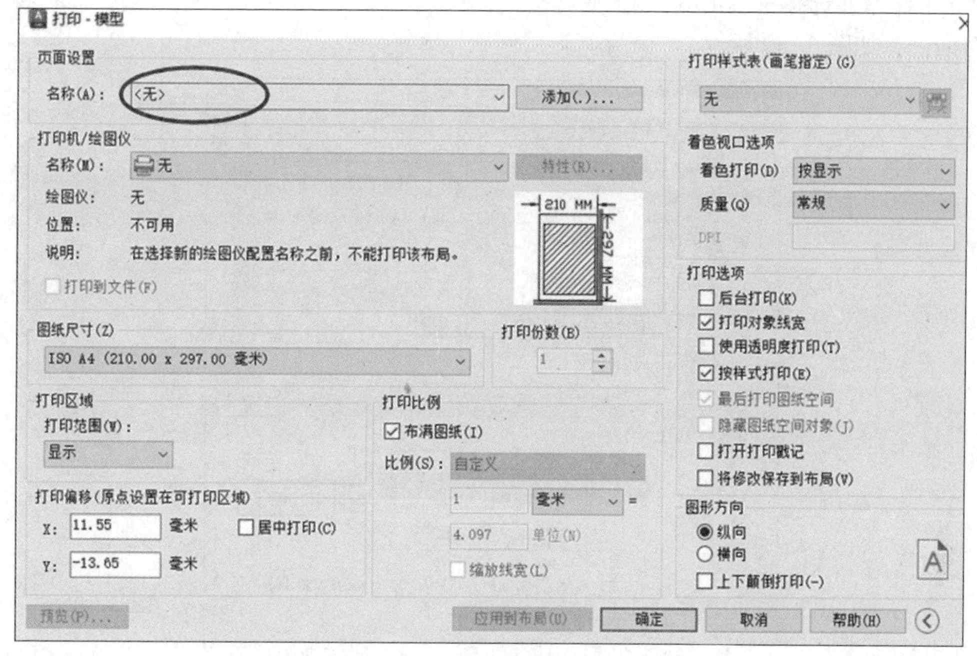

图 3-47 “打印-模型”对话框

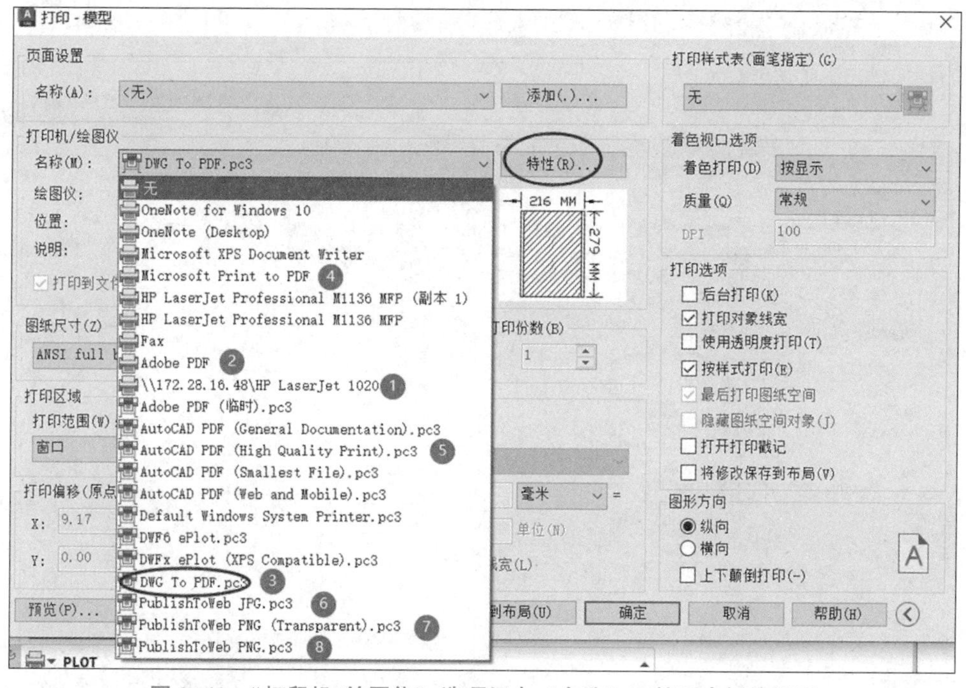

图 3-48 “打印机/绘图仪”选项组中“名称”下拉列表框的设置

（3）“打印机/绘图仪”选项组特性的设置。单击图 3-48 中“特性”按钮，弹出“绘图仪配置编辑器-DWG To PDF. pc3”对话框，如图 3-49 所示。选择①“修改标准图纸尺寸（可打印区域）”命令，在②找到“ISO A4（210.00×297.00 毫米）”命令并选择，单击③“修改”按钮，弹出“自定义图纸尺寸-可打印区域”对话框，如图 3-50 所示。

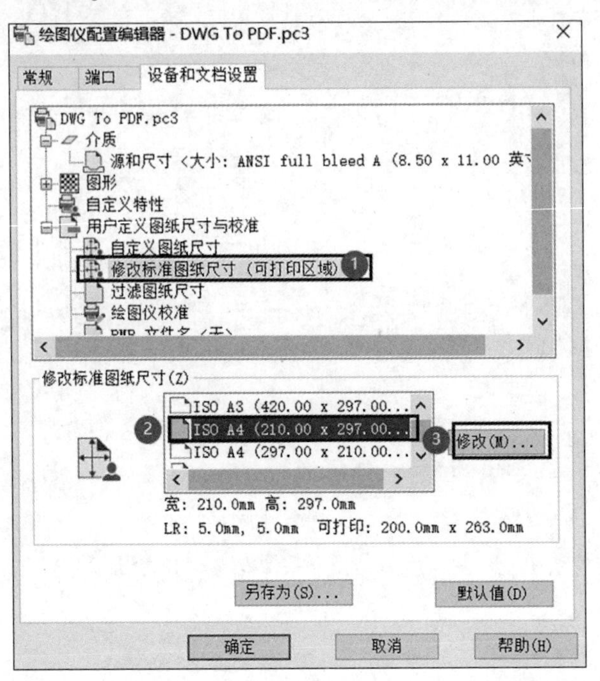

图 3-49 “绘图仪配置编辑器-DWG To PDF. pc3”对话框

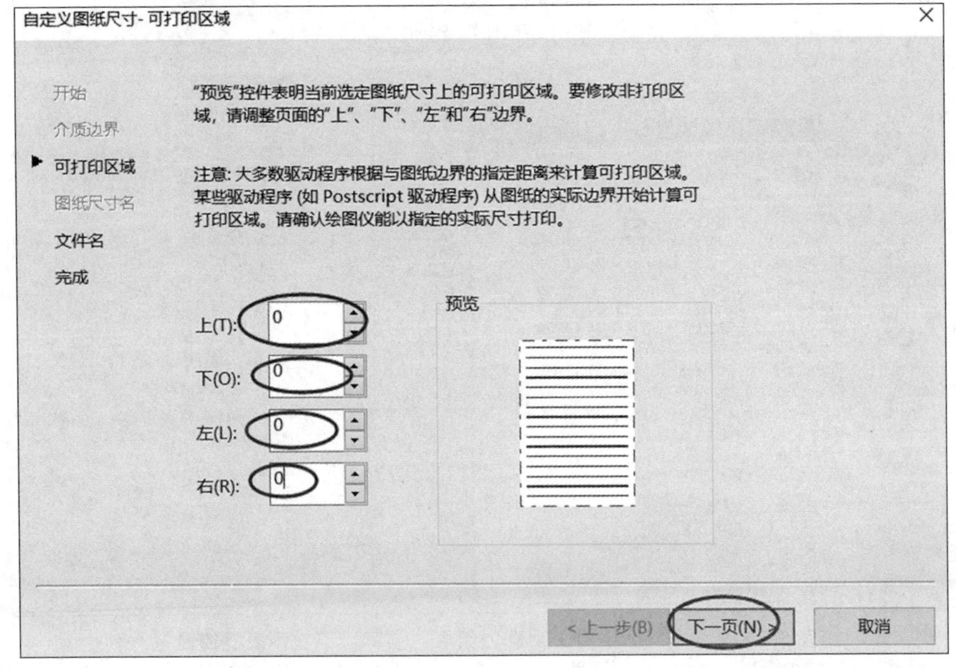

图 3-50 “自定义图纸尺寸-可打印区域”对话框

在图 3-50 中，将“上”“下”“左”“右”都设置为 0，单击“下一页”按钮，弹出“自定义图纸尺寸-文件名”对话框，如图 3-51 所示。

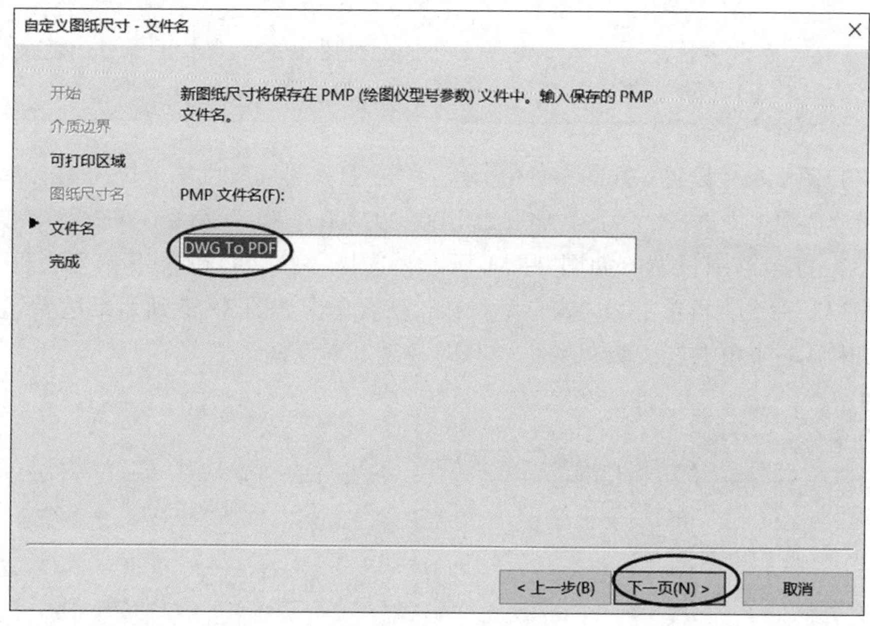

图 3-51 “自定义图纸尺寸-文件名”对话框

在图 3-51 中，“文件名”可以为默认值，也可以在文本框中输入其他文件名，单击“下一页”按钮，弹出“自定义图纸尺寸-完成”对话框，如图 3-52 所示，单击“完成”按钮，返回“绘图仪配置编辑器-DWG To PDF. pc3”对话框，单击其中的“确定”按钮，这样“打印机/绘图仪”选项组特性的设置就完成了。

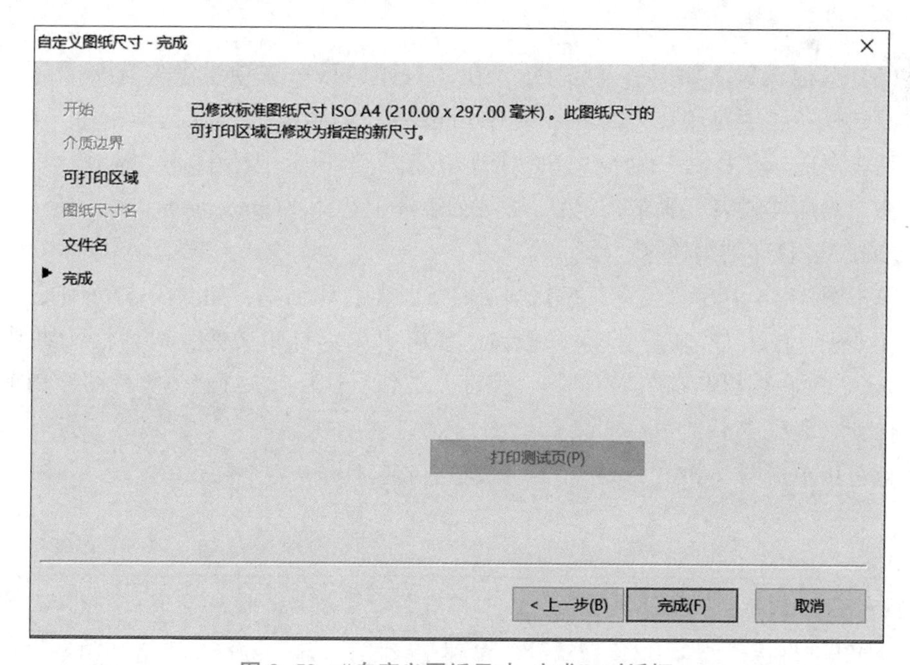

图 3-52 “自定义图纸尺寸-完成”对话框

工作笔记

提示

“打印机/绘图仪”选项组特性的设置是一件比较细致的事情，需要反复练习才能真正熟悉掌握，这一步设置决定打印出的图形是不是真正符合 1∶1 的比例要求。

(4) 图纸尺寸设置。如图 3-53 所示，单击①“图纸尺寸”下拉列表框处，在图纸尺寸选项组中选择②“ISO A4（210.00×297.00 毫米）”命令。

(5) 打印范围设置。如图 3-54 所示，选择“打印范围”下拉列表框中的①“窗口”命令，再单击②“窗口”按钮，依次单击如图 3-55 所示纸边界③左上角端点和④右下角端点，系统返回“打印-模型”对话框。

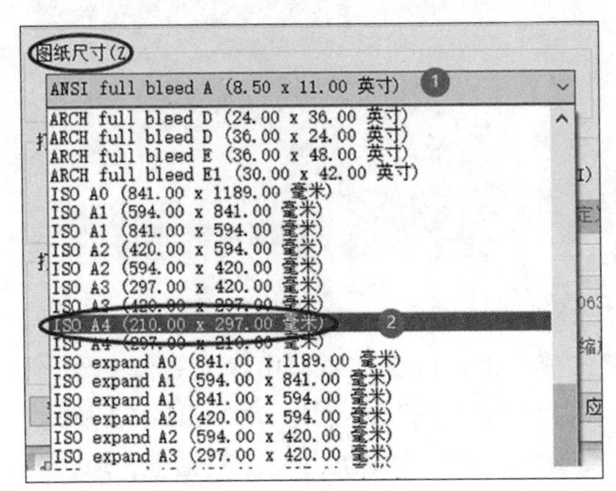

图 3-53　图纸尺寸选择

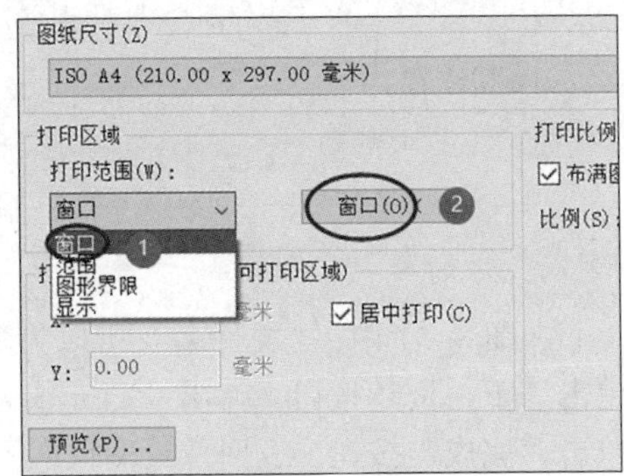

图 3-54　打印范围设置

(6) 其他设置。如图 3-56 所示，在“打印偏移”选项组中勾选①“居中打印”复选框；在“打印比例”选项组中勾选②“布满图纸”复选框，在“比例”下拉列表框选择“1∶1”命令；在“图形方向”选项组中选中③“纵向”单选按钮；在“打印样式表（画笔指定）”下拉列表框中选择④monochrome.ctb 命令。

步骤 3：打印结果检查。

单击图 3-56 中⑤“预览”按钮，可直接预览打印结果，如图 3-57 所示，若符合打印要求，单击左上角“打印”按钮，弹出“浏览打印文件”对话框，如图 3-58 所示，选择文件保存路径，单击“保存”按钮，这样“3.2 箱体零件图”PDF 格式文件就打印完成了。

也可以单击图 3-56 中⑥“确定”按钮直接打印。

提示

打印一张符合机械制图国标比例的图纸，需要按上述流程仔细认真设置，遵守相应的要求和规范。

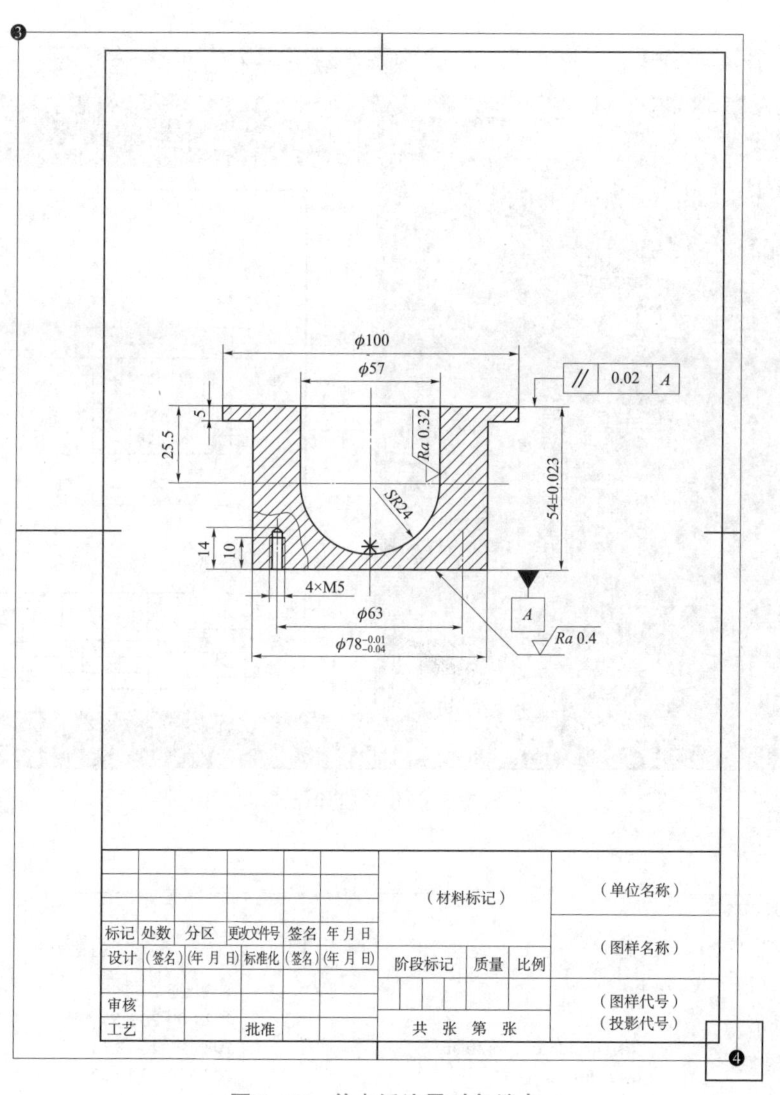

图 3-55　单击纸边界对角端点

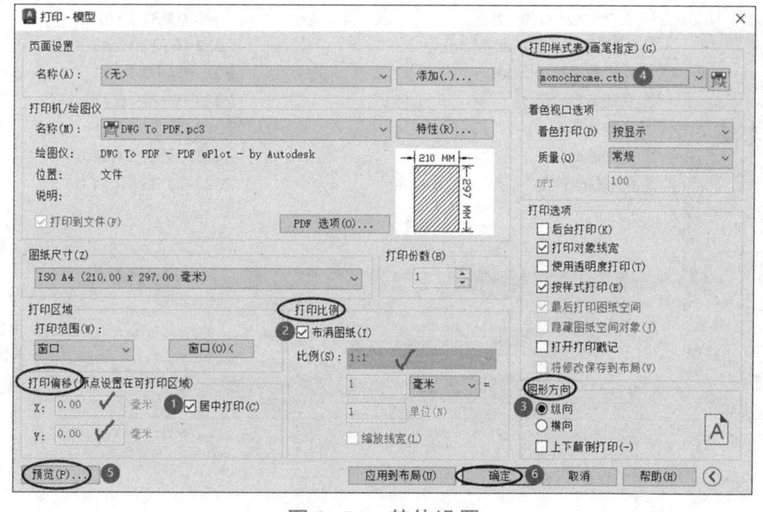

图 3-56　其他设置

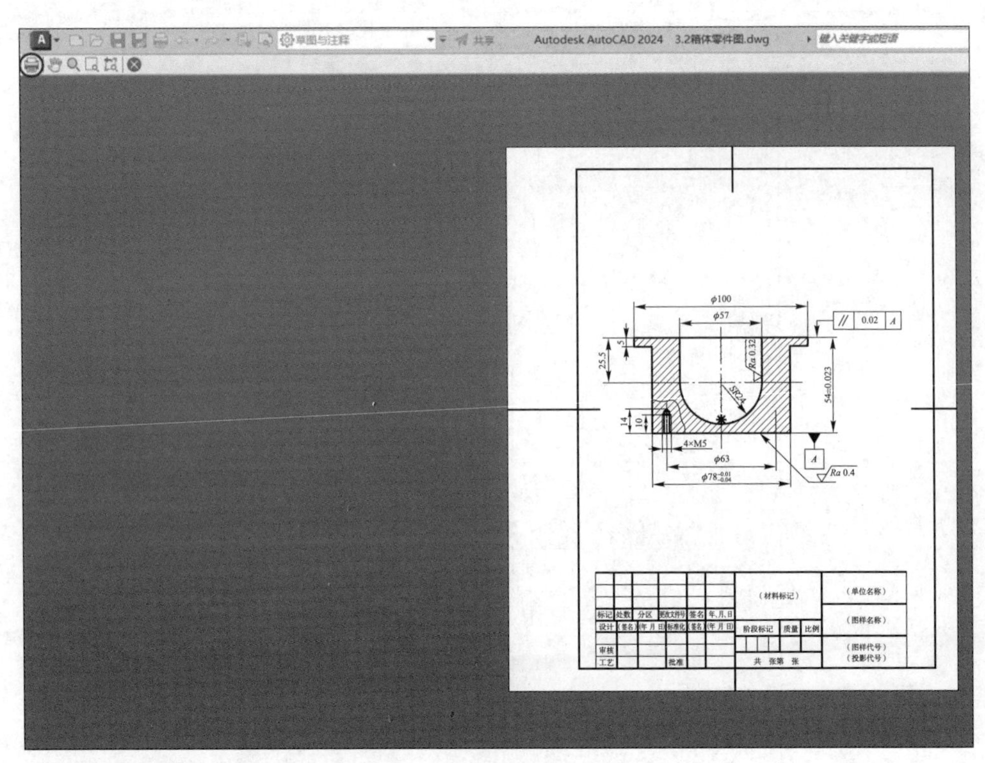

图 3-57 预览打印结果

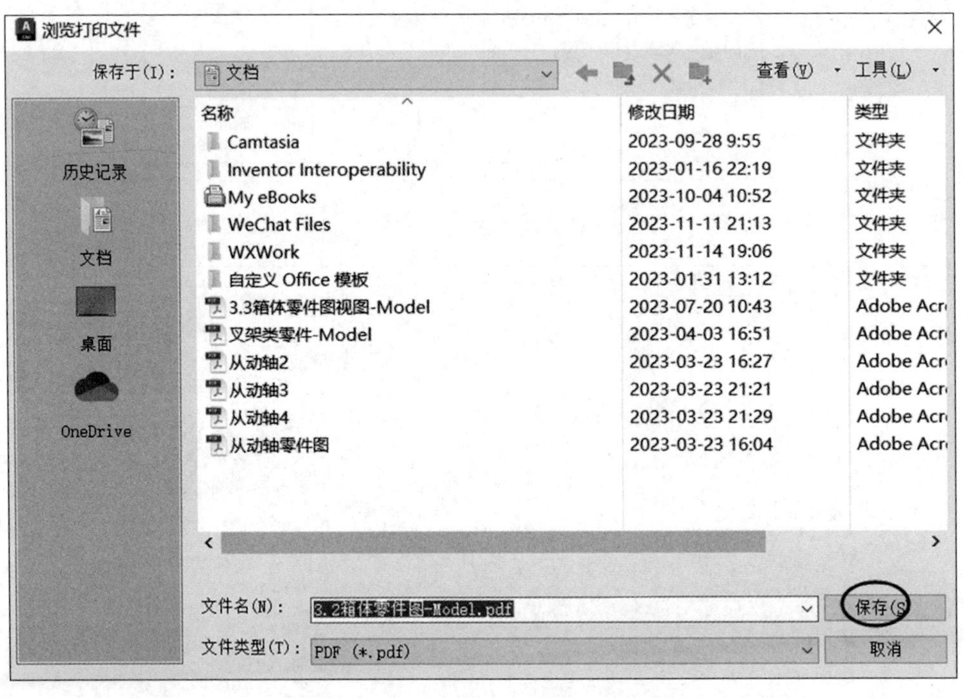

图 3-58 “浏览打印文件”对话框

3.3.5 工程师点评

企业中零部件图纸打印成纸质文件，一般是用于归档和保存。大部分企业之间来往所用的图纸文件，以 PDF 格式文件居多。所以，将 AutoCAD 软件绘制的图形文件打印成 PDF 格式文件，是必须掌握的技能。

打印符合机械制图国标要求的 AutoCAD 文件，其相关设置比较烦琐，除了多练、多总结，提高熟练程度外，还可以先进行页面设置，再打印。在打印时选择设置好的页面设置，这样可以提高多张图样打印的效率。

3.3.6 工作质量评价

1. 质量评价表

序号	自评内容	分数配置	自评得分
1	遵守图幅、图形方向及比例等机械制图国标要求	10 分	
2	熟悉 AutoCAD 2024 软件打印设置的各个流程和内容	30 分	
3	能成功打印一张 1∶1 的 A4 图幅 PDF 格式文件	30 分	
4	能举一反三打印其他图幅的图纸	10 分	
5	反复练习，完成本子任务所需时间应小于 2 min	10 分	
6	能根据“练一练”的思维导图，通过页面设置，实现标准化的图纸打印	10 分	

2. 测一测（判断题）

（1）横向 A4 图幅尺寸为 210 mm×297 mm。（　）

（2）AutoCAD 软件中打印命令快捷键是 Ctrl+P。（　）

（3）如果严格按照 1∶1 的比例打印图纸，一般不显示纸边界。（　）

参考答案

（4）在工作中打印图纸时，应选择与计算机连接的打印机或绘图仪。（　）

（5）打印单张图纸，一般打印范围选择窗口，单击选择绘图区。（　）

页面设置打印文件

3. 练一练

按照图 3-59 所示思维导图，按照先进行页面设置、再打印图纸的方法，打印一张标准图纸。

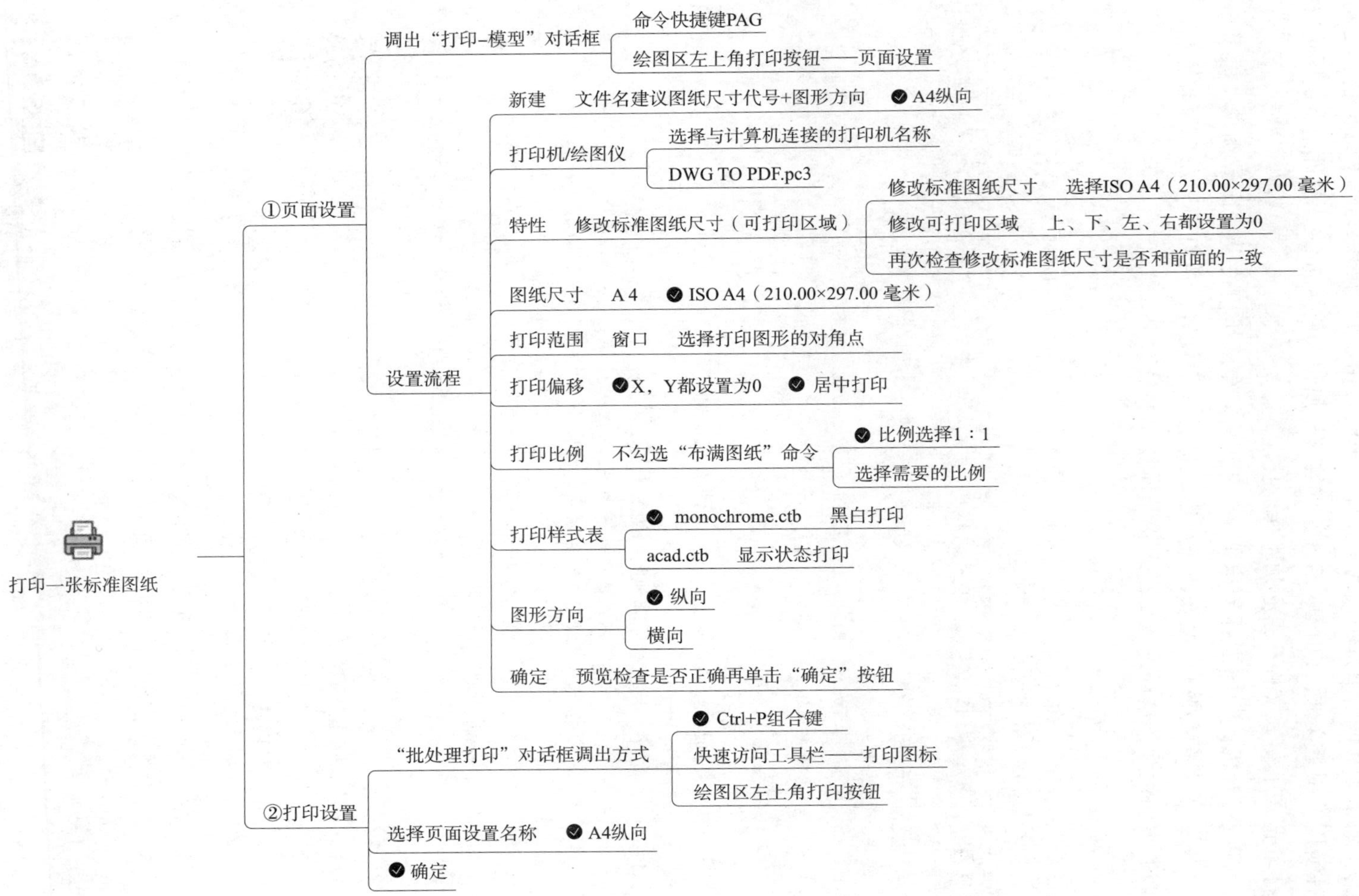

工作笔记

- 打印一张标准图纸
  - ①页面设置
    - 调出“打印-模型”对话框
      - 命令快捷键PAG
      - 绘图区左上角打印按钮——页面设置
    - 设置流程
      - 新建　文件名建议图纸尺寸代号+图形方向　✔ A4纵向
      - 打印机/绘图仪
        - 选择与计算机连接的打印机名称
        - DWG TO PDF.pc3
      - 特性　修改标准图纸尺寸（可打印区域）
        - 修改标准图纸尺寸　选择ISO A4（210.00×297.00 毫米）
        - 修改可打印区域　上、下、左、右都设置为0
        - 再次检查修改标准图纸尺寸是否和前面的一致
      - 图纸尺寸　A 4　✔ ISO A4（210.00×297.00 毫米）
      - 打印范围　窗口　选择打印图形的对角点
      - 打印偏移　✔ X，Y都设置为0　✔ 居中打印
      - 打印比例　不勾选“布满图纸”命令
        - ✔ 比例选择1：1
        - 选择需要的比例
      - 打印样式表
        - ✔ monochrome.ctb　黑白打印
        - acad.ctb　显示状态打印
      - 图形方向
        - ✔ 纵向
        - 横向
      - 确定　预览检查是否正确再单击“确定”按钮
  - ②打印设置
    - “批处理打印”对话框调出方式
      - ✔ Ctrl+P组合键
      - 快速访问工具栏——打印图标
      - 绘图区左上角打印按钮
    - 选择页面设置名称　✔ A4纵向
    - ✔ 确定

图 3-59　题 3 图

工作任务 4　绘制机械零件图

工作要求

本工作任务以典型机械零件图为例，运用 AutoCAD 2024 软件正确绘制机械零件图。内容重点包括正确选择图线，正确选择和合理布置视图，合理标注基本尺寸、线性公差及表面粗糙度，正确输入技术要求和标题栏内容，绘制符合机械制图国标要求的零件图。同时，将继续练习使用 AutoCAD 2024 软件标注表面粗糙度、几何公差，以及设置极限偏差等。本工作任务包括绘制从动轴零件图、绘制齿轮零件图、绘制支架零件图三个子任务。

工作目标

知识目标	能力目标	素质目标
了解零件图的视图表达方案	能分析零件图的视图组成及尺寸	能总结用 AutoCAD 2024 软件绘制典型零件图的方法与步骤
掌握用 AutoCAD 2024 软件绘制零件图的一般步骤	能设计用 AutoCAD 2024 软件绘制零件图的步骤	能用 AutoCAD 2024 软件举一反三绘制类似零件的零件图
掌握用 AutoCAD 2024 软件标注零件图尺寸的相关方法	能根据零件图的尺寸种类设置相应的尺寸标注样式	能领会零件图绘制过程中体现出的具体问题具体分析的智慧
熟悉机械制图国标中对零件图的相关要求	能用 AutoCAD 2024 软件绘制符合机械制图国标要求的零件图	养成遵守机械制图国标要求的习惯

工作任务 4 工作流程图如图 4-1 所示。

工作笔记

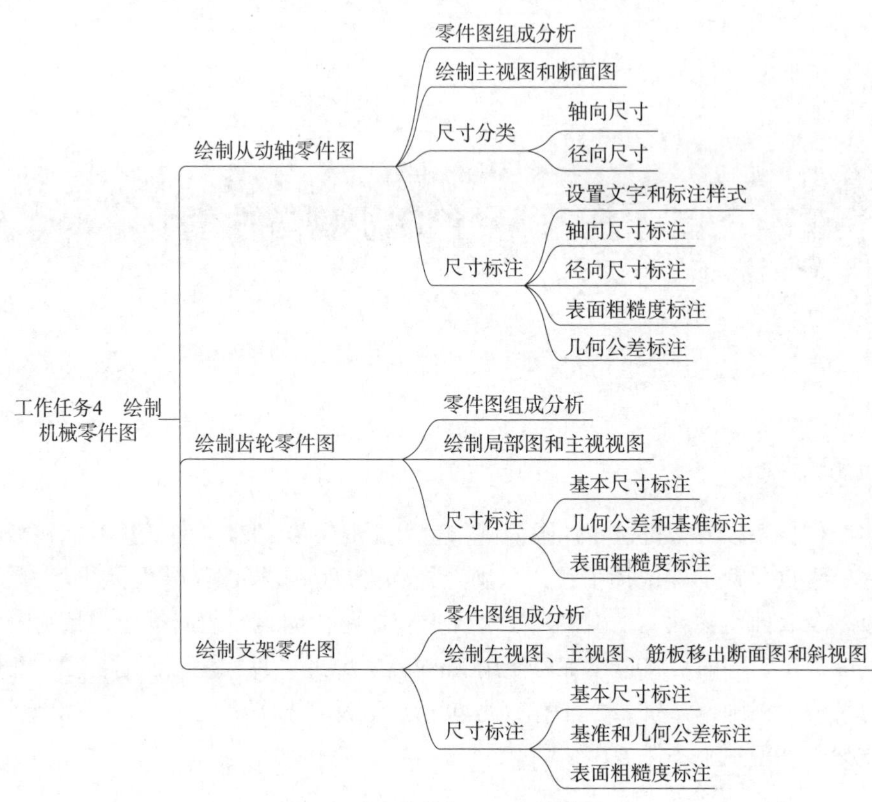

图 4-1 工作任务 4 工作流程图

子任务 4.1 绘制从动轴零件图

任务实施流程如图 4-2 所示。

4.1.1 工作描述

1. 工作内容

本子任务工作内容为绘制从动轴零件图，如图 4-3 所示。

2. 工作目标

（1）熟悉典型轴类零件图的视图表达方案，并能举一反三用到后续轴类零件图的视图表达中。

（2）能总结高效绘制轴类零件图主视图的 AutoCAD 命令组合。

（3）能根据尺寸种类快速设计相应的尺寸样式。

（4）养成自查绘制图形规范性、准确性和可读性的习惯。

（5）对工作质量负责，逐步培养工匠精神。

从动轴零件图的视图分析与绘制

工作笔记

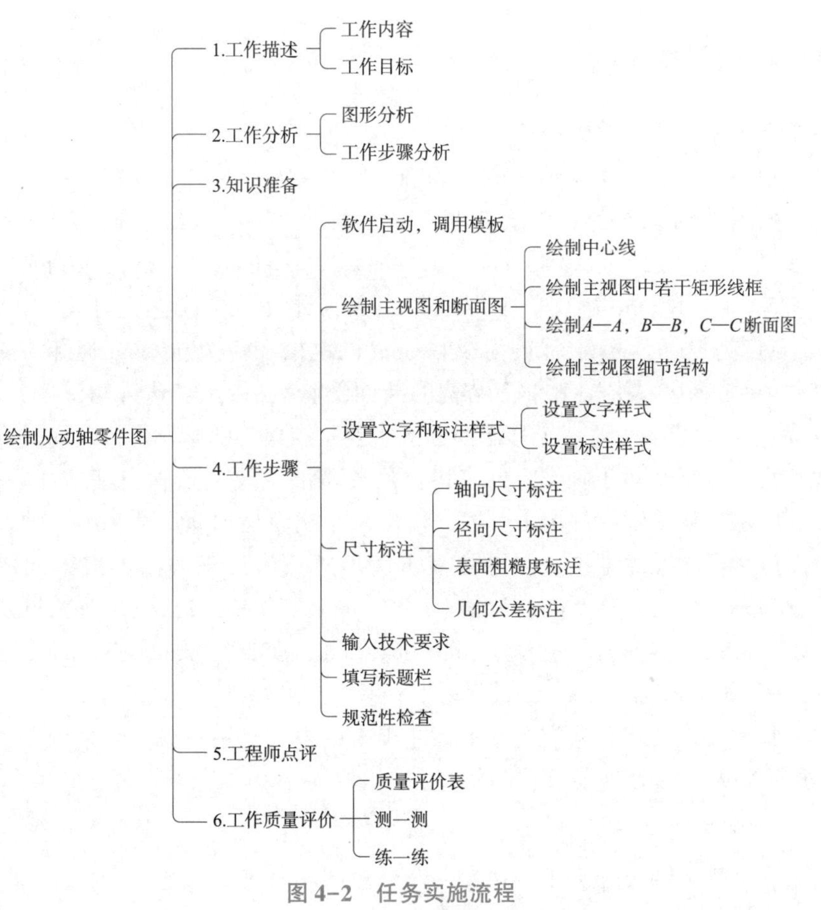

图 4-2 任务实施流程

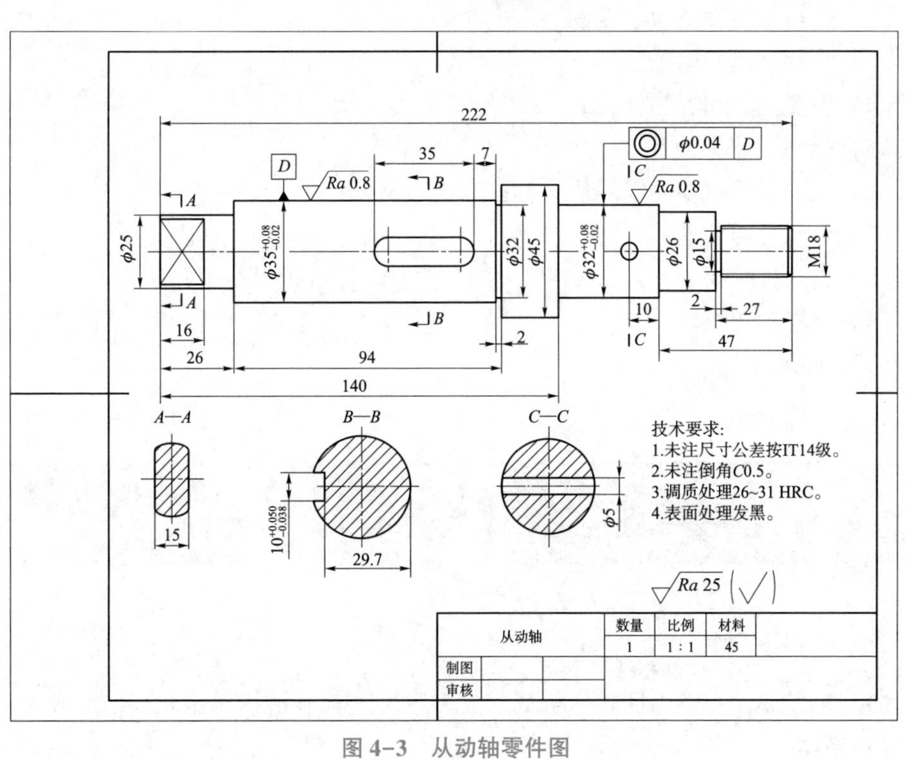

图 4-3 从动轴零件图

4.1.2 工作分析

1. 图形分析

（1）视图分析。图 4-3 所示的从动轴零件图主要由主视图和三个移出断面图组成。其主视图沿轴线对称，主要由长×宽分别为 26 mm×25 mm，2 mm×32 mm，92 mm×$35^{+0.08}_{-0.02}$ mm，20 mm×45 mm，35 mm×$32^{+0.08}_{-0.02}$ mm，20 mm×26 mm，2 mm×15 mm，25 mm×18 mm 等八个矩形线框组成；此外，主视图上还有一个长度为 35 mm、宽度为 $10^{+0.05}_{-0.38}$ mm、深度为 29.7 mm 的键槽和一个 ϕ5 mm 通孔。三个移出断面图中 *A—A* 表达左端轴上平面结构的断面形状，*B—B* 表达键槽深度，*C—C* 表达 ϕ5 mm 孔结构断面，这三个移出断面图主要是在整圆的基础上修改而成的。

（2）尺寸分析。对于轴类零件来讲，尺寸基准主要包括轴向基准和径向基准，从图 4-3 所示的从动轴零件图中可以分析出，左端面是轴向尺寸基准，轴线（主视图中心线）是径向尺寸基准。尺寸主要分为两类，包括表示沿轴线方向的长度尺寸，如 16 mm，26 mm，94 mm，2 mm，47 mm，27 mm，222 mm 等，以及径向尺寸，如 ϕ25 mm，ϕ32 mm，$\phi35^{+0.08}_{-0.02}$ mm，ϕ45 mm，$\phi32^{+0.08}_{-0.02}$ mm，ϕ26 mm，ϕ15 mm，M18 mm 等；轴总长为 222 mm。

（3）技术要求。将无法在视图上标注出来的内容，用一段文字来说明，主要包括未注尺寸公差、热处理要求、倒角等。

2. 工作步骤分析

（1）根据零件的尺寸大小，选择合适的比例和图幅。

（2）先绘制主视图主要轮廓。

（3）绘制移出断面图。

（4）设置文字和标注样式。

（5）标注尺寸。

（6）调用表面粗糙度符号块，标注表面粗糙度。

（7）标注几何公差。

（8）输入技术要求。

（9）填写标题栏。

（10）规范性检查。

提示

> 在绘图之前，熟悉轴类零件图的视图表达方案特征、绘图规范和要求，联系轴类零件加工和使用要求，在绘图过程中牢记这些规范和要求。

4.1.3 知识准备

（1）轴类零件一般由回转体组成，大多数轴上都有键槽、小孔、中心孔、退刀槽等局部结构。

工作笔记

（2）轴类零件的零件图一般只需一个主视图，如果有键槽和孔等结构，可以增加必要的断面图和局部视图；对于退刀槽、中心孔等细小结构，必要时可以采用局部放大图来明确表达具体细小结构的形状和尺寸。

4.1.4 工作步骤

步骤 1：软件启动，调用模板。

启动 AutoCAD 2024 软件，可调用工作任务 1 制作的“机械 A4 绘图模板”文件，自动生成 Drawing1 文件，将文件另存为“从动轴.dwg”图形文件。如果没有相应模板，则参考工作任务 1 创建相应的图层，绘制图框和标题栏。

步骤 2：绘制主视图和断面图。

为了绘图方便，可以先在图纸图框外进行绘图，绘制调整好视图距离，再移到图框内。

（1）绘制中心线。

选择“中心线”图层，并在状态栏打开正交模式，单击“直线”按钮，或在命令行输入 L 再按 Enter 键，绘制一条长为 230 mm 的线段。

（2）绘制主视图中若干矩形线框。沿轴线从左到右包括两个退刀槽在内共 8 个矩形线框，尺寸分别是 26 mm×25 mm，92 mm×$35^{+0.08}_{-0.02}$ mm，2 mm×32 mm，20 mm×45 mm，35 mm×$32^{+0.08}_{-0.02}$ mm，20 mm×26 mm，2 mm×15 mm，25 mm×18 mm。利用矩形命令从左到右绘制这 8 个矩形线框，选取“轮廓线”图层，进行如下操作。

① 单击“矩形”按钮，对角线第 1 点在绘图区域可任意指定，第 2 点在命令行输入@ 26，25，那么 26 mm×25 mm 矩形线框就绘制好了，如图 4-4 所示。

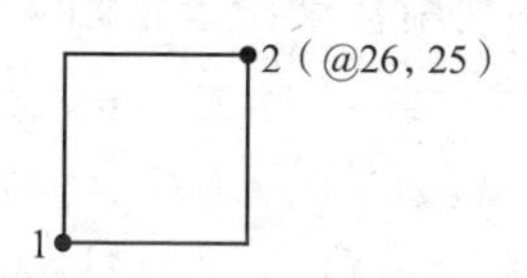

图 4-4　绘制 26 mm×25 mm 矩形线框

按照这种方法绘制其余矩形线框，命令行窗口出现以下提示信息。

```
命令:_rectang
指定第一个角点或[倒角(C)/标高(E)/圆角(F)/厚度(T)/宽度(W)]:(单击)
指定另一个角点或[面积(A)/尺寸(D)/旋转(R)]:@ 26,25(按 Enter 键)
(按 Enter 键)
指定第一个角点或[倒角(C)/标高(E)/圆角(F)/厚度(T)/宽度(W)]:(单击)
指定另一个角点或[面积(A)/尺寸(D)/旋转(R)]:@ 92,35(按 Enter 键)
(按 Enter 键)
指定第一个角点或[倒角(C)/标高(E)/圆角(F)/厚度(T)/宽度(W)]:(单击)
指定另一个角点或[面积(A)/尺寸(D)/旋转(R)]:@ 2,32(按 Enter 键)
(按 Enter 键)
指定第一个角点或[倒角(C)/标高(E)/圆角(F)/厚度(T)/宽度(W)]:(单击)
指定另一个角点或[面积(A)/尺寸(D)/旋转(R)]:@ 20,45(按 Enter 键)
```

工作笔记

```
(按 Enter 键)
指定第一个角点或[倒角(C)/标高(E)/圆角(F)/厚度(T)/宽度(W)]:(单击)
指定另一个角点或[面积(A)/尺寸(D)/旋转(R)]:@ 35,32(按 Enter 键)
(按 Enter 键)
指定第一个角点或[倒角(C)/标高(E)/圆角(F)/厚度(T)/宽度(W)]:(单击)
指定另一个角点或[面积(A)/尺寸(D)/旋转(R)]:@ 20,26(按 Enter 键)
(按 Enter 键)
指定第一个角点或[倒角(C)/标高(E)/圆角(F)/厚度(T)/宽度(W)]:(单击)
指定另一个角点或[面积(A)/尺寸(D)/旋转(R)]:@ 2,15(按 Enter 键)
(按 Enter 键)
指定第一个角点或[倒角(C)/标高(E)/圆角(F)/厚度(T)/宽度(W)]:(单击)
指定另一个角点或[面积(A)/尺寸(D)/旋转(R)]:@ 25,18(按 Enter 键)
```

通过上述命令操作，完成 26 mm×25 mm，92 mm×$35^{+0.08}_{-0.02}$ mm，2 mm×32 mm，20 mm×45 mm，35 mm×$32^{+0.08}_{-0.02}$ mm，20 mm×26 mm，2 mm×15 mm，25 mm×18 mm 的 8 个矩形线框，将这 8 个矩形线框沿轴线方向从左到右放置，组成主视图矩形线框，如图 4-5 所示。

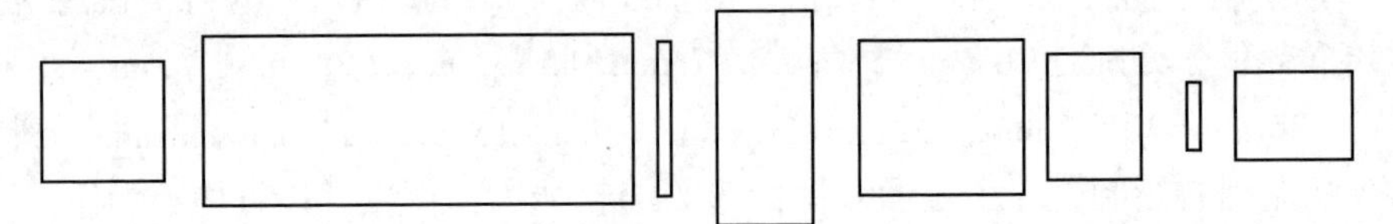

图 4-5 组成主视图矩形线框

②单击“移动”按钮，利用移动命令将图 4-5 中的 8 个矩形线框依次以中点重合的方式连接在一起。保持 26 mm×25 mm 矩形框位置不变，移动 92 mm×$35^{+0.08}_{-0.02}$ mm 矩形线框，以其左边线段的中点为基点，并以此基点为基准移动 92 mm×$35^{+0.08}_{-0.02}$ mm 矩形线框，移动到 26 mm×25 mm 矩形框右边线段中点为第 2 点，这样两个矩形线框就连接到一起了，如图 4-6 所示。

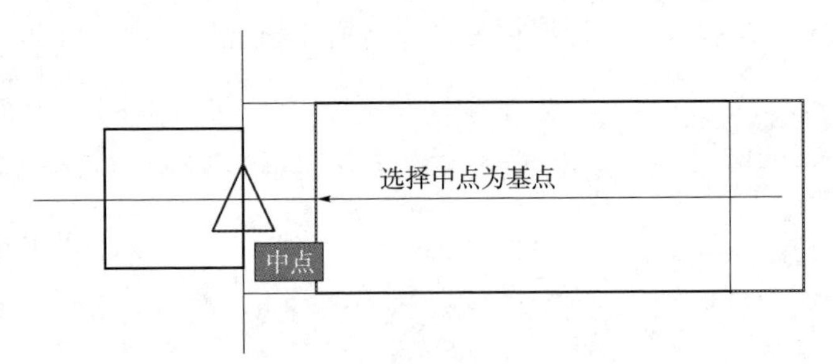

图 4-6 利用移动命令连接矩形线框

利用移动命令连接其余矩形线框。命令行窗口出现以下提示信息。

```
命令:M(按 Enter 键)
选择对象:(选取 92 mm×35+0.08/-0.02 mm 矩形线框,按 Enter 键或右击)
```

指定基点或[位移(D)]<位移>:(选取 92 mm×35$^{+0.08}_{-0.02}$ mm 矩形线框左边线段中点为基点)

指定第二个点或<使用第一个点作为位移>:(选取 26 mm×25 mm 矩形线框右边中点,按 Enter 键)

选择对象:(选取 2 mm×32 mm 矩形线框,按 Enter 键或右击)

指定基点或[位移(D)]<位移>:(选取 2 mm×32 mm 矩形线框左边线段中点为基点)

指定第二个点或<使用第一个点作为位移>:(选取 92 mm×35$^{+0.08}_{-0.02}$ mm 矩形线框右边中点,按 Enter 键)

选择对象:(选取 20 mm×45 mm 矩形线框,按 Enter 键或右击)

指定基点或[位移(D)]<位移>:(选取 20 mm×45 mm 矩形线框左边线段中点为基点)

指定第二个点或<使用第一个点作为位移>:(选取 2 mm×32 mm 矩形线框右边中点,按 Enter 键)

选择对象:(选取 35 mm×32$^{+0.08}_{-0.02}$ mm 矩形线框,按 Enter 键或右击)

指定基点或[位移(D)]<位移>:(选取 35 mm×32$^{+0.08}_{-0.02}$ mm 矩形线框左边线段中点为基点)

指定第二个点或<使用第一个点作为位移>:(选取 20 mm×45 mm 矩形线框右边中点,按 Enter 键)

选择对象:(选取 20 mm×26 mm 矩形线框,按 Enter 键或右击)

指定基点或[位移(D)]<位移>:(选取 20 mm×26 mm 矩形线框左边线段中点为基点)

指定第二个点或<使用第一个点作为位移>:(选取 35 mm×32$^{+0.08}_{-0.02}$ mm 矩形线框右边中点,按 Enter 键)

选择对象:(选取 2 mm×15 mm 矩形线框,按 Enter 键或右击)

指定基点或[位移(D)]<位移>:(选取 2 mm×15 mm 矩形线框左边线段中点为基点)

指定第二个点或<使用第一个点作为位移>:(选取 20 mm×26 mm 矩形线框右边中点,按 Enter 键)

选择对象:(选取 25 mm×18 mm 矩形线框,按 Enter 键或右击)

指定基点或[位移(D)]<位移>:(选取 25 mm×18 mm 矩形线框左边线段中点为基点)

指定第二个点或<使用第一个点作为位移>:(选取 2 mm×15 mm 矩形线框右边中点,按 Enter 键)

选择对象:(选取 230 mm 的中心线)

指定基点或[位移(D)]<位移>:(选取中心线的左端点为基点)

指定第二个点或<使用第一个点作为位移>:(选取 26 mm×25 mm 矩形左边线段中点)

经过上述移动命令的使用，8 个矩形线框头尾相连，主视图主要轮廓基本完成，如图 4-7 所示。

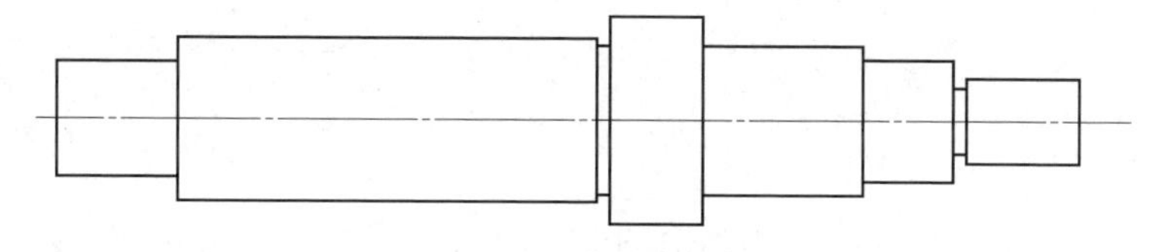

图 4-7　主视图主要轮廓

(3) 绘制 *A—A*，*B—B*，*C—C* 断面图。26 mm×ϕ25 mm 圆柱上的平面结构是轴被平面截切得到的截交线，根据图纸上所标注的尺寸是无法绘制的，所以需要先绘制 *A—A* 断面图。

① 选取“中心线”图层，并打开状态栏中的正交模式。

② 单击“直线”按钮，或在命令行输入 L 再按 Enter 键，在主视图下方适当区域绘制三个断面图的中心线，如图 4-8 所示。

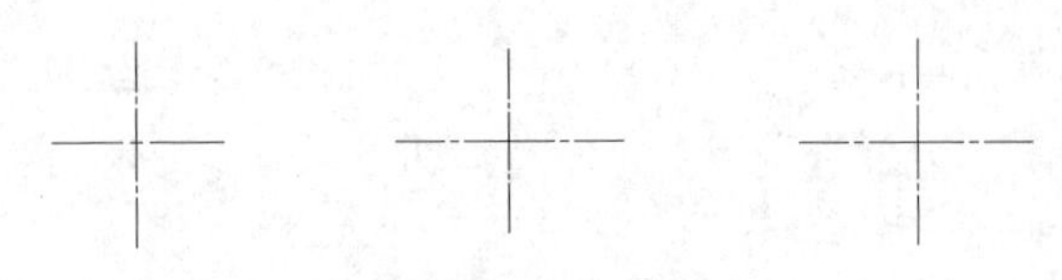

图 4-8　绘制断面图中心线

③ 选取“轮廓线”图层。

④ 单击“圆”按钮，或在命令行输入 C 再按 Enter 键，从左到右依次以两条中心线交点为圆心，绘制直径分别为 25 mm，35 mm 和 32 mm 的圆，如图 4-9 所示。

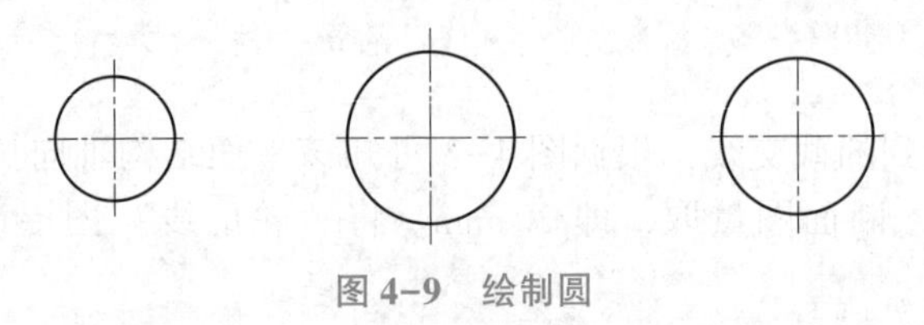

图 4-9　绘制圆

⑤ 单击“偏移”按钮，或在命令行输入 O 再按 Enter 键，分别创建辅助线，辅助线及偏移距离如图 4-10 所示。

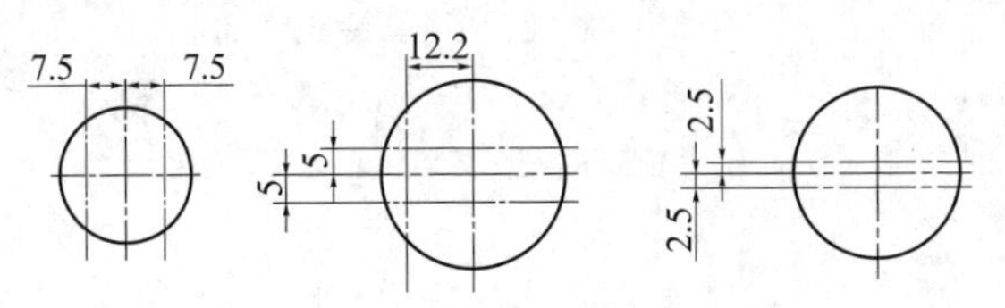

图 4-10　创建辅助线及偏移距离

⑥ 单击“修剪”按钮，或在命令行输入 TR 再按 Enter 键，修剪不需要的线段，修剪结果如图 4-11 所示，通过“特性匹配”按钮将图线切换至相应图层。

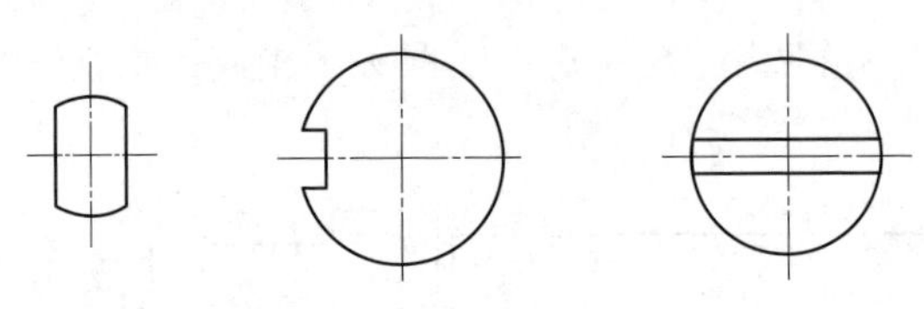

图 4-11　修剪和图线特性匹配结果

⑦ 将“剖面线”图层设置为当前图层。单击“图案填充”按钮，或在命令行输入 H 再按 Enter 键，功能区转换为“图案填充创建”选项卡，如图 4-12 所示。其中，在“图案”选项组中选择 ANSI31 命令；在“特性”选项组中，设置“角度”为 0，比例为 1；在“边界”选项组中单击“拾取点”按钮，分别在要绘制剖面线的区域内单击，定义好填充区域后按 Enter 键或单击“关闭图案填充创建”按钮，完成填充剖面线，如图 4-13 所示。

(4) 绘制主视图细节结构。主视图中 26 mm×ϕ25 mm 圆柱上的平面结构、键槽、小孔和 M18 mm 螺纹小径还未绘制。

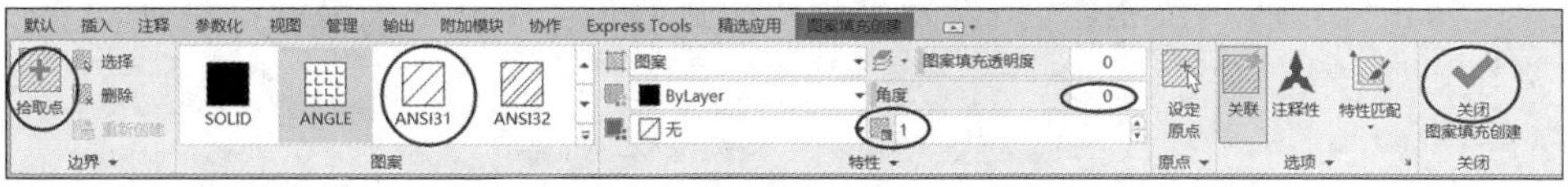

工作笔记

图 4-12 “图案填充创建”选项卡

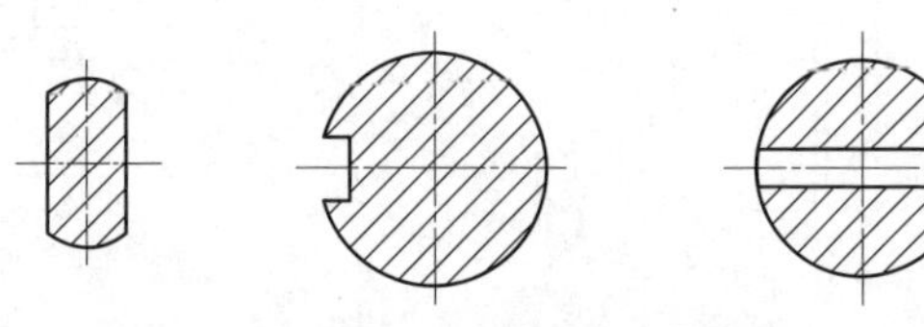

图 4-13 完成填充剖面线

① 绘制 26 mm×ϕ25 mm 圆柱上的平面结构。26 mm×ϕ25 mm 圆柱上的平面结构是轴被平面截切得到的截交线，根据图 4-3 可知该平面结构轴向长度为 16 mm，径向尺寸可根据 *A*—*A* 断面图量取，即 20 mm。将“轮廓线”图层设置为当前图层，单击“矩形”按钮绘制一个长为 16 mm、宽为 20 mm 的矩形，利用“移动”按钮将16 mm×20 mm的矩形线框左边线段中点和 26 mm×25 mm 矩形线框左边线段中点重合。选取“细实线”图层，将 16 mm×20 mm 对角线利用直线命令连起来，如图 4-14 所示。

图 4-14 绘制平面结构

提示

根据机械制图国标要求，应采用两条相交的细实线表现圆柱上的平面结构，注意细实线绘制的规范要求。

② 绘制 92 mm×$\phi35^{+0.08}_{-0.02}$ mm 圆柱段键槽。键槽长度为 35 mm，宽度为 10 mm，定位尺寸为 7 mm，其绘制具体步骤如下。

a. 框选主视图中 92 mm×$\phi35^{+0.08}_{-0.02}$ mm 到右端所有矩形线框，单击“分解”按钮。

b. 单击“偏移”按钮，将 92 mm×$35^{+0.08}_{-0.02}$ mm 矩形线框右边线段向左偏移 7 mm，得到键槽位置辅助线，如图 4-15 所示。

c. 单击“矩形”按钮，绘制 35 mm×10 mm 的矩形线框。

d. 单击“移动”按钮，选取 35 mm×10 mm 矩形线框的右边中点为基点，移动到辅助线的中点，删除辅助线。

e. 单击“圆角”按钮，设置圆角半径为 5 mm，选取 35 mm×10 mm 矩形线框的 4 个角进行倒圆角操作。

工作笔记

f. 单击“直线”按钮，绘制键槽两圆弧的中心线。键槽绘制结果如图 4-16 所示。

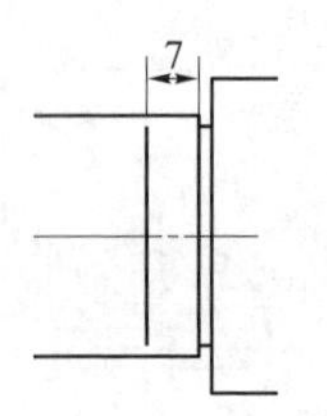

图 4-15　键槽位置辅助线

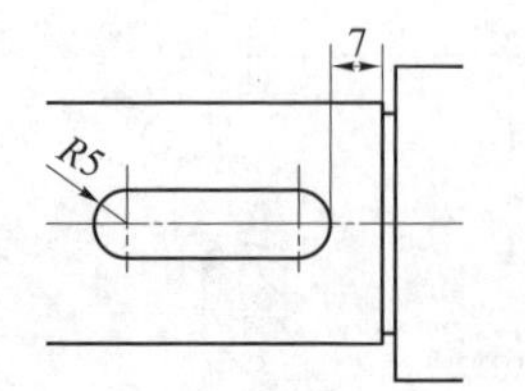

图 4-16　键槽绘制结果

③ 绘制 $\phi5$ mm 的小孔。$\phi5$ mm 小孔位于 35 mm×$\phi32^{+0.08}_{-0.02}$ mm 圆柱段上，定位尺寸为 10 mm，其绘制具体步骤如下。

a. 单击“偏移”按钮，将 35 mm×32 mm 矩形线框右边线段向左偏移 10 mm，得到小孔圆心位置辅助线，如图 4-17 所示。

b. 单击“圆”按钮，以刚创建的辅助线和中心线的交点为圆心绘制一个半径为2.5 mm 的小圆，然后将辅助线转为中心线。小孔绘制结果如图 4-18 所示。

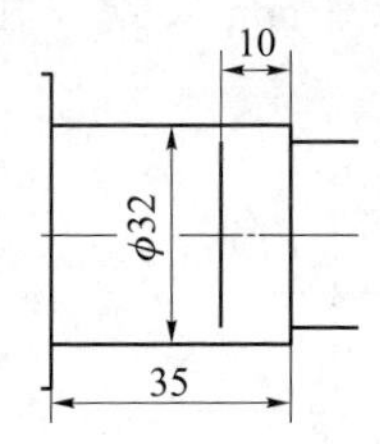

图 4-17　小孔圆心位置辅助线

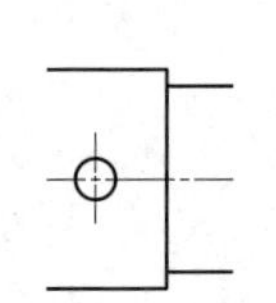

图 4-18　小孔绘制结果

提示

根据机械制图国标要求，外螺纹公称直径（大径）用粗实线表示，小径用细实线表示，注意遵守规范。

④ 绘制 M18 mm 螺纹。查螺纹标准表，M18 mm 螺纹小径为 15.92 mm，其绘制具体步骤如下。

a. 选用“细实线”图层。

b. 单击“矩形”按钮，绘制 25 mm×15.92 mm 的矩形线框。

c. 单击“移动”按钮，选取 25 mm×15.92 mm 矩形线框的右边中点为基点，将其移动到主视图最右边线段中点，倒角后，从动轴主视图绘制完成，如图 4-19 所示。

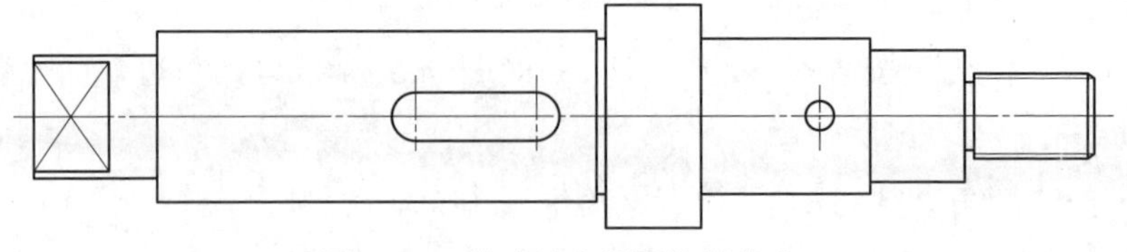

图 4-19　从动轴主视图绘制完成

工作笔记

从动轴所有视图如图 4-20 所示。

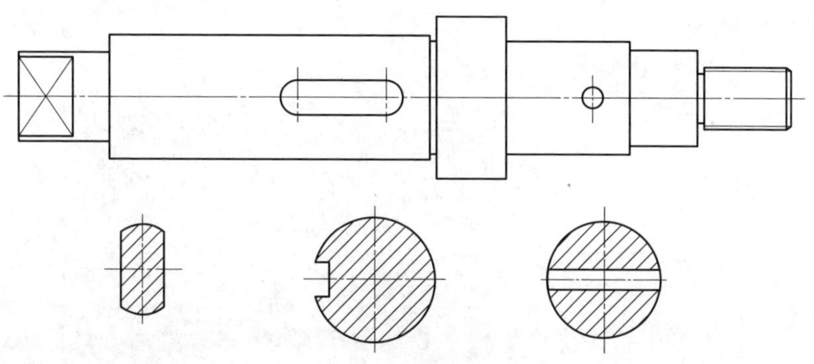

图 4-20　从动轴所有视图

步骤 3：设置文字和标注样式。

1. 设置文字样式

(1) 设置 GB3.5 文字样式。

① 在命令行输入 ST 再按 Enter 键，弹出“文字样式”对话框，如图 4-21 所示。

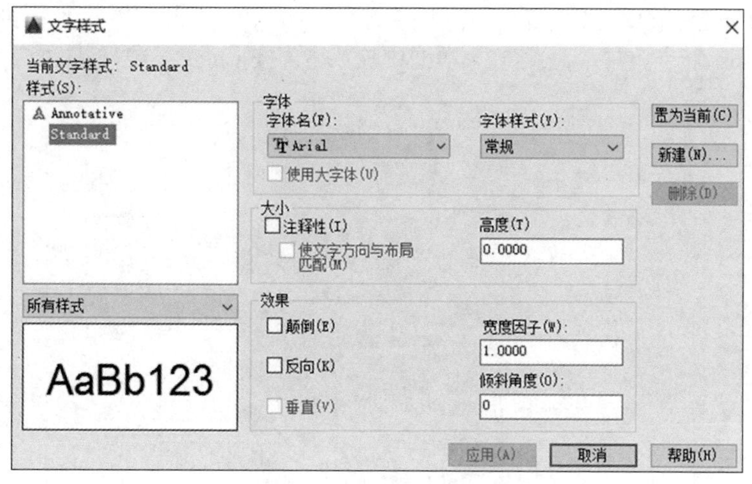

图 4-21　“文字样式”对话框

② 单击“文字样式”对话框中的“新建”按钮，弹出“新建文字样式”对话框，如图 4-22 所示。在样式名文本框中输入 GB3.5，单击“确定”按钮。

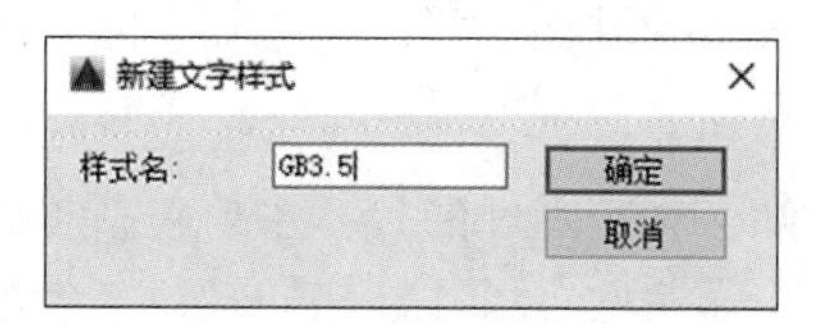

图 4-22　“新建文字样式”对话框

从动轴零件图的尺寸标注

③ 在“文字样式”对话框“字体”选项组的“SHX 字体”下拉列表框中选择 gbenor.shx 命令，勾选“使用大字体”复选框，接着在“大字体”下拉列表框中选择 gbcbig.shx 命令，在“高度”文本框中输入 3.5，如图 4-23 所示。

④ 在“文字样式”对话框中单击“应用”按钮。

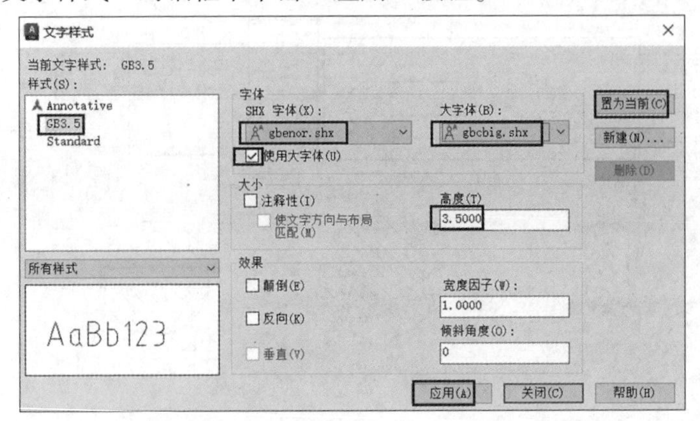

图 4-23　设置 GB3.5 文字样式

（2）设置 GB-5 文字样式。

① 单击“文字样式”对话框中的“新建”按钮，弹出“新建文字样式”对话框，在“样式名”文本框中输入 GB-5，单击“确定”按钮。

② 在“文字样式”对话框“字体”选项组的“SHX 字体”下拉列表框中选择 gbenor.shx 命令，勾选“使用大字体”复选框，接着在“大字体”下拉列表框中选择 gbcbig.shx 命令，在“高度”文本框中输入 5，按 Enter 键或单击“应用”按钮，如图 4-24 所示。

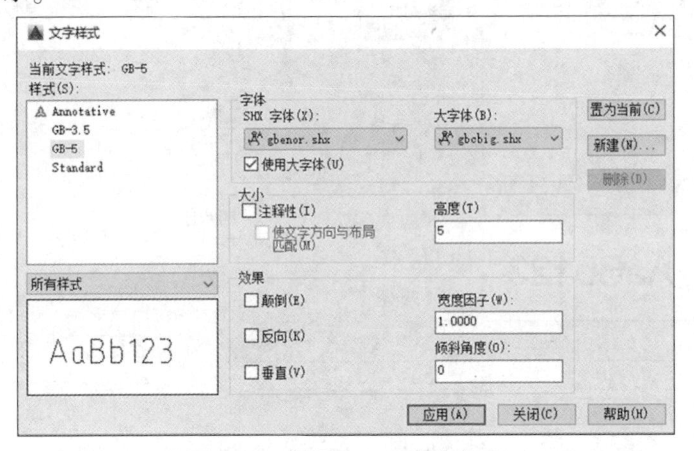

图 4-24　设置 GB-5 文字样式

③ 单击“文字样式”对话框中的“关闭”按钮，完成两种字高的文字样式设置。

2. 设置标注样式

由前面的尺寸分析可知，轴类零件的尺寸主要包括轴向长度，以及组成轴的每段回转体的直径，因此至少需要两个尺寸标注样式，一个命名为“轴向尺寸标注”，另一个命名为“径向尺寸标注”。下面具体描述尺寸标注样式的设置步骤。

（1）设置轴向尺寸标注样式。

① 在命令行输入 D 再按 Enter 键，弹出“标注样式管理器”对话框，如图 4-25 所示。

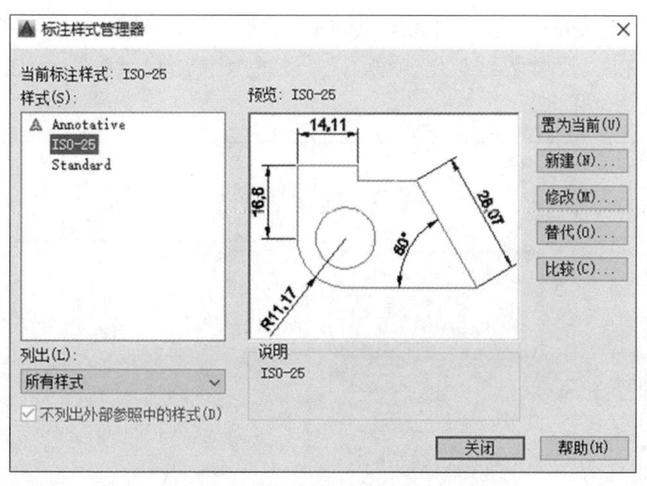

图 4-25 “标注样式管理”对话框

② 在“标注样式管理”对话框中单击“新建”按钮，打开“创建新标注样式”对话框。

③ 在“创建新标注样式”对话框的“新样式名”文本框中输入“轴向尺寸标注”，如图 4-26 所示，单击“继续”按钮。

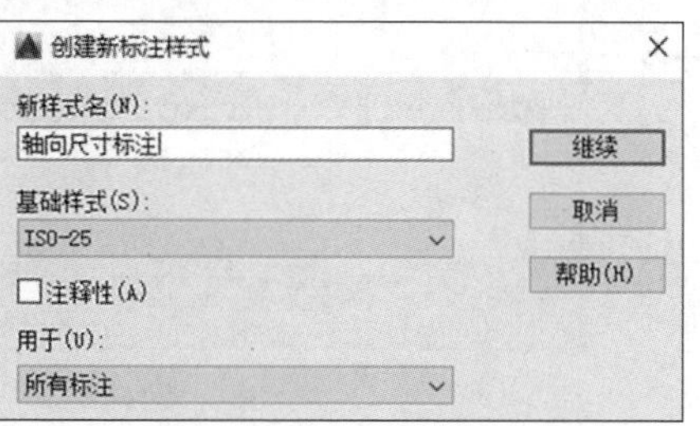

图 4-26 输入新样式名

④ 弹出“新建标注样式：轴向尺寸标注”对话框。单击“文字”标签，进入“文字”选项卡，在“文字外观”选项组的“文字样式”下拉列表框中选择 GB-5 命令，“文字高度”默认为 5，该选项卡参数设置如图 4-27 所示。

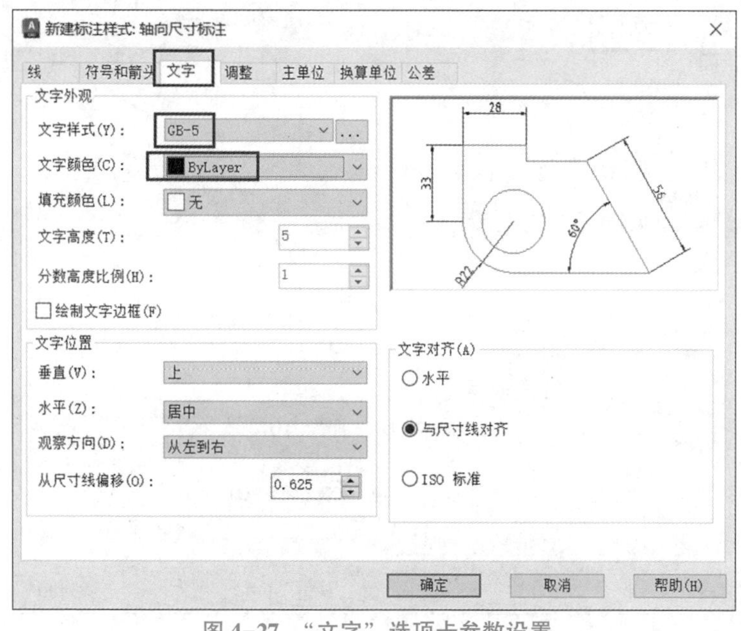

图 4-27 “文字”选项卡参数设置

⑤ 单击“线”标签，进入“线”选项卡，在“尺寸线”选项组中，设置“基线间距”为5，在“尺寸界线”选项组中，设置“超出尺寸线”为2.5，“起点偏移量”为0，如图4-28所示。

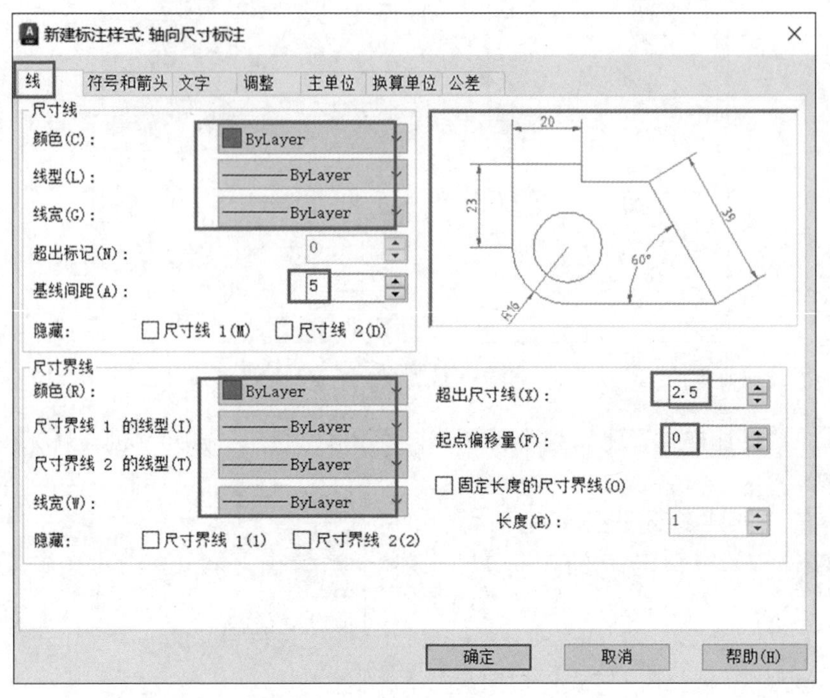

图4-28 “线”选项卡参数设置

⑥ 单击“符号和箭头”标签，进入“符号和箭头”选项卡，设置“箭头大小”为3，在“圆心标记”选项组中选中“标记”单选按钮并设置为2.5，如图4-29所示。

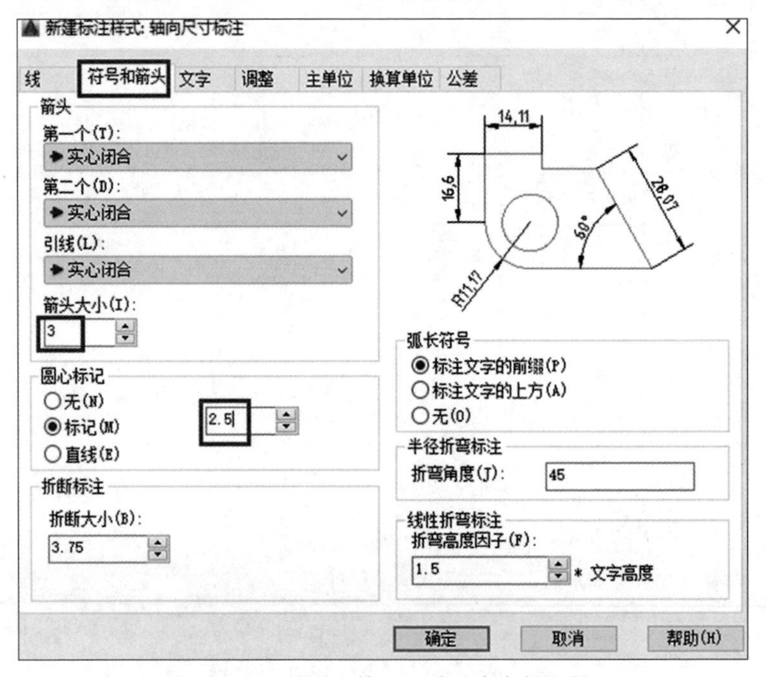

图4-29 “符号和箭头”选项卡参数设置

⑦ 单击“主单位”标签，进入“主单位”选项卡，在“线性标注”选项组的“小数分隔符”下拉列表框中选择“.”(句点)命令，如图 4-30 所示。

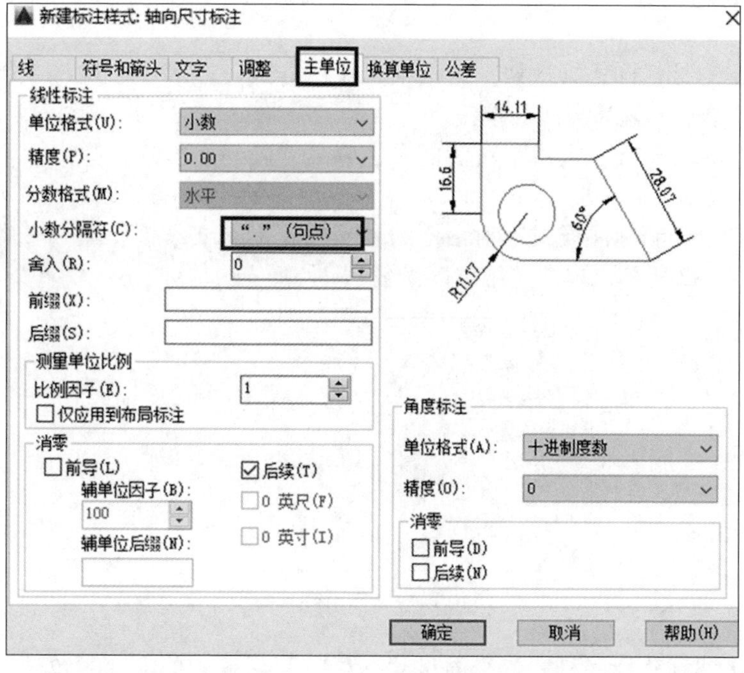

图 4-30 “主单位”选项卡参数设置

⑧ 单击“调整”标签，进入“调整”选项卡，其参数设置如图 4-31 所示。

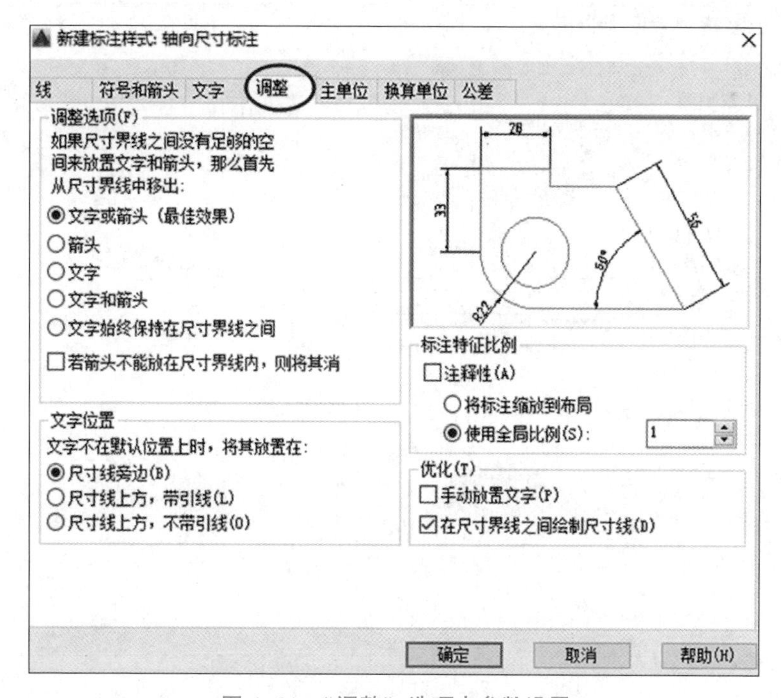

图 4-31 “调整”选项卡参数设置

⑨ 其余选项卡参数设置为默认值，单击“确定”按钮，完成轴向尺寸标注样式设置，返回“标注样式管理器”对话框。

（2）设置径向尺寸标注样式。在轴向尺寸标注样式的基础上设置径向尺寸标注样式。

① 调出“标注样式管理器”对话框，在“样式”列表框中选择“轴向尺寸标注”命令，单击“置为当前”按钮。

② 在“标注样式管理器”对话框中，单击“新建”按钮，弹出“创建新标注样式”对话框。

③ 在“创建新标注样式”对话框的“新样式名”文本框中输入“径向尺寸标注”，如图 4-32 所示，单击“继续”按钮。

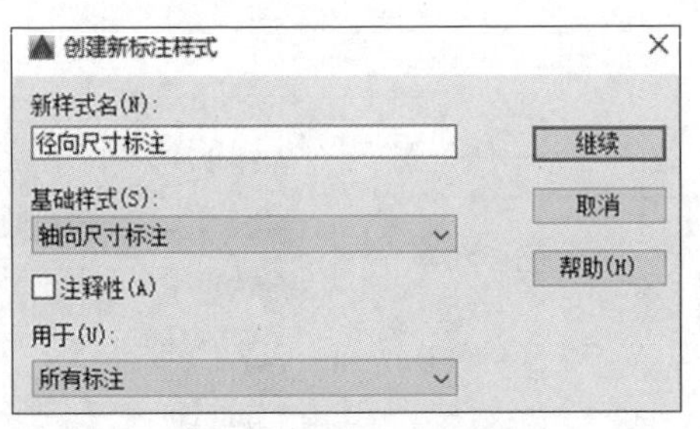

图 4-32　输入新样式名

④ 弹出“新建标注样式：径向尺寸标注”对话框。单击“主单位”标签，进入“主单位”选项卡，在“线性标注”选项组的“前缀”文本框中输入%%C，其余参数设置保持不变，如图 4-33 所示。

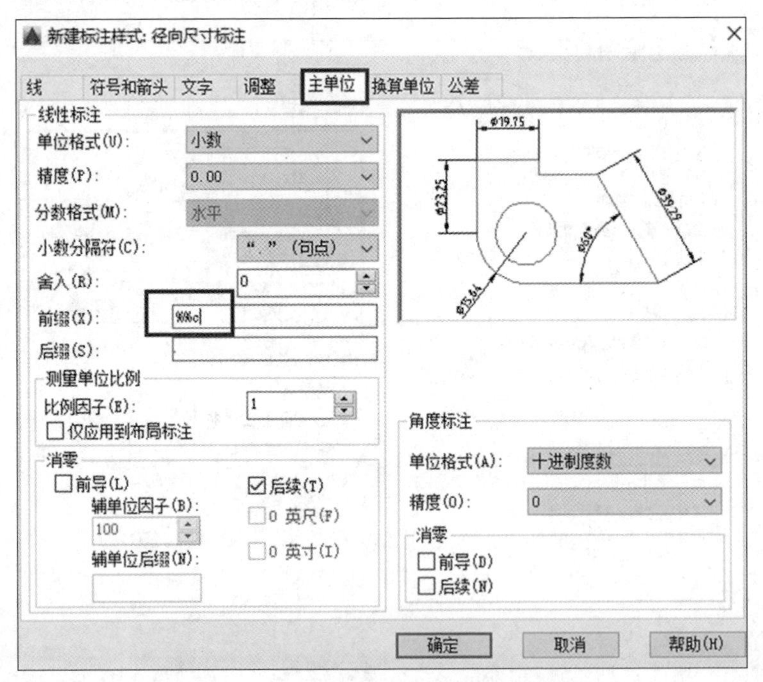

图 4-33　“主单位”选项卡参数设置

步骤 4：尺寸标注。

（1）轴向尺寸标注。

① 在功能区的“注释”选项卡中可以选择文字和标注样式，其中标注样式选择“轴向尺寸标注”命令，如图 4-34 所示。

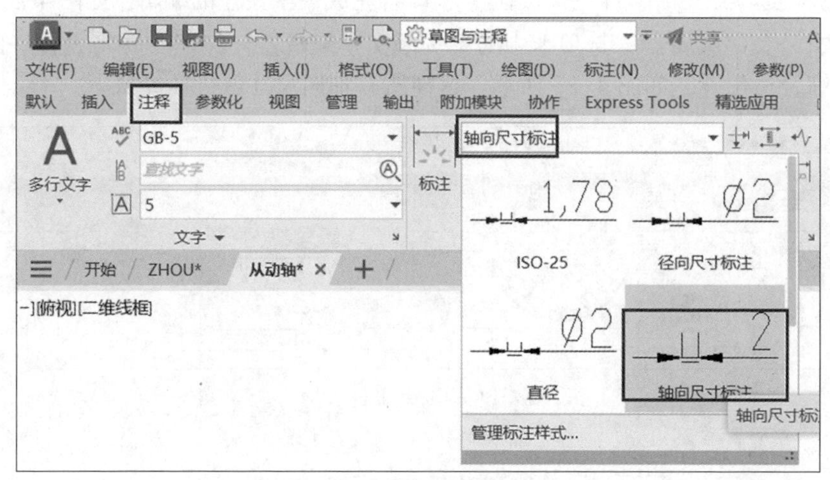

图 4-34　文字和标注样式选择

② 单击“线性”按钮，标注零件图中所有线性尺寸（有极限偏差的除外），如图 4-35 所示。一般情况下对于轴类零件，轴向每段回转体的尺寸一般都标注在主视图的一侧，对于轴向键槽或者小孔的定位尺寸一般标注在主视图的另外一侧。

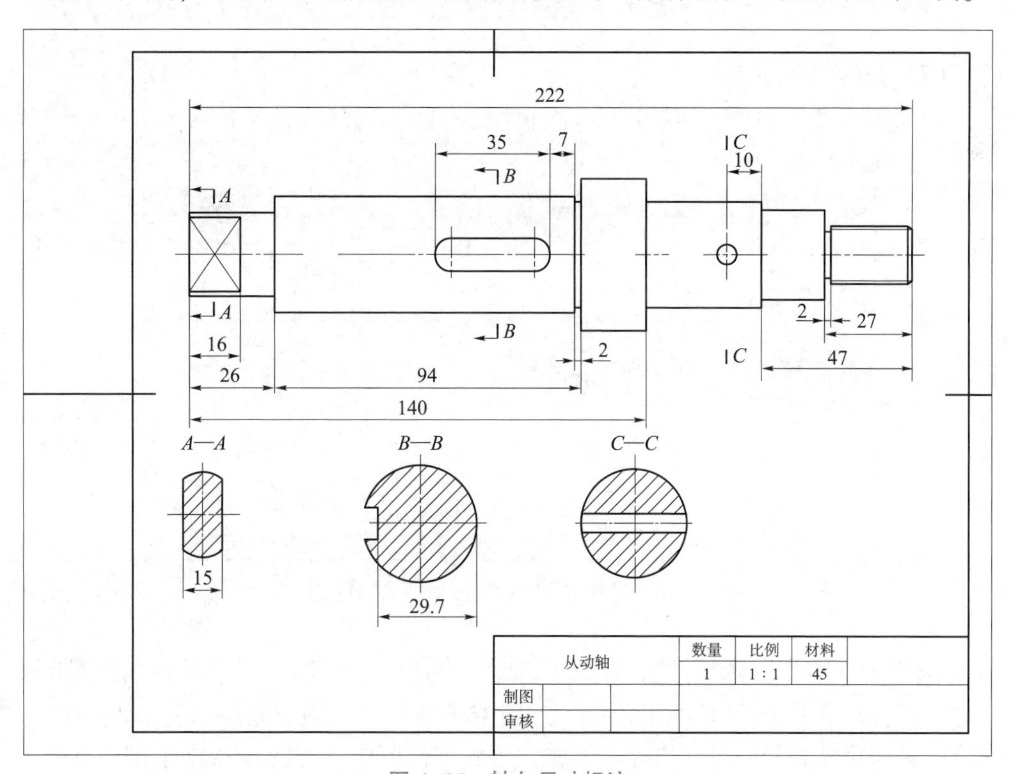

图 4-35　轴向尺寸标注

工作笔记

工作笔记

③ 有极限偏差的轴向尺寸标注。在本子任务零件图中线性尺寸有极限偏差的只有键槽宽度尺寸 $10^{+0.050}_{-0.038}$。单击“线性”按钮，选择键槽宽度两边界，在命令行输入 M 按 Enter 键，切换到文字编辑文本框，选中基本尺寸 10 后边的上下偏差，单击“格式”选项组中的“堆叠”按钮，即可完成极限偏差的编辑，如图 4-36 所示。然后单击“文字编辑器”选项卡中的“关闭文字编辑器”按钮，并将设置好的尺寸数字放在合适位置，如图 4-37 所示。这样所有轴向尺寸就标注完成了。

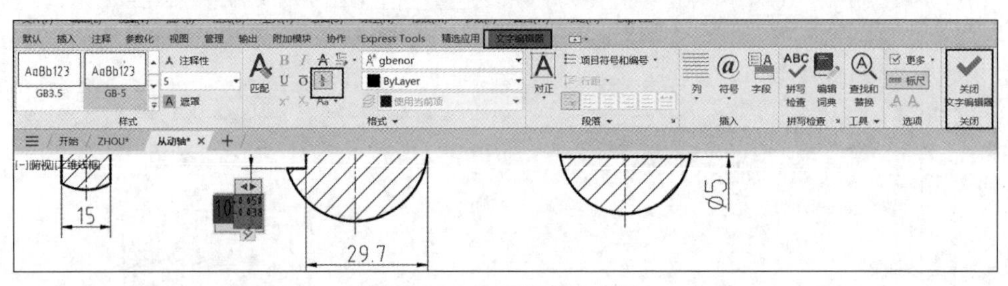

图 4-36　极限偏差的编辑

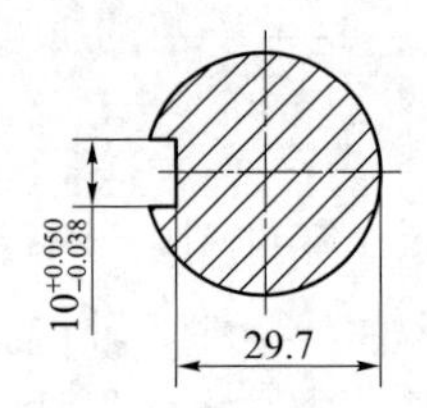

图 4-37　键槽宽度尺寸极限偏差标注

（2）径向尺寸标注。

① 在功能区“注释”选项卡中，标注样式选择“径向尺寸标注”，如图 4-38 所示。

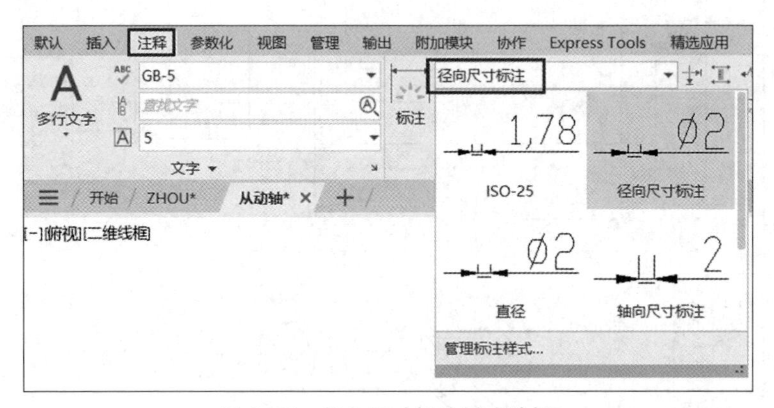

图 4-38　径向尺寸标注样式选择

② 单击“线性”按钮，标注零件图中所有直径尺寸，其中有极限偏差的直径尺寸标注参考图 4-36 和图 4-37 中描述的键槽宽度尺寸极限偏差的标注，如图 4-39 所示。轴向尺寸和径向尺寸均标注完成，至此零件图中所有的线性尺寸和直径尺寸标注完成，如图 4-40 所示。

工作笔记

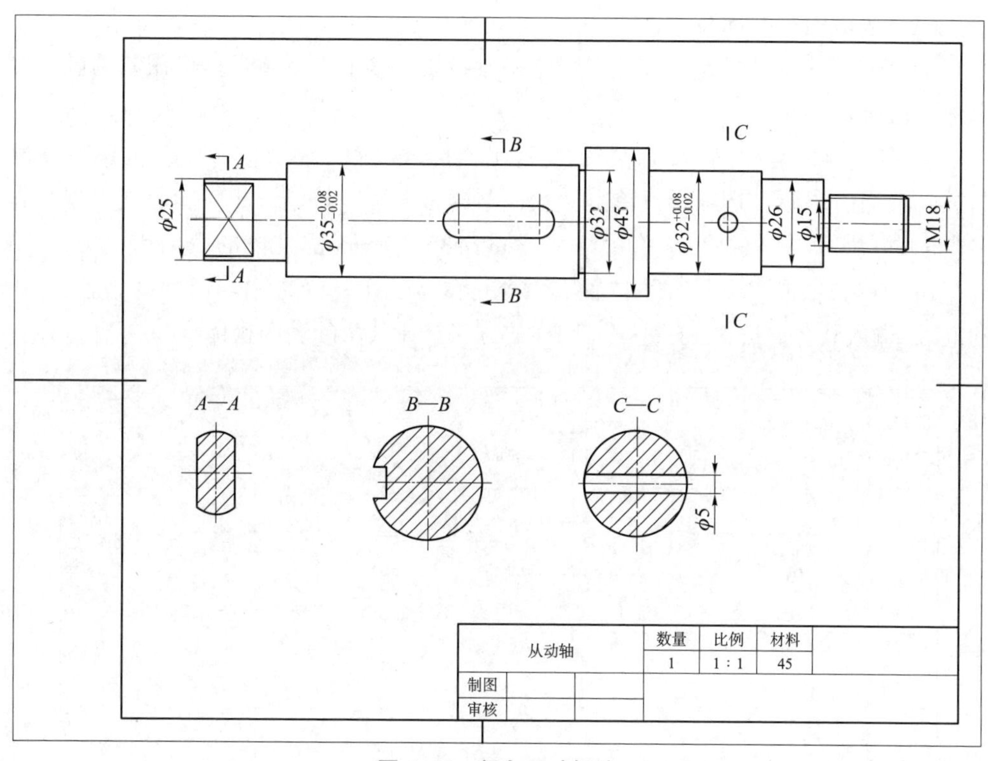

图 4-39　径向尺寸标注

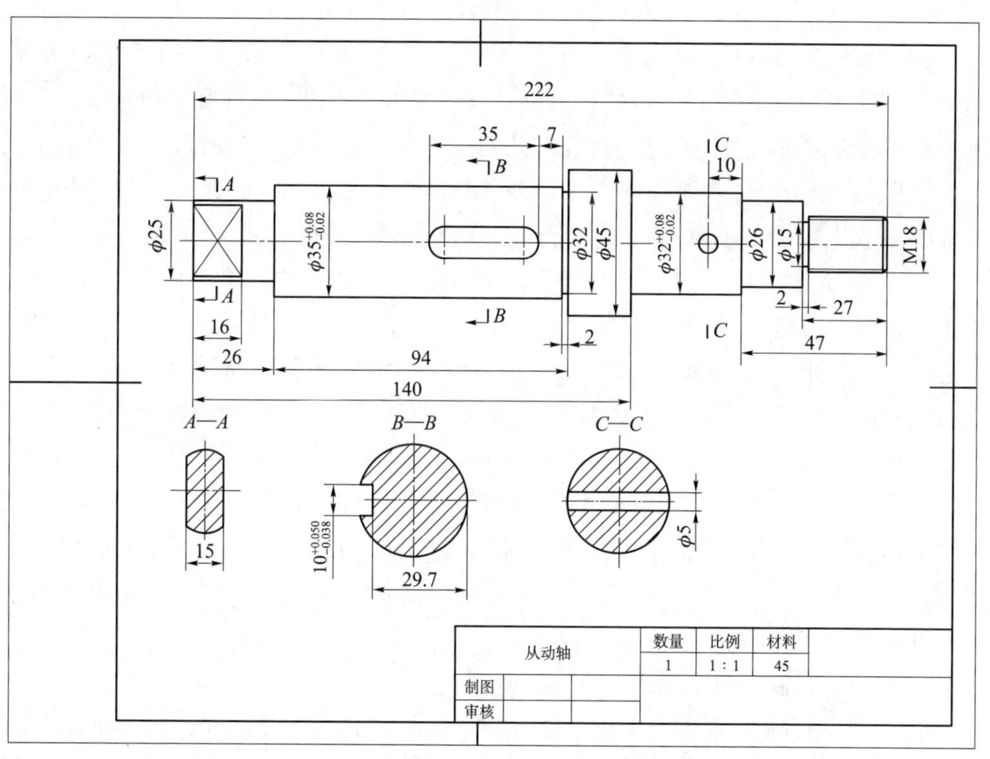

图 4-40　轴向尺寸和径向尺寸均标注完成

（3）表面粗糙度标注。

① 子任务 3. 2 中已定义完成表面结构参数块，接下来就要根据机械制图国标要求标注表面粗糙度。

② 在命令行输入 I 再按 Enter 键，弹出“插入”对话框，单击“当前图形”标签进入“当前图形”选项卡，单击“表面结构参数块”按钮，相应图形就出现在十字光标内，如图 4-41 所示。例如，92 mm×$\phi35^{+0.08}_{-0.02}$ mm 圆柱段的表面粗糙度为 *Ra* 0. 8 μm，单击主视图边界合适位置，命令行窗口和十字光标内均出现“请输入 *Ra* 的值”，输入 0. 8 后按 Enter 键。以同样的方法标注其余的表面粗糙度。

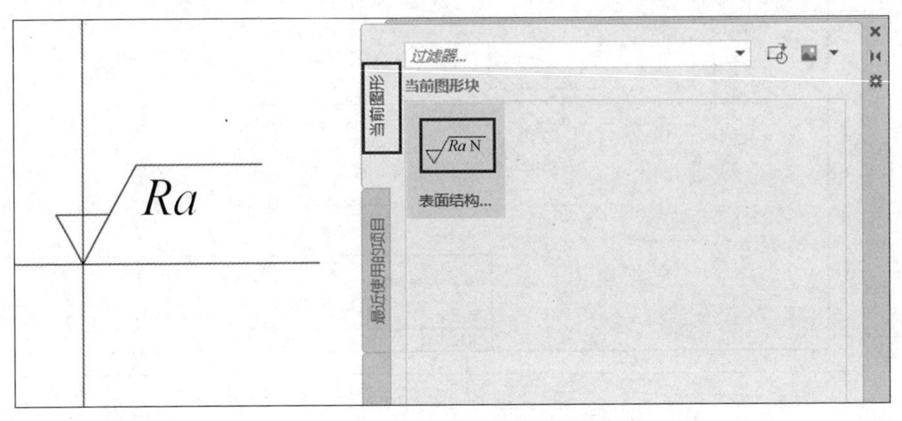

图 4-41　插入表面结构参数块

（4）几何公差标注。在零件图中仅有一个几何公差，即 92 mm×$\phi35^{+0.08}_{-0.02}$ mm 和 35 mm×$\phi32^{+0.08}_{-0.02}$ mm 两个圆柱段之间有同轴度的要求。不论是基准要素还是被测要素都是指中心要素轴线，所以基准标注和几何公差标注都要放在径向尺寸线的延伸线上。这里主要讲解用引线来标注几何公差，具体步骤如下。

① 标注几何公差基准。在命令行输入 QL 再按 Enter 键。

② 在命令行输入 S 再按 Enter 键，弹出“引线设置”对话框，如图 4-42 所示。单击“注释”标签，进入“注释”选项卡，在“注释类型”选项组中选中“公差”单选按钮；单击“引线和箭头”标签，进入“引线和箭头”选项卡，在“箭头”下拉列表框中选择“实心基准三角形”命令，如图 4-43 所示，然后单击“确定”按钮或按 Enter 键。在 $\phi35^{+0.08}_{-0.02}$ mm 尺寸线的延伸线靠近轮廓线的位置，单击拾取第一个引线点，再输入 3. 5 按 Enter 键，弹出“形位公差”对话框，如图 4-44 所示，在“基准 1”文本框中输入 *D*，单击“确定”按钮，生成图 4-45 所示的几何公差基准。

③ 标注几何公差。

a. 在命令行输入 QL 再按 Enter 键。

b. 在命令行输入 S 再按 Enter 键，弹出“引线设置”对话框，在“引线和箭头”选项卡的“箭头”下拉列表框中选择“实心闭合”命令，其他参数为默认值，单击“确定”按钮或按 Enter 键。

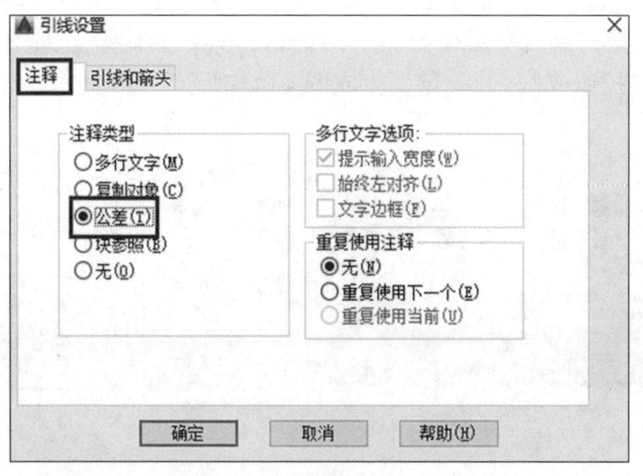

图 4-42 “引线设置”对话框

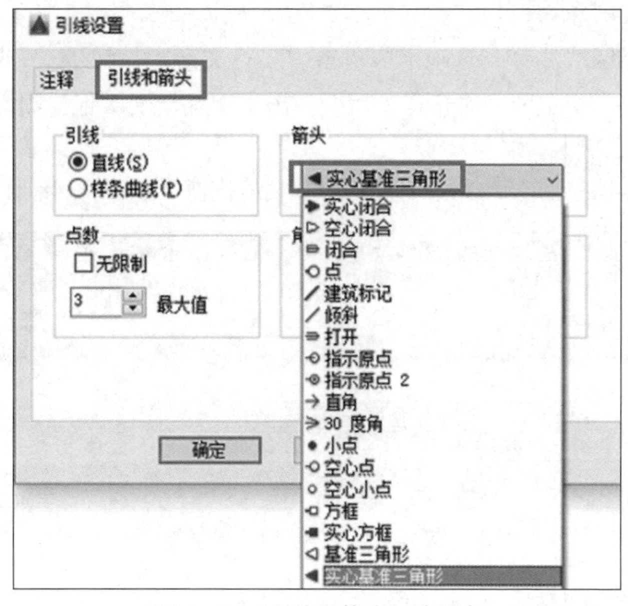

图 4-43 “引线和箭头”选项卡

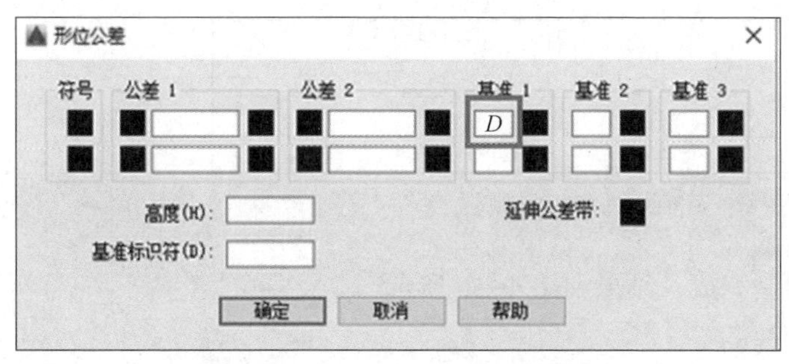

图 4-44 “形位公差”对话框

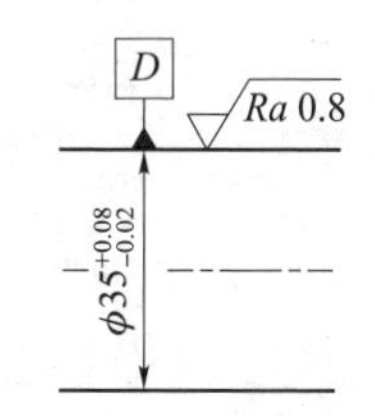

图 4-45 标注几何公差基准

c. 在 $\phi32^{+0.08}_{-0.02}$ mm 尺寸线的延伸线靠近轮廓线的位置，单击拾取第一个引线点，再拾取第二点位置，弹出“形位公差”对话框，其中参数设置如图 4-46 所示，最后单击“确定”按钮或按 Enter 键，生成图 4-47 所示的几何公差标注。

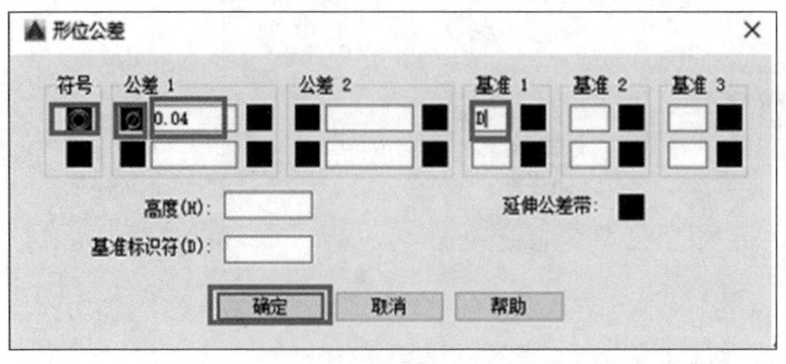

图 4-46　“形位公差”对话框参数设置

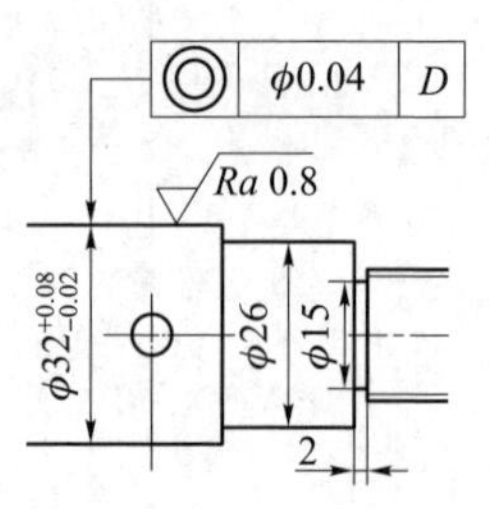

图 4-47　几何公差标注

通过上述的一系列步骤，零件图的所有尺寸就标注完成了。接下来是输入技术要求。

步骤 5：输入技术要求。

（1）在功能区“注释”选项卡中单击“多行文字”按钮 A，或在命令行输入 MT 再按 Enter 键，指定两个对角点，就会弹出文字编辑文本框，同时功能区转换为“文字编辑器”选项卡。

（2）在文本框中输入图 4-3 中技术要求相应内容，如图 4-48 所示。

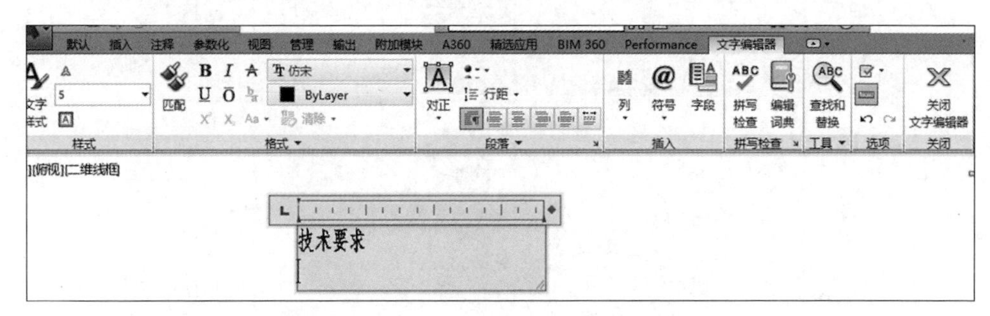

图 4-48　在文本框中输入技术要求相应内容

步骤 6：填写标题栏。

在标题栏中输入“从动轴”，比例“1∶1”，材料 45 等内容，如图 4-49 所示。

从动轴			数量	比例	材料	
			1	1∶1	45	
制图						
审核						

图 4-49　填写标题栏

至此，从动轴零件图绘制完成，结果如图 4-50 所示。

步骤 7：规范性检查。

对照原图和机械制图国标中零件图绘制规范，检查从动轴零件图绘制的规范性，及时保存文件。

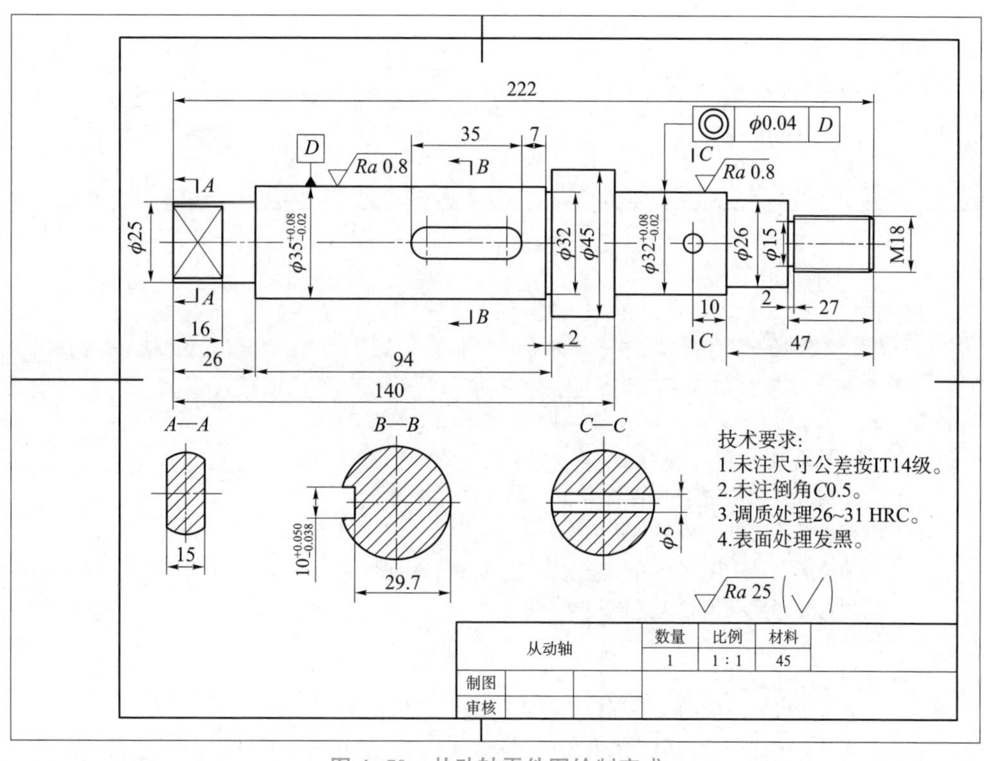

图 4-50　从动轴零件图绘制完成

4.1.5　工程师点评

轴类零件主视图一般由若干矩形线框组成，所以可以通过矩形命令绘制各个矩形线框，然后利用移动命令，以矩形线框左边或右边的中点为基点，进行中点重和。由于轴类零件主视图一般都是关于轴线对称的，因此，首先可以利用直线命令绘制主视图一半外轮廓，如图 4-51 所示；然后利用延伸命令，将每个矩形线框的左、右边延伸至中心线，如图 4-52 所示；最后利用镜像命令，以轴线为镜像线进行镜像操作，如图 4-53 所示。

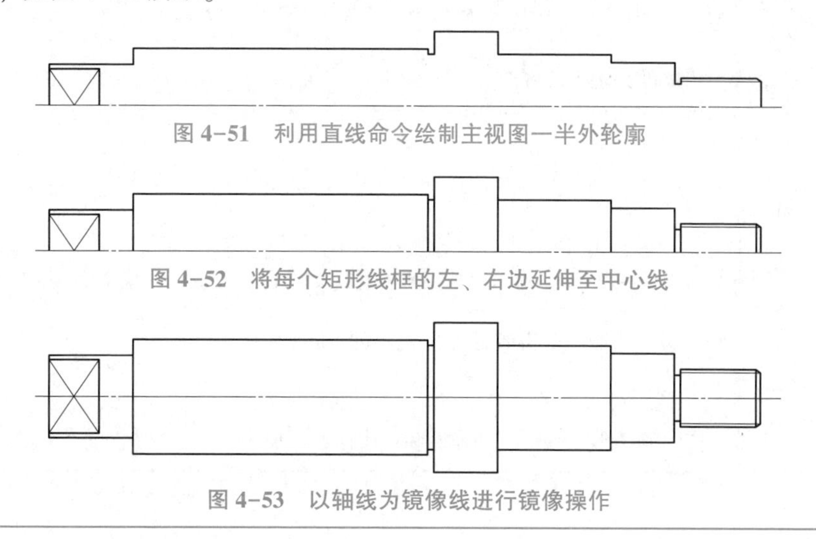

图 4-51　利用直线命令绘制主视图一半外轮廓

图 4-52　将每个矩形线框的左、右边延伸至中心线

图 4-53　以轴线为镜像线进行镜像操作

轴类零件主视图的绘制，可以利用直线命令、矩形命令，也可以利用直线命令+镜像命令完成。可以尝试多种画法，对比分析，设计一个绘图效率最高的方案。学思结合！

4.1.6 工作质量评价

1. 质量评价表

序号	自评内容	分数配置	自评得分
1	对照原图进行自查： ①图线线宽与线型是否符合机械制图国标要求，是否有中心线且长短符合机械制图国标要求； ②图形中所有图线是否均绘制完成，并进行整理； ③右端螺纹结构是否绘制正确	45 分	
2	尺寸标注自查： ①是否设置对应的文字和标注样式； ②尺寸标注是否齐全、清晰和唯一； ③尺寸数字是否未被任何线穿过； ④尺寸上下偏差是否标注完成； ⑤尺寸标注是否采用细实线	15 分	
3	几何公差标注自查： ①中心要素的几何公差和对应尺寸的箭头是否对齐； ②几何公差的基准符号是否正确； ③几何公差数量及公差项目是否正确	10 分	
4	表面粗糙度标注自查： ①表面粗糙度符号、标注位置是否符合机械制图国标要求； ②表面粗糙度是否标注齐全	10 分	
5	图框和标题栏自查： 是否配有图框和标题栏，且图框和标题栏符合机械制图国标要求	5 分	
6	反复练习，能在 35 min 内完成从动轴零件图的绘制	5 分	
7	是否已掌握高效绘制轴类零件图主视图的 AutoCAD 命令组合	5 分	
8	养成自查绘制图形规范性、准确性和可读性的习惯	5 分	

2. 测一测（选择和判断题）

参考答案

（1）本子任务在用 AutoCAD 2024 软件绘制从动轴零件图的主视图时，主要用到的绘图命令是（　　）命令。

A. 圆　　B. 直线　　C. 矩形　　D. 多边形

（2）本子任务在用 AutoCAD 2024 软件绘制从动轴零件图的主视图时，主要用到的修改命令是（　　）命令。

A. 复制　　B. 倒角　　C. 移动　　D. 旋转

（3）轴类零件图的尺寸一般分为两类，一类表示轴向长度的尺寸，另一类表示（　　）。

A. 轴向宽度的尺寸　　B. 径向的尺寸

C. 轴向高度的尺寸　　D. 轴向定位的尺寸

（4）在绘制轴类零件图时，键槽需要综合主视图和断面图，才能绘制出来。（　　）

（5）在标注表面粗糙度时，可以调用事先创建好的表面粗糙度符号块。（　　）

3. 练一练

分析并绘制从动轴零件图（见图 4-54），要求利用模板，选择合适的图幅，按照 1∶1 的比例进行绘制，并依据质量评价表进行自评（20 min 内绘制完成）。

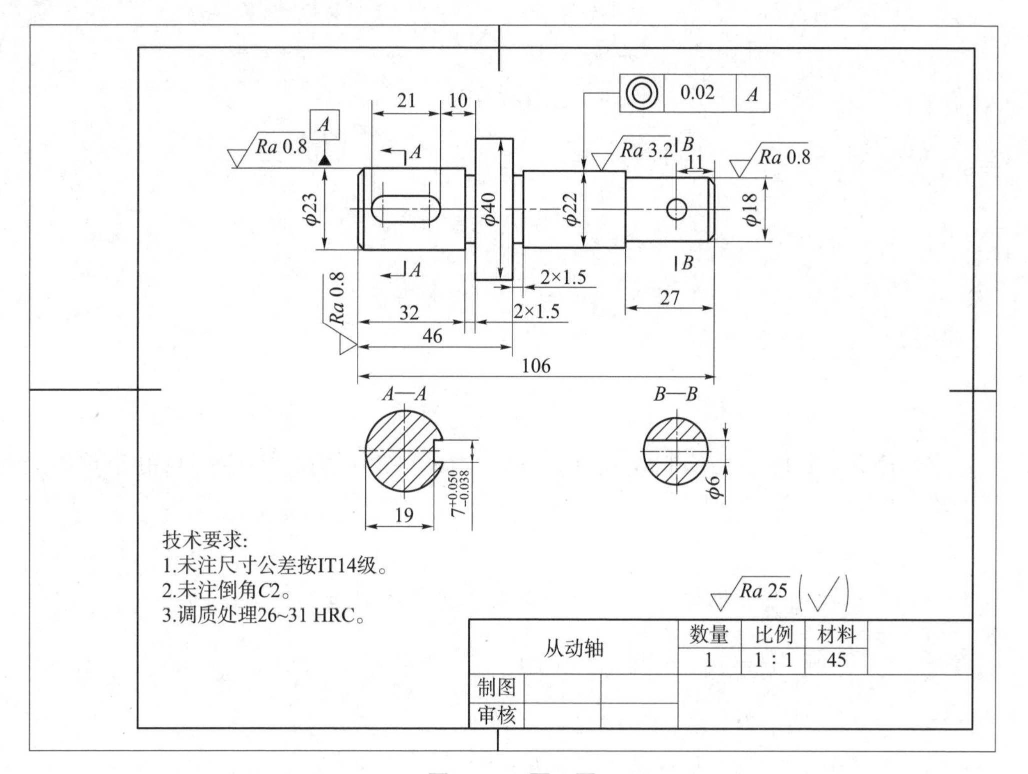

图 4-54　题 3 图

子任务 4.2 绘制齿轮零件图

任务实施流程如图 4-55 所示。

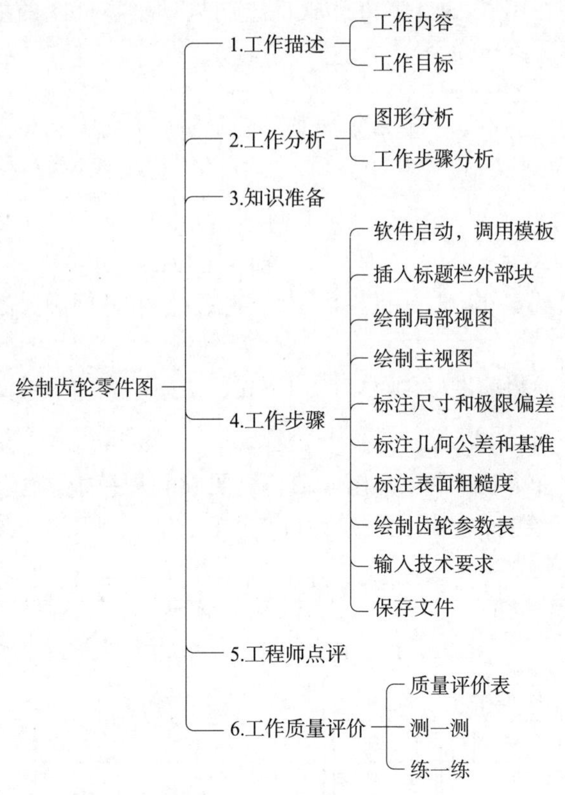

图 4-55 任务实施流程

4.2.1 工作描述

1. 工作内容

本子任务工作内容为绘制齿轮零件图，如图 4-56 所示。其主要目的是掌握绘制齿轮零件图的方法和步骤。

2. 工作目标

(1) 熟悉典型盘盖类零件图的视图表达方案，并能举一反三用到后续盘盖类零件图的视图表达中。

(2) 能总结高效绘制盘盖类零件图主视图的 AutoCAD 命令组合。

(3) 会熟练调用设置好的绘图模板、外部块等，减少绘图时间。

(4) 养成自查绘制图形规范性、准确性和可读性的习惯。

(5) 对工作质量负责，逐步培养工匠精神。

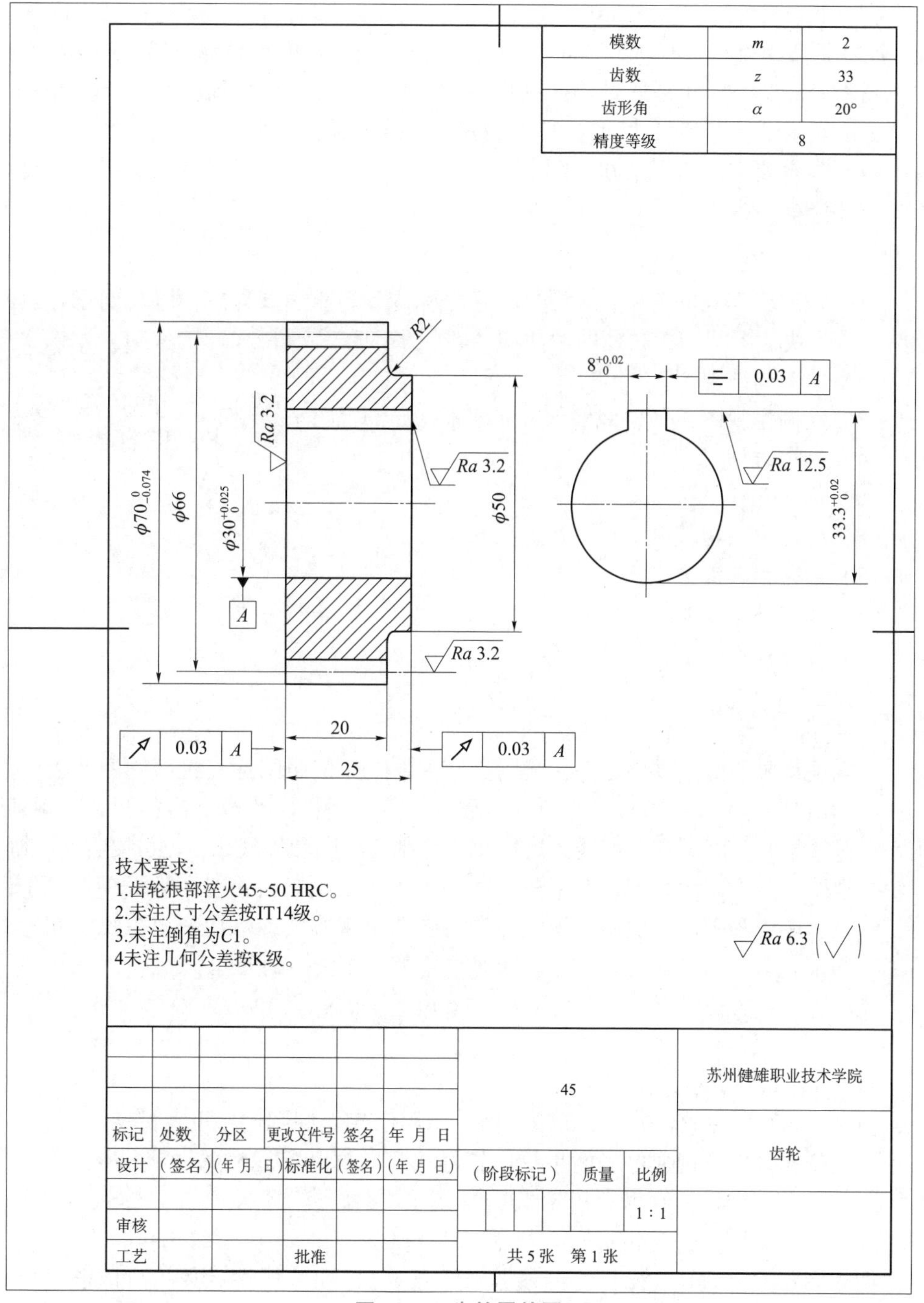

图 4-56 齿轮零件图

4.2.2 工作分析

齿轮零件图的视图分析与绘制

1. 图形分析

（1）视图分析。图 4-56 所示的齿轮零件图主要由一个全剖的主视图和一个局部视图组成，其中局部视图键槽和内孔部分与主视图要符合高平齐的关系。

（2）尺寸分析。在主视图中，$\phi70_{-0.074}^{0}$ mm 是齿顶圆直径，$\phi66$ mm 是分度圆直径，$\phi50$ 是凸缘直径，$\phi30_{0}^{+0.025}$ mm 是齿轮内孔直径，长度尺寸数字有 25 和 20。在主视图中，键槽的尺寸是通过局部视图与主视图高平齐绘制而成。在局部视图中，$8_{0}^{+0.02}$ mm 表示键槽宽度尺寸，$33.3_{0}^{+0.02}$ mm 表示键槽深度尺寸。

（3）技术要求。将无法在视图上标注出来的内容，用一段文字来说明，主要是未注尺寸公差、热处理要求、倒角等。

2. 工作步骤分析

（1）调用已建立好图层，设置好文字、标注和多重引线样式，以及创建好表面粗糙度符号块、图框和标题栏的“机械 A4 绘图模板”文件。

（2）绘制局部视图。

（3）绘制主视图，其中键槽部分需要根据局部视图来绘制。

（4）标注线性尺寸。

（5）标注几何公差。

（6）标注表面粗糙度。

（7）绘制齿轮参数表。

（8）输入技术要求。

（9）保存文件。

4.2.3 知识准备

齿轮是重要的机械零件之一，绘制齿轮零件图应依照国标《机械制图　齿轮表示法》（GB/T 4459.2—2003）的相应标准来进行。用粗实线绘制齿顶圆和齿顶线，用细点画线绘制分度圆和分度线，用细实线绘制齿根圆和齿根线，也可以省略不画。齿轮主视图一般采用剖视图，在剖视图中，用粗实线绘制齿根圆和齿根线。对于齿轮、蜗轮、端盖等零件一般用主视图和左视图两个视图，或者用一个主视图和一个局部视图来表示。当剖面通过齿轮轴线时，轮齿一律按不剖处理。

4.2.4 工作步骤

步骤 1：软件启动，调用模板。

启动 AutoCAD 2024 软件，新建文件，调用已建立好图层，设置好文字、标注、多重引线样式，以及创建好表面粗糙度符号块、图框和标题栏的“机械 A4 绘图模板”文件，并将文件另存为“齿轮 .dwg”图形文件。

步骤 2：插入标题栏外部块。

插入标题栏块的具体操作，可参考子任务 1.6，在“属性定义”对话框中定义标题栏内容属性，如表 4-1 所示。如果标题栏的内容填错，则可单击标题栏，弹出“增强属性编辑器”对话框，进行标题栏内容的编辑。

表 4-1　标题栏内容属性

属性标记	属性提示	内容
图样名称	请输入图样名称	齿轮
图样代号	请输入图样代号	

续表

属性标记	属性提示	内容
单位名称	请输入单位名称	苏州健雄职业技术学院
材料标记	请输入材料标记	45
比例	请输入图样比例	1∶1
P	请输入图纸总张数	5
P1	请输入图纸为第几张	1

步骤 3：绘制局部视图。

局部视图的绘制过程如图 4-57 所示。

（1）选取“中心线”图层，利用直线命令绘制中心线，如图 4-57（a）所示。

（2）选取“轮廓线”图层，利用圆命令绘制 ϕ30 mm 圆，如图 4-57（b）所示。

（3）利用偏移命令，将竖直中心线左右各偏移 4 mm，水平中心线向上偏移 18.3 mm，如图 4-57（c）所示。

（4）利用修剪命令，修剪出键槽，如图 4-57（d）所示，将图线切换至相应图层，如图 4-57（e）所示。

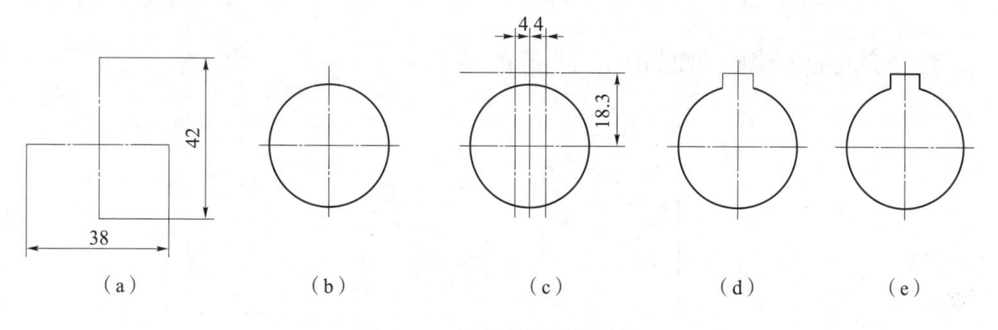

图 4-57　局部视图绘制过程

（a）绘制中心线；（b）绘制 ϕ30 mm 圆；（c）偏移中心线；（d）修剪出键槽；（e）调整图层

提示

齿轮的轮齿结构有规定的画法，齿顶线用粗实线，分度线用细点画线，在绘制时注意遵守相应的规范。

步骤 4：绘制主视图。

（1）利用矩形命令，绘制齿顶线所在的矩形（@20，70）、分度线所在的矩形（@20，66）、凸缘部分矩形（@5，50），然后利用移动命令将三个矩形按照中点重合的形式组合到一起，绘制出主视图的轮廓。

（2）利用分解命令，框选主视图，将三个矩形分解，将分度线往齿根线方向偏移 2.5 mm，生成齿根线，并将其切换至相应图层，结果如图 4-58（a）所示。

（3）利用局部视图与主视图高平齐的关系，将对应位置线延伸过来，如

图 4-58（b）所示；再经过修剪可得到键槽结构，如图 4-58（c）所示。

（4）图案填充和倒角结果如图 4-58（d）所示。

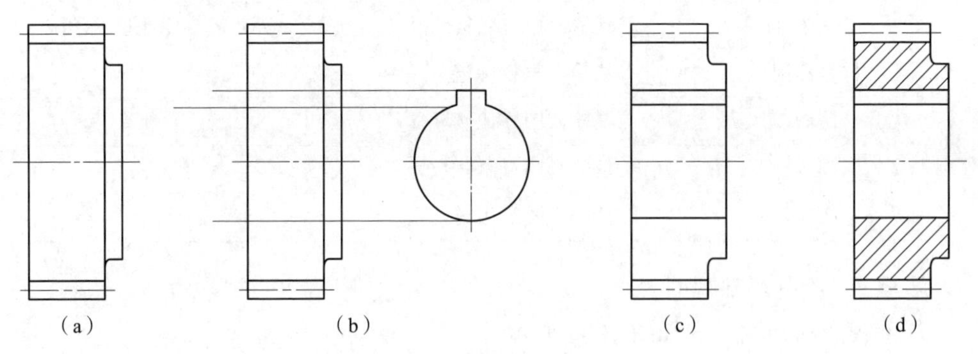

图 4-58 主视图绘制过程

（a）绘制主视图轮廓；（b）绘制键槽位置；（c）修剪后得到键槽结构；（d）图案填充和倒角

提示

利用高平齐绘制主视图键槽的结构，对于键槽、平面等细节结构，绘制主视图时需要先绘制这部分结构的其他视图，再利用三等关系进行绘制。

绘制完成的齿轮零件图如图 4-59 所示。

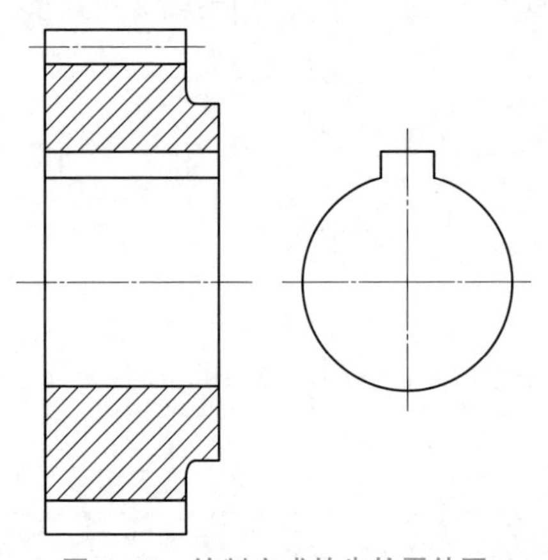

图 4-59 绘制完成的齿轮零件图

步骤 5：标注尺寸和极限偏差。

标注齿轮零件尺寸和极限偏差如图 4-60 所示。在标注尺寸的时候注意选择相应的标注样式。例如，标注长度尺寸选择“长度”标注样式，标注直径尺寸选择“直径”标注样式。具体标注方法参考 4.1.4 节的步骤 4。

步骤 6：标注几何公差和基准。

标注齿轮零件几何公差和基准，具体标注方法参考 4.1.4 节中的步骤 4。结果如图 4-61 所示。

工作笔记

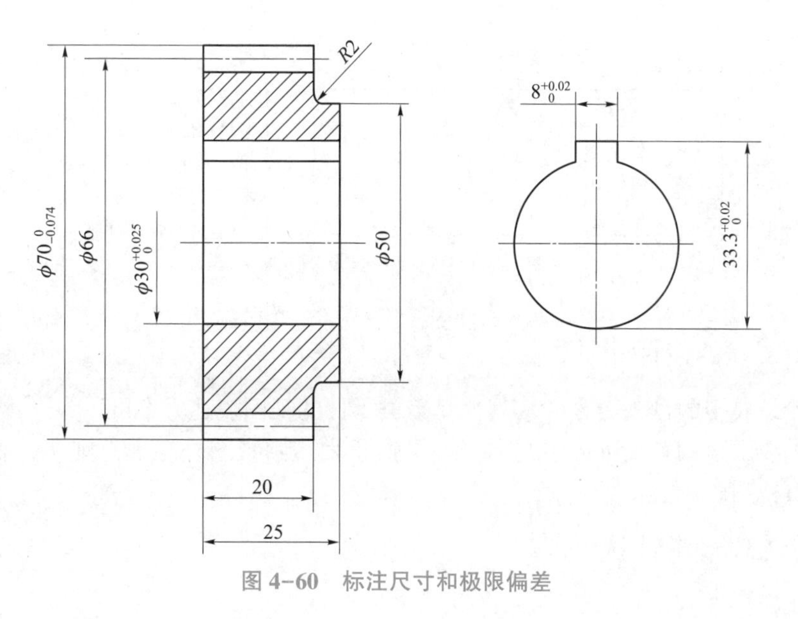

图 4-60　标注尺寸和极限偏差

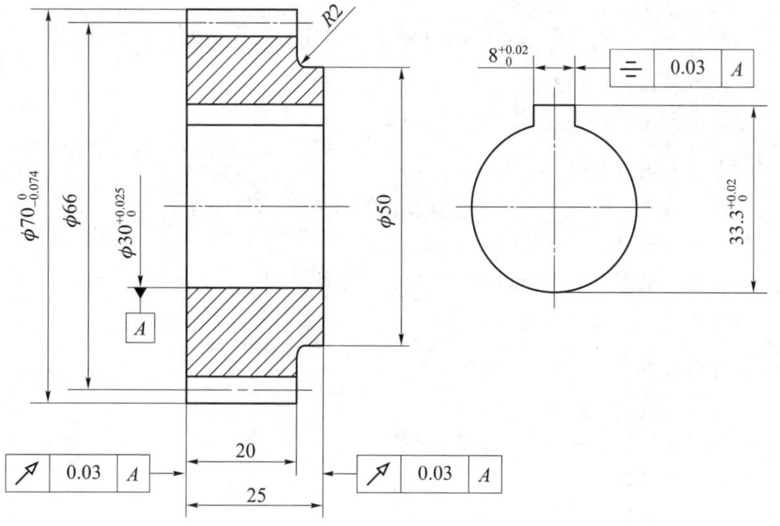

图 4-61　标注几何公差和基准

步骤 7：标注表面粗糙度。

采用插入块的方式标注表面粗糙度，模板中有表面结构参数块，具体标注方法参考 4. 1. 4 节中的步骤 4。

步骤 8：绘制齿轮参数表。

绘制图 4-56 中右上角的齿轮参数表，尺寸如图 4-62 所示，并注写参数名称、字母及数值。

步骤 9：输入技术要求。

选择“仿宋 5”文字样式，输入技术要求文字，如图 4-62 所示，并输入标题栏文字。

步骤 10：保存文件。

注意在绘图过程中，要随时保存文件，防止计算机出现突发状况导致文件丢失。

工作笔记

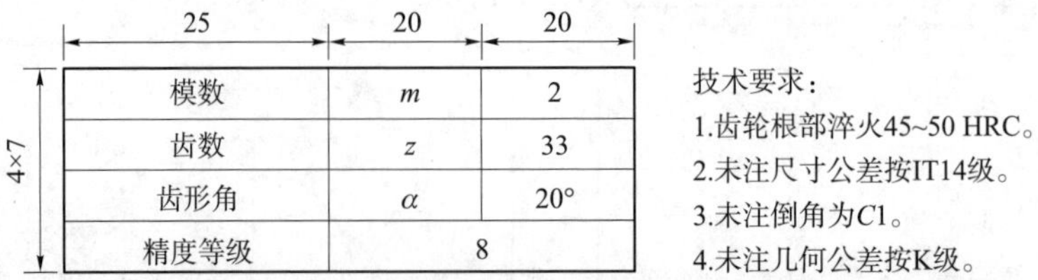

模数	m	2
齿数	z	33
齿形角	α	20°
精度等级	8	

25　20　20　4×7

技术要求：
1.齿轮根部淬火45~50 HRC。
2.未注尺寸公差按IT14级。
3.未注倒角为$C1$。
4.未注几何公差按K级。

图 4-62　绘制齿轮参数表及输入技术要求

4.2.5　工程师点评

齿轮是典型的盘盖类零件，其他盘盖类零件的视图表达方案可以参考本子任务，一般沿轴线水平放置全剖出主视图，如果需要表达圆视图外轮廓，则左、右视图绘制为完整视图。

4.2.6　工作质量评价

1. 质量评价表

序号	自评内容	分数配置	自评得分
1	绘图环境设置自查： 是否能调用模板，或重新设置绘图环境	5 分	
2	对照原图进行自查： ①图线线宽与线型是否符合机械制图国标要求，是否有中心线且长短符合机械制图国标要求； ②图形中所有图线是否均绘制完成，并进行整理； ③主视图和局部视图是否高平齐	45 分	
3	尺寸标注自查： ①是否设置对应的文字和标注样式； ②尺寸标注是否齐全、清晰和唯一； ③尺寸数字是否未被任何线穿过； ④尺寸上下偏差是否标注完成； ⑤尺寸标注是否采用细实线	20 分	
4	几何公差标注自查： ①中心要素的几何公差和对应尺寸的箭头是否对齐； ②几何公差的基准符号是否正确； ③几何公差数量及公差项目是否正确	10 分	
5	表面粗糙度标注自查： ①表面粗糙度符号、标注位置是否符合机械制图国标要求； ②表面粗糙度是否标注齐全	10 分	
6	图框和标题栏自查： 是否配有图框和标题栏，且图框和标题栏是否符合机械制图国标要求	5 分	
7	反复练习，能在 30 min 内完成齿轮零件图的绘制	5 分	

工作笔记

2. 测一测（选择和判断题）

参考答案

（1）在绘制齿轮零件图时，一般分度圆或非圆视图上的分度线采用（　　）绘制。

A. 细实线　　B. 粗实线

C. 细点画线（中心线）　　D. 虚线

（2）如果已知齿轮模数为3，齿数为20，则齿轮的分度圆直径为（　　）。

A. 20　　B. 30　　C. 60　　D. 30

（3）在视频“齿轮零件图的视图分析与绘制”演示中，关于齿轮零件图主视图的绘制，主要参与的绘图命令是（　　）命令。

A. 矩形　　B. 圆　　C. 直线　　D. 多边形

（4）如果知道齿轮的模数和齿数，则可计算齿轮轮齿结构的尺寸。（　　）

（5）齿轮零件图的绘制可利用矩形命令，也可利用直线命令。（　　）

3. 练一练

分析并绘制零件图（见图4-63），要求选择合适图幅，按1∶1的比例进行绘制，并依据质量评价表进行自评。

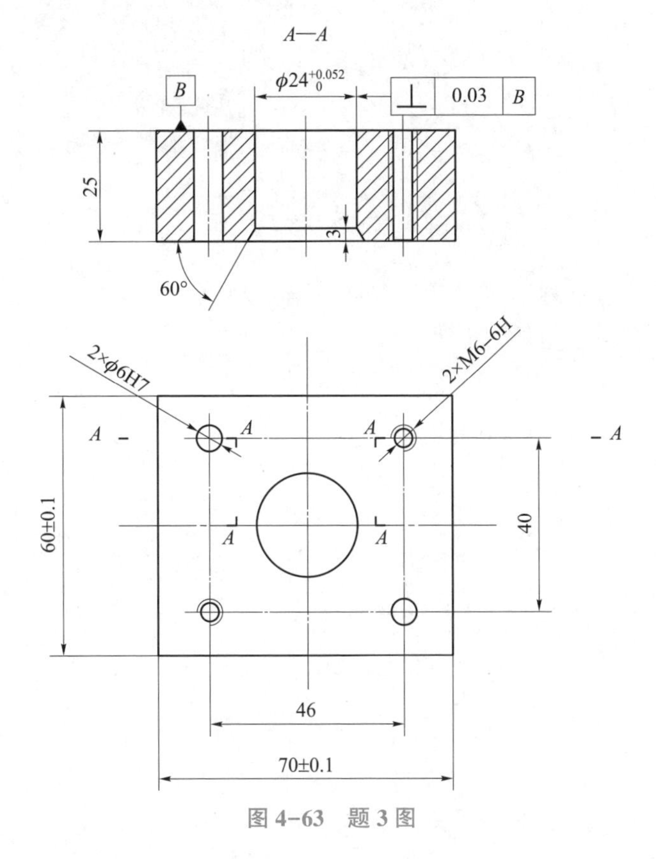

图4-63　题3图

子任务 4.3 绘制支架零件图

任务实施流程如图 4-64 所示。

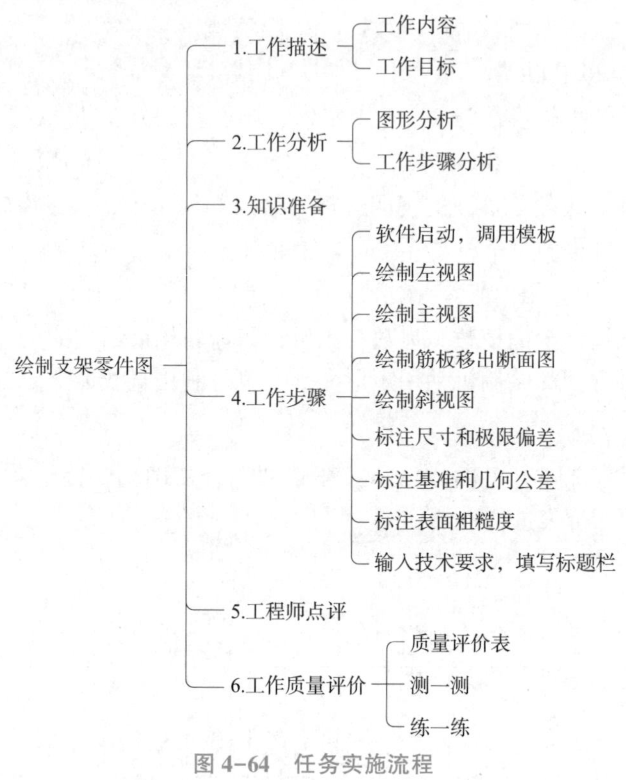

图 4-64 任务实施流程

4.3.1 工作描述

支架零件图
绘制过程演示

1. 工作内容

本子任务工作内容为绘制支架零件图，如图 4-65 所示。

提示

在绘制支架零件图时，注意视图之间的对应关系，以局部剖视和斜视图绘制的机械制图国标为要求和规范。在绘制过程中记住规范、遵守规范，在绘制完成后要检查相应规范。

2. 工作目标

（1）温习机械视图表达规范，遵守职业规范，追求精益求精的工作态度。

（2）能借助模板导入标准图框、图层和常用绘图符号。

（3）能运用 AutoCAD 2024 软件绘制支架零件图。

（4）能运用 AutoCAD 2024 软件独立完成支架零件图尺寸标注。

（5）能通过块命令完成支架零件图几何公差基准标注。

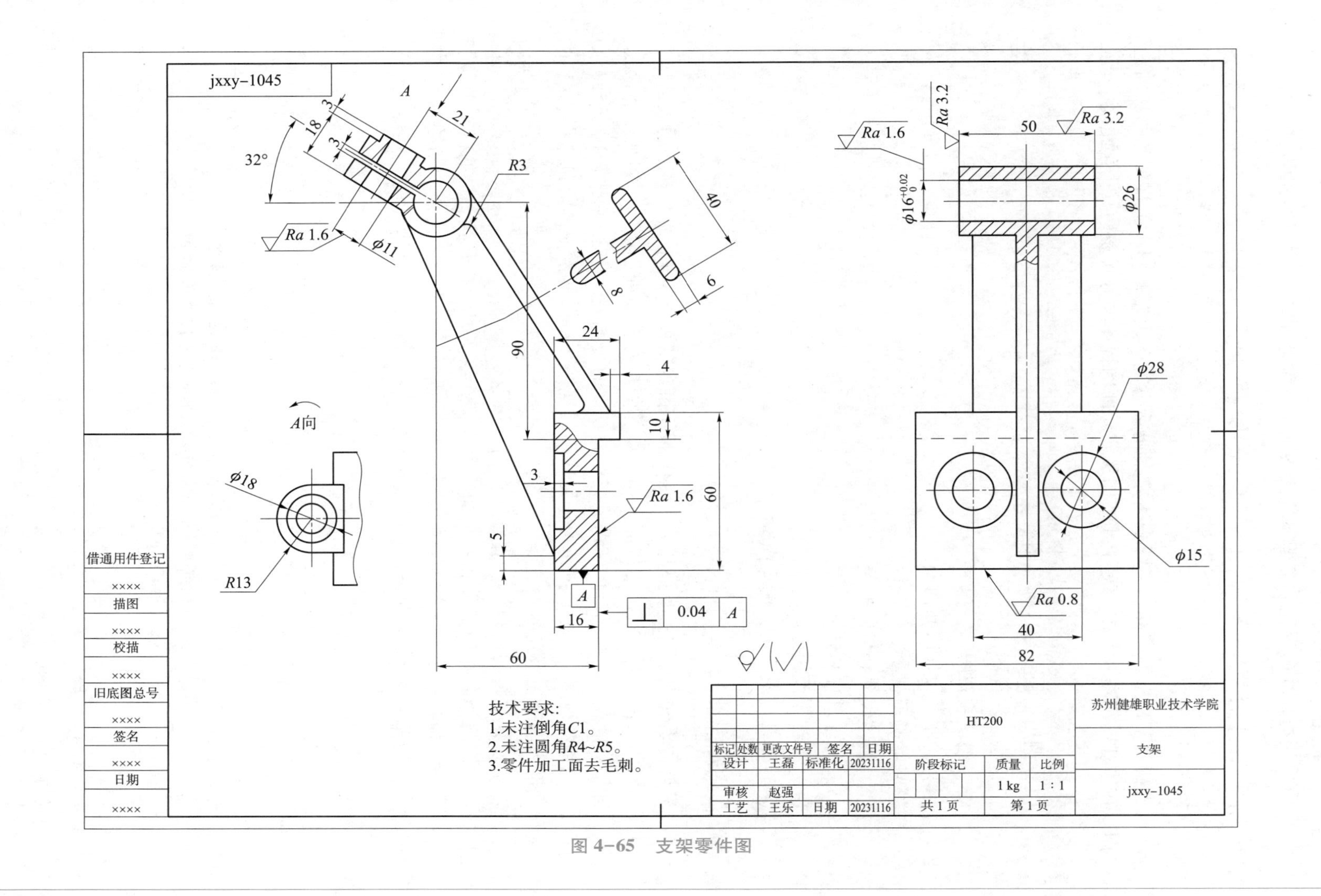

图 4-65 支架零件图

工作笔记

工作笔记

(6) 能完成支架零件图几何公差标注。

(7) 能通过块命令完成支架零件图表面粗糙度标注。

4.3.2 工作分析

1. 图形分析

支架属于叉架类零件，视图表达方案包括主视图、左视图、斜视图和移出断面图。在主视图和左视图中，对于孔结构采取局部剖视图的方式表达其内部结构。

2. 工作步骤分析

(1) 调用模板，导入标准图框。

(2) 绘制左视图。

(3) 绘制主视图。

(4) 绘制筋板移出断面图。

(5) 绘制斜视图。

(6) 标注尺寸和极限偏差。

(7) 标注基准和几何公差。

(8) 标注表面粗糙度。

(9) 输入技术要求，填写标题栏。

4.3.3 知识准备

叉架类零件一般包括支持部分、工作部分和连接部分。连接部分多是肋板结构，且多为弯曲、扭斜的形状。支持部分和工作部分具有较多细小结构，如圆孔、螺纹孔、油槽、油孔等。根据零件结构，叉架类零件的视图表达方案一般需要两个或两个以上的基本视图，根据具体情况还要选用斜视图、单一斜剖面的全剖视图、断面图和局部视图等表达方案。

本子任务中将利用矩形、直线、分解、偏移、修剪、对齐、旋转等命令，在捕捉相切时将用到相切捕捉和垂足捕捉命令，在绘图时会打开状态栏的极轴追踪。这些绘图和捕捉命令，会帮助我们更快、更准确地绘制图形。参考对齐命令，借助命令行窗口、软件帮助系统和学习经验，在表 4-2 中将其余命令信息补充完整。

表 4-2 命令信息表

命令名称	命令快捷键	叙述命令执行过程	应用场景
对齐	AL	将第一个对象上的第一源点与第二个对象上的第一源点进行重合；第一个对象上两个源点确定的方向与第二个对象上两个源点确定的方向重合	本子任务图形中有两个地方用到对齐命令
相切捕捉	TAN		
垂足捕捉	PER		
旋转	RO		

4.3.4 工作步骤

步骤 1：软件启动，调用模板。

绘制零件图需要标准图框。在绘制支架零件图时，不用重新绘制图框，可导入子任务 1.7 绘制的图框模板进行绘图，这种方法可省略图层设置、文字和标注样式设置、文字设置、常用块设置和标准图框绘制等步骤，大大加快了绘图速度。

（1）打开“机械 A3 绘图模板 .dwg”图形文件。启动 AutoCAD 2024 软件，利用打开命令打开文件。

（2）复制合适的图框。根据支架零件视图的尺寸，初步选择 A3 横框进行绘图，利用命令快捷键 CO 将 A3 横框复制到合适的位置，如图 4-66 所示。

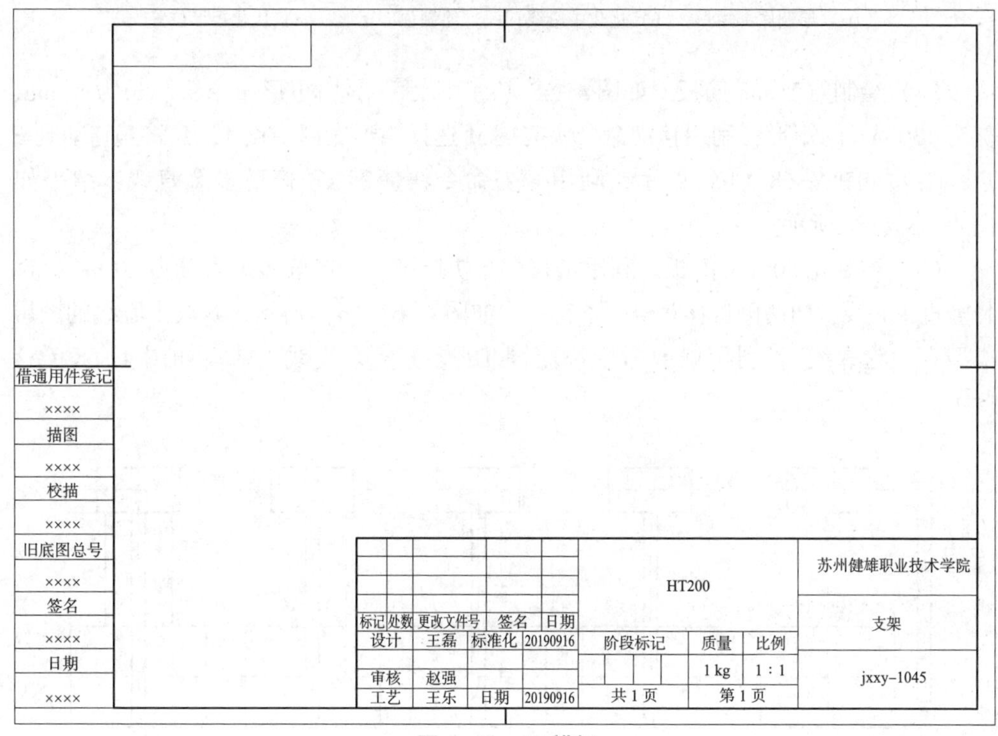

图 4-66　A3 横框

步骤 2：绘制左视图。

（1）绘制底部矩形。选择图层类型为“轮廓线”，利用矩形命令快捷键 REC，单击合适位置确定矩形左下角点，然后通过相对坐标方式输入（@ 82，60），确定矩形对角线点的位置，完成矩形绘制，如图 4-67（a）所示。

（2）绘制中心线。选择图层类型为“中心线”，利用直线命令快捷键 L 绘制 3 条中心线；利用特性命令快捷键 MO 修改中心线线型比例，结果如图 4-67（b）所示。

（3）绘制顶部矩形。选择图层类型为“轮廓线”，利用矩形命令快捷键 REC 在任意位置绘制长为 50 mm、宽为 26 mm 的矩形，如图 4-67（c）所示；利用移动命令快捷键 M 选择矩形几何中心，并将其移动到上方中心线交点，如图 4-67（d）所示。

工作笔记

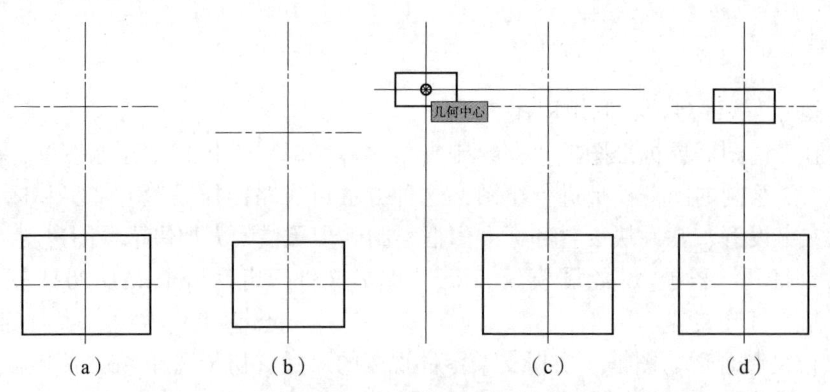

图 4-67　底部矩形、中心线和顶部矩形的绘制过程

(a) 绘制底部矩形；(b) 优化中心线；(c) 绘制顶部矩形；(d) 优化矩形位置

(4) 绘制宽 8 mm 筋板。如图 4-68 (a) 所示，利用矩形命令绘制长为 8 mm、宽为 130 mm 的矩形；利用移动命令快捷键 M 选择矩形底部中点 A，并将其移动到 B 点，结果如图 4-68 (b) 所示；利用修剪命令快捷键 TR 修剪多余直线，结果如图 4-68 (c) 所示。

(5) 绘制宽 40 mm 筋板。利用偏移命令快捷键 O，将偏移距离设为 20 mm，选择竖直中心线，向两侧偏移获得两条直线，如图 4-68 (d) 所示；修改中心线的图层类型为“轮廓线”，利用修剪命令快捷键 TR 修剪多余直线，结果如图 4-68 (e) 所示。

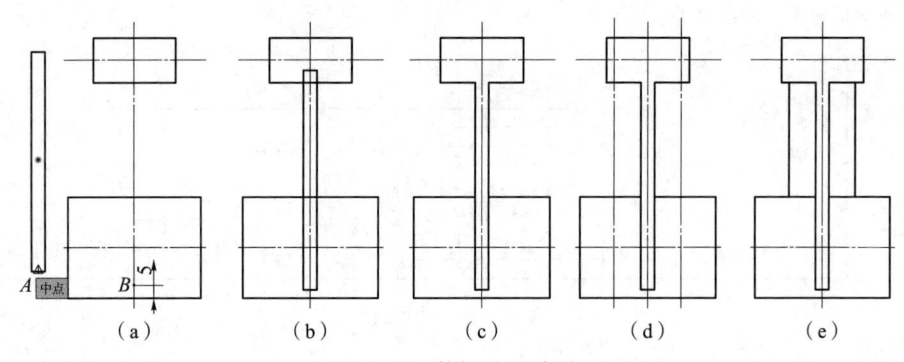

图 4-68　筋板绘制过程

(a) 绘制宽 8 mm 筋板；(b) 移动筋板至正确位置；(c) 修剪多余直线；(d) 偏移中心线；(e) 优化线型

(6) 绘制顶部 ϕ16 mm 圆孔。利用分解命令快捷键 X 分解顶部矩形；利用偏移命令快捷键 O，将偏移距离设为 5 mm，选择顶部矩形最上面的边，向下偏移 5 mm，选择偏移出的直线再向下偏移 16 mm，结果如图 4-69 (a) 所示。

(7) 绘制底部 ϕ15 mm 和 ϕ28 mm 圆孔。选择图层类型为“轮廓线”，利用圆命令快捷键 C，选择指定圆心和直径的方式，捕捉底部两条中心线的交点，往左移动 20 mm，确定 ϕ15 mm 圆孔的圆心，最后输入直径完成 ϕ15 mm 圆孔的绘制；ϕ28 mm 圆孔和 ϕ15 mm 圆孔同圆心，选择指定圆心和直径的方式直接输入直径即可完成 ϕ28 mm 圆孔的绘制，如图 4-69 (b) 所示；选择图层类型为“中心线”，利用直线命令绘制圆的中心线，利用匹配命令快捷键 MA 优化刚绘制中心线的线型比例，如图 4-69（c）所示；利用镜像命令快捷键 MI，选择左边刚绘制的两个圆和中心线，镜像线选择竖直中心线，完成右侧圆孔结构的绘制，如图 4-69（d）所示。

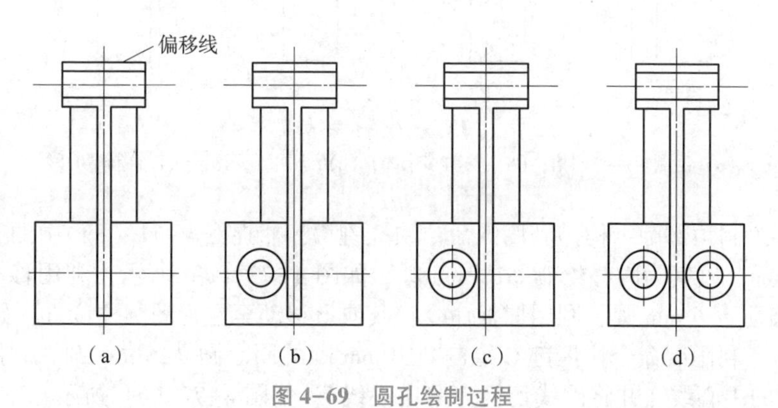

图 4-69 圆孔绘制过程

（a）绘制顶部圆孔；（b）绘制左侧圆孔；（c）绘制中心线；（d）绘制右侧圆孔

（8）绘制局部剖面结构。选择图层类型为“细实线”，利用样条曲线命令快捷键 SPL 绘制断面线，如图 4-70（a）所示；选择图层类型为“剖面线”，利用图案填充命令快捷键 H 用剖面线填充局部剖面结构，如图 4-70（b）所示，其中图案选择 ANSI31，图案填充比例设置为 1，角度默认为 0。

（9）绘制隐藏结构。选择图层类型为“虚线”，利用直线命令快捷键 L 绘制表达隐藏结构的虚线，如图 4-70（c）所示。

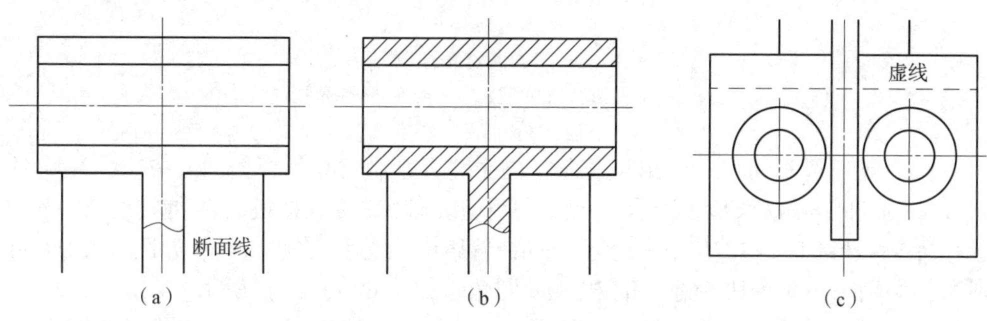

图 4-70 局部剖面结构和隐藏结构绘制过程

（a）绘制断面线；（b）填充剖面线；（c）绘制虚线

步骤 3：绘制主视图。

（1）绘制底部结构。选择图层类型为“轮廓线”，捕捉左视图底部端点位置，确定主视图底部矩形位置，利用矩形命令快捷键 REC 绘制长为 24 mm、宽为 60 mm 的矩形；利用直线命令快捷键 L 绘制长方形凹槽，如图 4-71（a）所示；利用修剪命令快捷键 TR 修剪多余凹槽，如图 4-71（b）所示；利用直线命令快捷键 L 和镜像命令快捷键 MI，通过左视图圆孔的位置绘制主视图沉头孔，如图 4-71（c）所示；捕捉左视图的中心线位置，绘制主视图底部中心线，如图 4-71（d）所示。

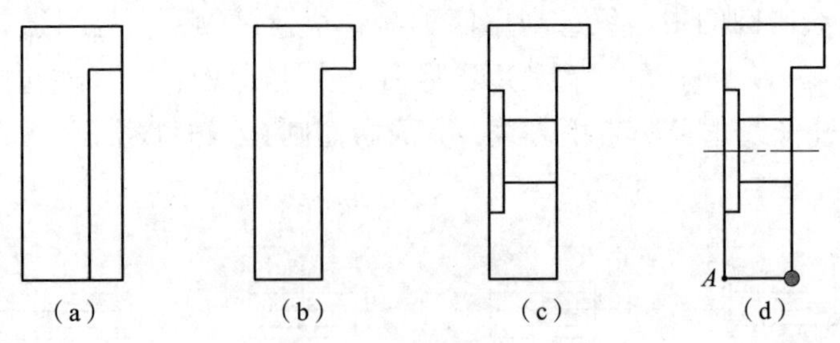

图 4-71　底部结构绘制过程

(a) 绘制矩形和凹槽；(b) 修剪多余线；(c) 绘制沉头孔；(d) 绘制中心线

(2) 绘制顶部圆结构。利用圆命令快捷键 C，捕捉图 4-71 (d) 中的 A 点向左移动 60 mm，以其为圆心绘制 ϕ16 mm 圆，如图 4-72 (a) 所示；利用移动命令快捷键 M 移动 ϕ16 mm 圆，利用捕捉命令将其向上移动至左视图圆柱位置，如图 4-72 (b) 所示；利用圆命令快捷键 C 绘制 ϕ16 mm 圆的同心圆 ϕ26 mm 圆，利用直线命令绘制圆的中心线，并将图线切换为"中心线"，如图 4-72 (c) 所示。

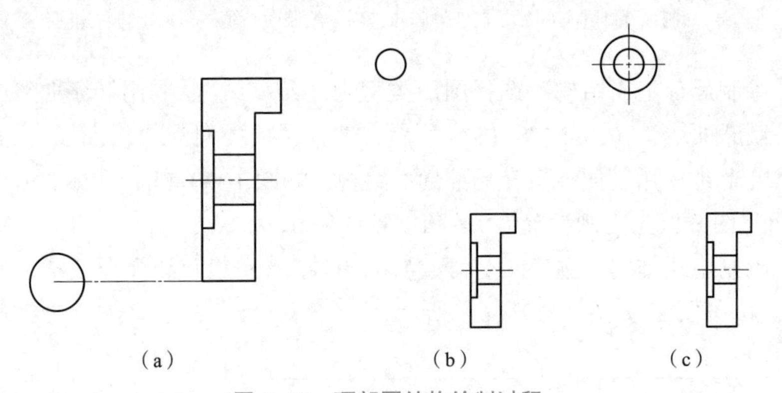

图 4-72　顶部圆结构绘制过程

(a) 绘制初始圆；(b) 移动圆的位置；(c) 绘制 ϕ26 mm 同心圆和中心线

(3) 绘制筋板结构。利用直线命令快捷键 L 绘制切线，根据图 4-73 (a) 中的尺寸 4 mm 和 5 mm 确定切线的第一点，利用切线捕捉命令快捷键 TAN 捕捉切点；利用偏移命令快捷键 O，将偏移距离设为 6 mm，偏移获得最后一条筋板线，如图 4-73 (b) 所示；利用圆角命令快捷键 F 倒 R3 mm 圆角，如图 4-73 (c) 所示。

(4) 绘制底部局部剖面结构。利用样条曲线命令快捷键 SPL 绘制断面线，利用图案填充命令快捷键 H 用剖面线填充局部剖面结构，具体操作参考步骤 2。

(5) 绘制倾斜凸台结构。利用矩形命令快捷键 REC 绘制长为 34 mm、宽为 18 mm 的矩形；利用直线命令绘制高为 3 mm 的凸台、ϕ11 mm 圆孔、中间割槽和中心线，如图 4-74 (a) 所示；绘制一条角度为 148° (180°−32° = 148°) 的中心线，如图 4-74 (b) 所示；利用对齐命令快捷键 AL 对齐图 4-74 (a) 和图 4-74 (b) 中的凸台结构，第一源点分别选择图 4-74 (a) 中的 1 点和图 4-74 (b) 中的 1′点，第二源点分别选择两个视图中心线上的其他点；对齐后，利用修剪命令快捷键 TR 完成视图修剪，结果如图 4-74 (c) 所示；利用图案填充命令快捷键 H 填充剖面线，结果如图 4-74 (d) 所示。

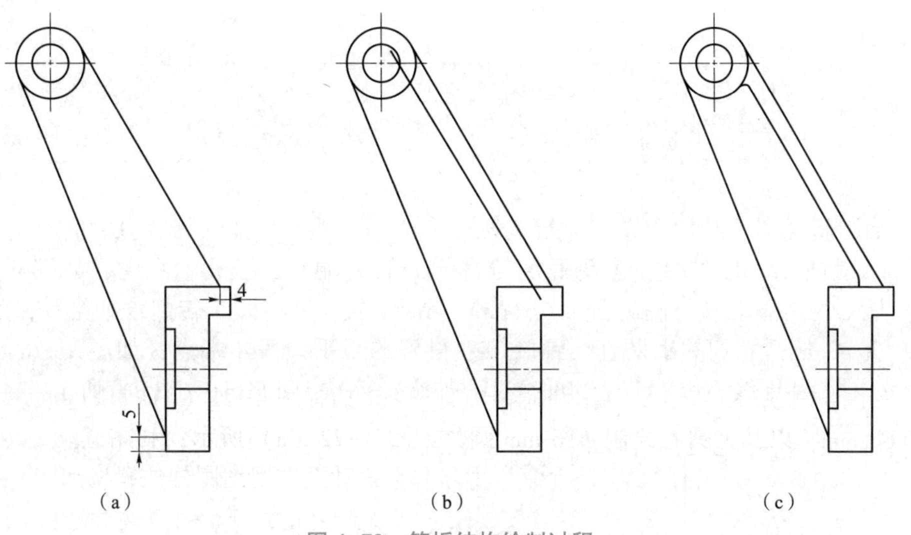

图 4-73　筋板结构绘制过程

(a) 绘制切线；(b) 偏移线；(c) 倒圆角

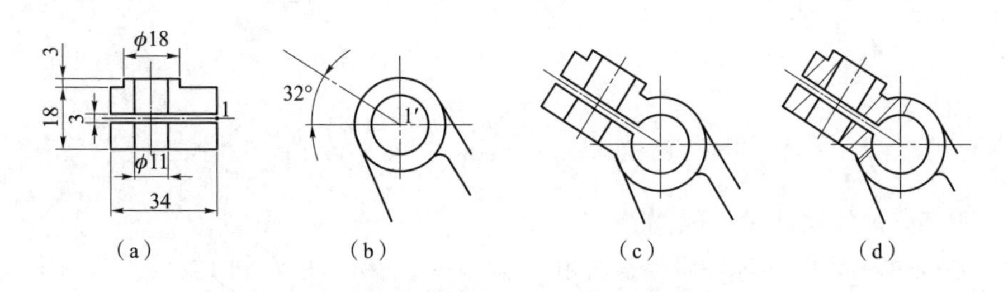

图 4-74　倾斜凸台结构绘制过程

(a) 绘制凸台结构；(b) 绘制中心线；(c) 对齐凸台结构；(d) 填充剖面线

步骤 4：绘制筋板移出断面图。

绘制筋板移出断面图。在视图空白位置沿竖直方向绘制筋板断面图，尺寸和效果如图 4-75（a）所示；在筋板处用中心线绘制断面线，结果如图 4-75（b）所示；利用对齐命令快捷键 AL 分别选择图 4-75（a）中心线上两点，以及图 4-75（b）断面线上两点，将两图对齐，完成筋板移出断面图绘制，如图 4-75（c）所示。

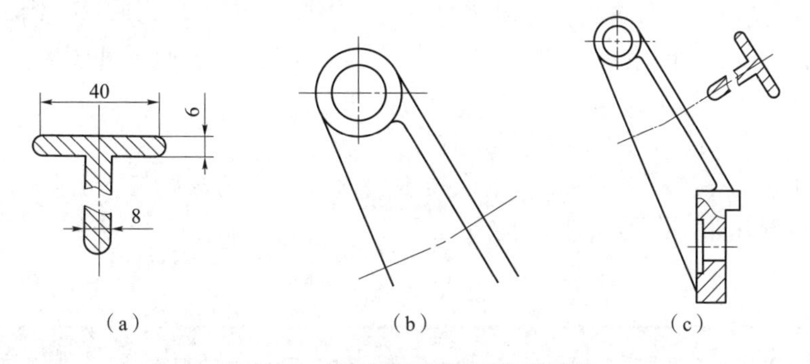

图 4-75　筋板移出断面图绘制过程

(a) 绘制筋板断面；(b) 绘制断面线；(c) 对齐断面线

工作笔记

提示

在利用 AutoCAD 2024 软件绘制倾斜结构时，不容易控制线型角度，因此，通常沿水平或竖直方向绘图，然后利用对齐命令进行对齐。

步骤 5：绘制斜视图。

绘制斜视图。利用绘图命令绘制图 4-76（a）所示图形；在主视图上通过圆心 A 绘制直线 c 的垂线，连接垂足与直线 c 的右端点，获得直线 d，如图 4-76（b）所示；将直线 d 复制到图 4-76（a）相应位置，并将其旋转到水平位置，延长与 R13 mm 圆弧相切的水平直线到旋转 d 得到的水平线段左端点，如图 4-76（c）所示；绘制断面线，修剪多余的曲线，添加旋转符号，如图 4-76（d）所示。

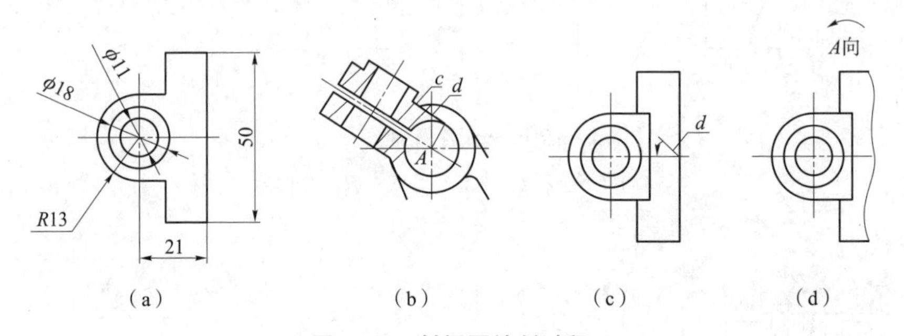

图 4-76　斜视图绘制过程

（a）初绘斜视图；（b）绘制辅助线；（c）绘制相交线；（d）优化斜视图

步骤 6：标注尺寸和极限偏差。

标注尺寸主要包括标注定形尺寸和定位尺寸，在标注尺寸时要注意标注样式的选择，支架零件图的标注样式选择 A3，具体标注方法参考 4.1.4 节的步骤 3。支架零件尺寸和极限偏差如图 4-77 所示。

步骤 7：标注基准和几何公差。

支架零件图基准采用插入块的方式标注在工作安装面上，具体标注方法参考 4.1.4 节的步骤 4，如图 4-78 所示；支架底部凹槽是配合面，应保证与底面的垂直度，需要标注几何公差，利用引线命令快捷键 LE 编辑公差项目并进行标注，如图 4-78 所示。

步骤 8：标注表面粗糙度。

A3 横框模板中已包含表面粗糙度符号块，因此，可用插入块的方式标注支架零件图表面粗糙度，具体标注方法参考 4.1.4 节的步骤 4。支架零件图表面粗糙度标注完成后如图 4-78 所示。

步骤 9：输入技术要求，填写标题栏。

文字样式选择“图框字体”，输入技术要求文字，按标题栏内容填写标题栏文字。最后检查并保存图形文件。

提示

逐步养成及时保存文件的好习惯。在绘图时要及时保存绘图数据，防止计算机或软件出现异常，丢失文件，造成无法挽回的损失。

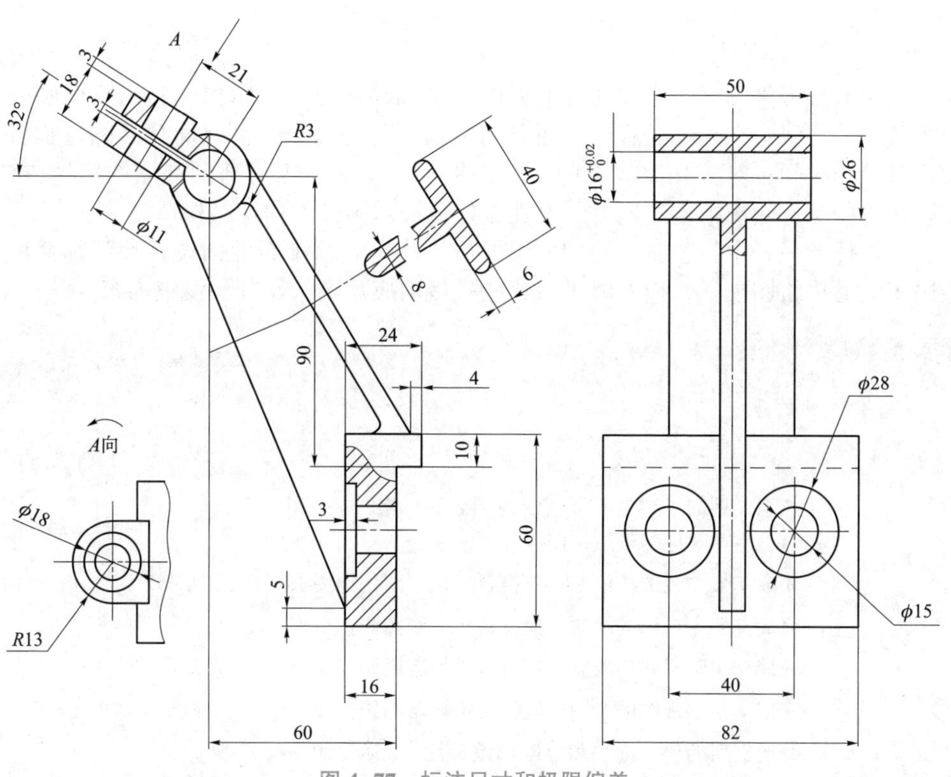

图 4-77　标注尺寸和极限偏差

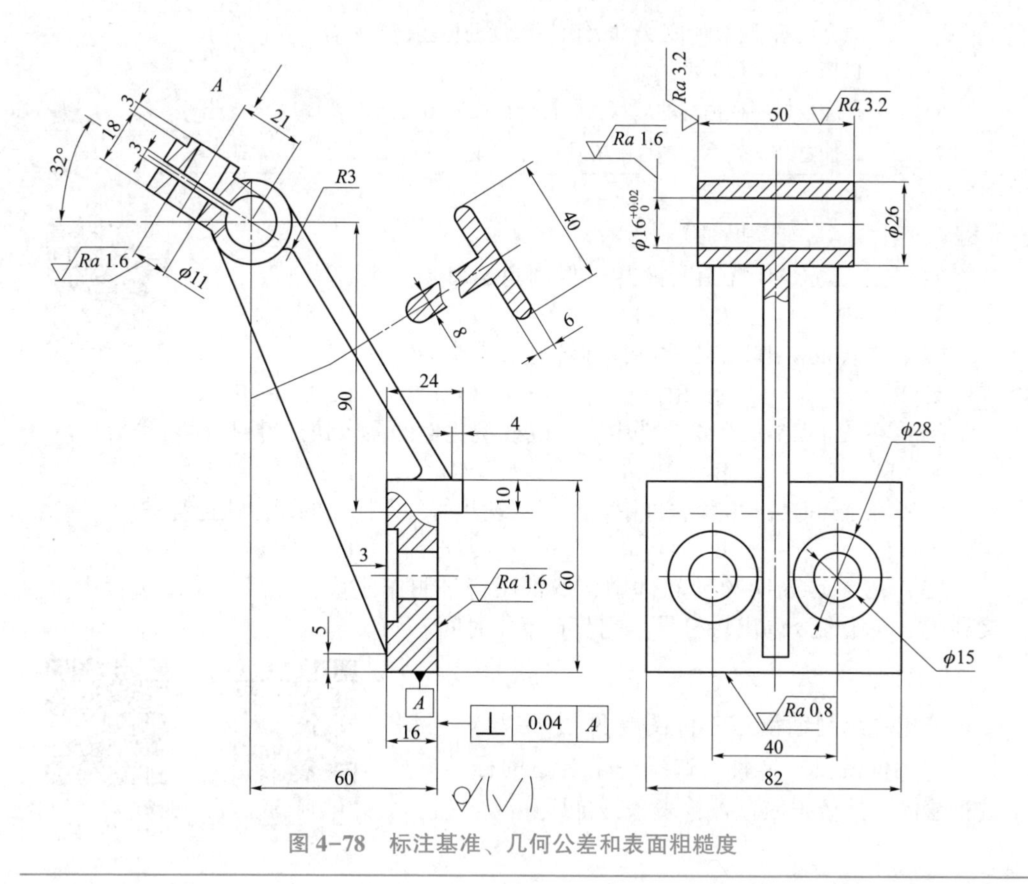

图 4-78　标注基准、几何公差和表面粗糙度

工作笔记

4.3.5 工程师点评

绘制支架零件图，一定要注意筋板的结构和绘制方法，掌握用移出断面图表达筋板截面的方法；在绘图过程中，还要灵活运用对齐命令，可以简化绘图过程，大大缩减绘图时间；对于孔比较多的支架零件，要灵活运用局部剖视图的表达方法，在表达清楚零件轮廓结构的同时，又能很好地展示零件的内部结构。

本子任务另一个特色是对绘图模板的应用。一般每个企业的设计部门都会用一些固定的通用绘图模板，应及时了解这些模板的应用场景及其预设置内容。

4.3.6 工作质量评价

1. 质量评价表

序号	自评内容	分数配置	自评得分
1	熟悉典型的叉架类零件图的视图表达方案，并在绘图过程遵守对应的机械制图国标要求	5分	
2	完成支架左视图的绘制，应符合机械制图国标要求	20分	
3	完成支架主视图的绘制，应符合机械制图国标要求	20分	
4	完成支架断面图的绘制，应符合机械制图国标要求	5分	
5	完成支架斜视图的绘制，应符合机械制图国标要求	5分	
6	完成支架的尺寸标注和极限偏差标注，应符合机械制图国标要求	10分	
7	完成基准、几何公差和表面粗糙度的标注，应符合机械制图国标要求	10分	
8	完成标题栏内容的填写，应符合机械制图国标要求	5分	
9	能总结支架零件图绘制方法，并完成“练一练”	20分	

2. 测一测（选择和判断题）

参考答案

(1) 在 AutoCAD 2024 软件中，倒圆角的命令快捷键是（　　）。

A. Ctrl+F　　B. Alt+F　　C. F　　D. Shift+F

(2) 在 AutoCAD 2024 软件，旋转的命令快捷键是（　　）。

A. R　　B. RO　　C. Ctrl+R　　D. Shift+R

(3) 在 AutoCAD 2024 软件中，修改线型比例的命令快捷键是（　　）。

A. MA　　B. OP　　C. MO　　D. M

(4) 在 AutoCAD 2024 软件中，不能实现几何公差标注的命令快捷键是（　　）。

A. LE　　B. TO　　C. TOL　　D. TOLE

(5) 在 AutoCAD 2024 软件中，把常用符号制作成块，在后续绘图过程中可直接利用插入块命令调出块符号，能节省工作时间。（　　）

3. 练一练

分析并绘制轴承座零件图（见图 4-79），要求打开“图框模板”文件，选择一个合适的标准图框进行绘制，并依据质量评价表进行自评。

绘制轴承座零件图视图

轴承座零件图的尺寸标注

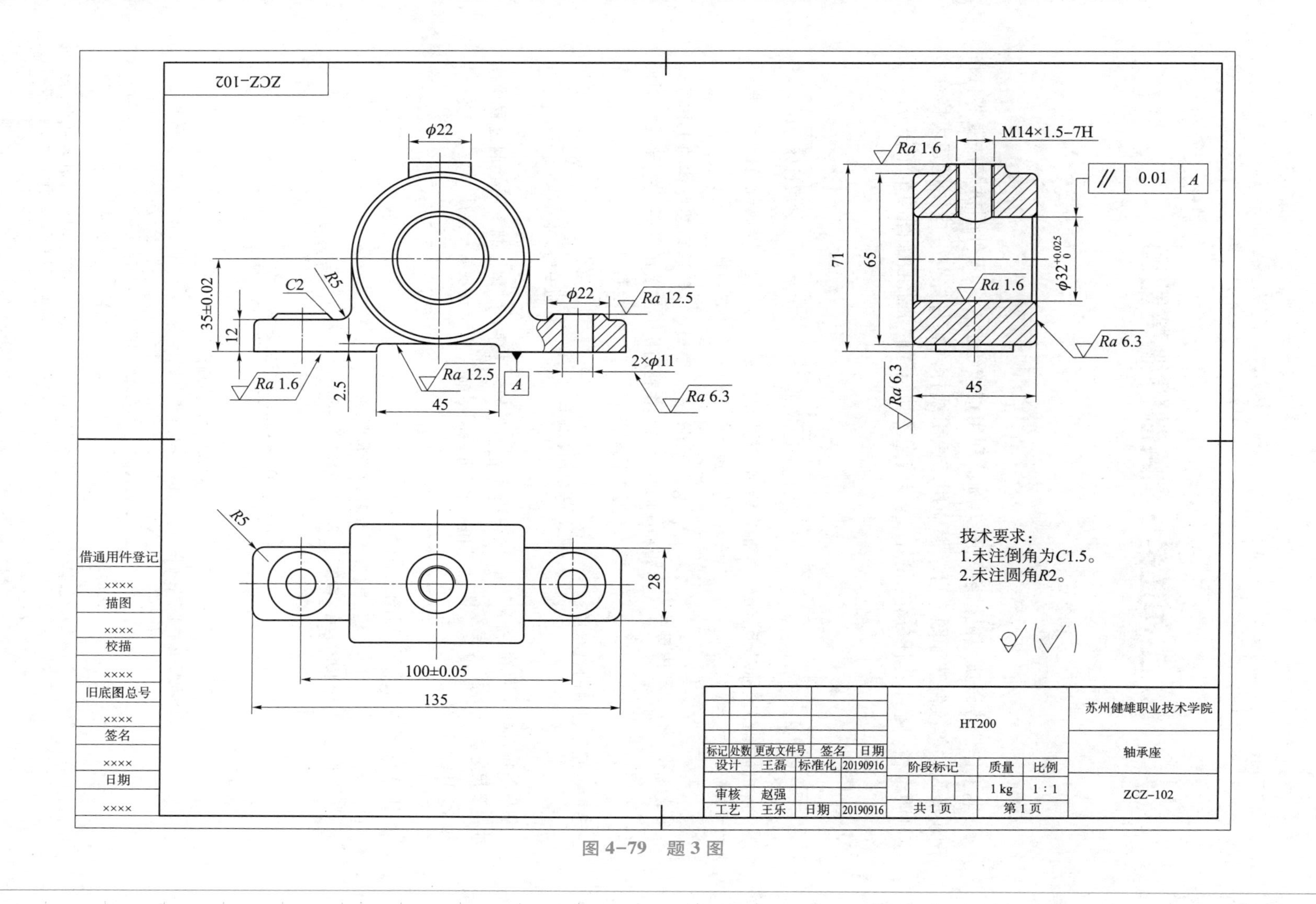
ZCZ-102
ϕ22
C2
R5
35±0.02
12
2.5
Ra 1.6
Ra 12.5
45
A
ϕ22
Ra 12.5
2×ϕ11
Ra 6.3
M14×1.5-7H
Ra 1.6
0.01
A
71
65
ϕ32
Ra 1.6
Ra 6.3
Ra 6.3
45
R5
28
100±0.05
135
技术要求：
1.未注倒角为C1.5。
2.未注圆角R2。
借通用件登记
描图
校描
旧底图总号
签名
日期
HT200
苏州健雄职业技术学院
轴承座
ZCZ-102
标记 处数 更改文件号 签名 日期
设计 王磊 标准化 20190916
审核 赵强
工艺 王乐 日期 20190916
阶段标记 质量 比例
1 kg 1 : 1
共1页 第1页

图 4-79 题 3 图

工作笔记

工作任务 5　绘制机械装配图

工作要求

本工作任务以典型机械装配图为例，利用直接绘制法、零件图拼装法及零件图做块插入法等绘制装配图，可掌握应用多重引线标注零件序号、应用创建表格命令绘制明细栏。本工作任务包括螺栓连接装配图和凸缘联轴器装配图两个子任务。

工作目标

知识目标	能力目标	素质目标
了解机械制图国标对于装配图的各项要求	能在绘制装配图时，遵守相应的绘图规范	逐步养成规范绘制装配图的习惯
掌握根据零件图利用拼装方法绘制装配图	能根据装配图视图需要编辑相应的零件图，并利用拼装方法绘制装配图	能联系装配体的工作原理和装配关系，指导装配图的绘制
掌握装配图视图的直接绘制方法	能直接绘制装配图	领会庖丁解牛、逐个击破的中华文化智慧
掌握装配图中零件序号、明细栏及尺寸标注等相关要素的 AutoCAD 2024 软件实现方法	能标注装配图中的零件序号和尺寸，并绘制明细栏	体会装配图绘制过程中所体现的友善性

工作任务 5 工作流程图如图 5-1 所示。

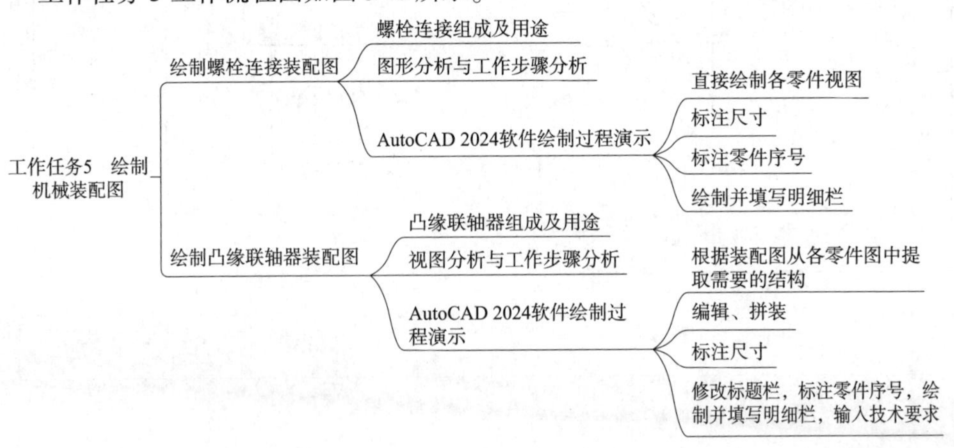

图 5-1　工作任务 5 工作流程图

工作笔记

子任务 5.1 绘制螺栓连接装配图

任务实施流程如图 5-2 所示。

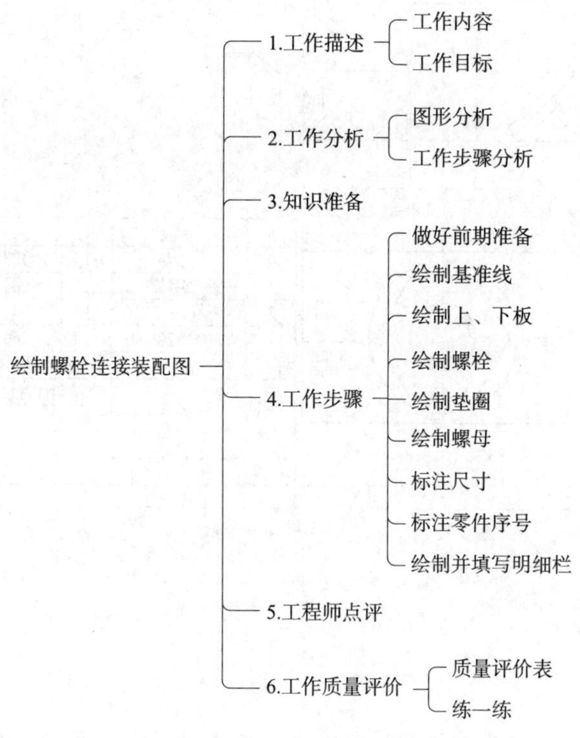

图 5-2 任务实施流程

5.1.1 工作描述

螺栓连接装配图直接绘制过程演示

1. 工作内容

本子任务工作内容为绘制螺栓连接装配图，如图 5-3 所示。

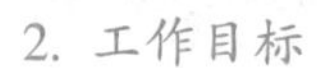

2. 工作目标

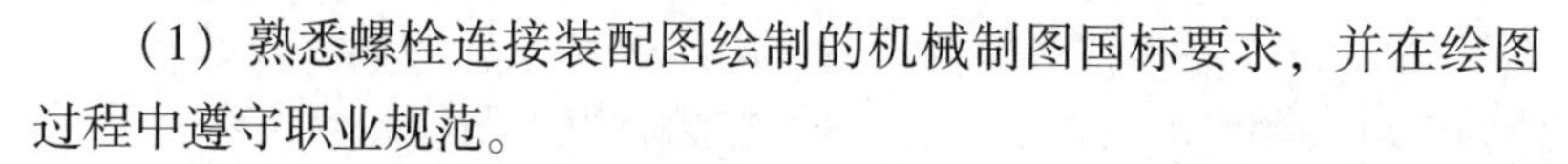

（1）熟悉螺栓连接装配图绘制的机械制图国标要求，并在绘图过程中遵守职业规范。

（2）会用直接绘制的方法绘制装配图。

（3）联系实际生产中螺栓连接的安装过程，指导装配图的绘制。

（4）注重装配图绘制中的细节，对于绘图质量精益求精。

（5）领会化繁为简、逐个击破的工作思路。

（6）养成自查绘制图形规范性、准确性和可读性的习惯。

工作笔记

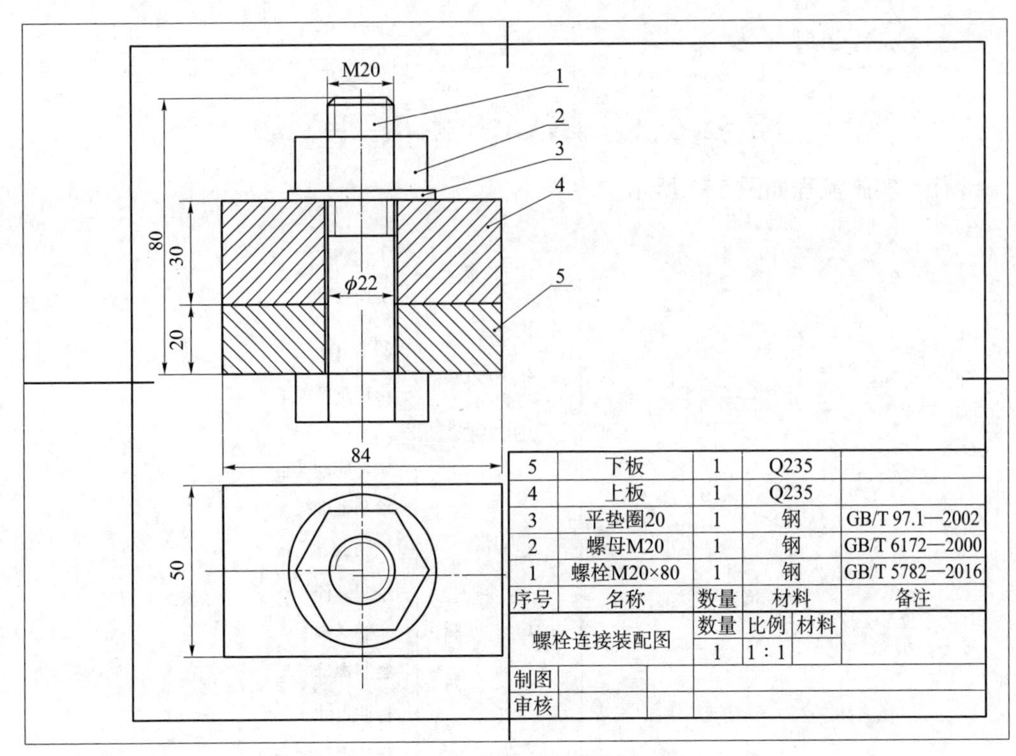

图 5-3　螺栓连接装配图

5.1.2　工作分析

1. 图形分析

（1）视图分析。图 5-3 所示为螺栓连接装配图，该图通过一个全剖的主视图反映螺栓、垫圈、螺母及连接件的装配体关系，按照机械制图国标规定，螺栓、螺母、垫圈纵向剖面按不剖来绘制。螺栓连接绘制基本原则如下。

① 被连接件的孔径=1.1d（d=20 mm）。

② 两块板的剖面线方向相反。

③ 螺栓、垫圈、螺母按不剖来绘制。

④ 螺栓有效长度的计算：$L_{计}=t_1+t_2+0.15d$(垫圈厚)$+0.8d$(螺母厚)$+0.3d$(螺栓头部伸出长度)。在本子任务中，$t_1=30$ mm，$t_2=20$ mm。

（2）尺寸分析。由图 5-3 可知，所绘制的装配图是 M20 mm 的螺纹连接，两块连接板的厚度分别为 30 mm 和 20 mm。螺纹紧固件方法有以下两种。

① 查表法。根据螺纹紧固件的规定标记，从有关标准中查出各部分的具体尺寸进行绘制。

② 比例法。为方便绘图，螺纹紧固件的各部分尺寸，除公称长度按公式需要计算外，其余尺寸均以螺纹大径作参数按一定比例绘制。

本子任务采用比例法绘制螺栓连接装配图。在绘图之前，需要清楚六角螺母、六角头螺栓和垫圈的简化画法，以及各部分尺寸与螺栓公称直径 d 的具体比例关系，具体如表 5-1 所示。

表 5-1　标准件简化画法

名称	规定标记	简化画法
六角螺母	规定标记：　螺母 GB/T 6172 M20（国标号；螺纹规格）	0.8d；2d
六角头螺栓	规定标记：螺栓 GB/T 5782 M20 ×80（螺栓长度）；六角头螺栓	0.1d×45°；d；2d；0.7d；L（由设计决定）
垫圈	规定标记：　垫圈 GB/T 97.1 20（用于规格M20的螺栓或者螺钉）	0.15d；1.1d；2.2d

2. 工作步骤分析

（1）做好前期准备，包括建立图层、设置文字和标注样式、绘制图框和标题栏等。

（2）按照上、下板，螺栓，垫圈，螺母的顺序绘制装配图。

（3）标注必要的尺寸。

（4）标注零件序号。

（5）绘制并填写明细栏。

提示

螺栓、螺母和垫圈属于标准件，标准件图线绘制有相应机械制图国标要求，螺栓连接装配图绘制有对应的规范，在绘制之前，注意对要求和规范的再学习，做到遵守职业规范。

5.1.3　知识准备

螺栓用于连接两个或两个以上不太厚且能钻成通孔的零件。为了便于装配，通孔直径比螺纹直径略大（光孔直径 D 一般为螺栓公称直径 d 的 1.1 倍）。螺栓连接一般包括螺栓、垫圈、螺母和连接件 4 个组件。

5.1.4　工作步骤

步骤 1：做好前期准备。

（1）启动 AutoCAD 2024 软件，自动生成 Drawing1 文件，将文件另存为“螺栓

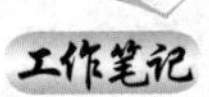

连接装配图.dwg”图形文件。

(2) 建议调用绘图模板，如果新建图层，则参考子任务 1.2。

(3) 设置文字和标注样式，设置方法参考子任务 1.4。

(4) 绘制图框和标题栏。根据图形尺寸分析，选择横放的 A4 图纸。绘制完成的 A4 图框和标题栏如图 5-4 所示。

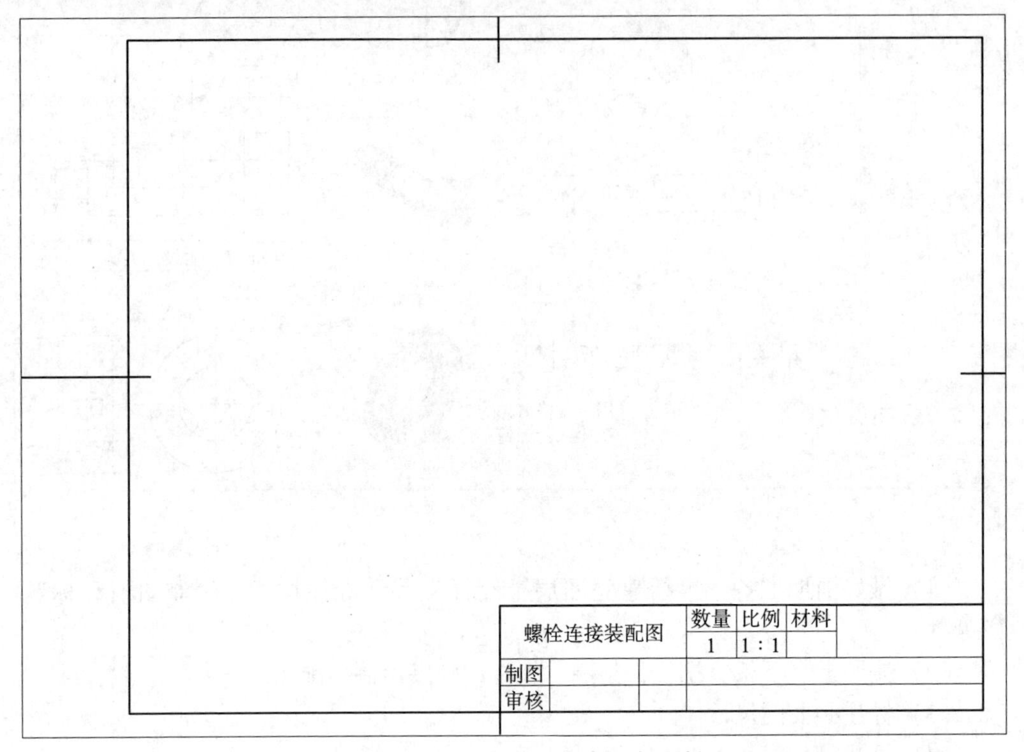

图 5-4　绘制完成的 A4 图框和标题栏

步骤 2：绘制基准线。

分别在“中心线”图层和“轮廓线”图层，打开状态栏正交模式，绘制基准线，如图 5-5 所示。其中中心线分别表示装配图前后和左右方向的对称线，轮廓线表示装配图主视图的下边缘位置。

步骤 3：绘制上、下板。

由图 5-3 可以看出，上、下板的长度和宽度均分别为 84 mm 和 50 mm，板高分别为 30 mm 和 20 mm，钻孔直径为 22 mm。在绘制过程中利用到的 AutoCAD 命令包括直线、圆、矩形、偏移、移动、修剪、删除、镜像、图案填充命令等，结果如图 5-6 所示。

注意：上、下板的剖面线方向相反；俯视图中钻孔的圆由于在后期会被遮挡而不显示，所以在此可不必绘制。

步骤 4：绘制螺栓。

螺栓公称直径为 20 mm，长度为 80 mm，根据螺栓的简化画法绘制螺栓，如图 5-7 所示。在绘制过程中利用到的 AutoCAD 命令包括直线、圆、偏移、修剪、删除、倒角命令等。

工作笔记

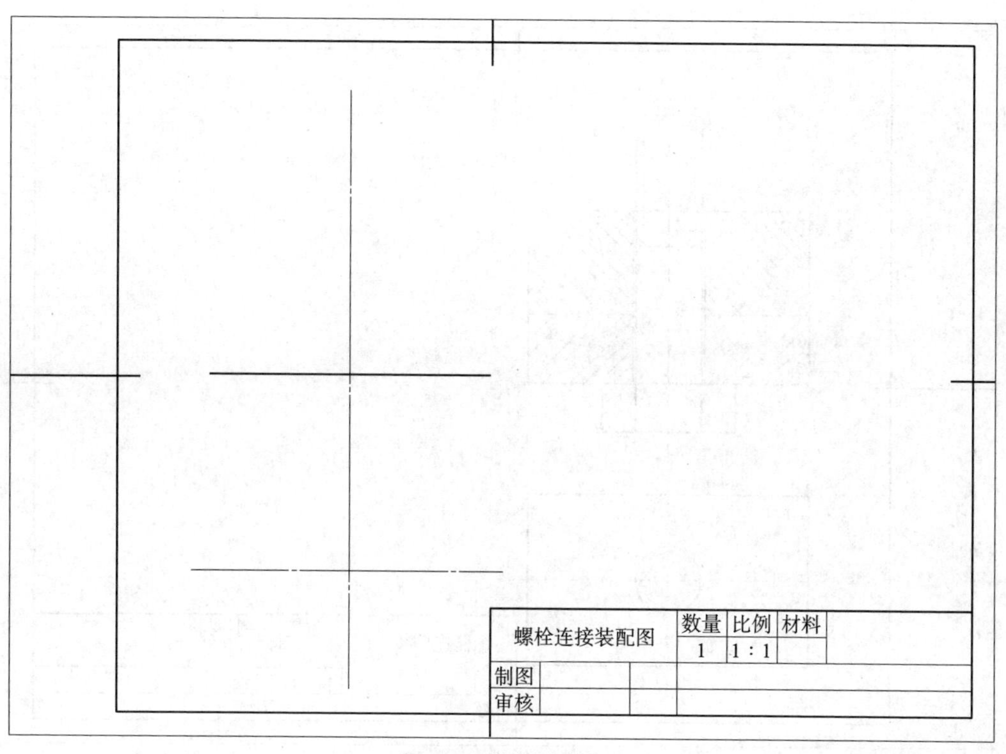

图 5-5　绘制基准线

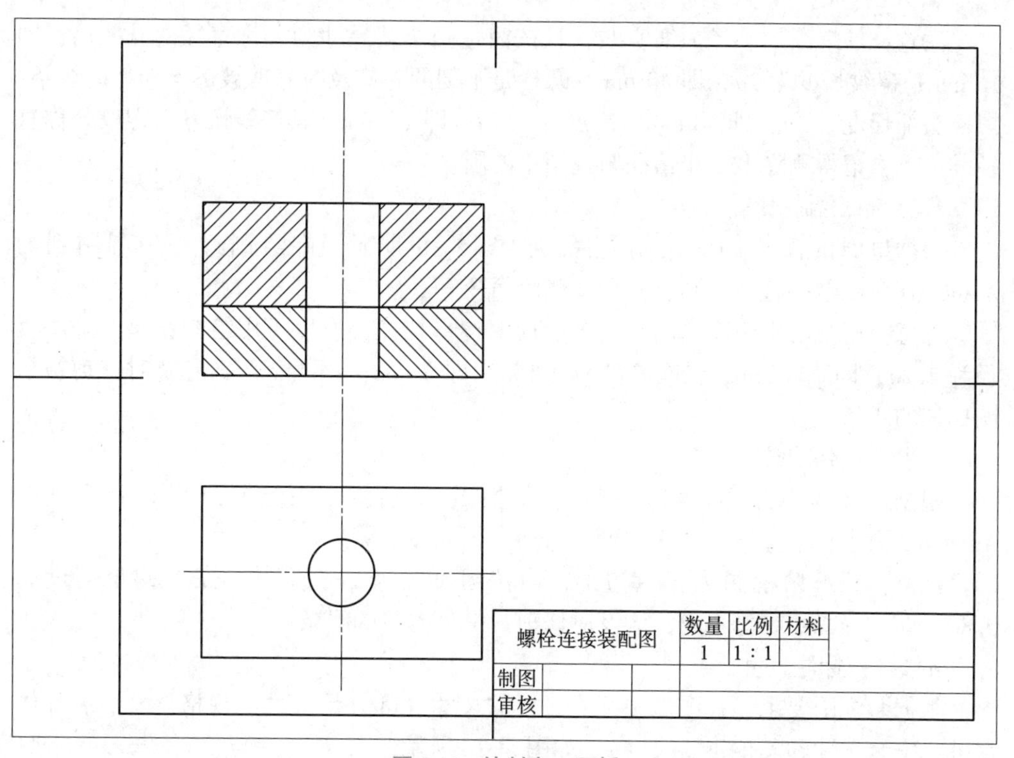

图 5-6　绘制上、下板

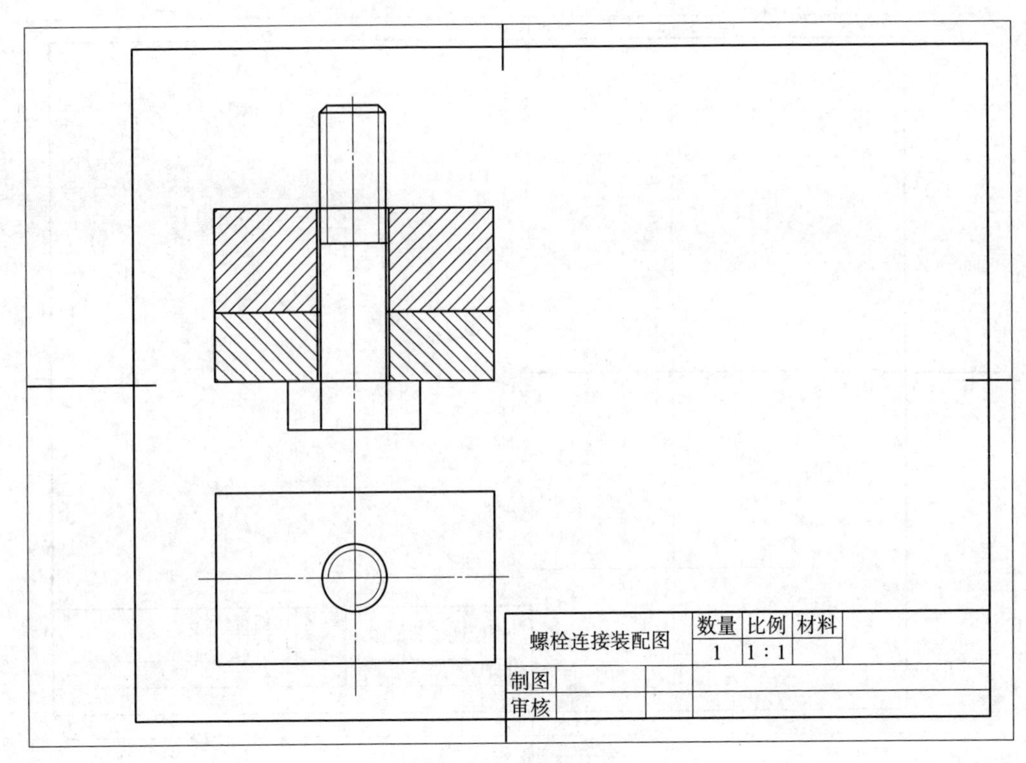

图 5–7　绘制螺栓

注意：外螺纹的小径为细实线，且按简化画法其尺寸为公称直径的 0.8 倍，即 16 mm；螺纹长度为 $2d$，即 40 mm；螺栓是不剖的，应及时修剪被螺栓挡住的线条；螺栓头部长度为 $2d$，即 40 mm，高度为 $0.7d$，即 14 mm，其棱线恰好与螺纹公称直径线平齐；记得删除上一步钻孔俯视图中的圆。

步骤 5：绘制垫圈。

根据垫圈的简化画法绘制垫圈，如图 5–8 所示。在绘制过程中利用到的 AutoCAD 命令包括直线、圆、修剪、删除命令等。

注意：俯视图中垫圈的内圆会被上面的螺母挡住，所以不用绘制；垫圈外圈直径为 $2.2d$，即 ϕ44 mm；垫圈高度为 $0.15d$，即 3 mm；垫圈不剖，应及时修剪被垫圈挡住的线条。

步骤 6：绘制螺母。

根据螺母的简化画法绘制螺母，如图 5–9 所示。在绘制过程中利用到的 AutoCAD 命令包括直线、正多边形、修剪、删除命令等。

注意：螺母俯视图为正六边形，内接圆直径为 $2d$，即 40 mm；螺母高度为 $0.8d$，即 16 mm；螺母不剖，应及时修剪被螺母挡住的线条。

步骤 7：标注尺寸。

根据装配图要求，在图形中标注必要的尺寸（如外形尺寸、规格尺寸、装配体尺寸、安装尺寸和其他重要尺寸），如图 5–10 所示。

注意：要打断穿过尺寸数字的图线。

工作笔记

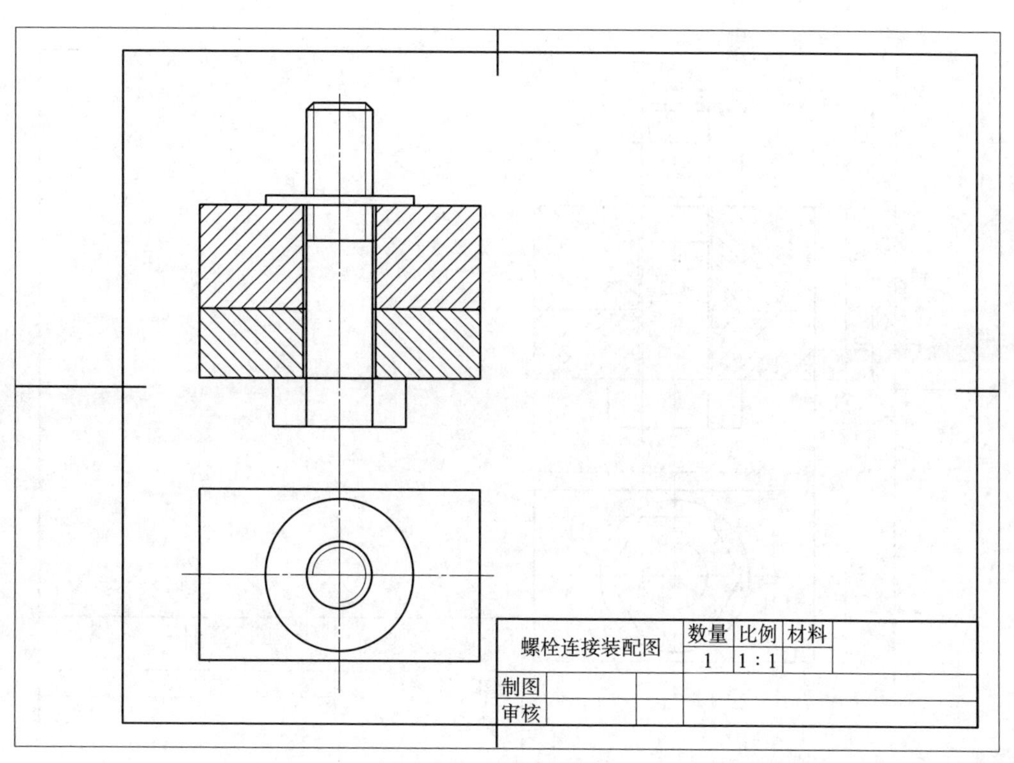

图 5-8　绘制垫圈

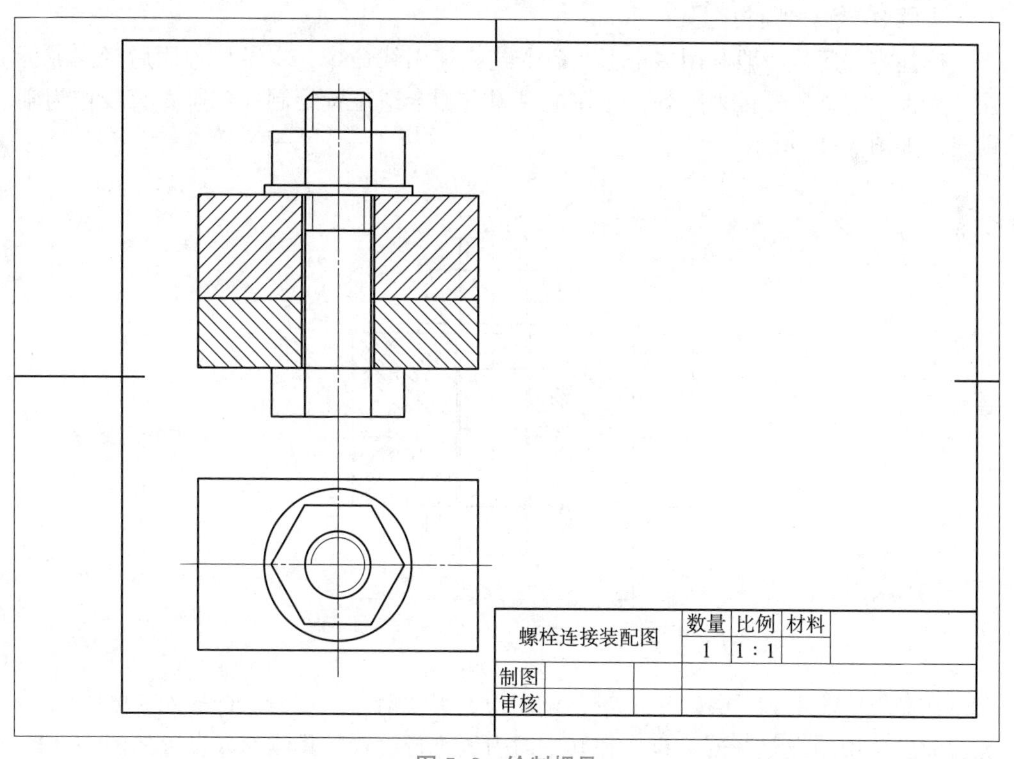

图 5-9　绘制螺母

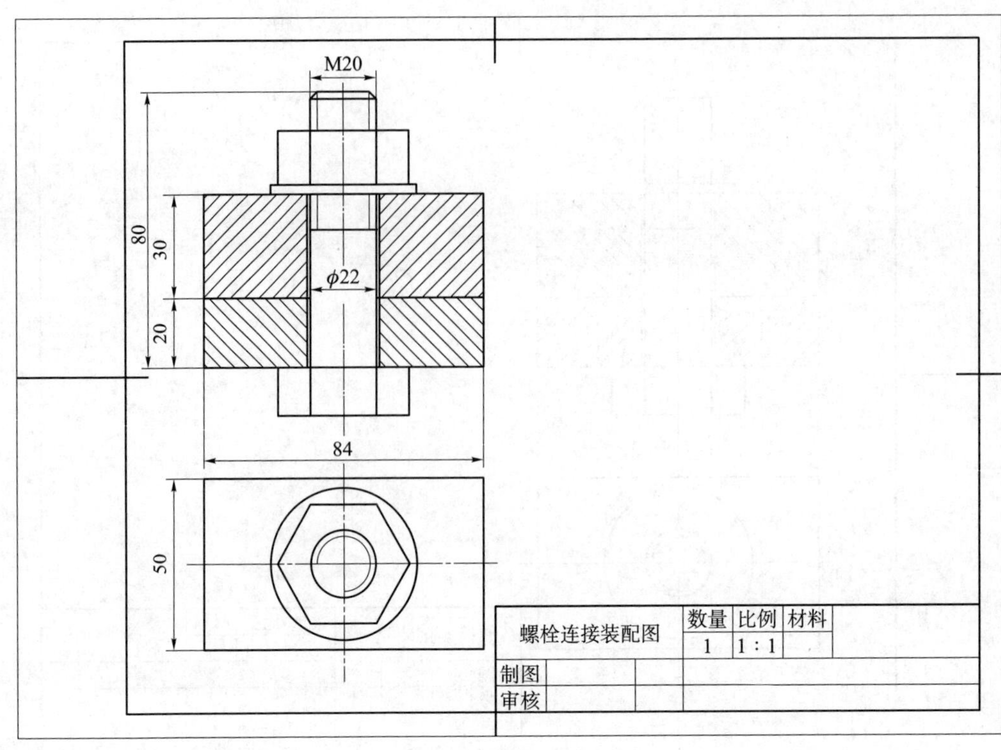

图 5-10　标注尺寸

步骤 8：标注零件序号。

标注零件序号一般利用多重引线命令或快速引线命令，本子任务用后者完成标注。为保证零件序号排列整齐，先在主视图右侧合适位置绘制一条竖直直线作为辅助线，如图 5-11 所示。

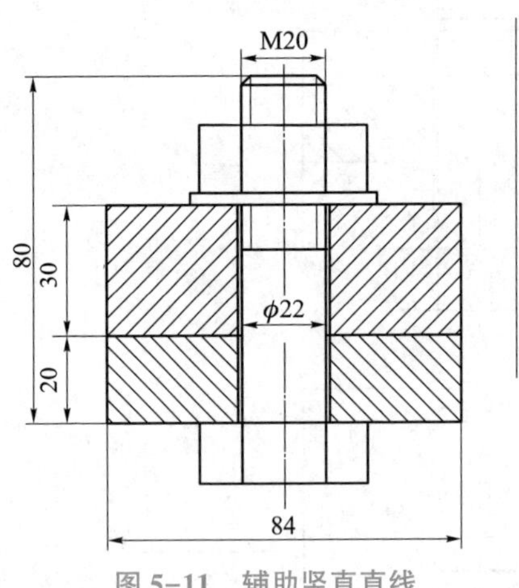

图 5-11　辅助竖直直线

在命令行输入 LE 再按 Enter 键，调用快速引线命令。在命令行输入 S 再按 Enter 键，弹出“引线设置”对话框，在其中对引线进行设置，具体参数设置如图 5-12~图 5-14 所示。

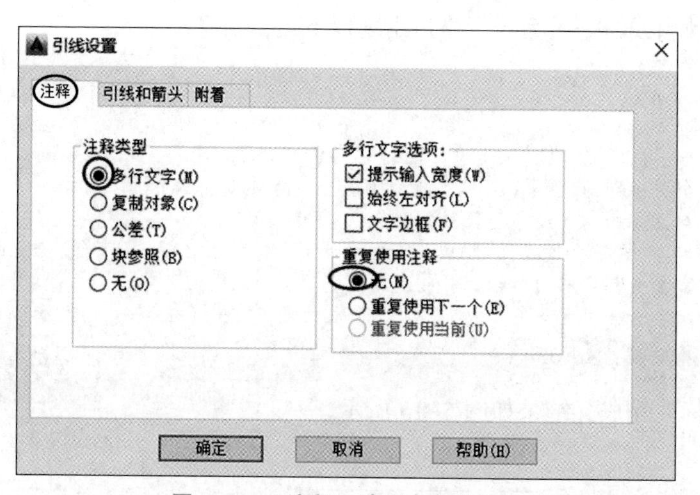

图 5-12 “注释”选项卡参数设置

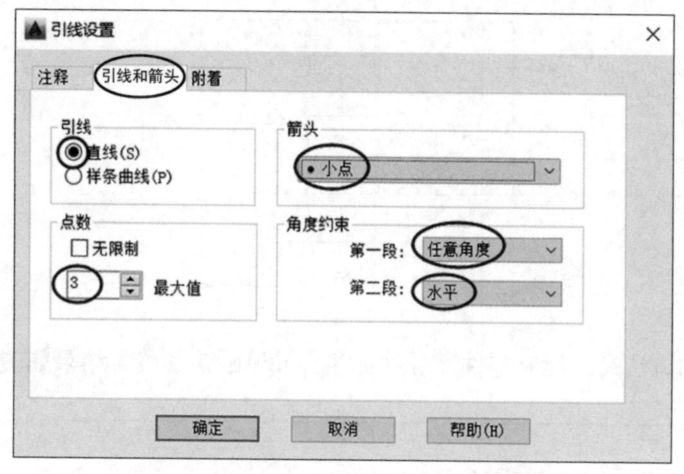

图 5-13 “引线和箭头”选项卡参数设置

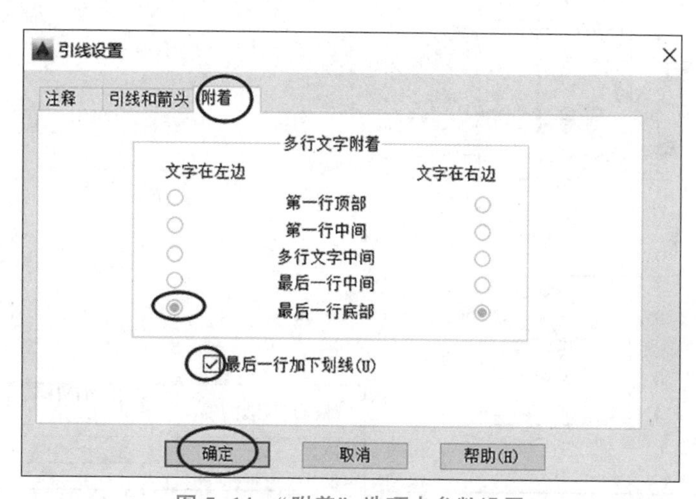

图 5-14 “附着”选项卡参数设置

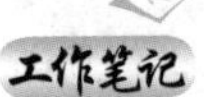

调用快速引线命令，命令行窗口出现以下提示信息。

```
命令:LE(按 Enter 键)
QLEADER
指定第一个引线点或[设置(S)]<设置>:S(对引线进行设置)
指定第一个引线点或[设置(S)]<设置>:(单击螺栓顶部空白位置)
指定下一点:(单击辅助线合适位置)
指定下一点:3(在正交模式开启的状态下,将十字光标移至右侧,绘制长为 3 mm 的横线)
指定文字宽度 <0>:(按 Enter 键,指定文字宽度为 0 mm)
输入注释文字的第一行 <多行文字(M)>:1(输入第一行文字 1,再按 Enter 键)
输入注释文字的下一行:(按 Enter 键,结束快速引线命令)
```

序号 1 标注完成，结果如图 5-15 所示。

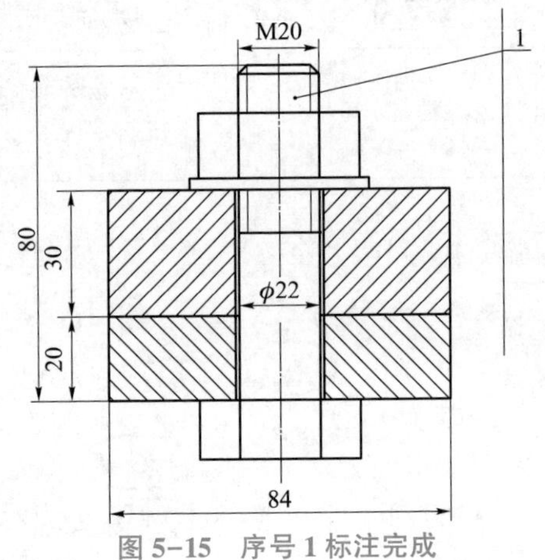

图 5-15　序号 1 标注完成

用同样的方法完成所有零件序号的标注，并删除辅助线，结果如图 5-16 所示。

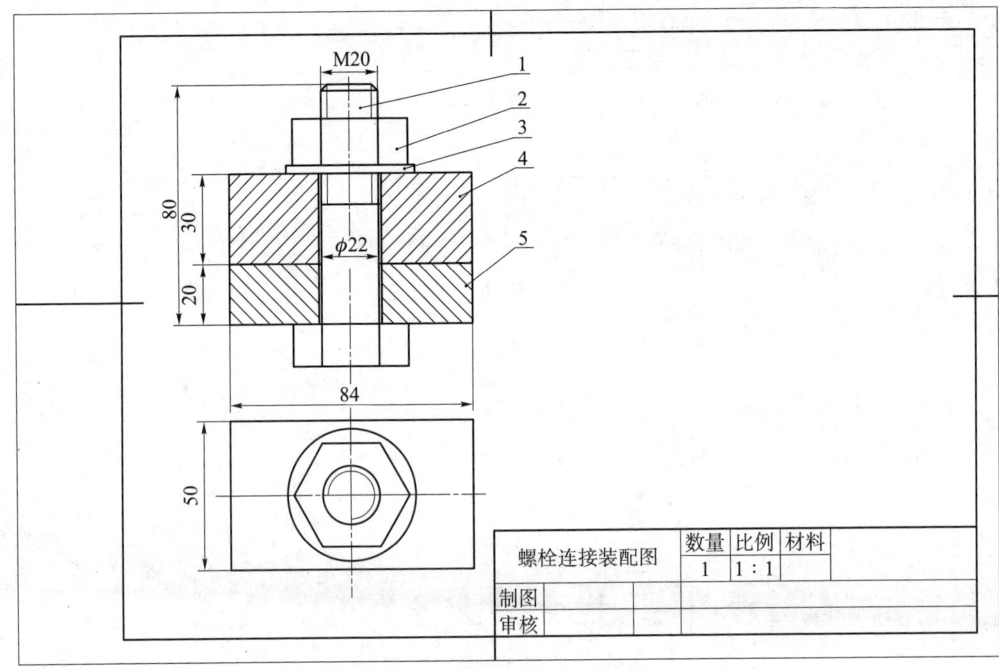

图 5-16　零件序号标注完成

步骤 9：绘制并填写明细栏。

绘制明细栏可以利用偏移命令、阵列命令或创建表格命令来完成，再填写明细栏内容。这里介绍如何用创建表格命令绘制图 5-17 所示的明细栏。

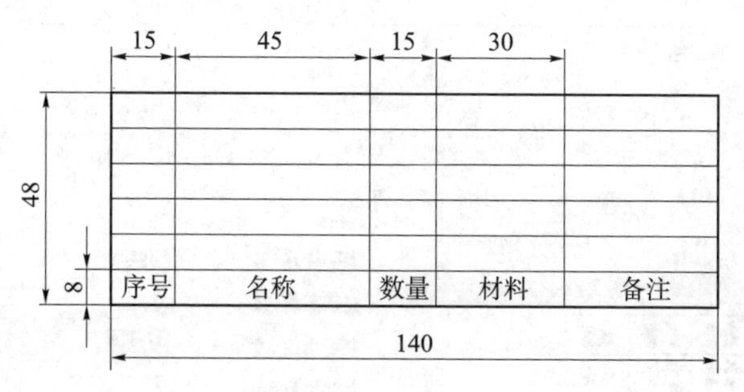

图 5-17　明细栏

（1）设置表格样式。在菜单栏中选择“格式”→“表格样式”命令，弹出“表格样式”对话框，如图 5-18 所示。

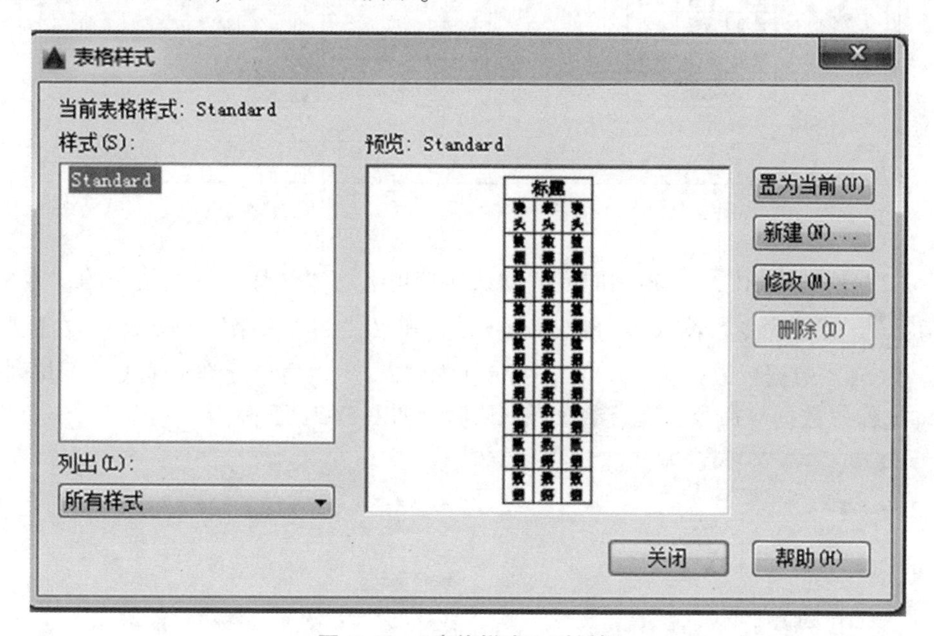

图 5-18　“表格样式”对话框

单击“新建”按钮，弹出“创建新的表格样式”对话框，在“新样式名”文本框中输入“明细栏”，单击“继续”按钮，如图 5-19 所示。

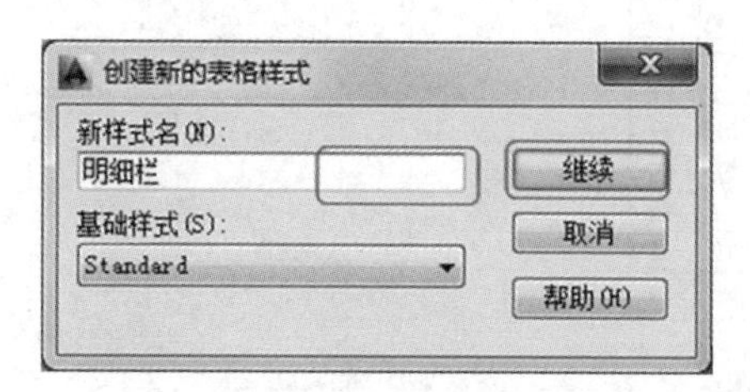

图 5-19　设置表格样式名

工作笔记

在弹出的“修改表格样式：明细栏”对话框的“表格方向”下拉列表框中选择“向上”命令，在“文字样式”下拉列表框中选择“汉字”命令（文字样式可根据要求设定），其余参数为默认值，如图 5-20 所示。

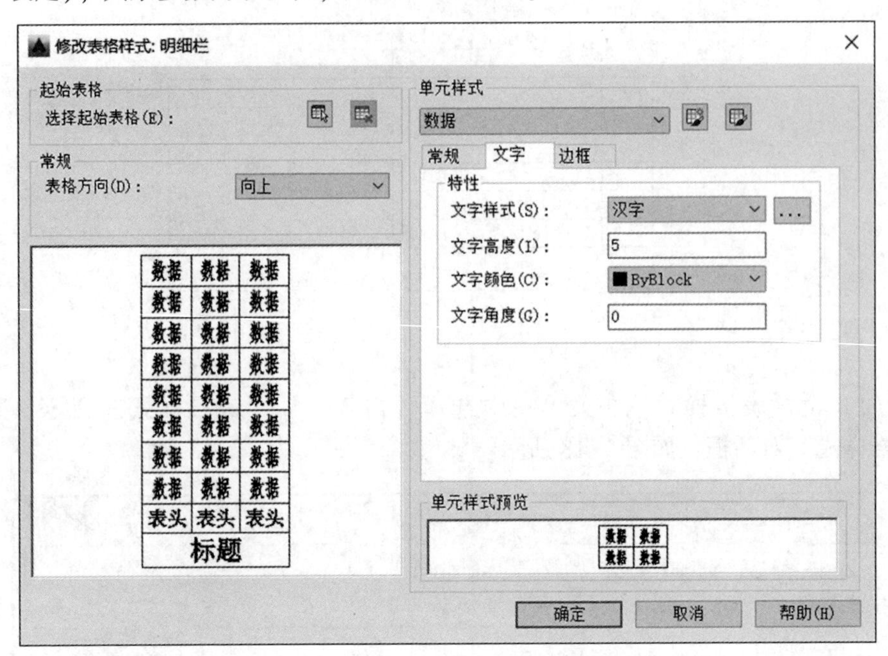

图 5-20 “修改表格样式：明细栏”对话框参数设置

（2）绘制明细栏。单击功能区“默认”选项卡的“注释”选项组中的“表格”按钮，或在命令行输入 TB 再按 Enter 键，弹出“插入表格”对话框，设置“列数”为 5，“数据行数”为 4，“第一行单元样式”及“第二行单元样式”下拉列表框均选择“数据”命令，其余参数为默认值，如图 5-21 所示。

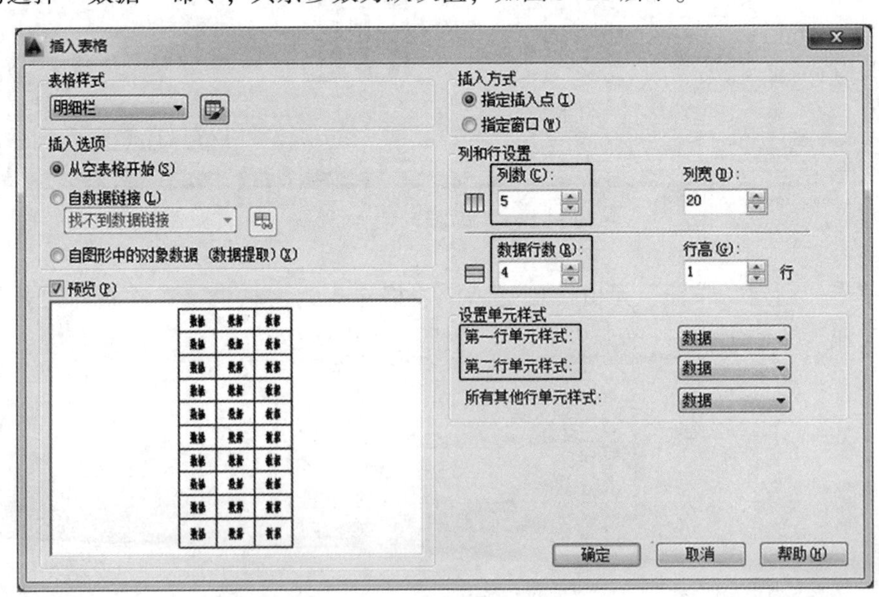

图 5-21 “插入表格”对话框参数设置

工作笔记

框选选中第一列，如图 5-22 所示，按 Ctrl+1 快捷键弹出“特性”对话框，设置“单元高度”为 8，如图 5-23 所示。

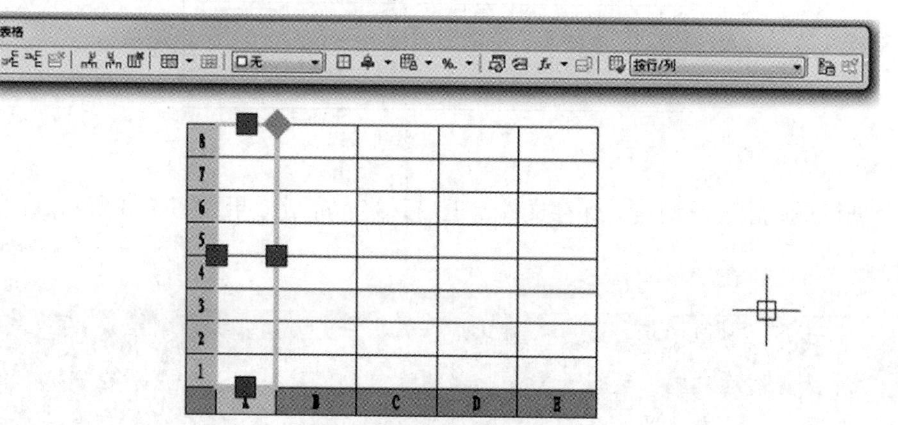

图 5-22　选中第一列

图 5-23　设置“单元高度”

框选选中左下角单元格，如图 5-24 所示，用上述方法，设置“单元宽度”为 15，依次设置第二列“单元宽度”为 45，第三列“单元宽度”为 15，第四列“单元宽度”为 30，第五列“单元宽度”为 35。双击单元格，填写明细栏内容，填写完成如图 5-25 所示。

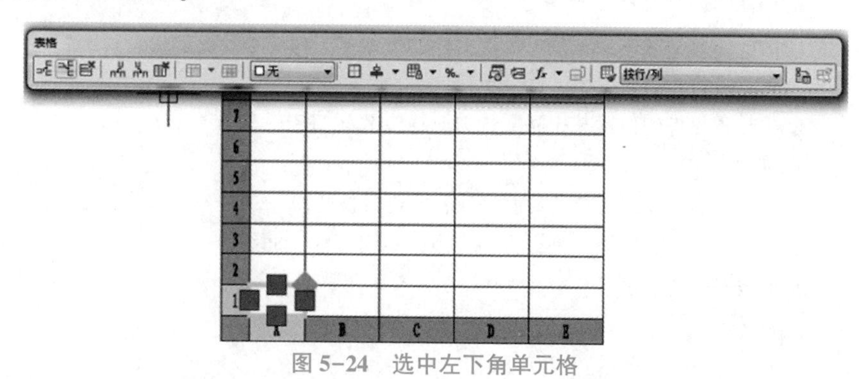

图 5-24　选中左下角单元格

5	下板	1	Q235	
4	上板	1	Q235	
3	平垫圈20	1	钢	GB/T 97.1—2002
2	螺母M20	1	钢	GB/T 6172—2000
1	螺栓M20×80	1	钢	GB/T 5782—2016
序号	名称	数量	材料	备注

图 5-25　填写明细栏内容

进行最后检查及调整，保存文件，退出系统，完成效果如图 5-3 所示。

回顾和思考螺栓装配图的绘制过程，对于用剖视表达方法表示各零件相互装配关系的视图，其中，主视图要分析零件的前后位置关系；俯视图要分析零件的上下位置关系；左视图要分析零件的左右位置关系。零件的位置关系决定零件轮廓线是否可见。

5.1.5　工程师点评

（1）用心、细心绘图，养成规范绘图的习惯。螺栓连接装配图虽然简单，但是需要注意的规范和细节比较多，在绘图时要用心、细心，养成规范绘图的习惯，后续就不需要花费太多时间去修改，从而提高工作效率。

（2）用模板，省时间。本子任务是以绘制一张新图的方式进行，从建立图层和绘制图框开始。其实可以调用工作任务 1 中制作的“机械 A4 绘图模板”文件，在模板的基础上进行修改，可以省去建立图层、绘制图框和设置多重引线样式的时间，提高工作效率。此外，明细栏的绘制可以参考子任务 1.6 中带属性外部块的设置，将明细栏设置成一个带属性块，在使用时直接调用即可。

5.1.6　工作质量评价

1. 质量评价表

序号	自评内容	分数配置	自评得分
1	对照原图进行自查： ①图线线宽与线型是否符合机械制图国标要求，是否有中心线且长短符合机械制图国标要求； ②根据各零件的位置及相互配合关系检查装配图图线是否绘制准确； ③图形中所有图线是否均绘制完成，并进行整理； ④同一个零件，剖面线是否方向一致；不同零件剖面线方向或间隔是否有区别	55 分	

续表

序号	自评内容	分数配置	自评得分
2	尺寸标注自查： ①是否设置对应的文字和标注样式； ②是否按照机械制图国标中装配图尺寸标注的要求进行标注； ③尺寸标注是否用细实线	10分	
3	零件序号和零件序号引线自查： ①零件序号是否按顺时针或逆时针排序，且位置是水平或竖直对齐； ②零件序号是否和装配体中的零件种类对应； ③零件序号引线末端是否为小点，且小点不在任何图线上； ④零件序号引线是否用细实线	10分	
4	图框和标题栏自查： 是否配有图框、标题栏、明细栏，且图框和标题栏符合机械制图国标要求	10分	
5	领会马克思主义联系观点指导螺栓连接装配图的绘制	5分	
6	领会化繁为简、逐个击破的工作思路	5分	
7	遵守螺栓连接装配图绘制的规范和要求	5分	

2. 练一练

根据图5-26~图5-29给出的零件图，绘制滑动轴承装配图（见图5-30），并依据质量评价表进行自评。

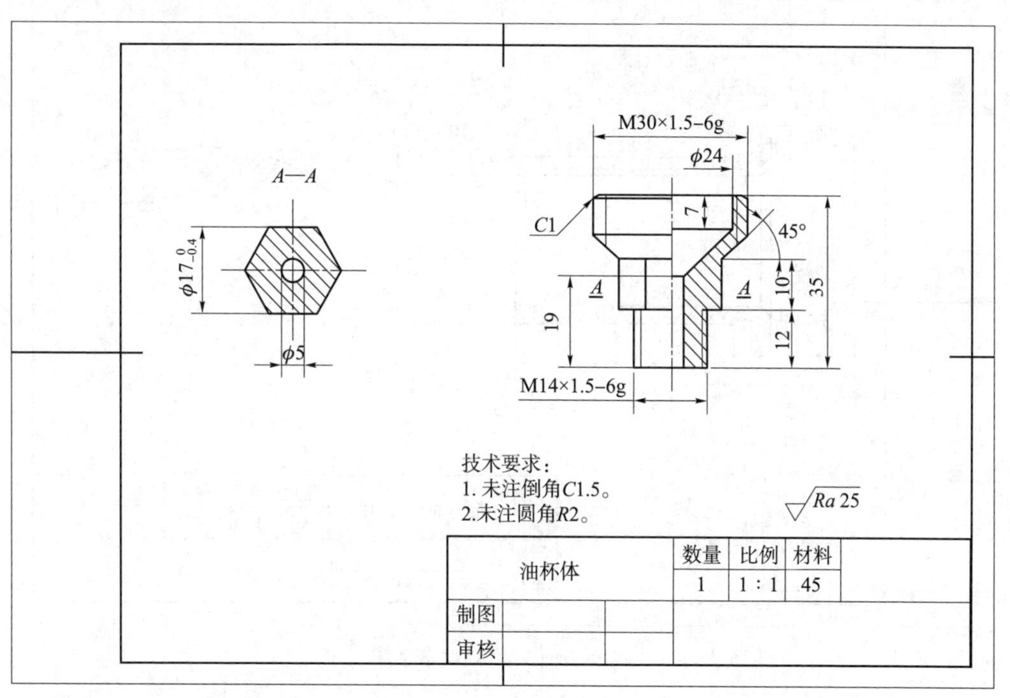

图5-26 油杯体零件图

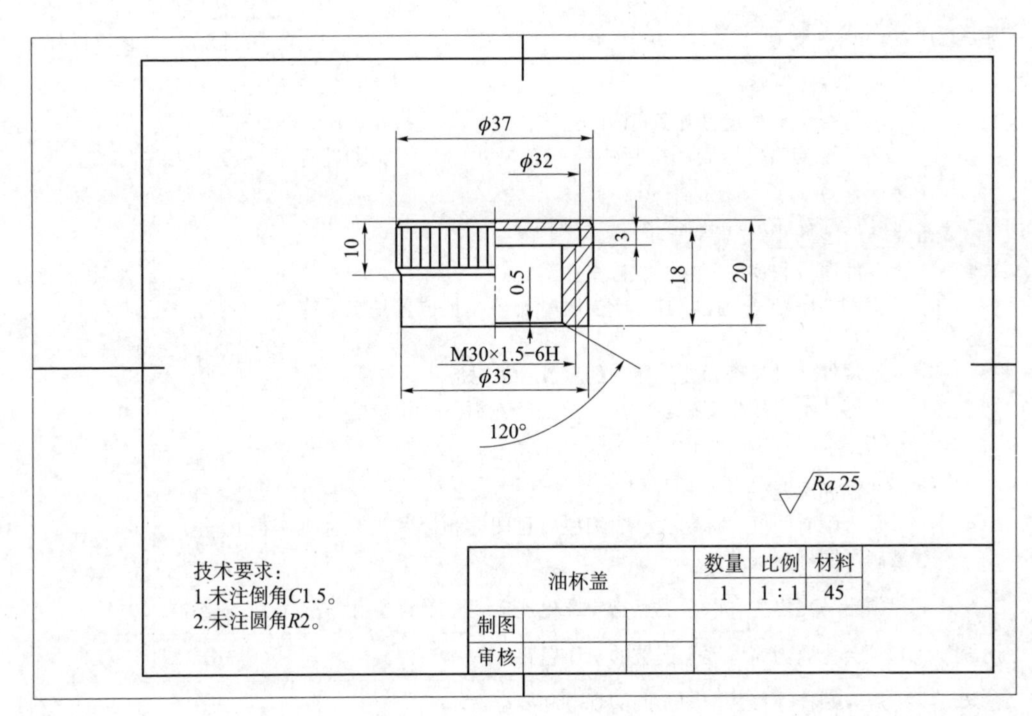

图 5-27 油杯盖零件图

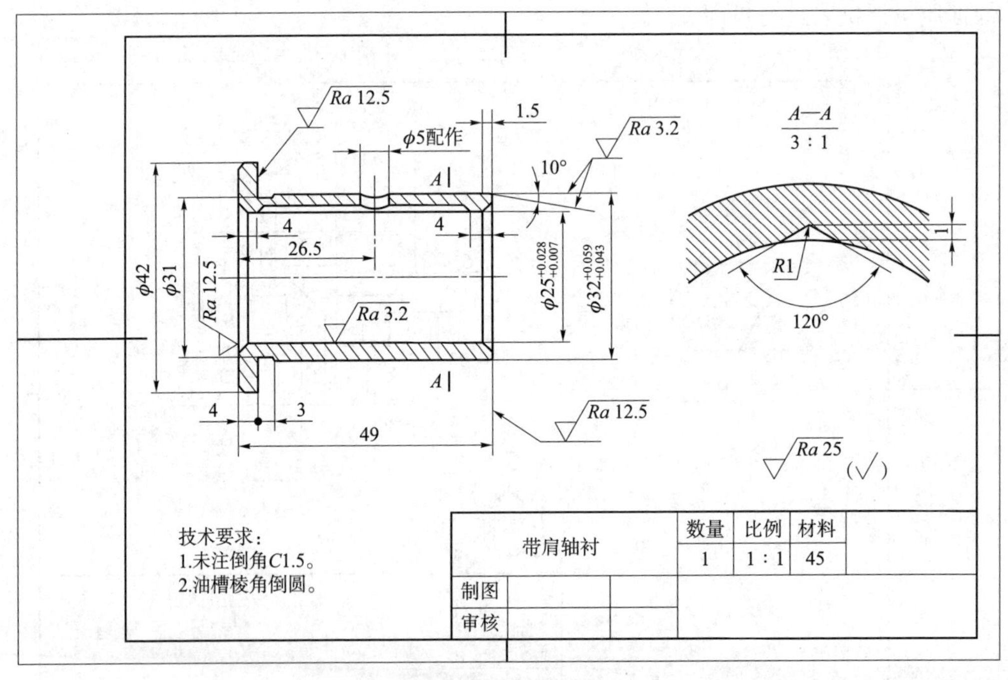

图 5-28 带肩轴衬零件图

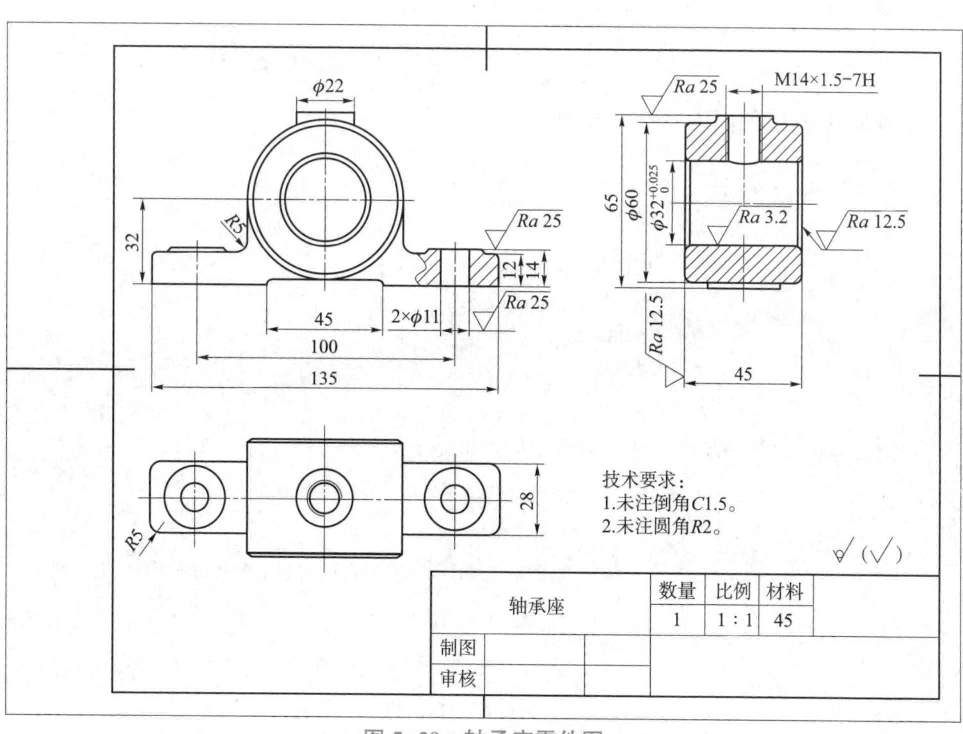

图 5-29　轴承座零件图

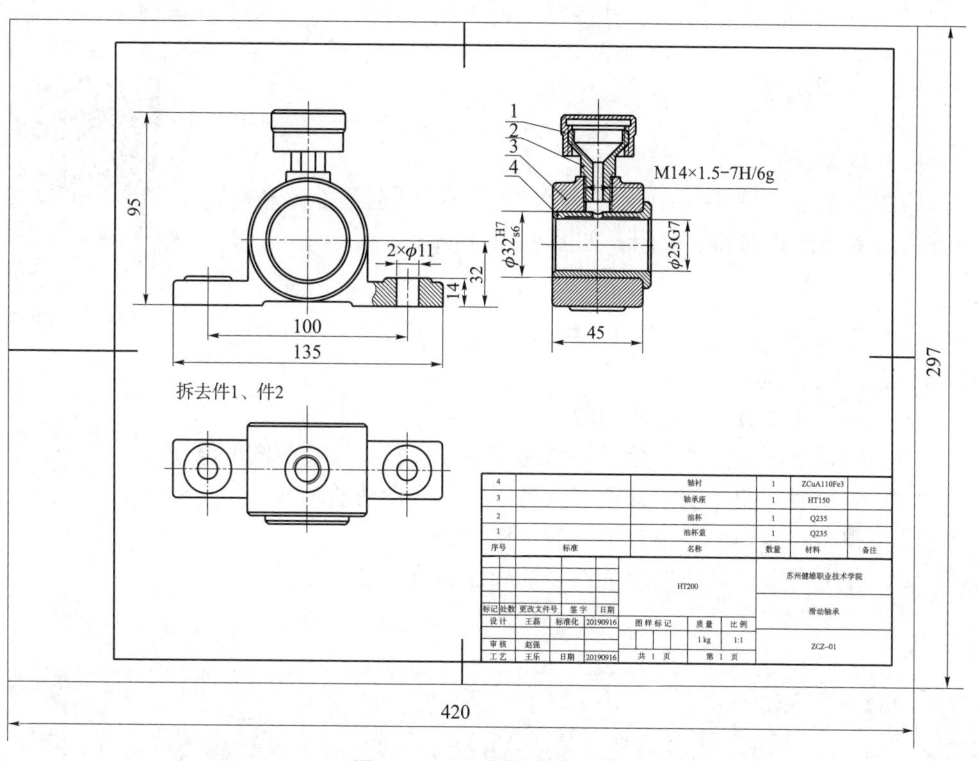

序号	标准	名称	数量	材料	备注
4		轴衬	1	ZCuA110Fe3	
3		轴承座	1	HT150	
2		油杯	1	Q235	
1		油杯盖	1	Q235	

标记	处数	更改文件号	签字	日期	HT200		苏州健雄职业技术学院
设计	王磊	标准化	20190916		图样标记	质量 / 比例	滑动轴承
						1 kg / 1:1	
审核	赵强						ZCZ-01
工艺	王乐	日期	20190916		共 1 页	第 1 页	

图 5-30　滑动轴承装配图

子任务 5.2 绘制凸缘联轴器装配图

任务实施流程如图 5-31 所示。

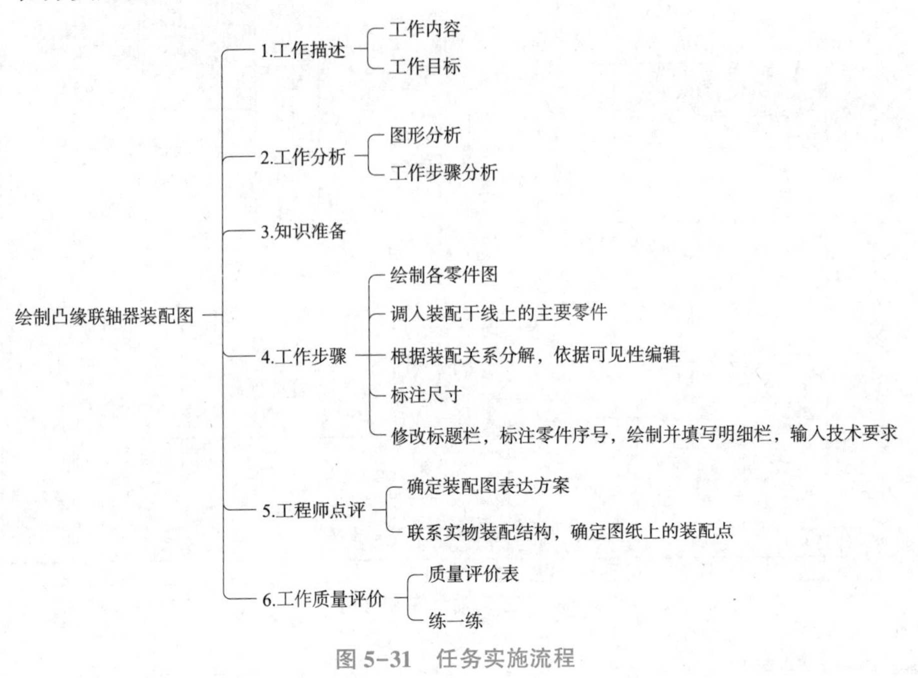

图 5-31 任务实施流程

5.2.1 工作描述

1. 工作内容

凸缘联轴器装配图绘制过程演示

绘制图 5-32～图 5-35 所示各零件图，然后根据零件图利用拼装方法绘制凸缘联轴器装配图，如图 5-36 所示。

2. 工作目标

（1）熟悉凸缘联轴器装配图绘制的机械制图国标要求，并在绘图过程中遵守职业规范。

（2）会用拼装方法绘制装配图。

（3）联系实际生产中凸缘联轴器的安装过程，指导装配图的绘制。

（4）注重装配图绘制中的细节，对于绘图质量精益求精。

（5）领会化繁为简、逐个击破的工作思路。

（6）养成自查绘制图形规范性、准确性和可读性的习惯。

提示

观察图 5-32 和图 5-33 轴孔半联轴器，分析零件结构和尺寸的关系。在绘制零件图时，可以先绘制其中一个，另一个可在前一个的基础上修改完成，这样可以节省绘图时间。

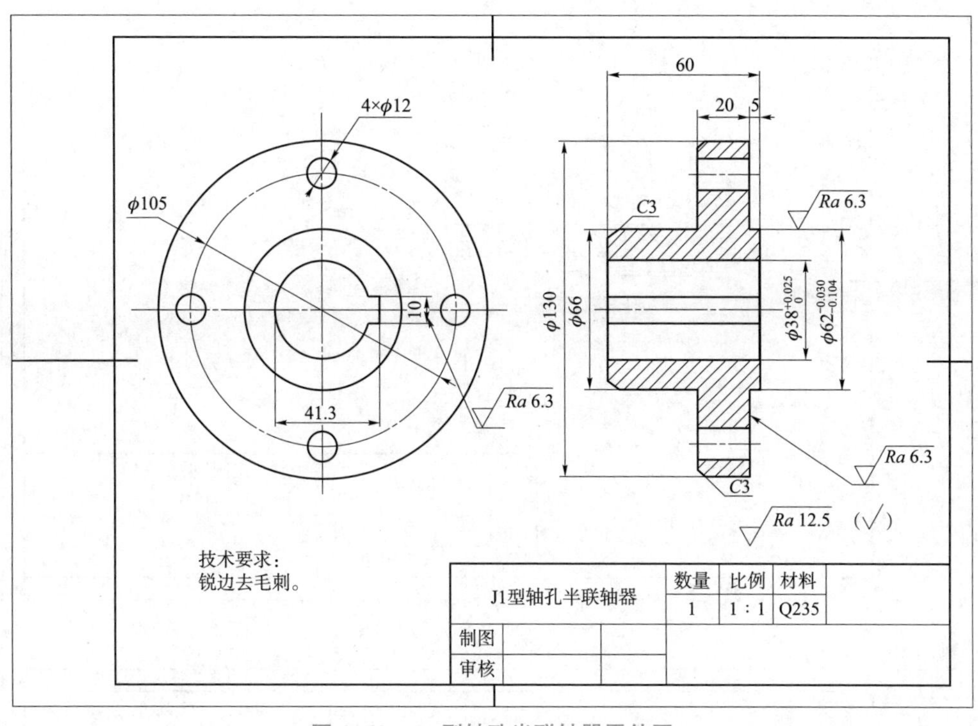

图 5-32 J1 型轴孔半联轴器零件图

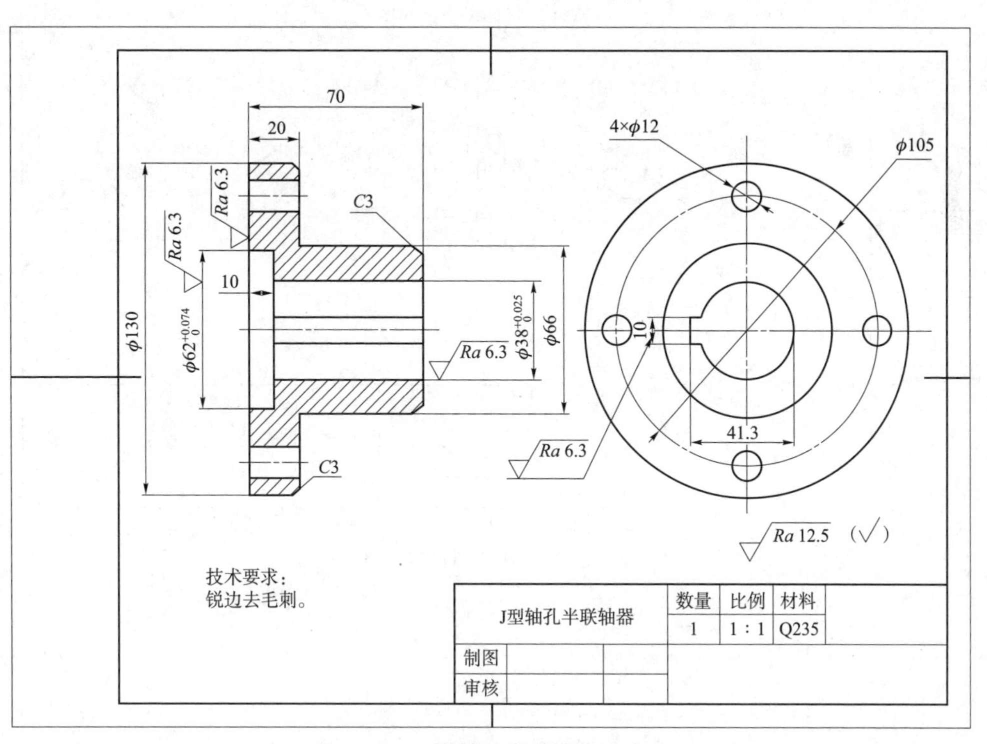

图 5-33 J 型轴孔半联轴器零件图

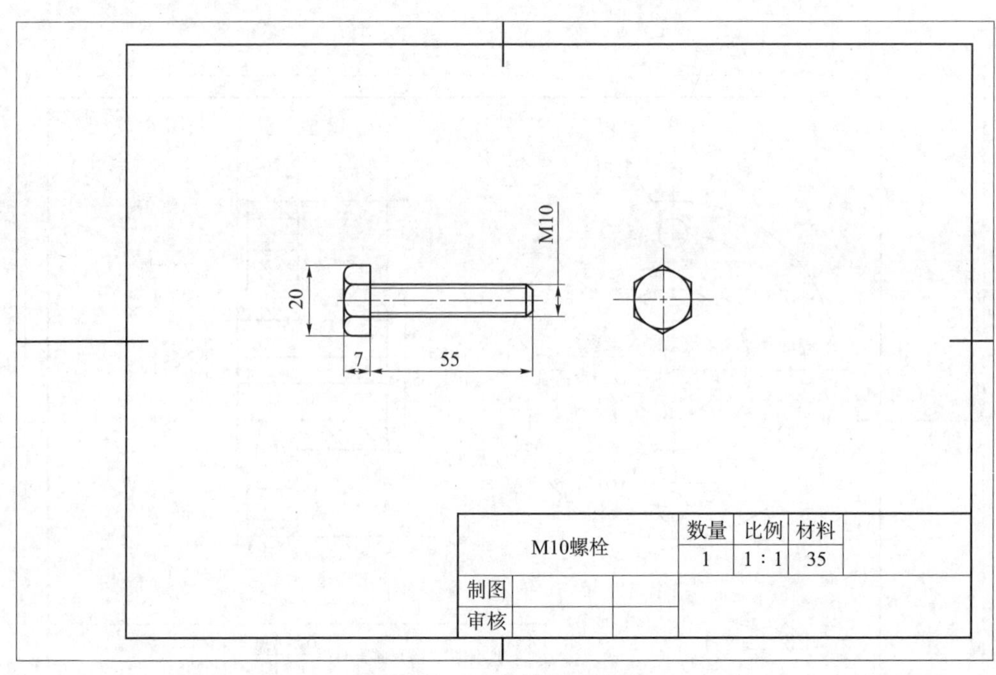

图 5-34　M10 螺栓零件图

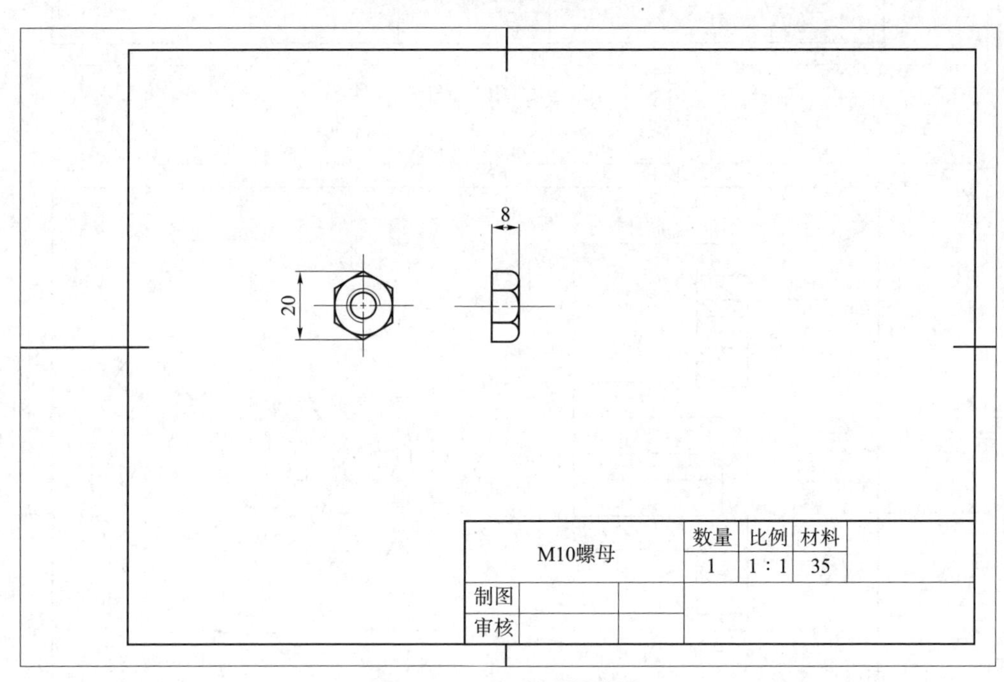

图 5-35　M10 螺母零件图

5.2.2　工作分析

1. 图形分析

图 5-36 所示为凸缘联轴器装配图，该图通过一个全剖的主视图和一个左视图反映装配体关系，其中，主视图中的螺栓连接按不剖来画。

工作笔记

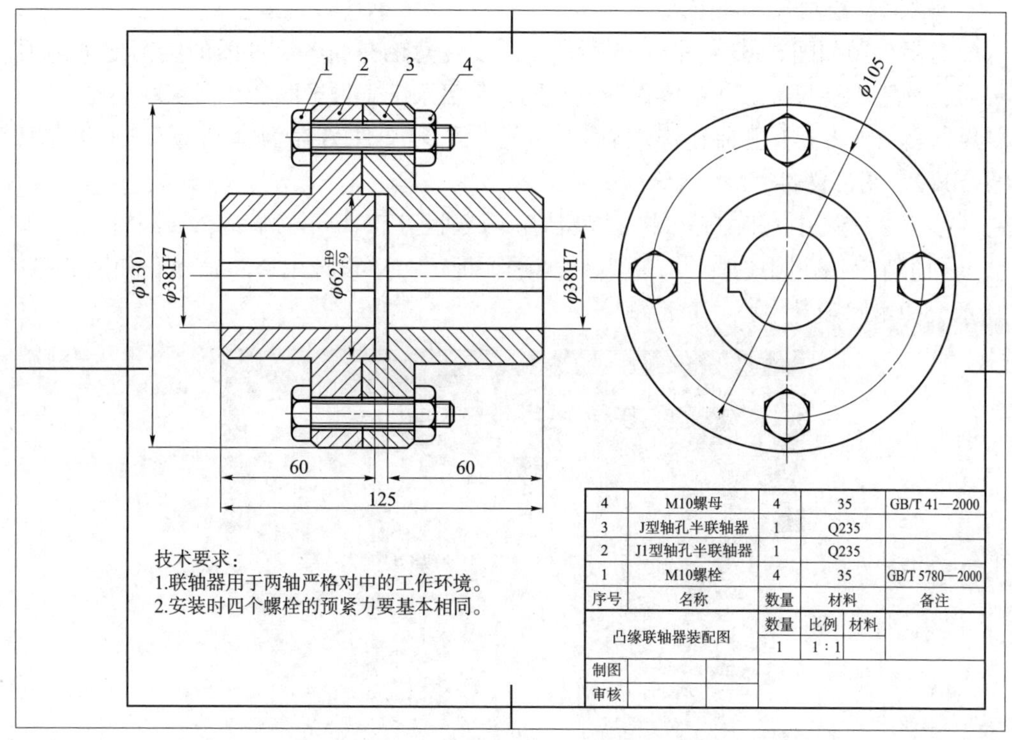

图 5-36　凸缘联轴器装配图

2. 工作步骤分析

（1）根据装配图的尺寸大小，选择合适的比例和图幅。

（2）根据装配图的图线情况，建立相应图层。

（3）绘制各零件图，各零件比例应一致，零件尺寸可以暂不标注。

（4）调入装配干线上的主要零件，然后沿装配干线展开，逐个插入相关零件。插入零件后，若需要修剪不可见的线段，则应分解零件图。在插入零件图的视图时，应注意确定轴向和径向定位。

（5）根据零件之间的装配关系，检查各零件尺寸是否存在干涉现象。

（6）标注装配尺寸，输入技术要求，标注零件序号，填写明细栏和标题栏。

5.2.3　知识准备

凸缘联轴器包括 J1 型轴孔半联轴器、M10 mm×55 mm 螺栓、M10 mm 螺母、J 型轴孔半联轴器 4 个组件。凸缘联轴器将两个带有凸缘结构的半联轴器用普通平键分别与两轴连接，然后用螺栓将两个半联轴器连成一体，以传递运动和转矩。

5.2.4　工作步骤

此处省略子任务 5.1 中介绍过的步骤，包括软件启动、建立图层、设置文字和标注样式、绘制图框和标题栏、零件序号引线标注、绘制明细栏等，只介绍如何用拼装方法绘制装配图。

步骤 1：绘制各零件图。

各零件图如图 5-32~图 5-35 所示。需要注意的是，各零件图的绘图比例必须一致，先不标注尺寸。将各零件图放在同一个目录下，目录取名“凸缘联轴器”。

步骤 2：将“J 型轴孔半联轴器 . dwg”图形文件另存为“凸缘联轴器装配图 . dwg”图形文件。

步骤 3：利用设计中心，将 J1 型轴孔半联轴器以图块形式插入，并编辑。

（1）在菜单栏中选择“工具”→“选项板”→“设计中心”命令，如图 5-37 所示，弹出“设计中心”对话框。

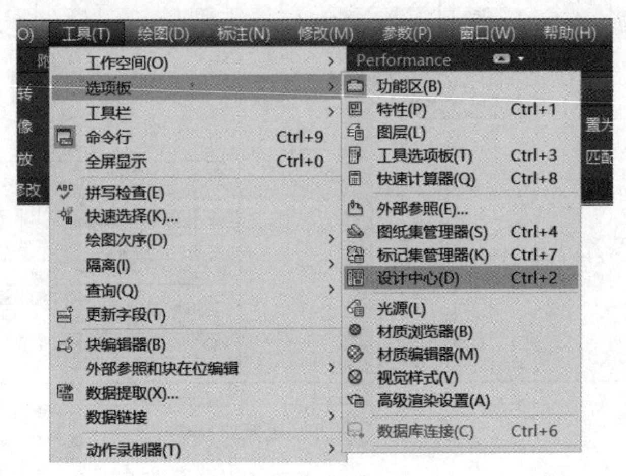

图 5-37 命令选择步骤

（2）在“设计中心”对话框中右击“J1 型轴孔半联轴器 . dwg”图形文件，在弹出的快捷菜单中选择“插入为块”命令，如图 5-38 所示，弹出“插入”对话框，如图 5-39 所示。

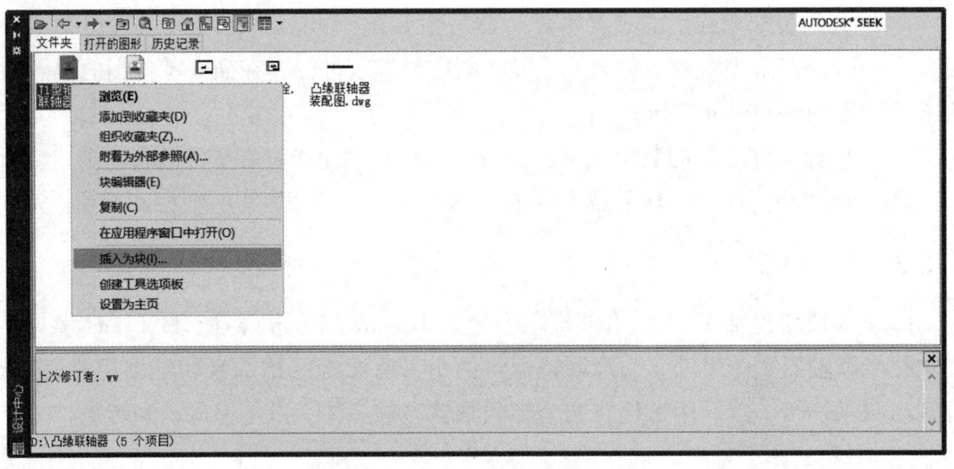

图 5-38 选择“插入为块”命令

在“插入”对话框的“插入点”选项组中，勾选“在屏幕上指定”复选框，在“比例”选项组中勾选“统一比例”复选框，单击“确定”按钮，弹出“块-重定义块”

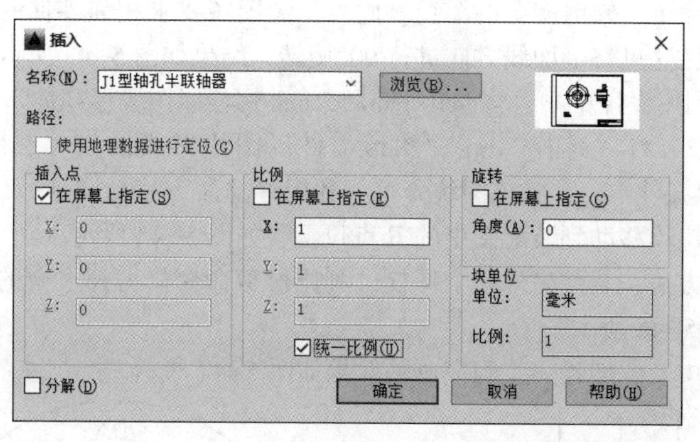

图 5-39 “插入”对话框

对话框，单击“否”按钮，如图 5-40 所示。

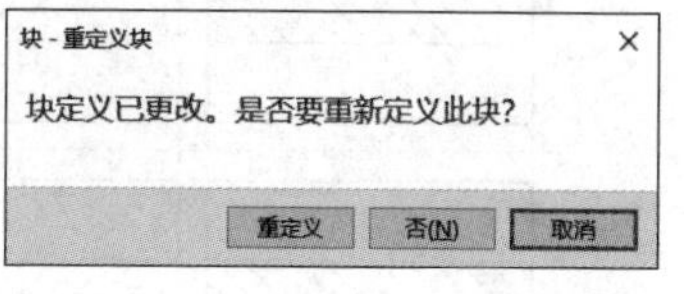

图 5-40 “块-重定义块”对话框

单击基准点，按鼠标左键，从而将“J1 型轴孔半联轴器 . dwg”图形文件以图块形式插入“凸缘联轴器装配图 . dwg”图形文件中。为保证装配准确，应充分使用对象捕捉功能。

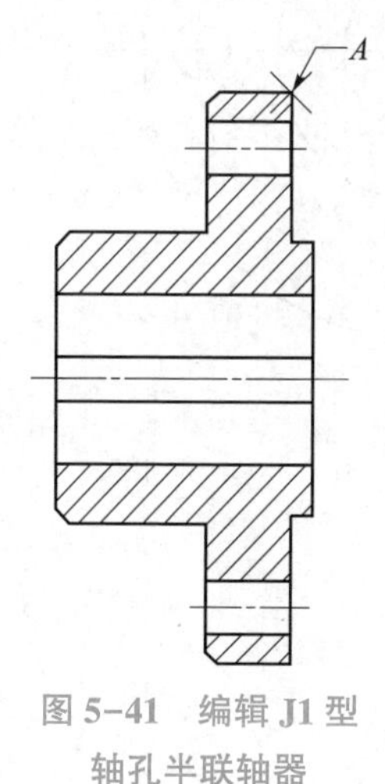

图 5-41 编辑 J1 型轴孔半联轴器

注意：当图块插入当前图纸中后，该图块不一定显示在屏幕范围内。在命令行输入 Z 按 Enter 键，再输入 A 按 Enter 键可查看全部图形，将其移动至合适位置再进行编辑。

将插入的图块利用分解命令进行分解，并利用删除命令删除多余线条和视图，结果如图 5-41 所示。

利用移动命令移动图形，以图 5-41 中的 *A* 点为基点，将图形移动到装配图中的对应位置，如图 5-42 所示。

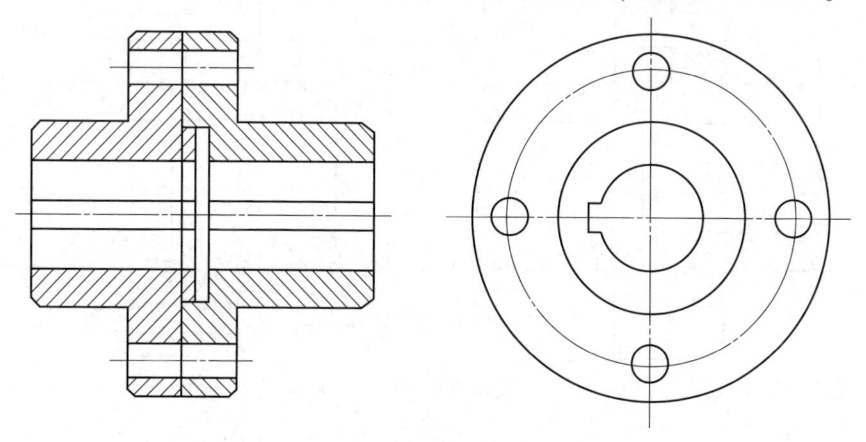

图 5-42 J1 型轴孔半联轴器插入装配图对应位置

工作笔记

利用修剪命令，修剪多余的图线。此外，装配图要求相邻零件的剖面线方向相反或间隔不等，这里将剖面线方向进行90°旋转，结果如图5-43所示。

步骤4：利用设计中心，将M10 mm×55 mm螺栓以图块形式插入，并编辑。

参照步骤3，将“螺栓.dwg”图形文件以图块形式插入“凸缘联轴器装配图.dwg”图形文件中，并将该图块分解，利用移动命令移动图形，以图5-44中B点为基点，将螺母移动到装配图中的B点位置，如图5-45所示。

用同样的方法，装配另外一个螺栓，利用修剪命令修剪掉多余的图线，装配完成的效果如图5-46所示。

在左视图中装配螺栓，装配完成的效果如图5-47所示。

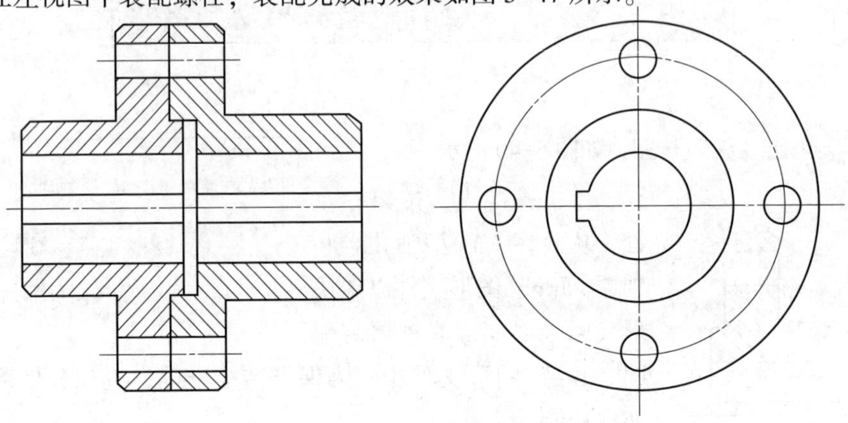

图5-43　修剪多余图线并旋转剖面线

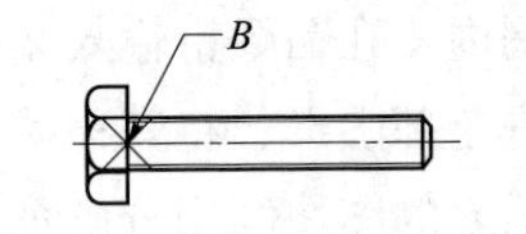

图5-44　螺栓图块插入基点

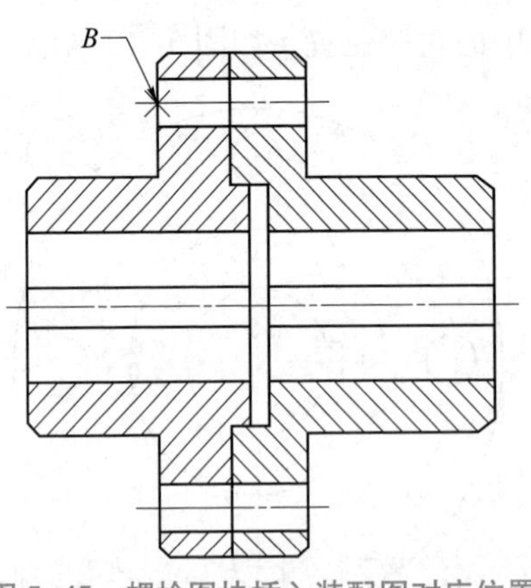

图5-45　螺栓图块插入装配图对应位置

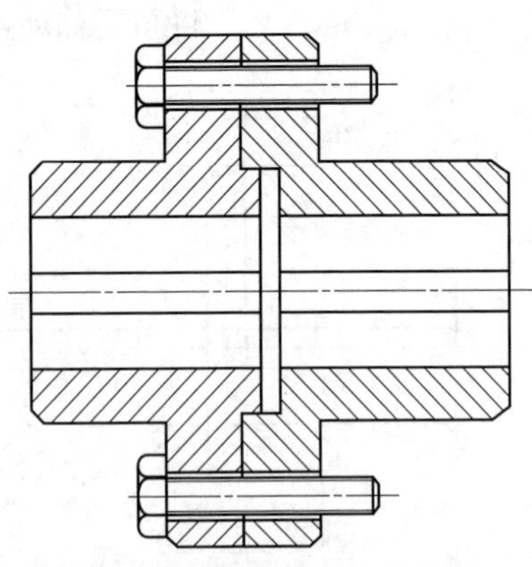

图5-46　螺栓装配完成效果

步骤5：利用设计中心，将M10 mm螺母以图块形式插入，并编辑。

参照步骤3，将“螺母.dwg”图形文件以图块形式插入“凸缘联轴器装配图.dwg”

工作笔记

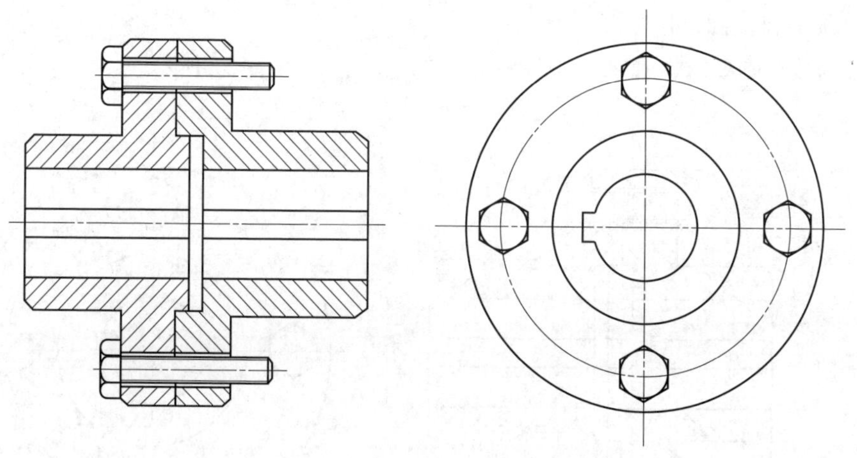

图 5-47　在左视图中装配螺栓

图形文件中，并将该图块分解，利用移动命令移动图形，以图 5-48 中 C 点为基点，将螺母移动到装配图中 C 点位置，如图 5-49 所示。装配完成的效果如图 5-50 所示。

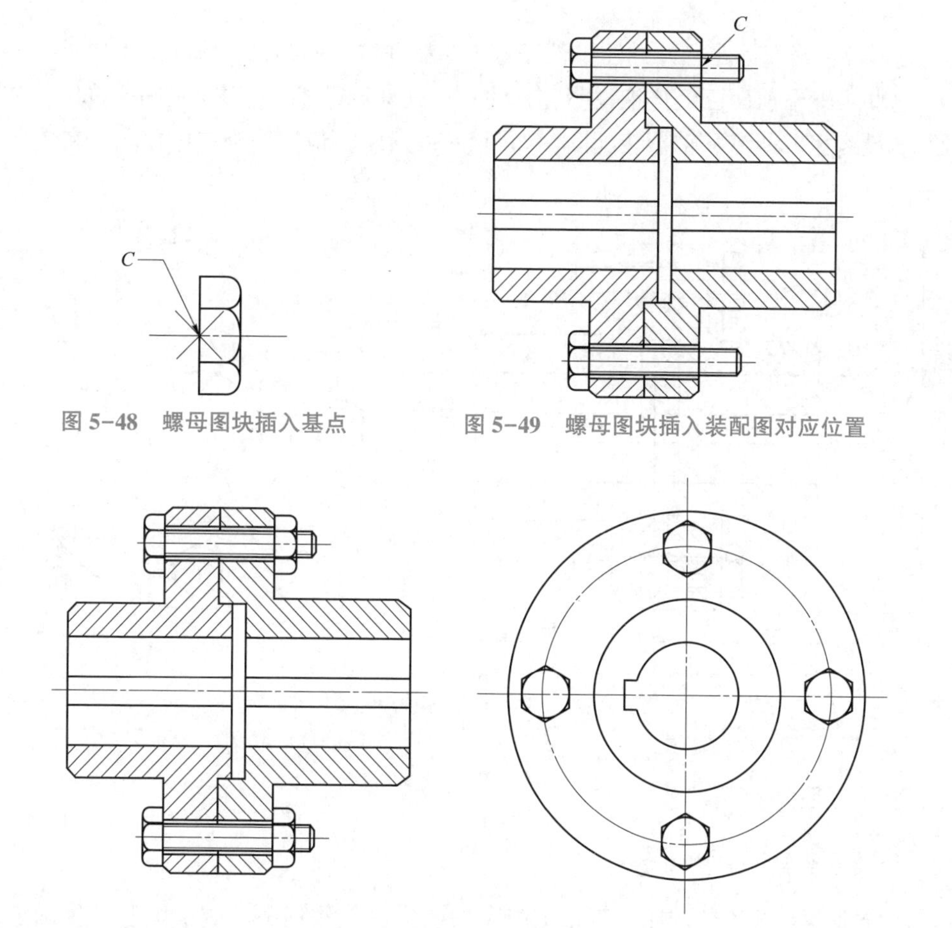

图 5-48　螺母图块插入基点

图 5-49　螺母图块插入装配图对应位置

图 5-50　螺母装配完成效果

步骤 6：标注尺寸。

根据装配图要求，在图形中标注必要的尺寸，如图 5-51 所示。

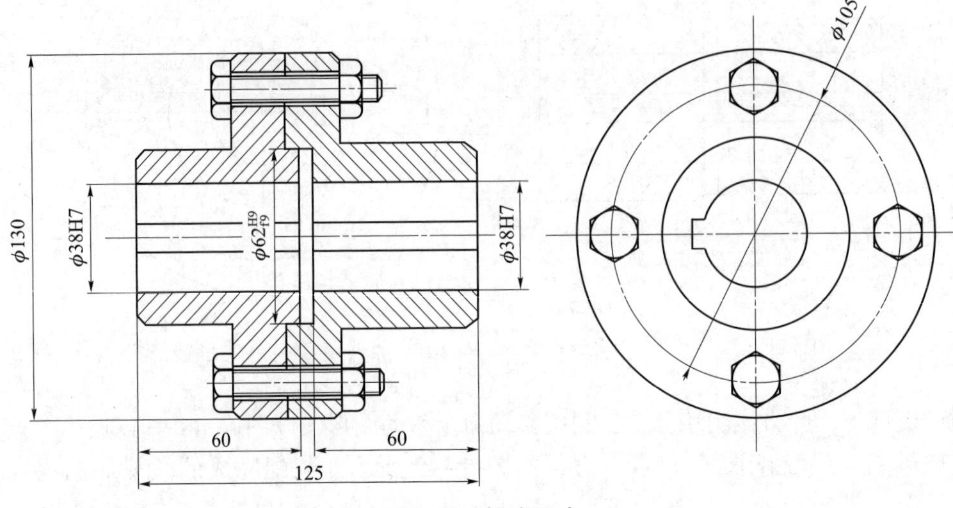

图 5-51　标注尺寸

步骤 7：修改标题栏，标注零件序号，绘制并填写明细栏，输入技术要求。

这些步骤在前面已经详细说明，在此不再进一步详述。标注零件序号如图 5-52 所示。最终完成凸缘联轴器装配图，如图 5-36 所示。最后检查并保存图形文件。

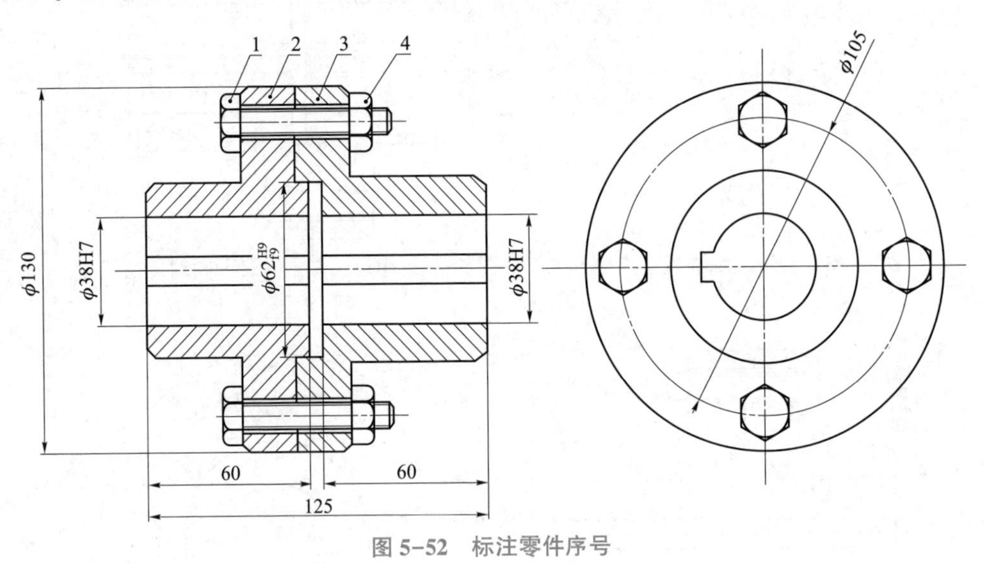

图 5-52　标注零件序号

5.2.5　工程师点评

1. 确定装配图表达方案

在企业中，抄绘装配图是刚走上岗位毕业生的工作任务。应根据装配体确定装配图视图表达方案，再根据该表达方案绘制装配图。装配图视图表达方案的确定方法具体可参考《机械制图》中装配图内容，同时也可参考企业中类似装配体的装配图视图表达方案。

2. 联系实物装配结构，确定图纸上的装配点

在装配体各个零件图绘制完成后，可以利用设计中心插入块的方式进行装配图的绘制。对照视图表达方案，联系装配体实物中各个零件之间的装配关系，根据实物零件之间的装配结构，确定图纸上的装配点，确保图纸装配和实物匹配。

5.2.6 工作质量评价

1. 质量评价表

序号	自评内容	分数配置	自评得分
1	对照原图进行自查： ①图线线宽与线型是否符合机械制图国标要求，是否有中心线且长短符合机械制图国标要求； ②根据各零件的位置及相互配合关系检查装配图图线是否绘制准确； ③图形中所有图线是否均绘制完成，并进行整理； ④同一个零件，剖面线方向是否一致；不同零件剖面线方向或间隔是否有区别	55分	
2	尺寸标注自查： ①是否设置对应的文字和标注样式； ②是否按照机械制图国标中装配图尺寸标注的要求进行标注； ③尺寸标注是否用细实线	10分	
3	零件序号和零件序号引线自查： ①零件序号是否按顺时针或逆时针排序，且位置是水平或竖直对齐的； ②零件序号是否和装配体中的零件种类对应； ③零件序号引线末端是否为小点，且小点不在任何图线上； ④零件序号引线是否用细实线	10分	
4	图框和标题栏自查： 是否配有图框、标题栏、明细栏，且图框和标题栏符合机械制图国标要求	10分	
5	领会马克思主义联系观点指导凸缘联轴器装配图的绘制	5分	
6	领会化繁为简、逐个击破的工作思路	5分	
7	遵守凸缘联轴器装配图绘制的规范和要求	5分	

2. 练一练

绘制顶尖装配图

根据图 5-53、图 5-54 所示零件图，利用拼装方法绘制顶尖座装配图，如图 5-55 所示。要求图形正确，线型符合机械制图国标要求，标注尺寸、零件序号，绘制图框、标题栏和明细栏，并填写相应内容。绘制完成后依据质量评价表进行自评。

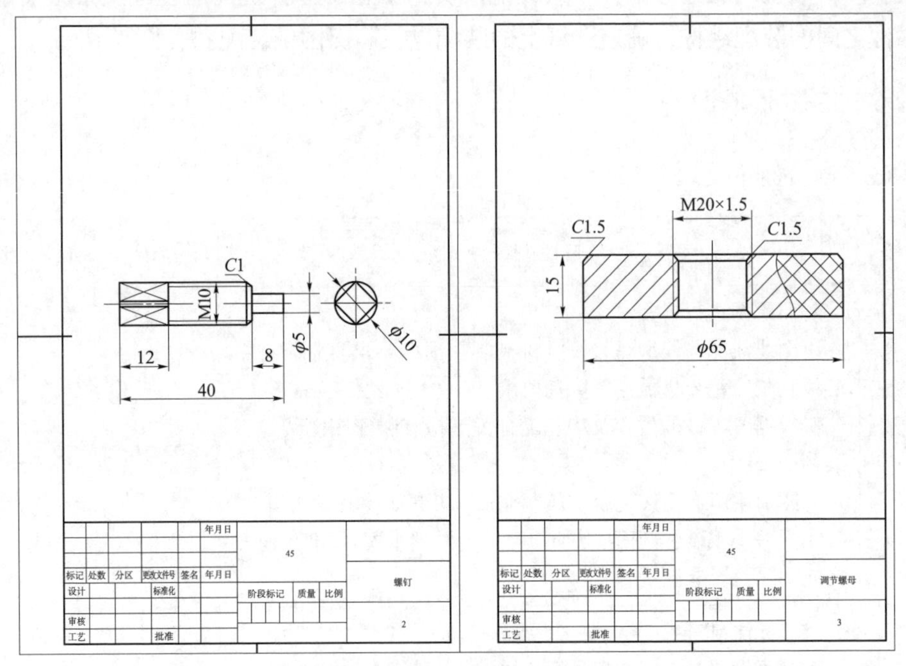

图 5-53　螺钉和调节螺母零件图

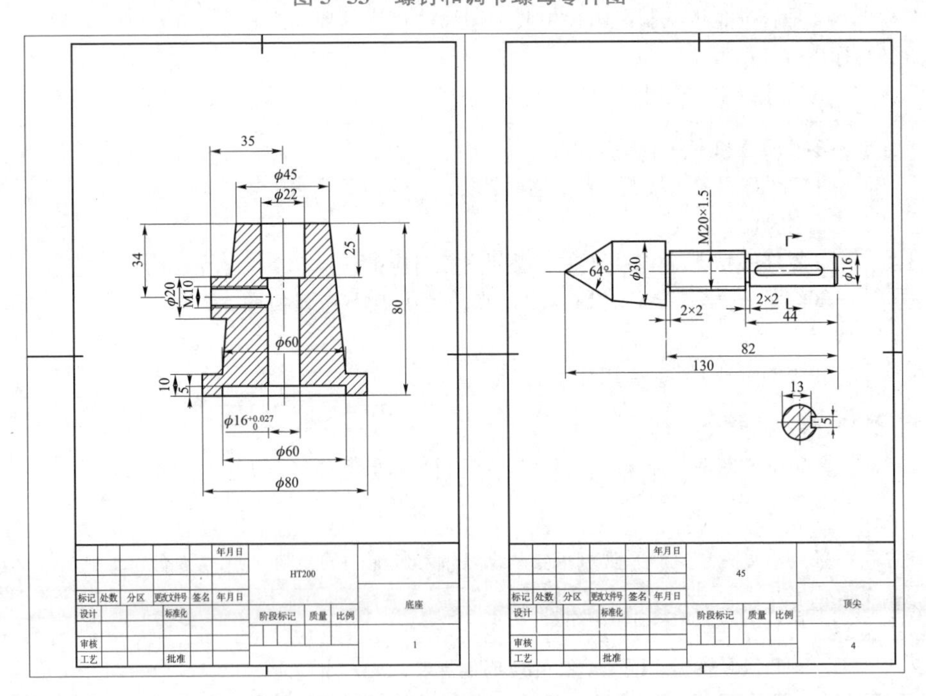

图 5-54　底座和顶尖零件图

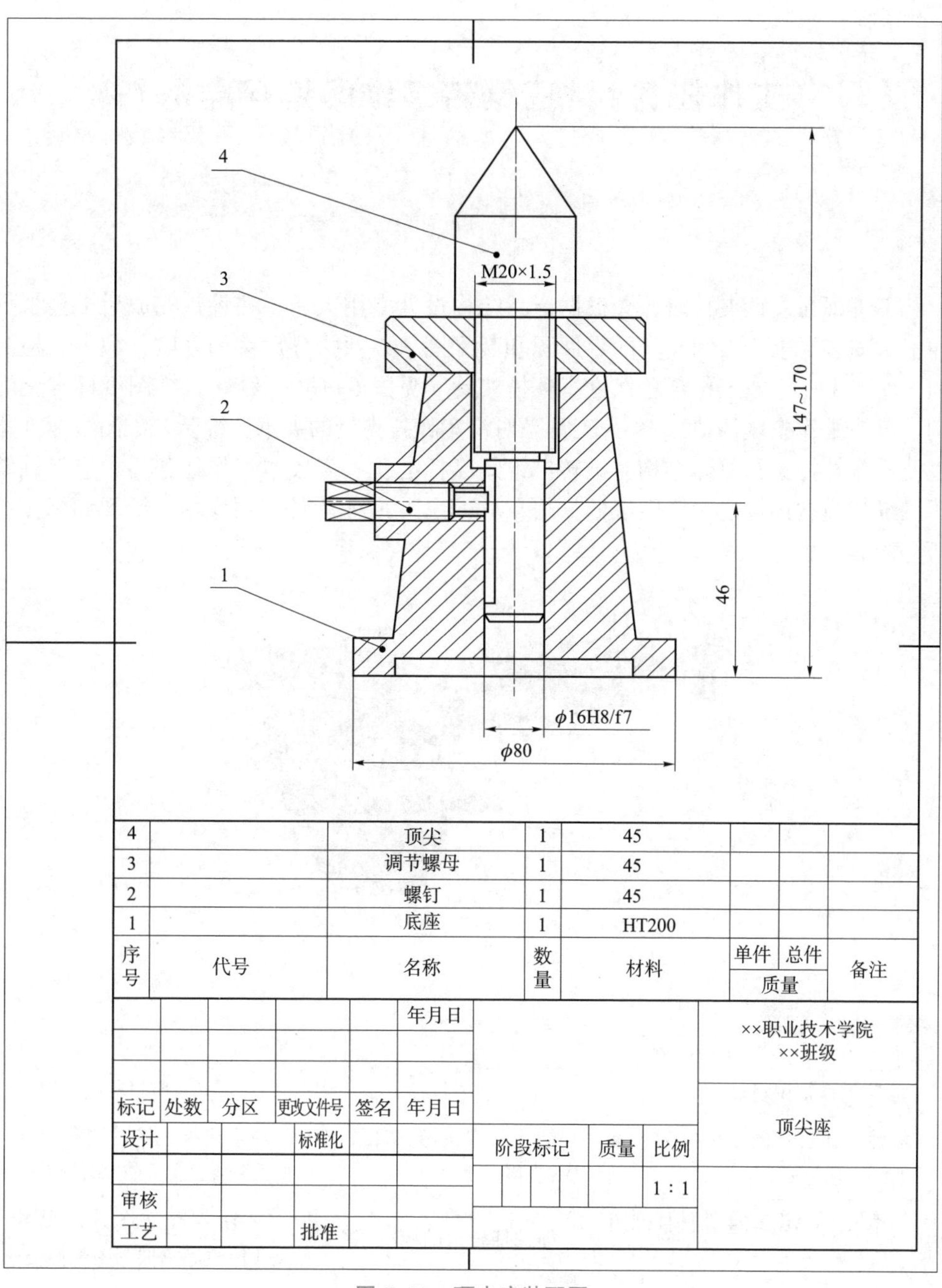
4
3
2
1
M20×1.5
147~170
46
ϕ16H8/f7
ϕ80
4 顶尖 1 45
3 调节螺母 1 45
2 螺钉 1 45
1 底座 1 HT200
序号 代号 名称 数量 材料 单件 总件 质量 备注
年月日
××职业技术学院
××班级
标记 处数 分区 更改文件号 签名 年月日
设计 标准化
阶段标记 质量 比例
顶尖座
1∶1
审核
工艺 批准

图 5-55 顶尖座装配图

工作笔记

工作任务6　三维转二维图纸标准化

工作要求

工程师在设计夹具时，会根据产品结构设计专用夹具，在设计完成后，会根据加工和安装要求，绘制夹具的零件图和装配图，以便指导后续的采购、加工、检测和入库等工序。本工作任务以汽车杯托夹具（见图6-1）三维转二维图纸标准化为例，以三维建模软件UG NX为工具，对汽车杯托夹具的夹爪三维转二维图纸标准化以及汽车杯托夹具总体结构三维转二维图纸标准化。完成本工作任务后，应熟练掌握三维建模软件导出二维图纸的方法、AutoCAD 2024软件图层应用、绘图和标注技巧等内容。

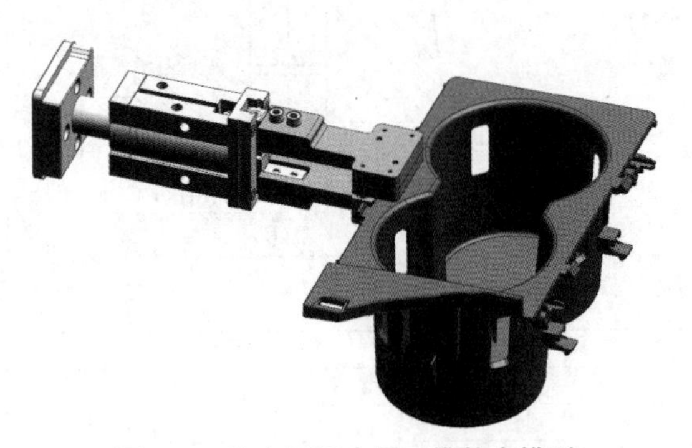

图6-1　汽车杯托夹具三维数字模型

工作目标

知识目标	能力目标	素质目标
熟悉三维数字模型转换为二维图纸的导出方式	能从三维建模软件导出DWG格式文件	注重机械视图的规范表达，追求精益求精的工作态度
熟悉AutoCAD 2024软件标准图框的应用技巧	能选择合适的标准图框	熟悉并遵守图线、图幅、尺寸标注等机械制图国标要求
掌握图层、特性匹配、复制、修剪、插入块等命令的操作方法	能独立完成夹爪三维转二维图纸标准化	养成主动查询、获取资源的习惯
掌握标注表面粗糙度、几何公差、零件序号，以及绘制、填写明细栏的方法	能独立完成汽车杯托夹具三维转二维图纸标准化	注重命令快捷键的使用，领会熟能生巧的含义

工作任务6工作流程图如图6-2所示。

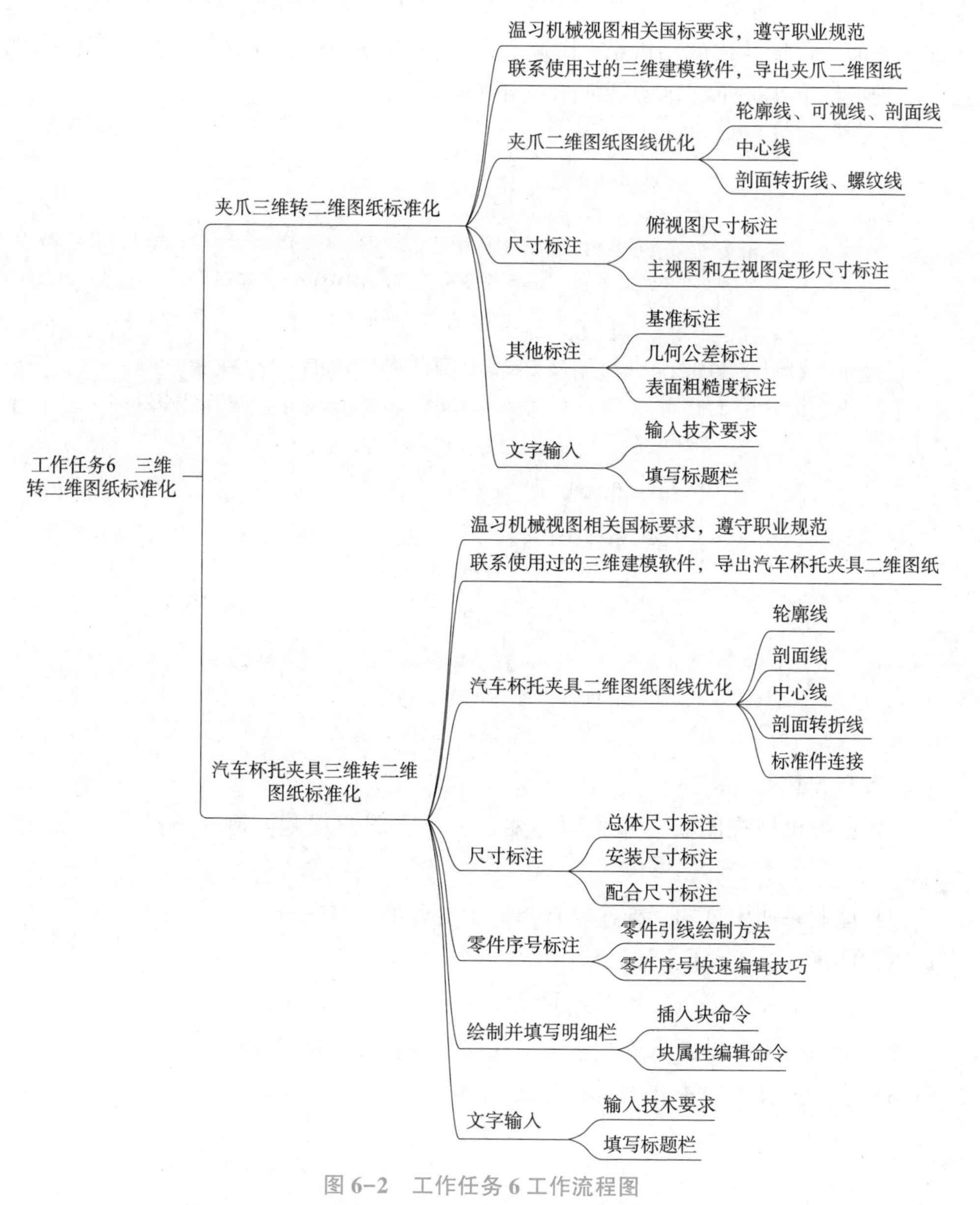

图6-2　工作任务6工作流程图

子任务6.1　夹爪三维转二维图纸标准化

任务实施流程如图6-3所示。

6.1.1　工作描述

夹爪三维转二维图纸标准化

1. 工作内容

图6-4（a）所示为汽车杯托夹具的夹爪三维数字模型，通过两

工作笔记

个夹爪的配合，可实现杯托的夹取。本子任务工作内容为将夹爪三维数字模型导出为 DWG 格式的二维图纸。由于三维建模软件导出的二维图纸，其线宽、线型、尺寸标注等的规范性和标准化较差，因此，需要用 AutoCAD 软件对其进行标准化和规范化处理。标准化夹爪二维图纸如图 6-4（b）所示。

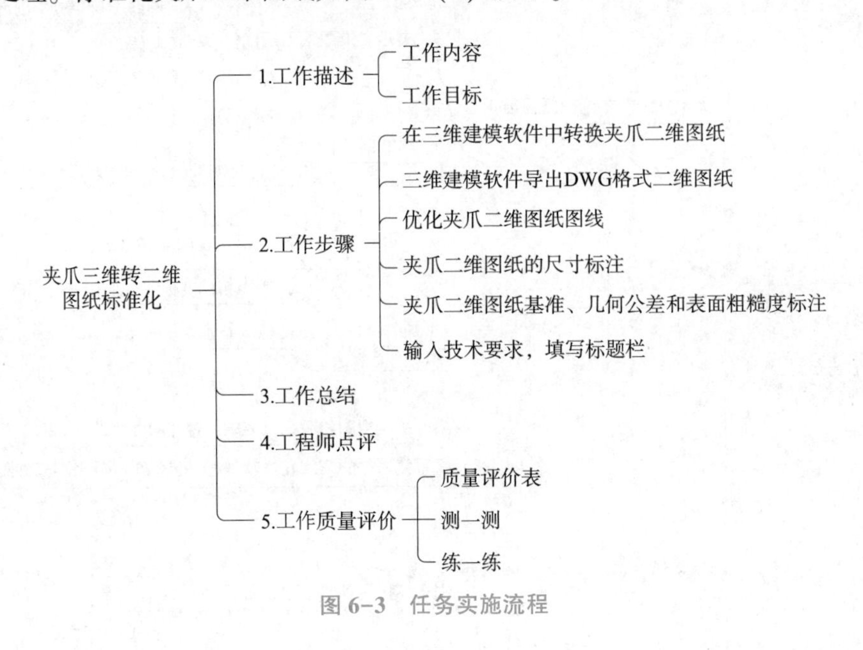

图 6-3　任务实施流程

2. 工作目标

（1）温习机械视图表达相关国标要求，遵守职业规范，追求精益求精的工作态度。

（2）能联系使用过的三维建模软件，导出夹爪二维图纸。

（3）能优化夹爪二维图纸图线。

（4）能独立完成夹爪二维图纸的尺寸标注。

（5）能对夹爪二维图纸进行基准、几何公差和表面粗糙度标注。

（6）会输入技术要求和填写标题栏。

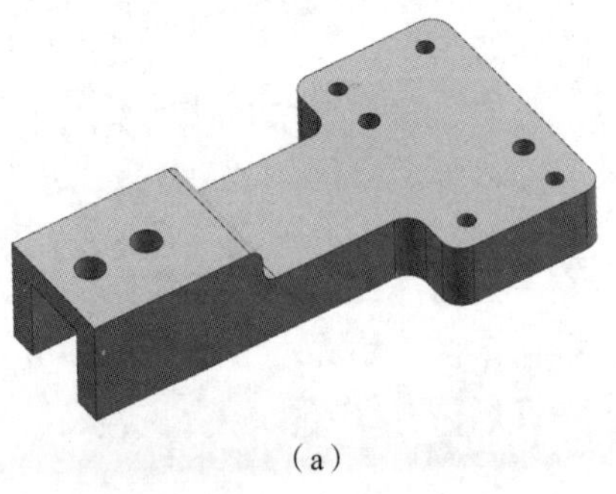

（a）

图 6-4　夹爪三维转二维图纸标准化

（a）夹爪三维数字模型

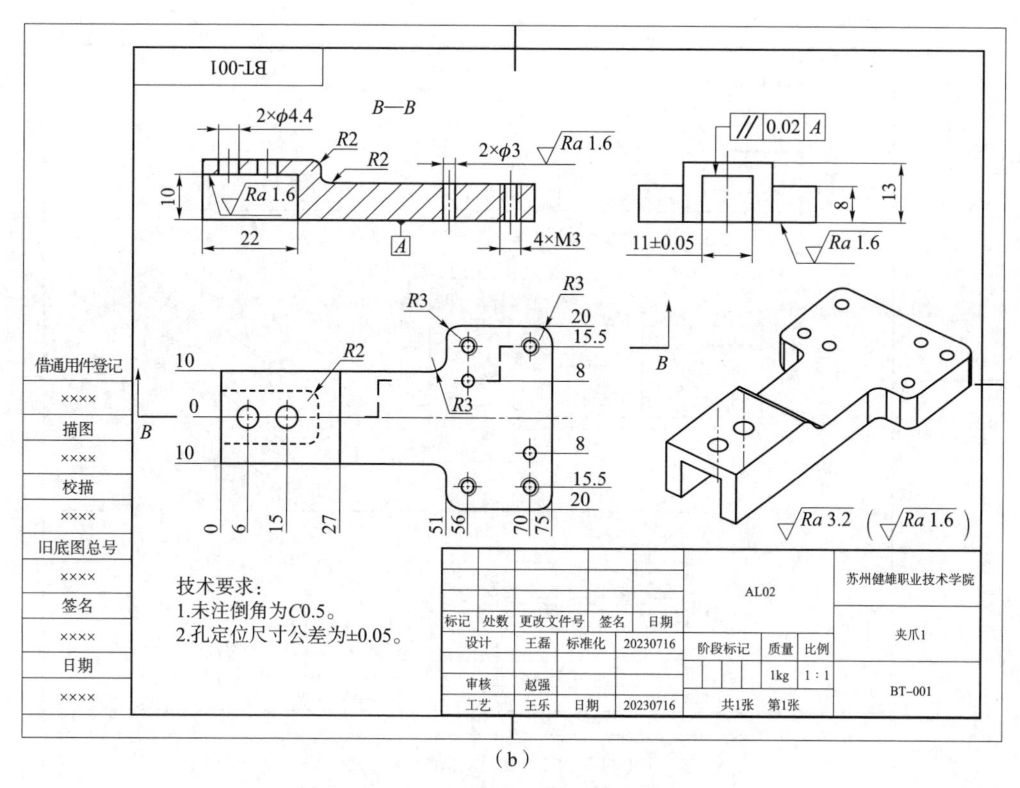

（b）

图 6-4　夹爪三维转二维图纸标准化（续）

（b）标准化夹爪二维图纸

6.1.2　工作步骤

步骤 1：在三维建模软件中转换夹爪二维图纸。

在三维建模软件中打开夹爪三维数字模型。常用的三维建模软件包括 SOLIDWORKS 软件、CREO 软件、UG NX 软件、CATIA 软件、CAXA 和中望 CAD 软件等，本工作任务以 UG NX 软件为例讲解三维数字模型转换为二维图纸的操作过程。在 UG NX 软件中打开夹爪三维数字模型，在功能区单击“应用模块”标签，进入“应用模块”选项卡，在其中的“制图”选项组中选择“A4 图框”命令，设置图形比例为 1：1，选择第一角投影方式，完成夹爪三维数字模型向二维图纸的转换，效果如图 6-5 所示。

提示

> 根据零件大小选择合适图框，尽量让视图布满图框；视图选择第一角（中国、德国和俄罗斯等国家一般采用第一角投影，美国、日本等国家采用第三角投影）；选择合适的视图表达零件结构，本子任务主视图采用全剖视图进行表达。

步骤 2：三维建模软件导出 DWG 格式二维图纸。

完成夹爪二维图纸转换后，可以利用保存或导出命令导出“夹爪 . dwg”或“夹爪 . dxf”文件，再将其导入 AutoCAD 2024 软件，并复制到标准 A4 图框中，效果如图 6-6 所示。

工作笔记

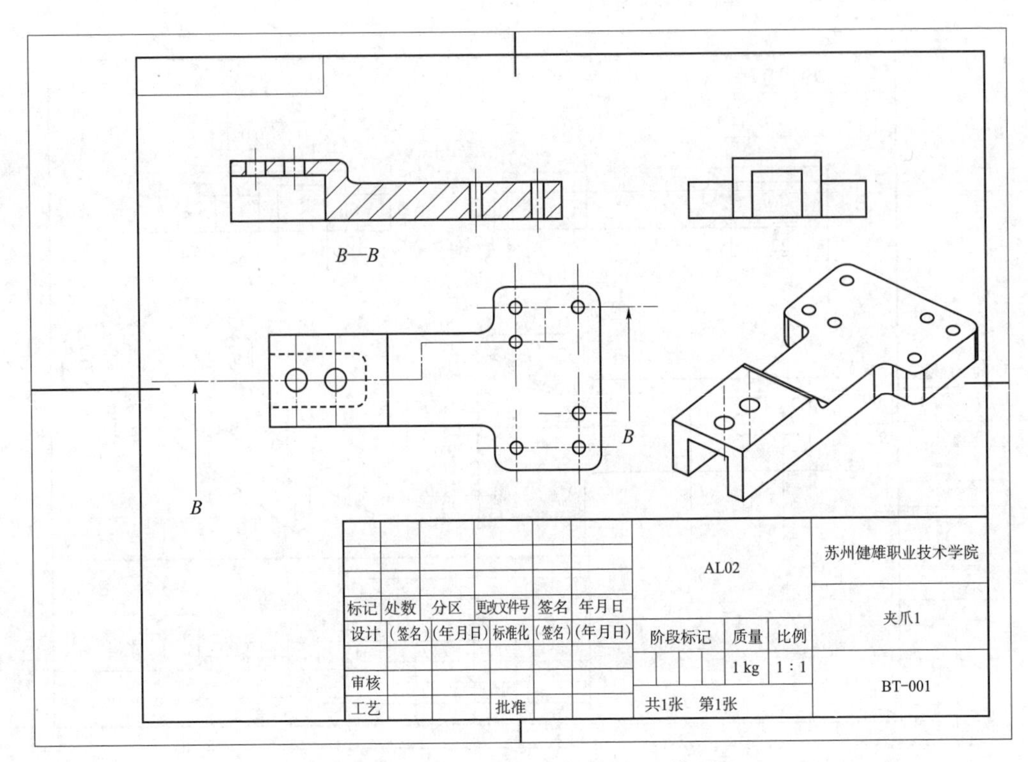

图 6-5 夹爪三维数字模型转换为二维图纸

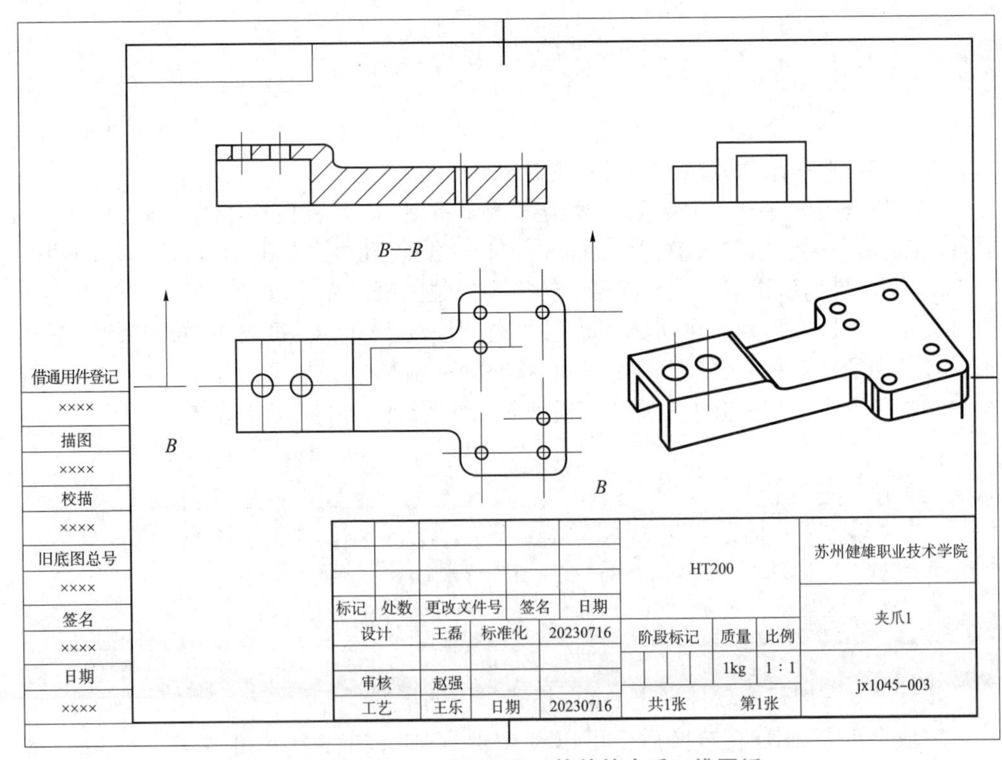

图 6-6 导入 AutoCAD 2024 软件的夹爪二维图纸

工作笔记

步骤 3：优化夹爪二维图纸图线。

（1）轮廓线、可见线、剖面线优化。选择一条可见线，选择“轮廓线”图层并设置图线的线宽、颜色、线型，如图 6-7 所示；利用特性匹配命令快捷键 MA 替换二维图纸三视图中其余轮廓线和可见线；选择“剖面线”图层并设置图线的线宽、颜色、线型，修改剖面线填充比例为 1。优化后效果如图 6-8 所示。

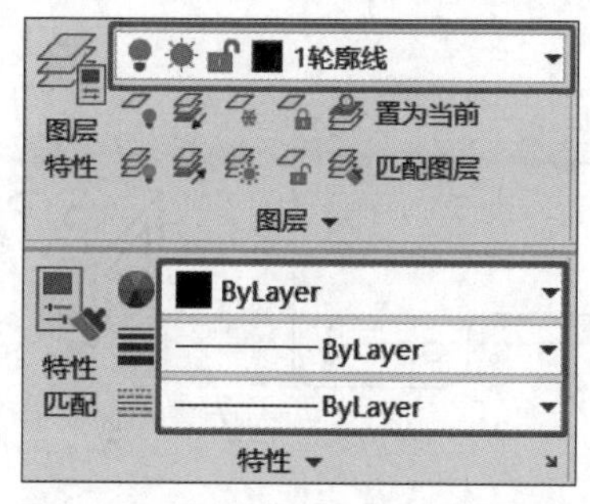

图 6-7　选择图层并设置图线属性

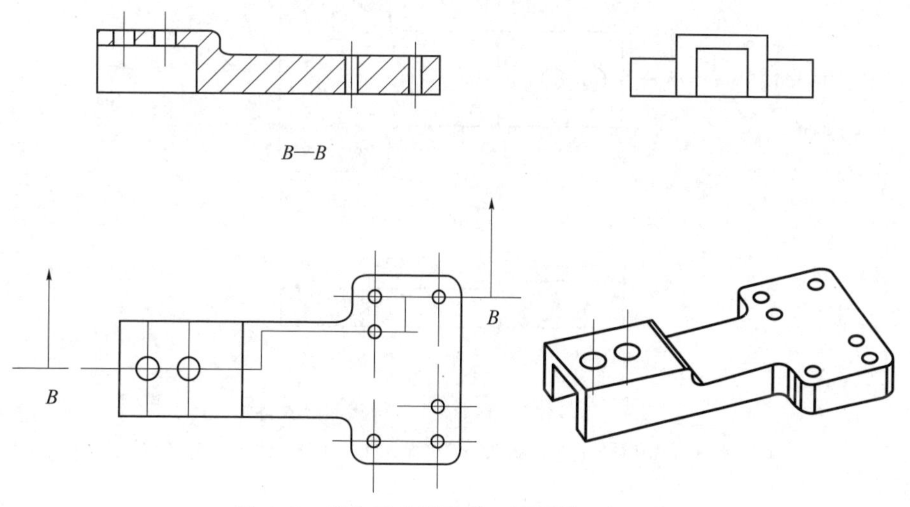

图 6-8　优化后的轮廓线、可见线、剖面线

（2）中心线优化。选择俯视图中一个螺纹孔的两条中心线，选择“中心线”图层并设置图线的线宽、颜色、线型，利用缩放命令快捷键 SC 修改过长的螺纹孔中心线，利用特性命令修改中心线线型比例，然后利用删除命令快捷键 E 删除其余孔原来的中心线，利用复制命令快捷键 CO 复制优化后的螺纹孔中心线，替换原来的中心线；利用特性匹配命令快捷键 MA 替换主视图中的中心线，再利用缩放命令快捷键 SC 修改主视图中的中心线长度，最后添加左视图中遗漏的中心线。优化后效果如图 6-9 所示。

（3）剖面转折线和螺纹线优化。选择“图框层”图层，利用直线命令绘制剖面转折线，利用复制命令和旋转命令完成其他位置转折线的绘制；选择“细实线”图层，修改俯视图和主视图中的螺纹线。优化后效果如图 6-10 所示，在图 6-10（a）中用细实线绘制3/4圆螺纹公称直径，在图 6-10（b）中用细实线绘制螺纹公称直径。

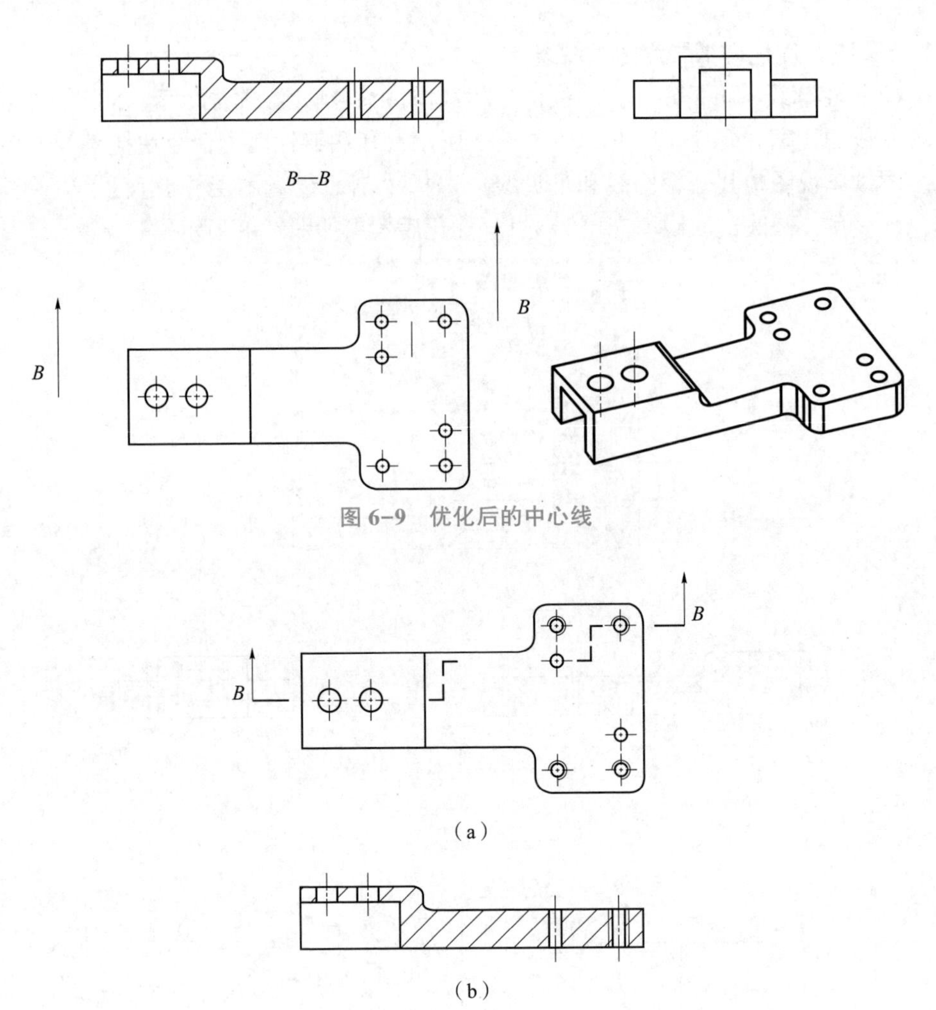

图 6-9　优化后的中心线

图 6-10　优化后的剖面转折线和螺纹线

（a）俯视图优化后的剖面转折线和螺纹线；（b）主视图优化后的螺纹线

步骤 4：夹爪二维图纸的尺寸标注。

(1) 俯视图尺寸标注。利用用户坐标系命令快捷键 UCS 在俯视图左侧直线的中点建立坐标系；利用坐标标注命令快捷键 DOR 标注俯视图定位尺寸；利用倒圆角命令 DRA 标注俯视图定形尺寸（4 处圆角结构）。结果如图 6-11 所示。

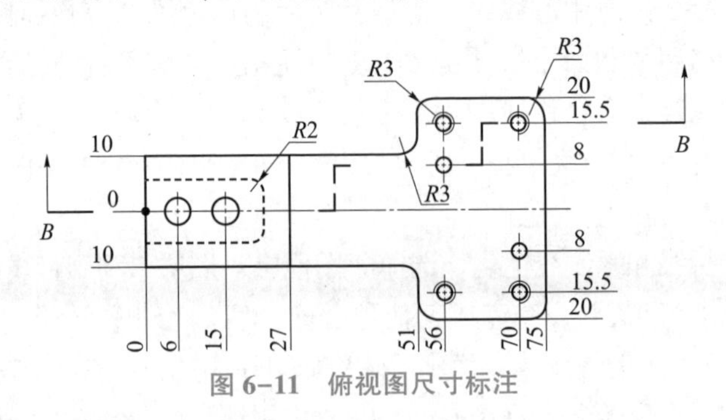

图 6-11　俯视图尺寸标注

（2）主视图和左视图尺寸标注。主视图和左视图主要标注定形尺寸，包括高度尺寸、圆角尺寸、各种孔尺寸和槽深尺寸等。此外，配合结构需要标注制造公差。结果如图 6-12 所示。

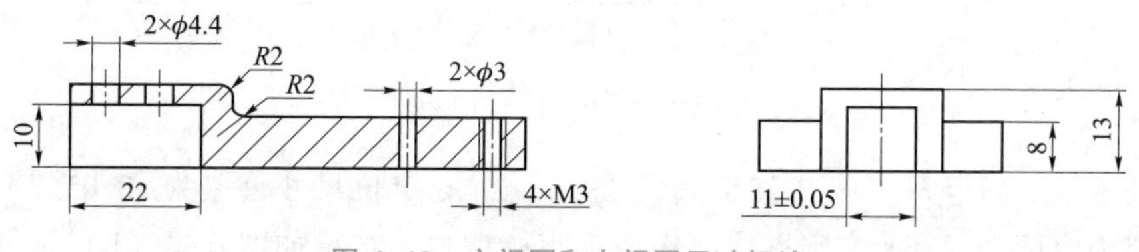

图 6-12 主视图和左视图尺寸标注

提示

在标注孔结构比较多的板类零件尺寸时，俯视图一般只标注定位尺寸和少数在其他视图无法标注的定形尺寸；孔的尺寸一般标注在剖面图中，高度尺寸和宽度尺寸一般标注在主视图和俯视图中。

步骤 5：夹爪二维图纸基准、几何公差和表面粗糙度标注。

（1）基准标注。利用插入块命令快捷键 I 插入基准符号块，基准符号的大小由图框大小决定。在孔结构比较多的零件上，基准符号的位置一般选在与孔垂直的最大平面处，如图 6-13 所示。

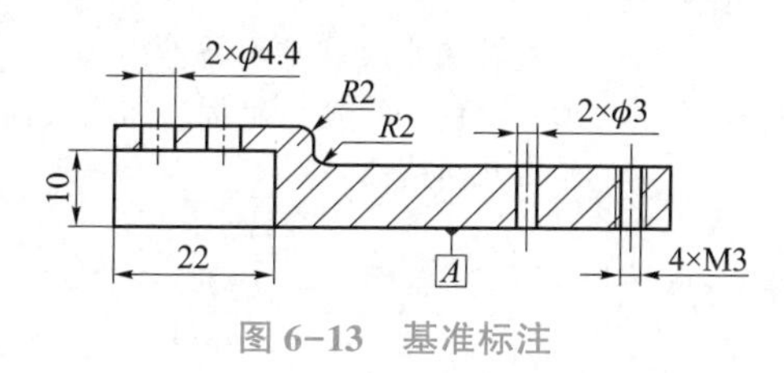

图 6-13 基准标注

（2）几何公差标注。在左视图中，利用引线命令快捷键 LE 可设置几何公差项目，具体标注方法参考 1.5.5 节。结果如图 6-14 所示。

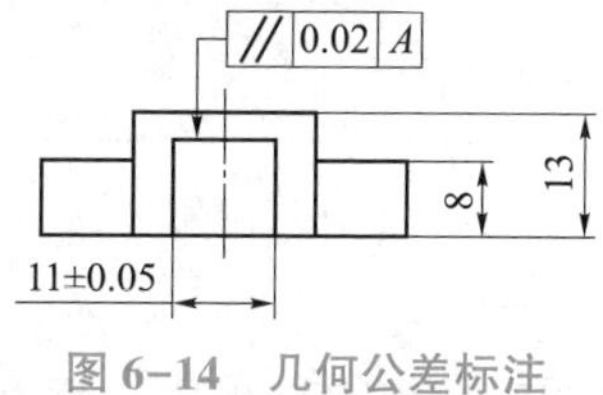

图 6-14 几何公差标注

（3）表面粗糙度标注。利用插入块命令插入表面粗糙度符号块，标注夹爪零件加工精度要求较高面的表面粗糙度，主要包括基准面、与平行夹配合的面和定位销孔面，如图 6-15 所示，其余面的表面粗糙度要求参考图 6-4（b）中标题栏上方的表面粗糙度表达方式。

步骤 6：输入技术要求，填写标题栏。

技术要求的文字样式选择“图框字体”命令，利用文字命令快捷键 T 输入文

工作笔记

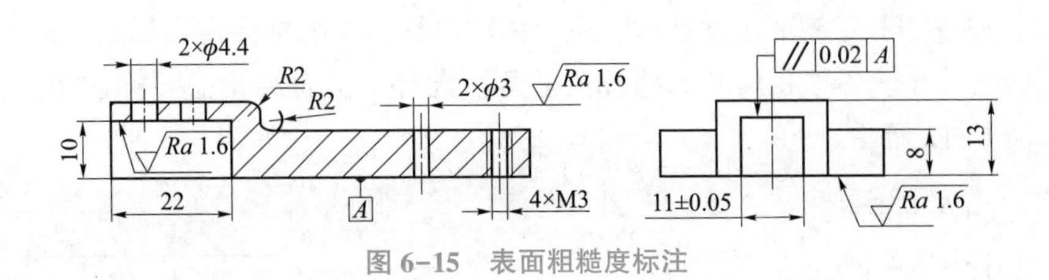

图 6-15　表面粗糙度标注

字，技术要求内容为“1. 未注倒角为 C0.5。2. 孔定位尺寸公差为±0.05。”。双击标题栏内容可进行修改文字操作，完成填写标题栏。结果如图 6-4（b）标题栏所示。最后检查并保存文件。

6.1.3　工作总结

回顾夹爪三维转二维图纸标准化的具体过程，本子任务主要利用了图层、特性匹配、特性、复制、缩放、用户坐标系、坐标标注、插入块和引线等命令。利用特性命令，可修改线型比例；利用坐标标注命令，可完成俯视图中定位尺寸的标注；利用插入块命令，可完成基准和表面粗糙度的标注。参考特性命令，在表 6-1 中将其余命令信息补充完整。

表 6-1　命令信息表

命令名称	命令快捷键	叙述命令执行过程	应用场景
特性	MO/Ctrl+1/CH	查看和修改其基本特性内容，包括图形、颜色、线宽、坐标、周长、面积等基本几何特性	修改中心线的线型比例
用户坐标系			
缩放			
坐标标注			
特性匹配			

6.1.4　工程师点评

在进行夹爪三维转二维图纸标准化的过程中，特别要注意三维建模软件中转换二维图纸的视图表达。主视图应选择合适的剖面，能够清楚地表达零件的内部结构。如何选择剖面并没有捷径，只有熟能生巧。在 AutoCAD 2024 软件导入三维建模软件转换的二维图纸时，灵活运用图层和特性匹配命令，可以更快优化视图线型，大大缩减视图标准化的时间；在尺寸标注时，用好块命令可以更快、更准确地表达零件的加工要求，使图纸更加规范化。

此外，作为一名合格的设计工程师，在完成本子任务时还需要温习机械视图表达相关国标要求，遵守职业规范，追求精益求精的工作态度。学会换位思考，以制造工

工作笔记

程师、检验工程师和采购工程师等技术人员的身份来检查图纸是否满足工序要求。

6.1.5 工作质量评价

1. 质量评价表

序号	自评内容	分数配置	自评得分
1	夹爪零件图视图表达方案合理，符合视图表达的机械制图国标要求	10分	
2	图线优化完整且正确，符合机械制图国标要求	30分	
3	尺寸标注正确、齐全和清晰，符合机械制图国标要求	20分	
4	完成基准、几何公差和表面粗糙度的标注，符合机械制图国标要求	10分	
5	完成标题栏内容填写，符合机械制图国标要求	10分	
6	能总结夹爪三维转二维图纸的标准化和规范化步骤，并完成“练一练”	20分	

2. 测一测（选择和判断题）

参考答案

（1）在AutoCAD 2024软件中，不是特性命令快捷键的是（　　）。

A. Ctrl+1　　B. MO　　C. CHA　　D. CH

（2）在AutoCAD 2024软件中，直径符号快捷键是（　　）。

A. %%C　　B. %%D　　C. %%P　　D. %%E

（3）在AutoCAD 2024软件中，坐标标注命令快捷键是（　　）。

A. DCO　　B. DBA　　C. DOR　　D. DDI

（4）在AutoCAD 2024软件中，特性匹配命令快捷键是（　　）。

A. ME　　B. MA　　C. MO　　D. TO

（5）在AutoCAD 2024软件中，不可见螺纹结构线用细虚线表示。（　　）

3. 练一练

打开中国大学MOOC《机械CAD软件及应用》课程网站“杯托平行夹3d”文件夹中的“夹爪2. prt”文件，夹爪2三维数字模型如图6-16所示。尝试独立完成夹爪2三维转二维图纸标准化，并依据质量评价表进行自评。

图6-16　题3图

子任务 6.2 汽车杯托夹具三维转二维图纸标准化

任务实施流程如图 6-17 所示。

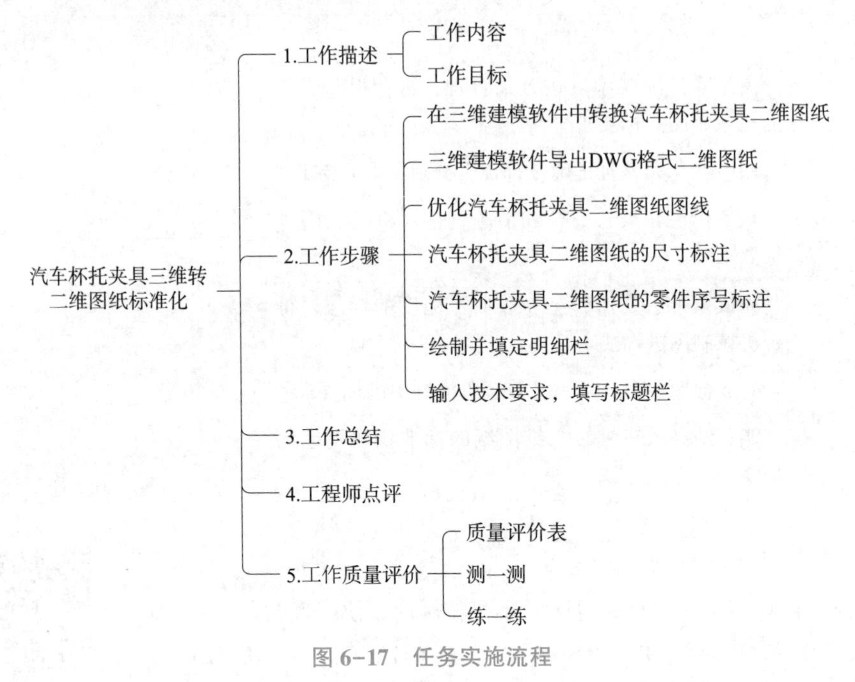

图 6-17 任务实施流程

6.2.1 工作描述

1. 工作内容

本子任务工作内容为汽车杯托夹具三维转二维图纸标准化。其中，汽车杯托夹具三维数字模型如图 6-18（a）所示，其标准化二维图纸如图 6-18（b）所示。

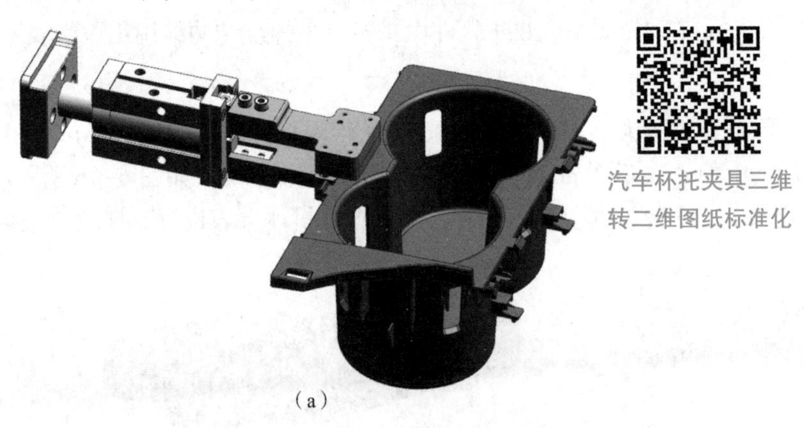

汽车杯托夹具三维转二维图纸标准化

（a）

图 6-18 汽车杯托夹具三维转二维图纸标准化
（a）汽车杯托夹具三维数字模型

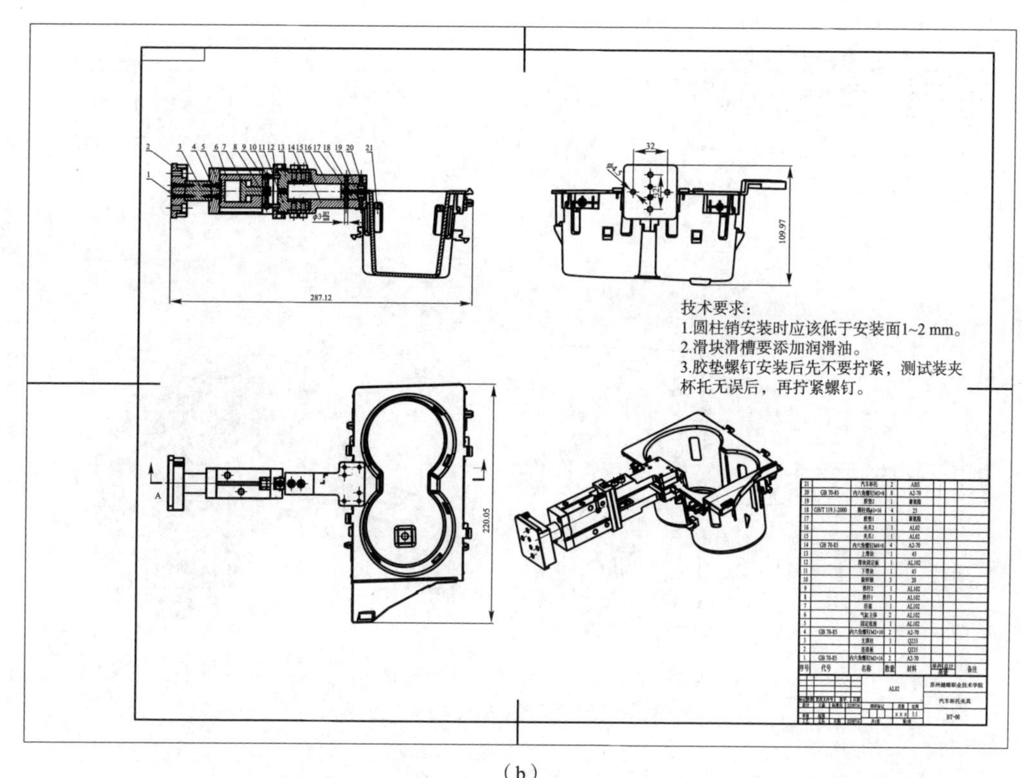

（b）

图 6-18　汽车杯托夹具三维转二维图纸标准化（续）

（b）汽车杯托夹具标准化二维图纸

2. 工作目标

（1）温习机械视图表达相关国标要求，遵守职业规范，追求精益求精的工作态度。

（2）能联系使用过的三维建模软件，导出汽车杯托夹具二维图纸。

（3）能优化汽车杯托夹具二维图纸图线。

（4）能独立完成汽车杯托夹具二维图纸的尺寸标注。

（5）能完成汽车杯托夹具二维图纸的零件序号标注。

（6）会输入技术要求，并填写明细栏和标题栏。

6.2.2　工作步骤

步骤 1：在三维建模软件中转换汽车杯托夹具二维图纸。

在 UG NX 软件中打开汽车杯托夹具三维数字模型，在功能区单击“应用模块”标签，进入“应用模块”选项卡，根据汽车杯托夹具整体结构大小，在“制图”选项组中选择“A1 图框”命令，设置图形比例为 1∶1，选择第一角投影方式，主视图采用全剖，且剖切位置应经过汽车杯托夹具的所有连接机构，完成汽车杯托夹具三维数字模型向二维图纸的转换，效果如图 6-19 所示（省略图框）。

提示

> 根据产品大小选择合适比例，尽量让视图布满图框，图形比例最好设置为 1∶1，简化后续二维图纸尺寸标注操作。

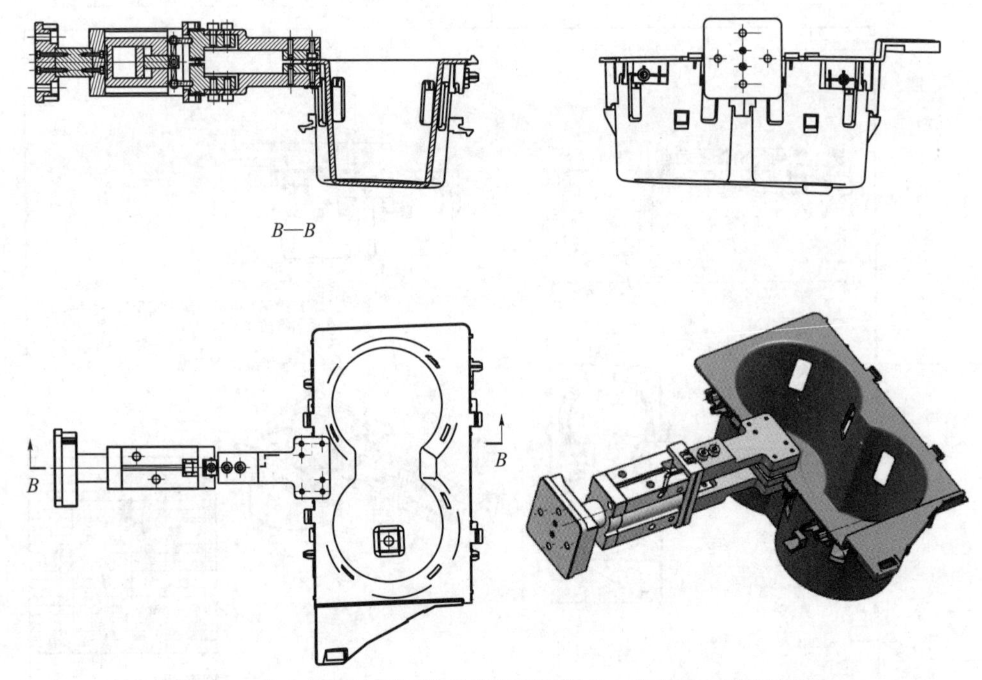

图 6-19　汽车杯托夹具三维数字模型转换为二维图纸（省略图框）

步骤 2：三维建模软件导出 DWG 格式二维图纸。

完成汽车杯托夹具二维图纸转换后，可以利用保存或导出命令导出“汽车杯托夹具 . dwg”或“夹爪汽车杯托夹具 . dxf”文件，再将其导入 AutoCAD 2024 软件，并复制到标准 A1 图框中，效果图 6-20 所示（省略图框），可以明显看出视图表达不够规范，需要进一步优化。

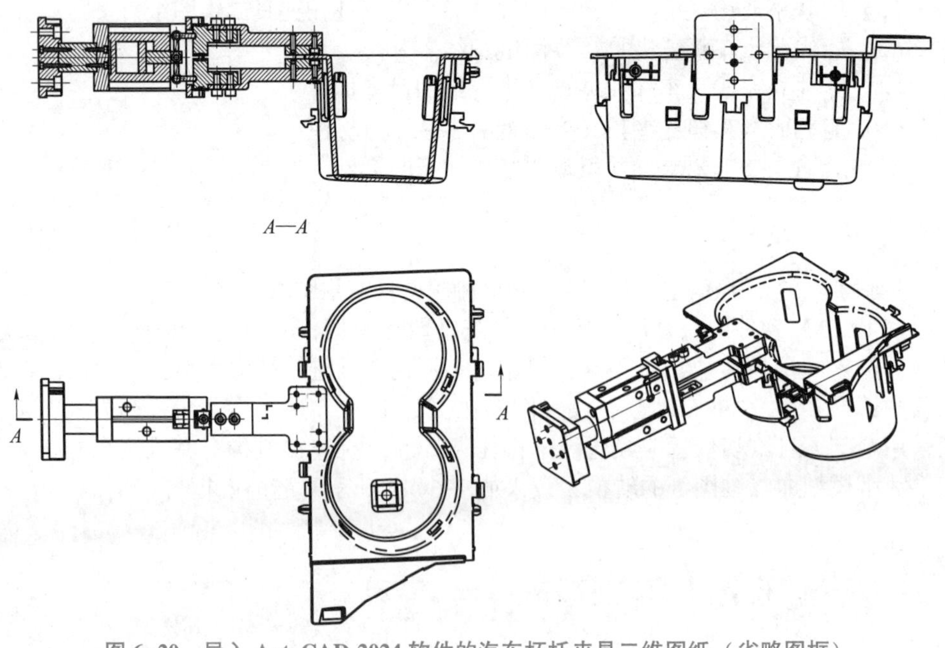

图 6-20　导入 AutoCAD 2024 软件的汽车杯托夹具二维图纸（省略图框）

工作笔记

步骤 3：优化汽车杯托夹具二维图纸图线。

（1）轮廓线优化。选中所有视图，选择“轮廓线”图层并设置图线的线宽、颜色、线型，即所有图线均改为轮廓线，其中主视图效果如图 6-21 所示。

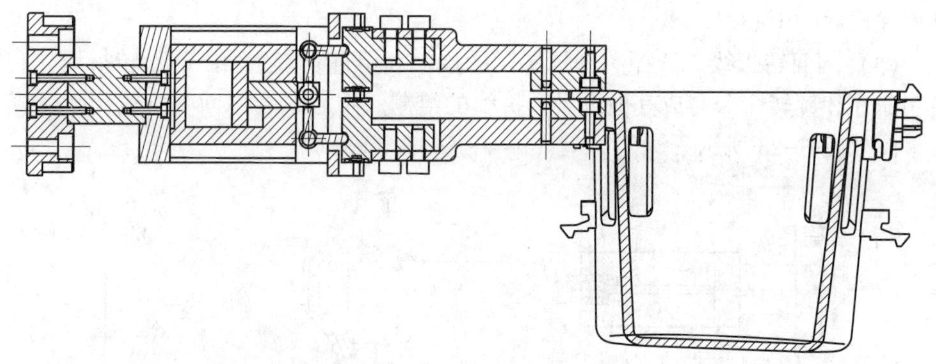

图 6-21 轮廓线优化主视图效果

提示

汽车杯托夹具二维图纸的三视图是装配图，线型太多，如果仍采用夹爪二维图纸三视图的优化方式，则优化时间太长，影响出图周期。在装配图中，轮廓线最多，剖面线其次，最后是中心线、剖面转折线、螺纹线，因此，常采用的方法是先把三个视图中所有的图线用轮廓线代替，再优化剖面线，最后优化中心线、剖面转折线和螺纹线。

（2）剖面线优化。在装配图中，相邻两个零件的剖面线方向相反。选中所有零件的剖面线，选择“剖面线”图层并设置图线的线宽、颜色、线型；删除标准件和轴类零件的剖面线。其中主视图效果如图 6-22 所示。

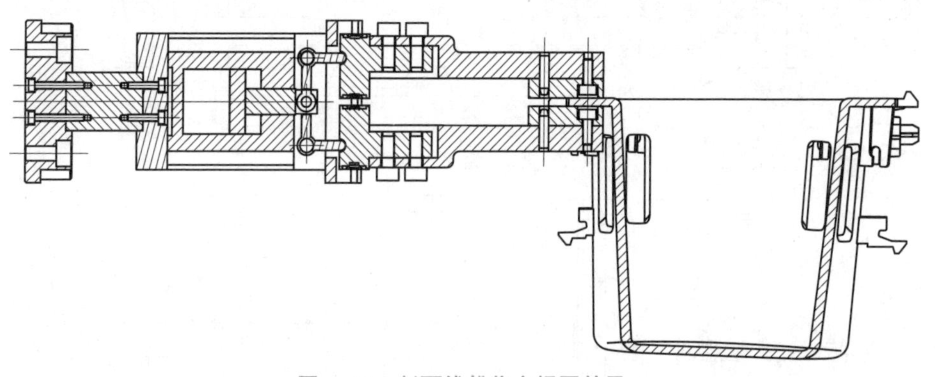

图 6-22 剖面线优化主视图效果

提示

标准件（如螺钉、销钉和键等）和轴类零件在视图表达时是不进行剖面表达的。

（3）中心线优化。选中俯视图中一个螺纹孔的两条中心线，选择“中心线”图层并设置图线的线宽、颜色、线型，利用特性命令修改中心线线型比例，然后利用特性匹配命令替换所有视图中的中心线；部分结构缺少中心线，需要通过复制命令复制优化后的中心线。

（4）剖面转折线。选择“图框层”图层，利用直线命令绘制剖面转折线，利用复制命令和旋转命令完成其他位置转折线的绘制。中心线及剖面转折线优化俯视图效果图如图 6-23 所示

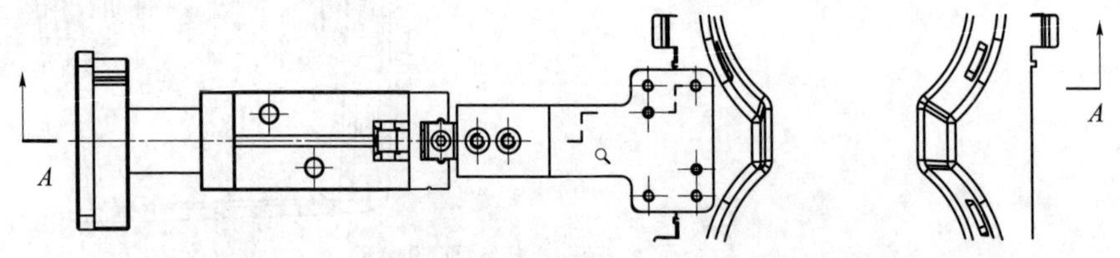

图 6-23　中心线及剖面转折线优化俯视图效果

（5）标准件连接优化。补充遗漏的螺纹线，选择“细实线”图层，利用复制、特性匹配、修剪等命令优化标准件连接位置线型，如图 6-24 所示。其中，图 6-24（a）所示为内六角螺钉连接带有盲孔的零件，共优化 4 处，相同结构的螺纹结构可以利用复制命令进行快速绘制；图 6-24（b）所示为内六角螺钉连接全螺纹的通孔零件；图 6-24（c）所示为销钉定位的内六角螺钉连接全螺纹通孔零件。

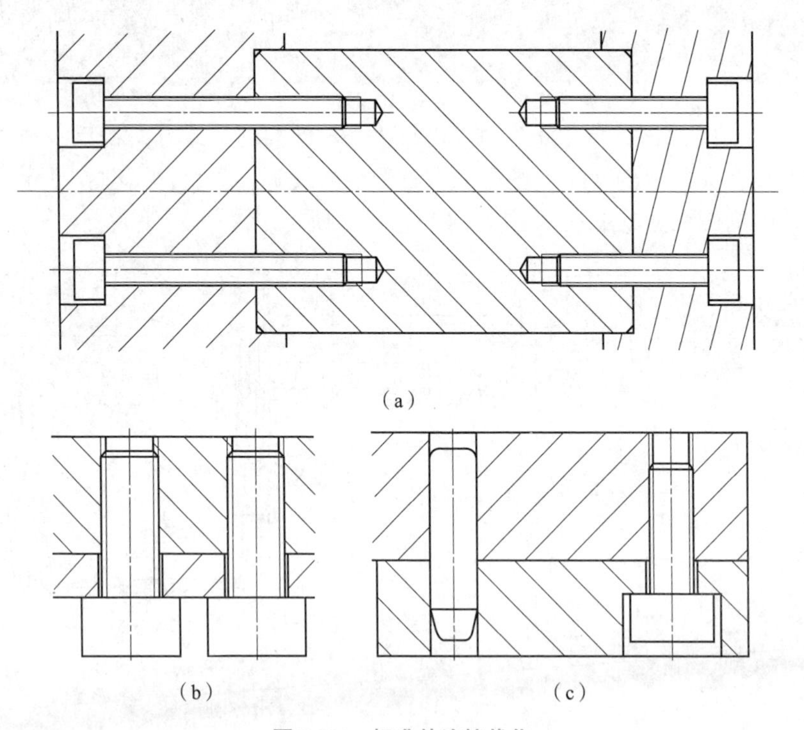

图 6-24　标准件连接优化

（a）盲孔零件连接的螺纹表达；（b）全螺纹通孔零件连接的螺纹表达；

（c）销钉定位的全螺纹通孔零件连接的螺纹表达

工作笔记

步骤 4：汽车杯托夹具二维图纸的尺寸标注。

本子任务标注总体尺寸、安装尺寸和配合尺寸。总体尺寸是指汽车杯托夹具的总长、总宽和总高，如图 6-18（b）所示。安装尺寸是指左视图的连接板与机器人连接的 4 个孔的定位尺寸和孔的直径尺寸，如图 6-25 所示，以及销钉的定位尺寸，如图 6-18（b）所示。

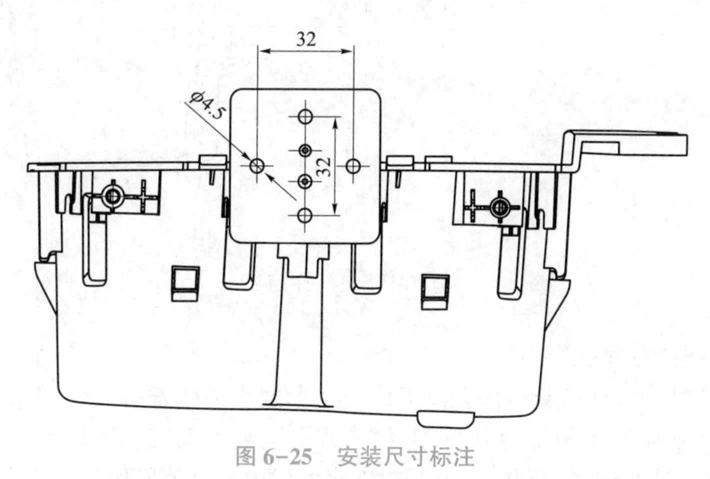

图 6-25　安装尺寸标注

提示

配合尺寸根据安装需要可选择小间隙配合或过渡配合。如果不经常拆卸，则选择 H7/m6 的配合；如果经常拆卸，则选择 H7/h6 的配合。

步骤 5：汽车杯托夹具二维图纸的零件序号标注。

零件序号标注可利用引线命令快捷键 LE、文字命令快捷键 T 和复制命令快捷键 CO 实现。先利用引线命令创建第一个引线 1，然后利用复制命令沿逆时针或顺时针进行复制，保证同一个方向数字对齐，再拖动引线末端小点到最近零件，如图 6-26（a）所示。利用文字命令修改零件序号名称，如图 6-26（b）所示。

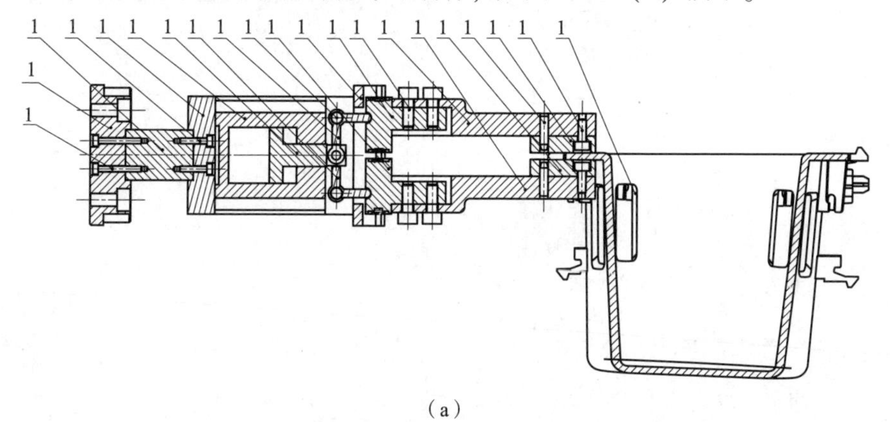

（a）

图 6-26　零件序号标注

（a）序号修改前的效果

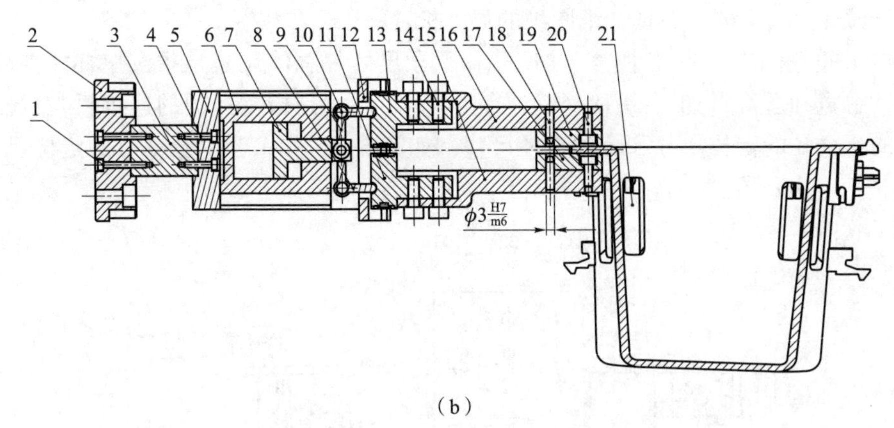

(b)

图 6-26　零件序号标注（续）

(b) 序号修改后的效果

步骤 6：绘制并填写明细栏。

利用插入块命令快捷键 I 插入模板里的“标准明细栏表头”和“明细栏”两个定义块，利用块属性编辑命令快捷键 ATE 编辑明细栏内容，利用复制命令快捷键 CO 完成其余零件明细栏的创建，最后编辑明细栏内容。结果如表 6-2 所示。

表 6-2　明细栏

<table>
<tr><td>21</td><td></td><td>汽车杯托</td><td>1</td><td>ABS</td><td></td><td></td><td></td></tr>
<tr><td>20</td><td>GB 70—85</td><td>内六角螺钉 M3×8</td><td>8</td><td>A2-70</td><td></td><td></td><td></td></tr>
<tr><td>19</td><td></td><td>胶垫 2</td><td>1</td><td>聚氨酯</td><td></td><td></td><td></td></tr>
<tr><td>18</td><td>GB/T 119. 1—2000</td><td>圆柱销 ϕ3×16</td><td>4</td><td>25</td><td></td><td></td><td></td></tr>
<tr><td>17</td><td></td><td>胶垫 1</td><td>1</td><td>聚氨酯</td><td></td><td></td><td></td></tr>
<tr><td>16</td><td></td><td>夹爪 2</td><td>1</td><td>AL02</td><td></td><td></td><td></td></tr>
<tr><td>15</td><td></td><td>夹爪 1</td><td>1</td><td>AL02</td><td></td><td></td><td></td></tr>
<tr><td>14</td><td>GB 70—85</td><td>内六角螺钉 M4×8</td><td>4</td><td>A2-70</td><td></td><td></td><td></td></tr>
<tr><td>13</td><td></td><td>上滑块</td><td>1</td><td>45</td><td></td><td></td><td></td></tr>
<tr><td>12</td><td></td><td>滑块固定板</td><td>1</td><td>AL102</td><td></td><td></td><td></td></tr>
<tr><td>11</td><td></td><td>下滑块</td><td>1</td><td>45</td><td></td><td></td><td></td></tr>
<tr><td>10</td><td></td><td>旋转轴</td><td>3</td><td>20</td><td></td><td></td><td></td></tr>
<tr><td>9</td><td></td><td>推杆 2</td><td>1</td><td>AL102</td><td></td><td></td><td></td></tr>
<tr><td>8</td><td></td><td>推杆 1</td><td>1</td><td>AL102</td><td></td><td></td><td></td></tr>
<tr><td>7</td><td></td><td>活塞</td><td>1</td><td>AL102</td><td></td><td></td><td></td></tr>
<tr><td>6</td><td></td><td>气缸主体</td><td>1</td><td>AL102</td><td></td><td></td><td></td></tr>
<tr><td>5</td><td></td><td>固定底座</td><td>1</td><td>AL102</td><td></td><td></td><td></td></tr>
<tr><td>4</td><td>GB 70—85</td><td>内六角螺钉 M2×10</td><td>2</td><td>A2-70</td><td></td><td></td><td></td></tr>
<tr><td>3</td><td></td><td>支撑柱</td><td>1</td><td>Q235</td><td></td><td></td><td></td></tr>
<tr><td>2</td><td></td><td>连接板</td><td>1</td><td>Q235</td><td></td><td></td><td></td></tr>
<tr><td>1</td><td>GB 70—85</td><td>内六角螺钉 M2×16</td><td>2</td><td>A2-70</td><td></td><td></td><td></td></tr>
<tr><td rowspan="2">序号</td><td rowspan="2">代号</td><td rowspan="2">名称</td><td rowspan="2">数量</td><td rowspan="2">材料</td><td>单件</td><td>总计</td><td rowspan="2">备注</td></tr>
<tr><td colspan="2">质量</td></tr>
</table>

步骤 7：输入技术要求，填写标题栏。

技术要求的文字样式选择“图框字体”命令，利用文字命令快捷键 T 输入文字，技术要求内容为“1. 圆柱销安装时应该低于安装面 1~2 mm。2. 滑块滑槽要添加润滑油。3. 胶垫螺钉安装后先不要拧紧，测试装夹杯托无误后，再拧紧螺钉。”。双击标题栏内容可进行修改文字操作，完成填写标题栏。结果如图 6-18（b）右下端的标题栏所示。

6.2.3 工作总结

回顾汽车杯托夹具三维转二维图纸标准化的具体过程，本子任务主要利用了图层、特性匹配、特性、复制、缩放、引线、插入块、块属性编辑等命令。利用图层命令，可优化图线；利用特性命令，可修改线型比例；利用插入块命令和块属性编辑命令，可绘制并填写明细栏；利用引线命令，可完成零件序号标注。参考块属性编辑命令，在表 6-3 中，将其余命令信息补充完整。

表 6-3 命令信息表

命令名称	命令快捷键	叙述命令执行过程	应用场景
块属性编辑	ATE	修改块属性的相关内容	编辑明细栏内容
引线	LE	插入表面粗糙度符号块、引线，输入文字等	
插入块	I	插入已经建立的块	

6.2.4 工程师点评

在进行汽车杯托夹具三维转二维图纸标准化的过程中，特别要注意三维建模软件中转换二维图纸的视图表达。主视图应选择合适的剖面，能够清楚地表达各零件的连接方式。在 AutoCAD 2024 软件导入三维建模软件转换的二维图纸时，应灵活运用图层和特性匹配命令，清楚表达装配图中各组件的结构和连接方式。

此外，作为一名合格的设计工程师，在完成本子任务时还需要温习机械视图表达相关国标要求，遵守职业规范，追求精益求精的工作态度，学会换位思考。装配图是现场工程师进行安装、维修工程师进行维修、仓库管理员进行包装入库、运输人员确定运输空间的必要技术文件，因此，汽车杯托夹具装配图应能清晰表达这些技术人员所需要求。

6.2.5 工作质量评价

1. 质量评价表

序号	自评内容	分数配置	自评得分
1	汽车杯托夹具装配图视图表达合理，符合视图表达的机械制图国标要求	10 分	
2	图线优化完整且正确，符合机械制图国标要求	30 分	

续表

序号	自评内容	分数配置	自评得分
3	尺寸标注正确、齐全和清晰，符合机械制图国标要求	20 分	
4	零件序号标注正确、完整，符合机械制图国标要求	10 分	
5	完成明细表和标题栏内容填写，符合机械制图国标要求	10 分	
6	能总结汽车杯托夹具三维转二维图纸的标准化和规范化步骤，并完成“练一练”	20 分	

2. 测一测（选择和判断题）

参考答案

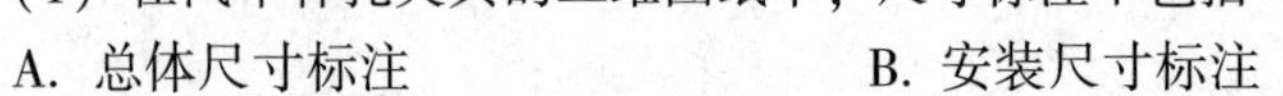

（1）在汽车杯托夹具的二维图纸中，尺寸标注不包括（　　）。

A. 总体尺寸标注　　B. 安装尺寸标注

C. 配合尺寸标注　　D. 性能尺寸标注

（2）在 AutoCAD 2024 软件中，块属性编辑命令快捷键是（　　）。

A. ATT　　B. ATE　　C. ED　　D. E

（3）明细栏中“内六角螺钉 M3×8”中的 8 指的是（　　）。

A. 配合长度　　B. 螺钉公称长度

C. 螺距　　D. 配合孔的长度

（4）在 AutoCAD 2024 软件中，零件序号必须按照逆时针标注。（　　）

（5）在 AutoCAD 2024 软件中，修改块的属性除了用命令快捷键 ATE 外，还可以通过双击块实现。（　　）

3. 练一练

打开“变位支架”文件夹中的“变位支架_asm1. prt”文件，变位支架三维数字模型如图 6-27 所示。尝试独立完成变位支架三维转二维图纸标准化，并依据质量评价表进行自评。

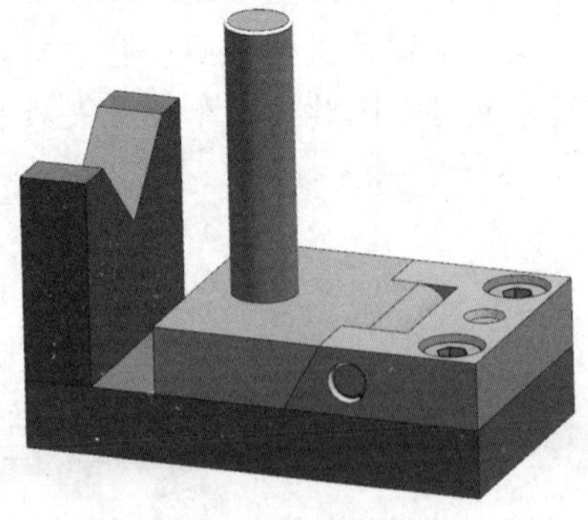

图 6-27　题 3 图

附录 AutoCAD 软件绘图常见问题及解决方法

1. 有时候数据输入不成功，应如何处理？

主要是输入方法的问题，AutoCAD 数据一般应采用英文状态的输入方法。

解决方法：把语言输入方法切换成英文状态。

2. 命令行窗口不见了，怎么调出？

解决方法：按 Ctrl+9 快捷键，可以打开或隐藏命令行窗口。

3. 软件启动后，找不到要打开的文件应如何处理？

打开的文件可能是模板文件，模板文件是 DWT 格式文件，而 AutoCAD 软件默认的文件是 DWG 格式图形文件。

解决方法：切换文件类型。

4. 在绘图或修改图形时，拾取框跳跃移动，无法选取到所需的图形对象，应如何处理？

原因是打开了状态栏的捕捉模式，打开该按钮后十字光标会按指定间距移动，看起来像在跳跃移动。若所需的图形对象不落在指定的间距上，则无法选取。

解决方法：在状态栏中的“对象捕捉”按钮处右击，选择“捕捉设置”将捕捉间距调小，或关闭该按钮。

5. 在操作时，为何所画图形找不到了？

原因可能是对空白区进行了放大的误操作。

解决方法：在命令行输入 Z 按 Enter 键，再输入 A 按 Enter 键，即可重新显示全部图形。

6. 图层设置完成后，在绘图时中心线、虚线等非连续线型并没有显示出点画线线条和虚线线条，而是显示为实线线条，应如何处理？

解决方法：修改线型比例因子，可调整非连续线段的长短，以正确显示中心线或虚线等。

修改个别非连续线型的比例因子：选取图线对象并右击，在弹出的快捷菜单中选择“对象特性”命令，在弹出的“特性”对话框中，修改该图线的当前线型比例值（局部修改，比例默认值为 1），且不会影响其他图线。

修改全图中的非连续线型的线型比例因子：在命令行输入全局线型比例因子命令 LTS，按 Enter 键后输入新的线型比例因子。若点画线太密，则增大线型比例因子（>1）；若点画线过疏，则减小线型比例因子（<1）。

工作笔记

7. 为何图案填充不成功，总是出现“未找到有效的图案填充边界”的提示？

在进行图案填充，以“拾取点”方式确定填充边界时，若系统出现“未找到有效的图案填充边界”提示，则说明图案填充边界没有封闭，无法填充图案。

解决方法：先利用延伸命令使图案填充边界封闭，再重新进行图案填充操作。

8. 为何填充图案花白一片，或填充图案不显示？

在图案填充操作完成后，若填充图案显示为近似实心或花白一片，则说明所填充的图案比例太小（即图案图线的间隙太小）。

解决方法：双击填充图案，在弹出的“图案填充”对话框中重新修改比例，增大至适当值即可。若填充后仍不显示填充图案，则说明所填充的图案比例太大，可调出“图案填充”对话框修改比例至适当小的值即可。

9. 输入文字时为何出现奇怪的“?”或“□”符号？

当汉字文字样式选择“仿宋体”时，若通过输入%%c 以期待得到 ϕ 时，则会变成奇怪的“□”或“?”。

解决方法：在输入文字时要注意采用对应的文字样式。例如，输入汉字应采用装有仿宋体或宋体字体的汉字文字样式；在尺寸标注时采用 gbenor. shx 字体。

10. 为何在输入汉字时出现的字是倒着的？

这是因为文字样式设置字体选择不正确。

解决方法：修改“汉字”文字样式，把所装字体形式“@仿宋-GB2312”改为“仿宋-GB2312”即可。其他字体也一样，不要选择前面带“@”的字体。

11. 在编辑图形时，为何命令完成后显示操作不成功？

首先检查图线所在的图层是否被锁住；其次在操作时，未注意命令行窗口提示信息的变化，盲目操作，或鼠标左、右键使用不当。

解决方法 1：单击“图层”工具条上该图层状态条上的“锁定”按钮，使其变成解锁状态。

解决方法 2：应按命令行窗口的提示信息操作，时刻注意命令行窗口的变化，若操作不成功，则应重新操作。单击表示进行拾取操作，右击表示确定或结束命令。

12. 关于输出比例的问题。

建议在 AutoCAD 软件中始终按 1∶1 的比例绘图，在输出时可以选择所需比例进行布局。在输出时如果不希望文字高度和箭头大小随输出比例而变化，则在“调整”选项卡中将全局比例改为绘图输出比例即可。例如，若输出比例为 1/2，则设置为 0.5。

参考文献

[1] 苗现华，石彩华. AutoCAD 机械绘图实用教程[M]. 北京：北京理工大学出版社，2021.

[2] 国家职业技能鉴定专家委员会，计算机专业委员会. 计算机辅助设计（AutoCAD平台）AutoCAD 2007 试题汇编（绘图员级）[M]. 北京：北京希望电子出版社，2018.

[3] 朱向丽. AutoCAD 2010 绘图技能实用教程[M]. 北京：机械工业出版社，2012.

[4] 博创设计坊，钟日铭. AutoCAD 2009 机械制图教程[M]. 北京：清华大学出版社，2008.

[5] 魏峥. SolidWorks 机械设计案例教程[M]. 北京：人民邮电出版社，2014.